高等学校"十一五"规划教材

材料科学与工程系列一

复合材料概论

王荣国　武卫莉　谷万里　主编

张显友　主审

内 容 提 要

本书全面系统地介绍了不同基体复合材料的原材料性能以及复合材料的性能、应用和成型工艺,同时对复合材料的结构设计、界面理论作了简单介绍。本书内容充实丰富,既是高等学校本科生和研究生的教材,又可作为从事复合材料研究与管理等工作的工程技术人员的参考书。

图书在版编目(CIP)数据

复合材料概论/王荣国,武卫莉,谷万里主编. —3 版. —哈尔滨:
哈尔滨工业大学出版社,2004.9(2014.1 重印)
材料科学与工程系列一
ISBN 978-7-5603-1391-7

Ⅰ.①复…　Ⅱ.①王…②武…③谷…　Ⅲ.①复合材料-高等学校-
教材　Ⅳ.①TB33

中国版本图书馆 CIP 数据核字(2004)第 039812 号

策划编辑　张秀华
封面设计　卞秉利
出版发行　哈尔滨工业大学出版社
社　　址　哈尔滨市南岗区复华四道街 10 号　邮编 150006
传　　真　0451 - 86414749
网　　址　http://hitpress.hit.edu.cn
印　　刷　肇东市一兴印刷有限公司
开　　本　787mm×1092mm　1/16　印张 17.25　字数 400 千字
版　　次　2004 年 9 月第 3 版　2014 年 1 月第 14 次印刷
书　　号　ISBN 978-7-5603-1391-7
定　　价　28.00 元

序　言

　　材料科学与工程系列教材是由哈尔滨工业大学出版社组织国内部分高等院校的专家学者共同编写的一套大型系列教学丛书,其中第一系列和第二系列已分别被列为新闻出版总署"九五"、"十五"国家重点图书出版计划。第一系列共计 10 种已于 1999 年后陆续出版。编写本套丛书的基本指导思想是:总结已有、通向未来、面向 21 世纪,以优化教材链为宗旨,依照为培养材料科学人才提供一个较为广泛的知识平台的原则,并根据培养目标,确定书目和编写大纲及主干内容。为了确保图书品位体现较高水平,编审委员会全体成员对国内外同类教材进行了细致的调查研究,广泛征求各参编院校第一线任课教师的意见,认真分析教育部新的学科专业目录和全国材料工程类专业教学指导委员会第一届全体会议的基本精神,进而制定了具体的编写大纲。在此基础上,聘请国内一批知名专家对本系列教材书目和编写大纲审查认定,最后确定各册的体系结构。

　　经过全体编审人员的共同努力,第二系列 21 种和第三系列 11 种也都已出版发行。值得欣慰的是系列丛书几经修订再版在该领域已经有了广泛的基础,像《材料物理性能》、《材料合成与制备方法》等 10 余种图书被选入教育部普通高等教育"十一五"国家级规划教材。我们热切地期望这套大型系列丛书能够满足国内高等院校材料工程类专业教育改革发展的部分需要,并且在教学实践中得以不断总结、充实、完善和发展。

　　在大型系列丛书的编写过程中,我们注意突出了以下几方面的特色:

　　1. 根据科学技术发展的最新动态和我国高等学校专业学科归并的现实需求,坚持面向一级学科、加强基础、拓宽专业面、更新教材内容的基本原则。

　　2. 注重优化课程体系,探索教材新结构,即兼顾材料工程类学科中金属材料、无机非金属材料、高分子材料、复合材料共性与个性的结合,实现多学科知识的交叉与渗透。

　　3. 反映当代科学技术的新概念、新知识、新理论、新技术、新工艺,突出反映教材内容的现代化。

　　4. 注重协调材料科学与材料工程的关系,既加强材料科学基础的内容,又强调材料工程基础,以满足培养宽口径材料学人才的需要。

　　5. 坚持体现教材内容深广度适中、够用为原则,增强教材的适用性和针对性。

　　6. 在系列教材编写过程中,进行了国内外同类教材对比研究,吸取了国内外同类教材的精华,重点反映新教材体系结构特色,把握教材的科学性、系统性和适用性。

　　此外,本套系列教材还兼顾了内容丰富、叙述深入浅出、简明扼要、重点突出等特色,能充分满足少学时教学的要求。

　　参加本套系列丛书编审工作的单位有:清华大学、哈尔滨工业大学、东北大学、山东大学、装甲兵工程学院、北京理工大学、哈尔滨工程大学、合肥工业大学、燕山大学、北京化工大学、中国海洋大学、上海大学等50多所院校近200多名专家学者。他们为本套系列教材编审付出了大量的心血，在此，编审委员会对这些同志无私的奉献致以崇高的敬意。

同时，编审委员会特别鸣谢中国科学院院士肖纪美教授、中国工程院院士徐滨士少将、中国工程院院士杜善义和才鸿年教授、全国材料工程类专业教学指导委员会主任吴林教授，感谢他们对本套系列丛书编审工作的指导与大力支持。

限于编审者的水平，疏漏和错误之处在所难免，欢迎同行和读者批评指正。

材料科学与工程系列教材
编审委员会
2007 年 7 月

前　言

材料是人类赖以生存和发展的物质基础。20 世纪 70 年代人们把信息、材料、能源作为社会文明的支柱;80 年代以高技术群为代表的新技术革命,又把新材料与信息技术和生物技术并列为新技术革命的重要标志。这主要是因为材料是国民经济建设、国防建设与人民生活所不可须臾缺少的重要组成部分。复合材料作为材料科学中一支独立的新的科学分支,已得到广泛重视,正日益发展,并在许多工业部门得到广泛应用,成为当今高科技发展中新材料开发的一个重要方面。

本书是根据国家教育部 1998 年调整的最新专业目录,为适应加强基础、拓宽专业面的需要编写的。详细介绍了各种基体复合材料的种类、基本性能、成型加工技术及应用,同时为使读者对复合材料有较全面的了解,书中又安排了复合材料结构设计基础、复合材料的界面、复合材料的原材料等内容,以使读者能够尽快掌握复合材料的全面知识。

本书具有以下特点:

1. 内容全面,涉及面广,系统性强。内容简明扼要,适合于宽口径、少学时的教学需要。

2. 本书内容与生产实际相结合,理论联系实际,充分介绍了新工艺、新产品,具有较强的适用性。

3. 书中文字简练、条理清楚、信息量大、易学易懂。

全书共分十章。第一～四章,第五章的 5.1,5.2,5.3 节由哈尔滨建筑大学王荣国编写,5.4 节由哈尔滨建筑大学吕敏编写;第六、七章由哈尔滨工程大学谷万里编写,第八～十章由齐齐哈尔大学武卫莉编写。全书由王荣国统稿,由哈尔滨理工大学张显友主审。

本书在编写过程中,参考和引用了一些文献和资料的有关内容,并得到了哈尔滨工业大学出版社材料科学与工程系列教材编审委员会的大力指导,得到了哈尔滨工业大学、燕山大学、哈尔滨工程大学、哈尔滨建筑大学、哈尔滨理工大学等院校的大力支持与协作,谨此一并致谢。

由于编者水平有限,书中定有不足之处,恳请同行和读者批评指正。

编　者

1999 年 7 月

虽然在本书的再次印刷中修订了原书中发现的问题和不足,但还是衷心地希望读者对本书提出宝贵意见。

编　者

2000 年 6 月

来信请寄哈尔滨工业大学出版社　张秀华(收)

地址:哈尔滨市南岗区教化街 21 号

邮编:150001

目　录

第一章 总 论

1.1 复合材料的发展概况

人类发展的历史证明,材料是社会进步的物质基础和先导,是人类进步的里程碑。纵观人类利用材料的历史,可以清楚地看到,每一种重要材料的发现和利用,都会把人类支配和改造自然的能力提高到一个新的水平,给社会生产力和人类生活带来巨大的变化。当前以信息、生命和材料三大学科为基础的世界规模的新技术革命风涌兴起,它将人类的物质文明推向一个新阶段。在新型材料研究、开发和应用,在特种性能的充分发挥以及传统材料的改性等诸多方面,材料科学都肩负着重要的历史使命。近 30 年来,科学技术迅速发展,特别是尖端科学技术的突飞猛进,对材料性能提出越来越高、越来越严和越来越多的要求。在许多方面,传统的单一材料已不能满足实际需要。这些都促进了人们对材料的研究逐步摆脱过去单纯靠经验的摸索方法,而向着按预定性能设计新材料的研究方向发展。

根据国际标准化组织(International Organization for Standardization, ISO)为复合材料所下的定义,复合材料是由两种或两种以上物理和化学性质不同的物质组合而成的一种多相固体材料。复合材料的组分材料虽然保持其相对独立性,但复合材料的性能却不是组分材料性能的简单加和,而是有着重要的改进。在复合材料中,通常有一相为连续相,称为基体;另一相为分散相,称为增强材料。分散相是以独立的形态分布在整个连续相中的,两相之间存在着相界面。分散相可以是增强纤维,也可以是颗粒状或弥散的填料。

从上述的定义中可以得出,复合材料可以是一个连续物理相与一个连续分散相的复合,也可以是两个或者多个连续相与一个或多个分散相在连续相中的复合,复合后的产物为固体时才称为复合材料,若复合产物为液体或气体时就不称为复合材料。复合材料既可以保持原材料的某些特点,又能发挥组合后的新特征,它可以根据需要进行设计,从而最合理地达到使用所要求的性能。

由于复合材料各组分之间"取长补短"、"协同作用",极大地弥补了单一材料的缺点,产生单一材料所不具有的新性能。复合材料(Composite material)的出现和发展,是现代科学技术不断进步的结果,也是材料设计方面的一个突破。它综合了各种材料如纤维、树脂、橡胶、金属、陶瓷等的优点,按需要设计、复合成为综合性能优异的新型材料。可以预言,如果用材料作为历史分期的依据,那么未来的 21 世纪,将是复合材料的时代。

纵观复合材料的发展过程,可以看到,早期发展出现的复合材料,由于性能相对比较低,生产量大,使用面广,可称之为常用复合材料。后来随着高技术发展的需要,在此基础上又发展出性能高的先进复合材料。

20世纪40年代,玻璃纤维和合成树脂大量商品化生产以后,纤维复合材料发展成为具有工程意义的材料。同时相应地开展了与之有关的科研工作。至60年代,在技术上臻于成熟,在许多领域开始取代金属材料。

随着航天航空技术的发展,对结构材料要求比强度、比模量、韧性、耐热、抗环境能力和加工性能都好。针对不同需求,出现了高性能树脂基先进复合材料,标志在性能上区别于一般低性能的常用树脂基复合材料。以后又陆续出现金属基和陶瓷基先进复合材料。

对结构用先进复合材料,各技术发达国家均提出研制开发目标。如日本通商产业省制定的下一代材料工业基础发展计划(1981~1988),对复合材料提出的要求是:树脂基复合材料的耐热性不低于250℃,拉伸强度达到2.5GPa以上;金属基复合材料的耐热性不低于450℃,拉伸强度达到1.5GPa以上。

经过60年代末期使用,树脂基高性能复合材料已用于制造军用飞机的承力结构,近年来又逐步进入其他工业领域。其增强体纤维有碳纤维、芳纶,或两者混杂使用,树脂基主要是固化体系为120℃或170℃的环氧树脂,还有少量聚酰亚胺树脂,以适应耐热性高达250℃的要求。

70年代末期发展的用高强度、高模量的耐热纤维与金属复合,特别是与轻金属复合而成金属基复合材料,克服了树脂基复合材料耐热性差和不导电、导热性低等不足。金属基复合材料由于金属基体的优良导电和导热性,加上纤维增强体不仅提高了材料的强度和模量,而且降低了密度。此外,这种材料还具有耐疲劳、耐磨耗、高阻尼、不吸潮、不放气和膨胀系数低等特点,已经广泛用于航天航空等尖端技术领域,是理想的结构材料。

80年代开始逐渐发展陶瓷基复合材料,采用纤维补强陶瓷基体以提高韧性。主要目标是希望用以制造燃气涡轮叶片和其他耐热部件。

1.2 复合材料的命名和分类

复合材料可根据增强材料与基体材料的名称来命名。将增强材料的名称放在前面,基体材料的名称放在后面,再加上"复合材料"。例如,玻璃纤维和环氧树脂构成的复合材料称为"玻璃纤维环氧树脂复合材料"。为书写简便,也可仅写增强材料和基体材料的缩写名称,中间加一斜线隔开,后面再加"复合材料"。如上述玻璃纤维和环氧树脂构成的复合材料,也可写做"玻璃/环氧复合材料"。有时为突出增强材料和基体材料,视强调的组分不同,也可简称为"玻璃纤维复合材料"或"环氧树脂复合材料"。碳纤维和金属基体构成的复合材料叫"金属基复合材料",也可写为"碳/金属复合材料"。碳纤维和碳构成的复合材料叫"碳/碳复合材料"。

随着材料品种不断增加,人们为了更好地研究和使用材料,需要对材料进行分类。材料的分类,历史上有许多方法。如按材料的化学性质分类,有金属材料、非金属材料之分。按物理性质分类,有绝缘材料、磁性材料、透光材料、半导体材料、导电材料等。按用途分类,有航空材料、电工材料、建筑材料、包装材料等。

复合材料的分类方法也很多,常见的分类方法有以下几种。

1.按增强材料形态分类

(1)连续纤维复合材料:作为分散相的纤维,每根纤维的两个端点都位于复合材料的边界处;

(2)短纤维复合材料:短纤维无规则地分散在基体材料中制成的复合材料;

(3)粒状填料复合材料:微小颗粒状增强材料分散在基体中制成的复合材料;

(4)编织复合材料:以平面二维或立体三维纤维编织物为增强材料与基体复合而成的复合材料。

2.按增强纤维种类分类

(1)玻璃纤维复合材料;

(2)碳纤维复合材料;

(3)有机纤维(芳香族聚酰胺纤维、芳香族聚酯纤维、高强度聚烯烃纤维等)复合材料;

(4)金属纤维(如钨丝、不锈钢丝等)复合材料;

(5)陶瓷纤维(如氧化铝纤维、碳化硅纤维、硼纤维等)复合材料。

此外,如果用两种或两种以上纤维增强同一基体制成的复合材料称为混杂复合材料(Hybrid composite materials)。混杂复合材料可以看成是两种或多种单一纤维复合材料的相互复合,即复合材料的"复合材料"。

3.按基体材料分类

(1)聚合物基复合材料:以有机聚合物(主要为热固性树脂、热塑性树脂及橡胶)为基体制成的复合材料;

(2)金属基复合材料:以金属为基体制成的复合材料,如铝基复合材料、钛基复合材料等;

(3)无机非金属基复合材料:以陶瓷材料(也包括玻璃和水泥)为基体制成的复合材料。

4.按材料作用分类

(1)结构复合材料:用于制造受力构件的复合材料;

(2)功能复合材料:具有各种特殊性能(如阻尼、导电、导磁、换能、摩擦、屏蔽等)的复合材料。

此外,还有同质复合材料和异质复合材料。增强材料和基体材料属于同种物质的复合材料为同质复合材料,如碳/碳复合材料。异质复合材料如前面提及的复合材料多属此类。

1.3 复合材料的基本性能

复合材料是由多相材料复合而成,其共同的特点是:

(1)可综合发挥各种组成材料的优点,使一种材料具有多种性能,具有天然材料所没有的性能。例如,玻璃纤维增强环氧基复合材料,既具有类似钢材的强度,又具有塑料的介电性能和耐腐蚀性能。

(2)可按对材料性能的需要进行材料的设计和制造。例如,针对方向性材料强度的设计,针对某种介质耐腐蚀性能的设计等。

(3)可制成所需的任意形状的产品,可避免多次加工工序。例如,可避免金属产品的铸模、切削、磨光等工序。

性能的可设计性是复合材料的最大特点。影响复合材料性能的因素很多,主要取决于增强材料的性能、含量及分布状况，基体材料的性能、含量，以及它们之间的界面结合情况，作为产品还与成型工艺和结构设计有关。因此，不论对哪一类复合材料，就是同一类复合材料的性能也不是一个定值，在此只给出主要性能。

1.3.1 聚合物基复合材料的主要性能

1. 比强度、比模量大

玻璃纤维复合材料有较高的比强度、比模量，而碳纤维、硼纤维、有机纤维增强的聚合物基复合材料的比强度如表 1-1 所示，相当于钛合金的 3～5 倍，它们的比模量相当于金属的 4 倍之多，这种性能可由纤维排列的不同而在一定范围内变动。

表 1-1　各种材料的比强度和比模量

材　　料	密　　度 (g/cm^3)	抗张强度 (10^3MPa)	弹性模量 (10^5MPa)	比强度 (10^7cm)	比模量 (10^9cm)
钢	7.8	1.03	2.1	0.13	0.27
铝　合　金	2.8	0.47	0.75	0.17	0.26
钛　合　金	4.5	0.96	1.14	0.21	0.25
玻璃纤维复合材料	2.0	1.06	0.4	0.53	0.20
碳纤维Ⅱ/环氧复合材料	1.45	1.50	1.4	1.03	0.97
碳纤维Ⅰ/环氧复合材料	1.6	1.07	2.4	0.67	1.5
有机纤维/环氧复合材料	1.4	1.4	0.8	1.0	0.57
硼纤维/环氧复合材料	2.1	1.38	2.1	0.66	1.0
硼纤维/铝复合材料	2.65	1.0	2.0	0.38	0.57

2. 耐疲劳性能好

金属材料的疲劳破坏常常是没有明显预兆的突发性破坏，而聚合物基复合材料中纤维与基体的界面能阻止材料受力所致裂纹的扩展。因此，其疲劳破坏总是从纤维的薄弱环节开始逐渐扩展到结合面上，破坏前有明显的预兆。大多数金属材料的疲劳强度极限是其抗张强度的 20%～50%，而碳纤维/聚酯复合材料的疲劳强度极限可为其抗张强度的 70%～80%。

3. 减震性好

受力结构的自振频率除与结构本身形状有关外，还与结构材料比模量的平方根成正比。复合材料比模量高，故具有高的自振频率。同时，复合材料界面具有吸振能力，使材料的振动阻尼很高。由试验得知：轻合金梁需 9s 才能停止振动时，而碳纤维复合材料梁只需 2.5s 就会停止同样大小的振动。

4. 过载时安全性好

复合材料中有大量增强纤维，当材料过载而有少数纤维断裂时，载荷会迅速重新分配到未破坏的纤维上，使整个构件在短期内不致于失去承载能力。

5. 具有多种功能性

① 耐烧蚀性好。聚合物基复合材料可以制成具有较高比热、熔融热和气化热的材料，以吸收高温烧蚀时的大量热能；

② 有良好的摩擦性能,包括良好的摩阻特性及减摩特性;

③ 高度的电绝缘性能;

④ 优良的耐腐蚀性能;

⑤ 有特殊的光学、电学、磁学的特性。

6. 有很好的加工工艺性

复合材料可采用手糊成型、模压成型、缠绕成型、注射成型和拉挤成型等各种方法制成各种形状的产品。

但是复合材料还存在着一些缺点,如耐高温性能、耐老化性能及材料强度一致性等有待于进一步研究提高。

1.3.2 金属基复合材料的主要性能

金属基复合材料的性能取决于所选用金属或合金基体和增强物的特性、含量、分布等。通过优化组合可以获得既具有金属特性,又具有高比强度、高比模量、耐热、耐磨等的综合性能。综合归纳金属基复合材料有以下性能特点。

1. 高比强度、高比模量

由于在金属基体中加入了适量的高强度、高模量、低密度的纤维、晶须、颗粒等增强物,明显提高了复合材料的比强度和比模量,特别是高性能连续纤维——硼纤维、碳(石墨)纤维、碳化硅纤维等增强物,具有很高的强度和模量。密度只有 1.85g/cm^3 的碳纤维的最高强度可达到 7 000MPa,比铝合金强度高出 10 倍以上,石墨纤维的最高模量可达 91GPa,硼纤维、碳化硅纤维密度为 $2.5 \sim 3.4 \text{ g/cm}^3$,强度为 3 000 ~ 4 500 MPa,模量为 350 ~ 450 GPa。加入 30% ~ 50% 高性能纤维作为复合材料的主要承载体,复合材料的比强度、比模量成倍地高于基体合金的比强度和比模量。图 1-1 所示为典型的金属基复合材料与基体合金性能的比较。

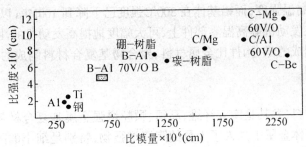

图 1-1　典型金属基复合材料与基体合金性能的比较

用高比强度、高比模量复合材料制成的构件重量轻、刚性好、强度高,是航天、航空技术领域中理想的结构材料。

2. 导热、导电性能

金属基复合材料中金属基体占有很高的体积百分比,一般在 60% 以上,因此仍保持金属所具有的良好导热和导电性。良好的导热性可以有效地传热,减少构件受热后产生的温度梯度,迅速散热,这对尺寸稳定性要求高的构件和高集成度的电子器件尤为重要。良好的导电性可以防止飞行器构件产生静电聚集的问题。

在金属基复合材料中采用高导热性的增强物还可以进一步提高金属基复合材料的导热系数,使复合材料的热导率比纯金属基体还高。为了解决高集成度电子器件的散热问题,现已研究成功的超高模量石墨纤维、金刚石纤维、金刚石颗粒增强铝基、铜基复合材料的导热率比纯铝、钢还高,用它们制成的集成电路底板和封装件可有效迅速地把热量散去,提高集成电路的可靠性。

3.热膨胀系数小、尺寸稳定性好

金属基复合材料中所用的增强物碳纤维、碳化硅纤维、晶须、颗粒、硼纤维等均具有很小的热膨胀系数,又具有很高的模量,特别是高模量、超高模量的石墨纤维具有负的热膨胀系数。加入相当含量的增强物不仅可以大幅度地提高材料的强度和模量,也可以使其热膨胀系数明显下降,并可通过调整增强物的含量获得不同的热膨胀系数,以满足各种工况要求。例如,石墨纤维增强镁基复合材料,当石墨纤维含量达到48%时,复合材料的热膨胀系数为零,即在温度变化时使用这种复合材料做成的零件不发生热变形,这对人造卫星构件特别重要。

通过选择不同的基体金属和增强物,以一定的比例复合在一起,可得到导热性好、热膨胀系数小、尺寸稳定性好的金属基复合材料。

4.良好的高温性能

由于金属基体的高温性能比聚合物高很多,增强纤维、晶须、颗粒在高温下又都具有很高的高温强度和模量,因此金属基复合材料具有比金属基体更高的高温性能,特别是连续纤维增强金属基复合材料,在复合材料中纤维起着主要承载作用,纤维强度在高温下基本不下降,纤维增强金属基复合材料的高温性能可保持到接近金属熔点,并比金属基体的高温性能高许多。如钨丝增强耐热合金,其1 100℃,100小时高温持久强度为207MPa,而基体合金的高温持久强度只有48MPa;又如石墨纤维增强铝基复合材料在500℃高温下,仍具有600MPa的高温强度,而铝基体在300℃强度已下降到100MPa以下。因此,金属基复合材料被选用在发动机等高温零部件上,可大幅度地提高发动机的性能和效率。总之,金属基复合材料制成的零、构件比金属材料、聚合物基复合材料制成的零、构件能在更高的温度条件下使用。

5.耐磨性好

金属基复合材料,尤其是陶瓷纤维、晶须、颗粒增强金属基复合材料具有很好的耐磨性。这是因为在基体金属中加入了大量的陶瓷增强物,特别是细小的陶瓷颗粒。陶瓷材料具有硬度高、耐磨、化学性能稳定的优点,用它们来增强金属不仅提高了材料的强度和刚度,也提高了复合材料的硬度和耐磨性。SiC/Al复合材料的高耐磨性在汽车、机械工业中有很广的应用前景,可用于汽车发动机、刹车盘、活塞等重要零件,能明显提高零件的性能和寿命。

6. 良好的疲劳性能和断裂韧性

金属基复合材料的疲劳性能和断裂韧性取决于纤维等增强物与金属基体的界面结合状态,增强物在金属基体中的分布以及金属、增强物本身的特性,特别是界面状态,最佳的界面结合状态既可有效地传递载荷,又能阻止裂纹的扩展,提高材料的断裂韧性。据美国宇航公司报道,C/Al复合材料的疲劳强度与拉伸强度比为0.7左右。

7. 不吸潮、不老化、气密性好

与聚合物相比，金属基性质稳定、组织致密，不存在老化、分解、吸潮等问题，也不会发生性能的自然退化，这比聚合物基复合材料优越，在空间使用不会分解出低分子物质污染仪器和环境，有明显的优越性。

总之，金属基复合材料所具有的高比强度、高比模量、良好的导热、导电性、耐磨性、高温性能、低的热膨胀系数、高的尺寸稳定性等优异的综合性能，使金属基复合材料在航天、航空、电子、汽车、先进武器系统中均具有广泛的应用前景，对装备性能的提高将发挥巨大作用。

1.3.3 陶瓷基复合材料的主要性能

陶瓷材料强度高、硬度大、耐高温、抗氧化，高温下抗磨损性好、耐化学腐蚀性优良，热膨胀系数和相对密度较小，这些优异的性能是一般常用金属材料、高分子材料及其复合材料所不具备的。但陶瓷材料抗弯强度不高，断裂韧性低，限制了其作为结构材料使用。当用高强度、高模量的纤维或晶须增强后，其高温强度和韧性可大幅度提高。最近，欧洲动力公司推出的航天飞机高温区用碳纤维增强碳化硅基体和用碳化硅纤维增强碳化硅基体所制造的陶瓷基复合材料，可分别在 1 700℃和 1 200℃下保持 20℃时的抗拉强度，并且有较好的抗压性能，较高的层间剪切强度；而断裂延伸率较一般陶瓷高，耐辐射效率高，可有效地降低表面温度，有极好的抗氧化、抗开裂性能。陶瓷基复合材料与其他复合材料相比发展仍较缓慢，主要原因一方面是制备工艺复杂，另一方面是缺少耐高温的纤维。

1.3.4 水泥基复合材料的主要性能

水泥混凝土制品在压缩强度、热能等方面具有优异的性能，但抗拉伸强度低，破坏前的许用应变小，通过用钢筋增强后，一直作为常用的建筑材料。但在钢筋混凝土制品中为了防止钢筋生锈，壁要加厚，质量也增大。而且钢筋混凝土的腐蚀一直是建筑业的一大难题。在水泥中引入高模量、高强度、轻质纤维或晶须增强混凝土，提高混凝土制品的抗拉性能，降低混凝土制品的重量，提高耐腐蚀性能。

复合材料的性能是根据使用条件进行设计的。但是使用温度和材料硬度方面，三类复合材料有着明显的区别。如树脂基复合材料的使用温度一般为 60~250℃；金属基复合材料为 400~600℃；陶瓷基复合材料为 1 000~1 500℃。复合材料的硬度主要取决于基体材料性能，一般陶瓷基复合材料硬度大于金属基复合材料，金属基复合材料硬度大于树脂基复合材料。

就力学性能而言，复合材料力学性能取决于增强材料的性能、含量和分布，取决于基体材料的性能和含量。它可以根据使用条件进行设计，从强度方面来讲，三类复合材料都可以获得较高的强度。

复合材料的耐自然老化性能，取决于基体材料性能和与增强材料的界面粘接。一般来讲其耐老化性能的优劣次序为：陶瓷基复合材料大于金属基复合材料，金属基复合材料大于树脂基复合材料。树脂基复合材料的耐自然老化性能也可以通过改进树脂配方、增加表面防护层等方法来提高和改善。

三类复合材料的导热性能的优劣比较为：金属基复合材料，50~65W/(m·K)；陶瓷基复合材料，0.7~3.5 W/(m·K)；树脂基复合材料，0.35~0.45 W/(m·K)。

复合材料的耐化学腐蚀性能是通过选择基体材料来实现的。一般来讲陶瓷基复合材料和树脂基复合材料的耐化学腐蚀性能比金属基复合材料优越。在树脂基复合材料中不同的树脂基体,其耐化学腐蚀性能也不相同。聚乙烯酯树脂较通用型聚酯树脂有较高的耐化学腐蚀性,有碱纤维较无碱纤维的耐酸介质性能好。

从生产工艺的难易程度和成本高低方面分析,树脂基复合材料生产工艺成熟,产品成本最低;金属基复合材料次之;陶瓷基复合材料工艺最复杂,产品成本也最高。但无机粘接剂复合材料的成型工艺与树脂基复合材料相似,且产品成本大大低于树脂基复合材料。

1.4 复合材料结构设计基础

近几十年复合材料技术的发展为科学家和工程师开辟了新的领域。复合材料应用范围迅速扩大,特别是先进复合材料在高性能结构上的应用,大大促进了复合材料力学、复合材料结构力学的迅速发展,进一步增强了复合材料结构设计能力。

复合材料本身是非均质、各向异性材料,因此,复合材料力学在经典非均质各向异性弹性力学基础上得到迅速发展。近几十年复合材料的应用,实现了先进复合材料在高性能结构上,从进行次承力构件设计,到现在按照复合材料特点进行主承力构件设计。

复合材料不仅是材料,更确切地说是结构,可以用纤维增强的层合结构为例来说明这个问题。从固体力学角度,不妨将其分为三个"结构层次":一次结构、二次结构、三次结构。所谓"一次结构"是指由基体和增强材料复合而成的单层材料,其力学性能决定于组分材料的力学性能、相几何(各相材料的形状、分布、含量)和界面区的性能;所谓"二次结构"是指由单层材料层合而成的层合体,其力学性能决定于单层材料的力学性能和铺层几何(各单层的厚度、铺设方向、铺层序列);"三次结构"是指通常所说的工程结构或产品结构,其力学性能决定于层合体的力学性能和结构几何。

复合材料力学是复合材料结构力学的基础,也是复合材料结构设计的基础。复合材料力学主要是在单层板和层合板这两个结构层次上展开的,研究内容可以分为微观力学和宏观力学两大部分。微观力学主要研究纤维、基体组分性能与单向板性能的关系,宏观力学主要研究层合板的刚度与强度分析、温湿环境的影响等。

将单层复合材料作为结构来分析,必须承认材料的多相性,以研究各相材料之间的相互作用。这种研究方法称为"微观力学"方法。犹如在显微镜视野中分辨出了材料的微观非均质性,运用非均质力学的手段尽可能准确地描述各相中的真实应力场和应变场,以预测复合材料的宏观力学性能。微观力学总是在某些假定的基础上建立起分析模型以模拟复合材料,所以微观力学的分析结果必须用宏观试验来验证。微观力学因不能顾及不胜枚举的各种影响因素而总带有一定的局限性。但是,微观力学毕竟是在一次结构这个相对细微的层次上来分析复合材料的,所以它在解释机理,发掘材料本质,特别是在提出改进和正确使用复合材料的方案方面是十分重要的。

在研究单层复合材料时,也可以假定材料是均匀的,而将各相材料的影响仅仅作为复合材料的平均表现性能来考虑,这种研究方法称为"宏观力学"方法。在宏观力学中,应力、应变均定义在宏观尺度上,亦即定义在比各相特征尺寸大得多的尺度上。这样定义应力和应变称为宏观应力和宏观应变,它们既不是基体相的应力和应变,也不是增强相的应力和应变,而是在宏观尺度上的某种平均值。相应地,材料的各类参数也定义在宏观尺度上,这样定义的材料参数称为"表观参数"。在宏观力学中,各类材料参数只能靠宏观试验来获得。宏观力学方法较之微观力学方法显然粗糙得多。但是,由于宏观力学始终以试验结果作为根据,所以它的实用性和可靠性反而比微观力学强得多。因此,不能说宏观力学更好,或者说微观力学更好,事实上,它们是互相补充的。

将层合复合材料作为结构来分析,必须承认材料在板厚度方向的非均质性,亦即承认层合板是由若干单层板所构成这一事实,由此发展起来的理论称为"层合理论"。该理论以单层复合材料的宏观性能作为依据,以非均质力学的手段来研究层合复合材料的性能,它属于宏观力学范围。

工程结构的分析属于复合材料结构力学的范畴。目前复合材料结构力学以纤维增强复合材料层压结构为研究对象。复合材料结构力学的主要研究内容包括:层合板和层合壳结构的弯曲、屈曲与振动问题,以及耐久性、损伤容限、气动弹性剪裁、安全系数与许用值、验证试验和计算方法等问题。

复合材料设计也可分为三个层次:单层材料设计、铺层设计、结构设计。单层材料设计包括正确选择增强材料、基体材料及其配比,该层次决定单层板的性能;铺层设计包括对铺层材料的铺层方案做出合理安排,该层次决定层合板的性能;结构设计则最后确定产品结构的形状和尺寸。这三个设计层次互为前提、互相影响、互相依赖。因此,复合材料及其结构的设计打破了材料研究和结构研究的传统界限。设计人员必须把材料性能和结构性能一起考虑,换言之,材料设计和结构设计必须同时进行,并将它们统一在同一个设计方案中。

从分析的角度而言,复合材料与惯用的均质各向同性材料的差别主要是它的各向异性和非均质性。这种差别是属于物理方面的。我们知道,各向同性材料,独立的弹性常数只有两个:弹性模量 E、泊松比 γ(或剪切模量 G)。对于各向异性材料,独立的弹性常数增加了。譬如图 1-2(c) 所示的单层板,在面内有两个材料主方向:纤维方向(纵向 L)和垂直纤维方向(横向 T)。在 L-T 坐标系

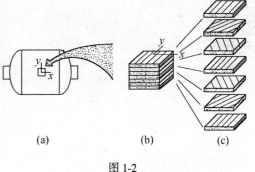

图 1-2

中,单层板独立的弹性常数有四个:纵向弹性模量 E_L、横向弹性模量 E_T、纵横向泊松比(或横纵向泊松比)、纵横向剪切模量 G_{LT},表现出明显的正交异性特点。在材料的非主方向坐标系中,正应力会引起剪应变,剪应力会引起线应变,这种现象称为交叉效应,这是各向同性材料所没有的。对于各向同性材料,强度与方向无关,但是对于各向异性材料,强度随方向不同而异。上述单层板在其面内就有五个基本强度:纵向拉伸强度 F_L、纵向压缩强度 F_{Lc}、横向拉伸强度 F_{Tt}、横向压缩强度 F_{Tc}、纵横向剪切强度 F_{LT}。其他物理-力学性能也是各向异性的,比如热性能,单层板的纵向热膨胀系数 α_L 和横向热膨胀系数 α_L 也是不同的。总之,单层板的各类参数都是方向的函数。在复合材料力学中,各类参数的坐

标转换关系经常会遇到,因此,熟悉它们并能熟练地运用它们是十分重要的。层合板厚度方向的非均质性会造成层合结构的一个特有现象:耦合效应。所谓耦合效应,是在小变形情况下,面内内力会引起平面变形,内力矩也会引起面内变形。如何避免或者利用耦合效应,也是一个重要课题。复合材料结构设计是以复合材料力学分析理论和结构分析理论为基础的,三者有机统一,不可分割。

第二章 复合材料的基体材料

2.1 金属材料

金属基复合材料学科是一门相对较新的材料学科,涉及材料表面、界面、相变、凝固、塑性形变、断裂力学等,仅有30余年的发展历史。金属基复合材料的发展与现代科学技术和高技术产业的发展密切相关,特别是航天、航空、电子、汽车以及先进武器系统的迅速发展,对材料提出了更高的性能要求。除了要求材料具有一些特殊的性能外,还要具有优良的综合性能,有力地促进了先进复合材料的迅速发展。如航天技术和先进武器系统的迅速发展,对轻质高强结构材料的需求十分强烈。由于航天装置越来越大,结构材料的结构效率变得更为重要。宇航构件的结构强度、刚度随构件线性尺寸的平方增加,而构件的重量随线性尺寸的立方增加,为了保持构件的强度和刚度就必须采用高比强度、高比刚度和轻质高性能结构材料。又如电子技术的迅速发展,大规模集成电路器件的发展,集成度越来越高,功率也越来越大,器件的散热成为阻碍集成电路迅速发展的关键,需要热膨胀系数小、导热系数高的电子封装材料。

单一的金属、陶瓷、高分子等工程材料均难以满足这些迅速发展的性能的要求。为了克服单一材料性能上的局限性,充分发挥各种材料特性,弥补其不足,人们已越来越多地根据零、构件的功能要求和工况条件,设计和选择两种或两种以上化学、物理性能不同的材料按一定的方式、比例、分布结合成复合材料,充分发挥各组成材料的优良特性,弥补其短处,使复合材料具有单一材料所无法达到的特殊和综合性能,以满足各种特殊和综合性能需求。如用高强度、高模量的硼纤维、碳(石墨)纤维增强铝基、镁基复合材料,既保留了铝、镁合金的轻质、导热、导电性,又充分发挥增强纤维的高强度、高模量,获得高比强度、高比模量、导热、导电、热膨胀系数小的金属基复合材料。这种材料在航天飞机和人造卫星构件上应用,取得了巨大成功。B/Al复合材料管材用于航天飞机主仓框架,降低重量44%。Gr/Mg复合材料用于人造卫星抛物面无线骨架,使无线效率提高539%。基体材料是金属基复合材料的主要组成,起着固结增强物、传递和承受各种载荷(力、热、电)的作用。基体在复合材料中占有很大的体积百分数。在连续纤维增强金属基复合材料中基体约占50%～70%的体积,一般占60%左右最佳。颗粒增强金属基复合材料中根据不同的性能要求,基体含量可在90%～40%范围内变化。多数颗粒增强金属基复合材料的基体约占80%～90%。而晶须、短纤维增强金属基复合材料基体含量在70%以上,一般在80%～90%。金属基体的选择对复合材料的性能有决定性的作用,金属基体的密度、强度、塑性、导热、导电性、耐热性、抗腐蚀性等均将影响复合材料的比强度、比刚度、耐高温、导热、导电等性能。因此在设计和制备复合材料时,需充分了解和考虑金属基体的化学、物理特性以及与增强物的相容性等,以便于正确合理地选择基体材料和制备方法。

2.1.1　选择基体的原则

金属与合金的品种繁多,目前用作金属基复合材料的金属有铝及铝合金、镁合金、钛合金、镍合金、铜与铜合金、锌合金、铅、钛铝、镍铝金属间化合物等。基体材料成分的正确选择对能否充分组合和发挥基体金属和增强物性能特点,获得预期的优异综合性能满足使用要求十分重要。在选择基体金属时应考虑以下几方面。

1.金属基复合材料的使用要求

金属基复合材料构(零)件的使用性能要求是选择金属基体材料最重要的依据。在宇航、航空、先进武器、电子、汽车技术领域和不同的工况条件对复合材料构件的性能要求有很大的差异。在航天、航空技术中高比强度、比模量、尺寸稳定性是最重要的性能要求。作为飞行器和卫星构件宜选用密度小的轻金属合金——镁合金和铝合金作为基体,与高强度、高模量的石墨纤维、硼纤维等组成石墨/镁、石墨/铝、硼/铝复合材料,可用于航天飞行器、卫星的结构件。

高性能发动机则要求复合材料不仅有高比强度、比模量性能,还要求复合材料具有优良的耐高温性能,能在高温、氧化性气氛中正常工作。一般的铝、镁合金就不宜选用,而需选择钛基合金、镍基合金以及金属间化合物作基体材料。如碳化硅/钛、钨丝/镍基超合金复合材料可用于喷气发动机叶片、转轴等重要零件。

在汽车发动机中要求其零件耐热、耐磨、导热、一定的高温强度等,同时又要求成本低廉,适合于批量生产,则选用铝合金作基体材料与陶瓷颗粒、短纤维组成颗粒(短纤维)/铝基复合材料。如碳化硅/铝复合材料、碳纤维、氧化铝/铝复合材料可制作发动机活塞、缸套等零件。

工业集成电路需要高导热、低膨胀的金属基复合材料作为散热元件和基板。选用具有高导热率的银、铜、铝等金属为基体与高导热性、低热膨胀的超高模量石墨纤维、金刚石纤维、碳化硅颗粒复合成具有低热膨胀系数和高导热率、高比强度、比模量等性能的金属基复合材料,可能成为解决高集成电子器件的关键材料。

2.金属基复合材料组成特点

由于增强物的性质和增强机理的不同,在基体材料的选择原则上有很大差别。对于连续纤维增强金属基复合材料,纤维是主要承载物体,纤维本身具有很高的强度和模量,如高强度碳纤维最高强度已达到 7 000MPa,超高模量石墨纤维的弹性模量已高达 900GPa,而金属基体的强度和模量远远低于纤维的性能,因此,在连续纤维增强金属基复合材料中基体的主要作用应是以充分发挥增强纤维的性能为主,基体本身应与纤维有良好的相容性和塑性,而并不要求基体本身有很高的强度,如碳纤维增强铝基复合材料中纯铝或含有少量合金元素的铝合金作为基体比高强度铝合金要好得多,高强度铝合金做基体组成的复合材料性能反而低。在研究碳铝复合材料基体合金优化过程中,发现铝合金的强度越高,复合材料的性能越低,这与基体与纤维的界面状态、脆性相的存在、基体本身的塑性有关,图 2-1 为不同铝合金和复合材料性能的对应关系。

但对于非连续增强(颗粒、晶须、短纤维)金属基复合材料,基体是主要承载物,基体的强度对非连续增强金属基复合材料具有决定性的影响。因此要获得高性能的金属基复合

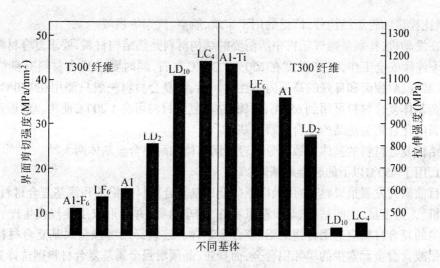

图 2-1 不同铝合金性能与复合材料性能比较

材料必须选用高强度的铝合金为基体,这与连续纤维增强金属基复合材料基体的选择完全不同。如颗粒增强铝基复合材料一般选用高强度的铝合金为基体,如 A365,6061,7075 等高强铝合金。

总之,针对不同的增强体系,要充分分析和考虑增强物的特点来正确选择基体合金。

3.基体金属与增强物的相容性

由于金属基复合材料需要在高温下成型,所以在金属基复合材料制备过程中金属基体与增强物在高温复合过程中,处于高温热力学不平衡状态下的纤维与金属之间很容易发生化学反应,在界面形成反应层。这种界面反应层大多是脆性的,当反应层达到一定厚度后,材料受力时将会因界面层的断裂伸长小而产生裂纹,并向周围纤维扩展,容易引起纤维断裂,导致复合材料整体破坏。再者,由于基体金属中往往含有不同类型的合金元素,这些合金元素与增强物的反应程度不同,反应后生成的反应产物也不同,需在选用基体合金成分时充分考虑,尽可能选择既有利于金属与增强物浸润复合,又有利于形成合适稳定的界面的合金元素。如碳纤维增强铝基复合材料中在纯铝中加入少量的 Ti,Zr 等元素明显改善了复合材料的界面结构和性质,大大提高了复合材料的性能。

铁、镍等元素是促进碳石墨化的元素,用铁、镍作为基体,碳(石墨)纤维作为增强物是不可取的。铁、镍元素在高温时能有效地促使碳纤维石墨化,破坏了碳纤维的结构,使其丧失了原有的强度,做成的复合材料不可能具备高的性能。

因此,在选择基体时应充分注意与增强物的相容性(特别是化学相容性),并考虑到尽可能在金属基复合材料成型过程中,抑制界面反应。例如,可对增强纤维进行表面处理或在金属基体中添加其他成分,以及选择适宜的成型方法或条件缩短材料在高温下的停留时间等。

2.1.2 结构复合材料的基体

用于各种航天、航空、汽车、先进武器等结构件的复合材料一般均要求有高的比强度和比刚度,有高的结构效率,因此大多选用铝及铝合金、镁及镁合金作为基体金属。目前研究发展较成熟的金属基复合材料主要是铝基、镁基复合材料,用它们制成各种高比强度、高比模量的轻型结构件,广泛的用于宇航、航空、汽车等领域。

在发动机,特别是燃气轮机中所需要的结构材料是热结构材料,要求复合材料零件在高温下连续安全工作,工作温度在 650～1 200℃左右,同时要求复合材料有良好的抗氧化、抗蠕变、耐疲劳和良好的高温力学性质。铝、镁复合材料一般只能用在 450℃左右,而钛合金基体复合材料可用到 650℃,而镍、钴基复合材料可在 1 200℃使用。最近正在研究的金属间化合物为热结构复合材料的基体。

结构复合材料的基体大致可分为轻金属基体和耐热合金基体两大类。

1.用于 450℃以下的轻金属基体

目前研究发展最成熟、应用最广泛的金属基复合材料是铝基和镁基复合材料,用于航天飞机、人造卫星、空间站、汽车发动机零件、刹车盘等,并已形成工业规模生产。对于不同类型的复合材料应选用合适的铝、镁合金基体。连续纤维增强金属基复合材料一般选用纯铝或含合金元素少的单相铝合金,而颗粒、晶须增强金属基复合材料则选择具有高强度的铝合金。常用的铝合金、镁合金的成分和性能列于表 2-1 中。

表 2-1 各种牌号铝、镁合金的成分和性能

合金牌号	主 要 成 分 （%）						密度 g/cm³	热膨胀系数 ×10⁻⁶K⁻¹	导热率 W/(m·℃)	抗拉强度 MPa	模量 MPa
	Al	Mg	Si	Zn	Cu	Mn					
工业纯铝 Al3	99.5		0.8		0.016		2.6	22～25.6	218～226	60～108	70
LF6	余量	5.8～6.8				0.5～0.8	9.64	22.8	117	330～360	66.7
LY12	余量	1.2～1.8			3.8～4.9	0.3～0.9	2.8	22.7	121～198	172～549	68～71
LC4	余量	1.8～2.8		5～7	1.4～2.0	0.2～0.6	2.85	28.1	155	209～618	66～71
LD2	余量	0.45～0.9	0.5～1.2		0.2～0.6		2.7	23.5	155～176	347～679	70
LD10	余量	0.4～0.8	0.6～1.2		3.9～4.8	0.4～1.0	2.3	22.5	159	411～504	71
ZL101	余量	0.2～0.4	6.5～7.5	0.3	0.2	0.5	2.66	23.0	155	165～275	69
ZL104	余量	0.17～0.3	8.0～10.5				2.65	21.7	147	255～275	69
MB2	0.6～0.4	余量		0.2～0.8		0.15～0.5	1.78	26	96	245～264	40
MB15		余量		5.0～6.0			1.83	20.9	121	326～340	44
ZM5	7.5～9.0	余量		0.2～0.8		0.15～0.5	1.81	26.8	78.5	157～254	41
ZM8		余量		5.5～6.0			1.89	26.5	109	310	42

2.用于 450～700℃的复合材料的金属基体

钛合金具有相对密度小、耐腐蚀、耐氧化、强度高等特点,是一种可在 450～700℃温度下使用的合金,在航空发动机等零件上使用。用高性能碳化硅纤维、碳化钛颗粒、硼化钛颗粒增强钛合金,可以获得更高的高温性能。美国已成功地试制成碳化硅纤维增强钛复合材料,用它制成的叶片和传动轴等零件可用于高性能航空发动机。

现已用于钛基复合材料的钛合金的成分和性能如表 2-2 所示。

表 2-2　钛合金的成分和性能

合金牌号	主要成分（%）						密度 g/cm³	热膨胀系数 ×10⁻⁶K⁻¹	导热率 W/(m·℃)	抗拉强度 MPa	模量 MPa
	Mo	Al	V	Cr	Zr	Ti					
工业纯钛 TA1						余量	4.51	8.0	16.3	345~685	100
TC1		1.0~2.5				余量	4.55	8.0	10.2	411~753	118
TC3		4.5~6.0	3.5~4.5			余量	4.45	8.4	8.4	991	118
TC11	2.8~3.8	5.8~7.0			0.3~2.0	余量	4.48	9.3	6.3	1080~1225	123
TB2	4.8~5.8	2.5~3.5	4.8~5.8	7.5~8.5		余量	4.83	8.5	8.9	912~961	110
ZTC4		5.5~6.8	3.5~4.5			余量	4.40	8.9	8.6	940	114

3.用于 1 000℃以上的高温复合材料的金属基体

用于 1 000℃以上的高温金属基复合材料的基体材料主要是镍基、铁基耐热合金和金属间化合物,较成熟的是镍基、铁基高温合金。金属间化合物基复合材料尚处于研究阶段。镍基高温合金是广泛使用于各种燃气轮机的重要材料。用钨丝、钍钨丝增强镍基合金可以大幅度提高其高温性能——高温持久性能和高温蠕变性能,一般可提高 1~3 倍,主要用于高性能航空发动机叶片等重要零件。用作高温金属基复合材料的基体合金的成分和性能列于表 2-3 中。

表 2-3　高温金属基复合材料的基体合金成分和性能

基 体 合 金 及 成 分	密度 g/cm³	持久强度 MPa 1100℃ 100h	高温比强度 m×10³ 1100℃ 100h
Zh36 Ni-12.5-7W-4.8Mo-5Al-2.5Ti	12.5	138	112.5
EPD-16 Ni-11W-6Al/6Cr-2Mo-1.5Nb	8.3	51	63.5
Nimocast713 C Ni-12.5Cr-2.5Fe/2Nb-4Mo-6Al-1Ti	8.0	48	61.3
Mar-M322E Co-21.5Cr-25W-10Ni-3.5Ta-0.8Ti		48	
Ni-35W-15Cr-2Al-2Ti	9.15	23	25.4

金属基化合物、铌合金等金属现也正在作为更高温度下使用的金属基复合材料基体被研究。

2.1.3　功能用金属基复合材料的基体

功能用金属基复合材料随着电子、信息、能源、汽车等工业技术的不断发展,越来越受到各方面的重视,面临广阔的发展前景。这些高技术领域的发展要求材料和器件具有优良的综合物理性能,如同时具有高力学性能、高导热、低热膨胀、高导电率、高抗电弧烧蚀性、高摩擦系数和耐磨性等。单靠金属与合金难以具有优良的综合物理性能,而要靠优化设计和先进制造技术将金属与增强物做成复合材料来满足需求。例如,电子领域的集成电路,由于电子器件的集成度越来越高,单位体积中的元件数不断增多,功率增大,发热严重,需用热膨胀系数小、导热性好的材料做基板和封装零件,以便将热量迅速传走,避免产生热应力,来提高器件可靠性。又如汽车发动机零件要求耐磨、导热性好、热膨胀系数适当等,这些均可通过材料的组合设计来达到。

由于工况条件不同,所需用的材料体系和基体合金也不同,目前已有应用的功能金属基复合材料(不含双金属复合材料)主要用于微电子技术的电子封装,用于高导热、耐电弧烧蚀的集电材料和触头材料,耐高温摩擦的耐磨材料,耐腐蚀的电池极板材料等。主要选用的金属基体是纯铝及铝合金、纯铜及铜合金、银、铅、锌等金属。

用于电子封装的金属基复合材料有:高碳化硅颗粒含量的铝基(SiCp/Al)、铜基(SiCp/Cu)复合材料,高模、超高模石墨纤维增强铝基(Gr/Al)、铜基(Gr/Cu)复合材料,金刚石颗粒或多晶金刚石纤维铝、铜复合材料,硼/铝复合材料等,其基体主要是纯铝和纯铜。

用于耐磨零部件的金属基复合材料有:碳化硅、氧化铝、石墨颗粒、晶须、纤维等增强铝、镁、铜、锌、铅等金属基复合材料,所用金属基体主要是常用的铝、镁、锌、桐、铅等金属及合金。

用于集电和电触头的金属基复合材料有:碳(石墨)纤维、金属丝、陶瓷颗粒增强铝、铜、银及合金等。

功能用金属基复合材料所用的金属基体均具有良好的导热、导电性和良好的力学性能,但有热膨胀系数大、耐电弧烧蚀性差等缺点。通过在这些基体中加入合适的增强物就可以得到优异的综合物理性能,满足各种特殊需要。如在纯铝中加入导热性好、弹性模量大、热膨胀系数小的石墨纤维、碳化硅颗粒就可使这类复合材料具有很高的导热系数(与纯铝、铜相比)和很小的热膨胀系数,满足了集成电路封装散热的需要。

随着功能金属基复合材料研究的发展,将会出现更多品种。

2.2 无机胶凝材料

2.2.1 概　述

无机胶凝材料主要包括水泥、石膏、菱苦土和水玻璃等。在无机胶凝材料基增强塑料中,研究和应用最多的是纤维增强水泥基增强塑料。它是以水泥净浆、砂浆或混凝土为基体,以短切纤维或连续纤维为增强材料组成的。用无机胶凝材料作基体制成纤维增强塑料尚是一种处于发展阶段的新型结构材料,其长期耐久性尚待进一步提高,其成型工艺尚待进一步完善,其应用领域有待进一步开发。

2.2.2 水泥基体材料

1. 水泥基体材料的特征

与树脂相比水泥基体有如下特征:

(1)水泥基体为多孔体系,其孔隙尺寸可由十分之几纳米到数十纳米。孔隙存在不仅会影响基体本身的性能,也会影响纤维与基体的界面粘接。

(2)纤维与水泥的弹性模量比不大,因水泥的弹性模量比树脂的高,对多数有机纤维而言,与水泥的弹性模量比甚至小于1,这意味着在纤维增强水泥复合材料中应力的传递效应远不如纤维增强树脂。

(3)水泥基材的断裂延伸率较低,仅是树脂基材的 $1/10 \sim 1/20$,故在纤维尚未从水泥基材中拔出拉断前,水泥基材即行开裂。

(4)水泥基材中含有粉末或颗粒状的物料,与纤维呈点接触,故纤维的掺量受到很大限制。树脂基体在未固化前是粘稠液体,可较好地浸透纤维中,故纤维的掺量可高些。

(5)水泥基材呈碱性,对金属纤维可起保护作用,但对大多数矿物纤维是不利的。

水泥基体与增强用纤维性能比较见表 2-4。

表 2-4　几种增强水泥基体用纤维和水泥性能比

纤维名称	容积密度 (g/cm^3)	抗拉强度 (MPa)	弹性模量 (MPa)	极限延伸率 (%)
低碳钢纤维	7.8	2000	200	3.5
不锈钢纤维	7.8	2100	160	3.0
漏石棉纤维	2.6	$500 \sim 1\,800$	$150 \sim 170$	$2.0 \sim 3.0$
青石棉纤维	3.4	$700 \sim 2\,500$	$170 \sim 200$	$2.0 \sim 3.0$
抗碱玻璃纤维	2.7	$1\,400 \sim 2\,500$	$70 \sim 80$	$2.0 \sim 3.5$
中碱玻璃纤维	2.6	$1\,000 \sim 2\,000$	$60 \sim 70$	$3.0 \sim 4.0$
无碱玻璃纤维	2.54	$3\,000 \sim 3\,500$	$72 \sim 77$	$3.6 \sim 4.8$
高模量纤维	1.9	$1\,800$	380	0.5
聚丙烯单丝	1.9	$2\,600$	230	1.0
Kevlar-49	1.45	$2\,900$	133	2.1
Kevlar-29	1.44	$2\,900$	69	4.0
尼龙单丝	1.1	900	4	$13.0 \sim 15.0$
基体材料				
水泥净浆	$2.0 \sim 2.2$	$3 \sim 6$	$10 \sim 25$	$0.01 \sim 0.05$
水泥砂浆	$2.2 \sim 2.3$	$2 \sim 4$	$25 \sim 35$	$0.005 \sim 0.015$
水泥混凝土	$2.3 \sim 2.46$	$1 \sim 4$	$30 \sim 40$	$0.01 \sim 0.02$

2.水泥基体的水化机理

水泥水化过程是相当复杂的,其物理化学变化是多种多样的。这里仅以模型的形式综合论述水泥水化机理。

在硅酸盐熟料中,硅酸盐矿物硅酸三钙(简写 C_3S)、硅酸二钙(简写 C_2S)约占 75%,铝酸三钙(简写 C_3A)和铁铝酸四钙(简写 C_4AF)的固溶体约占 20%,硅酸三钙和硅酸二钙的主要水化反应产物是水化硅酸钙与氢氧化钙,即 $Ca(OH)_2$ 的晶体。

两种硅酸盐的水化反应可大致用下式表示

$$3CaO \cdot SiO_2 + nH_2O \Longrightarrow x \cdot CaO \cdot SiO_2 \cdot yH_2O + (3-x)Ca(OH)_2 \tag{1}$$

$$2CaO \cdot SiO_2 + mH_2O \Longrightarrow xCaO \cdot SiO_2 \cdot yH_2O + (2-x)Ca(OH)_2 \tag{2}$$

CSH(1)式型在早期的水泥石中占主要,系由熟料粒子向外辐射的针、刺、柱、管状的晶体,长约 0.5~2μm,宽一般小于 0.2μm,向末端变细,常在尖端有分叉。

CSH(2)式型与 CSH(1)式型往往同时出现,粒子互相啮合成网络状。CSH(2)式型以集合体出现,粒径小于 0.3μm,是不规则的等大粒子。Ca(OH)₂ 早期大量生成,初生成时,为六角形的薄片,宽度由几十微米到 100 多微米,以后逐渐增厚并失去六角形轮廓。Ca(OH)₂ 晶体与水化硅酸钙交叉在一起,对水泥石的强度及其与集料颗粒、纤维的胶结起着主要作用。CSH 纤维状晶体,在水泥石长期水化中,仍继续存在,并且还可发育生长,有的可长达几十微米。长纤维网络起着改善水泥石本身强度和变形的作用。

水泥中的铁铝酸盐相在水化时,可生成形态与结晶完全不同的三种水化产物:"钙矾石"、"单硫相"和"水化石榴石的固溶体"。

由于硅酸盐水泥水化过程中产生大量 Ca(OH)₂,故其水泥石孔隙液相的 pH 值很高,一般在 12.5~13.0。

硫铝酸盐熟料的主要矿物成分为无水硫铝酸钙[$3CaO \cdot 3Al_2O_3 \cdot CaSO_4$,简写 $C_4A_3(SO_3)$]与 $\beta - C_2S$。当 85%~90% 的硫铝酸盐熟料与 10%~15% 的二水石膏粉磨可得硫铝酸盐早强水。在水化时,无水硫酸钙与二水石膏反应生成钙矾石与铝胶(AH_3),其反应式如下:

$$3CaO \cdot 3Al_2O_3 \cdot CaSO_4 + 2CaSO_4 \cdot 2H_2O + 34H_2O \longrightarrow$$

$$3CaO \cdot Al_2O_3 \cdot 3CaSO_4 \cdot 32H_2O + 2Al_2O_3 \cdot 3H_2O$$

另外,Ca(OH)₂ 与铝胶、二水石膏反应生成钙矾石,其反应式如下

$$3Ca(OH)_2 + Al_2O_3 \cdot 3H_2O + CaSO_4 \cdot 2H_2O \longrightarrow$$

$$2CaO \cdot Al_2O_3 \cdot 3CaSO_4 \cdot 32H_2O$$

由于硫铝酸盐早强水泥中的石膏含量不足,故全部 Ca(OH)₂ 被结合生成钙矾石,因此,这种水泥硬化体孔隙中液相的 pH 值为 11.5 左右。

硫铝酸盐低碱水泥是由 30%~40% 的硫铝酸盐熟料与 30%~70% 的硬石膏制成的。由于此种水泥的石膏含量较高,故 $\beta - 2CaO \cdot SiO_2$ 水化生成的 Ca(OH)₂,几乎皆可与铝胶、石膏反应生成钙矾石,故使硬化体孔隙中液相 pH 值只有 10.5 左右。

在各种水泥水化生成物中,只有钙矾石的孔隙液相的 pH 值是最低的,因此,到目前为止,硫铝酸盐型低碱水泥是水硬性胶凝材料中碱度最低的一种。

2.2.3 氯氧镁水泥

氯氧镁水泥基复合材料是以氯氧镁水泥为基体,以各种类型的纤维增强材料及不同外加剂所组成,用一定的加工方法复合而成的一种多相固体材料,隶属于无机胶凝材料基复合材料。它具有质量轻、强度高、不燃烧、成本低和生产工艺简单等优点。

氯氧镁水泥,也称镁水泥,至今已有 120 多年的历史。它是 $MgO - MgCl_2 - H_2O$ 三元体系。多年来因其水化物的耐水性较差,限制了它的开发和应用。近年来,人们通过研究,在配方中引入不同类型的抗水性外加剂,改进生产工艺,使其抗水性大幅度提高,使得氯氧镁水泥复合材料从单一轻型屋面材料,发展到复合地板、玻璃瓦、浴缸和风管等多种制品。

氯氧镁水泥中的主要成分为菱苦土(MgO),它是菱镁矿石经 800~850℃ 煅烧而成的

一种气硬性胶凝材料。我国菱镁矿资源蕴藏丰富,截止 1986 年底统计,我国菱镁矿勘查储量达 28 亿吨,占世界储量的 30%。主要分布在辽宁、山东、四川、河北、新疆等地,其中辽宁约占全国储量的 35%。开发利用这一巨大的资源优势,对于推动 GRc 复合材料的发展将起到不可估量的作用。

目前,镁水泥复合材料广泛采用的是玻璃纤维、石棉纤维和木质纤维增强材料,为改善制品性能还填加各种粉状填料(如滑石粉、二氧化硅粉等)及抗水性外加剂。其生产方法,根据所用纤维材料的形式不同而异,有铺网法(即用玻璃纤维网格布增强水泥砂浆)、喷射法(即用连续纤维切短后与水泥砂浆同时喷射到模具中)、预拌法(即短切纤维与水泥砂浆通过机械搅拌混合后,浇注到模具中)。

2.3 陶瓷材料

传统的陶瓷是指陶器和瓷器,也包括玻璃、水泥、搪瓷、砖瓦等人造无机非金属材料。由于这些材料都是以含二氧化硅的天然硅酸盐矿物质,如粘土、石灰石、砂子等为原料制成的,所以陶瓷材料也是硅酸盐材料。随着现代科学技术的发展,出现了许多性能优异的新型陶瓷,它们不仅含有氧化物,还有碳化物、硼化物和氮化物等。

陶瓷是金属和非金属元素的固体化合物,其键合为共价键或离子键,与金属不同,它们不含有大量电子。一般而言,陶瓷具有比金属更高的熔点和硬度,化学性质非常稳定,耐热性、抗老化性皆佳。通常陶瓷是绝缘体,在高温下也可以导电,但比金属导电性差得多。虽然陶瓷的许多性能优于金属,但它也存在致命的弱点,即脆性强,韧性差,很容易因存在裂纹、空隙、杂质等细微缺陷而破碎,引起不可预测的灾难性后果,因而大大限制了陶瓷作为承载结构材料的应用。

近年来的研究结构表明,在陶瓷基体中添加其他成分,如陶瓷粒子、纤维或晶须,可提高陶瓷的韧性。粒子增强虽能使陶瓷的韧性有所提高,但效果并不显著。40 年代,美国电话系统常常发生短路故障,检查发现在蓄电池极板表面出现一种针状结晶物质。进一步的研究结果表明,这种结晶与基体极板金属结晶相似,但强度和模量都很高,并呈胡须状,故命名晶须。最常用的晶须是碳化键晶须,其强度大,容易掺混在陶瓷基体中,已成功地用于增强多种陶瓷。

用作基体材料使用的陶瓷一般应具有优异的耐高温性质、与纤维或晶须之间有良好的界面相容性以及较好的工艺性能等。常用的陶瓷基体主要包括玻璃、玻璃陶瓷、氧化物陶瓷、非氧化物陶瓷等。

2.3.1 玻 璃

玻璃是通过无机材料高温烧结而成的一种陶瓷材料。与其他陶瓷材料不同,玻璃在熔体后不经结晶而冷却成为坚硬的无机材料,即具有非晶态结构是玻璃的特征之一。在玻璃坯体的烧结过程中,由于复杂的物理化学反应产生不平衡的酸性和碱性氧化物的熔融液相,其粘度较大,并在冷却过程中进一步迅速增大。一般当粘度增大到一定程度(约 10^{12} Pa·s)时,熔体硬化并转变为具有固体性质的无定形物体即玻璃。此时相应的温度称为玻璃化转变温度(T_g)。当温度低于 T_g 时,玻璃表现出脆性。加热时玻璃熔体的粘度降低,在达到某一粘度(约 $10^8Pa\cdot s$)所对应的温度时,玻璃显著软化,这一温度称为软化温度(T_f)。T_g 和 T_f 的高低主要取决于玻璃的成分。

2.3.2 玻璃陶瓷

许多无机玻璃可以通过适当的热处理使其由非晶态转变为晶态,这一过程称为反玻璃化。由于反玻璃化使玻璃成为多晶体,透光性变差,而且因体积变化还会产生内应力,影响材料强度,所以通常应当避免发生反玻璃化过程。但对于某些玻璃,反玻璃化过程可以控制,最后能够得到无残余应力的微晶玻璃,这种材料称为玻璃陶瓷。为了实现反玻璃化,需要加入成核剂(如 TiO_2)。玻璃陶瓷具有热膨胀系数小、力学性能好和导热系数较大等特点,玻璃陶瓷基复合材料的研究在国内外都受到重视。

2.3.3 氧化物陶瓷

作为基体材料使用的氧化物陶瓷主要有 Al_2O_3,MgO,SiO_2,ZrO_2,莫来石(即富铝红柱石,化学式为 $3Al_2O_3\cdot 2SiO_2$)等,它们的溶点在 2 000℃以上。氧化物陶瓷主要为单相多晶结构,除晶相外,可能还含有少量气相(气孔),微晶氧化物的强度较高,粗晶结构时,晶界面上的残余应力较大,对强度不利,氧化物陶瓷的强度随环境温度升高而降低,但在1 000℃以下降低较小。这类陶瓷基复合材料应避免在高应力和高温环境下使用。这是由于 $3Al_2O_3$ 和 ZrO_2 的抗热震性较差,SiO_2 在高温下容易发生蠕变和相变。虽然莫来石具有较好的抗蠕变性能和较低的热膨胀系数,但使用温度也不宜超过 1 200℃。

2.3.4 非氧化物陶瓷

非氧化物陶瓷是指不含氧的氮化物、碳化物、硼化物和硅化物。它们的特点是耐火性和耐磨性好,硬度高,但脆性也很强。碳化物和硼化物的抗热氧化温度约 900~1 000℃,氮化物略低些,硅化物的表面能形成氧化硅膜,所以抗热氧化温度达 1 300~1 700℃。氮化硼具有类似石墨的六方结构,在高温(1 360℃)和高压作用下可转变成立方结构的 β-氮化硼,耐热温度高达 2 000℃,硬度极高,可作为金刚石的代用品。

2.4 聚合物材料

2.4.1 聚合物基体的种类、组分和作用

1.聚合物基体的种类

作为复合材料基体的聚合物的种类很多,经常应用的有不饱和聚酯树脂、环氧树脂、酚醛树脂及各种热塑性聚合物。

不饱和聚酯树脂是制造玻璃纤维复合材料的另一种重要树脂。在国外,聚酯树脂占玻璃纤维复合材料用树脂总量的 80%以上。聚酯树脂有以下特点:工艺性良好,它能在室温下固化,常压下成型,工艺装置简单,这也是它与环氧、酚醛树脂相比最突出的优点。固化后的树脂综合性能良好,但力学性能不如酚醛树脂或环氧树脂。它的价格比环氧树脂低得多,只比酚醛树脂略贵一些。不饱和聚酯树脂的缺点是固化时体积收缩率大、耐热性差等。因此它很少用作碳纤维复合材料的基体材料,主要用于一般民用工业和生活用品中。

环氧树脂的合成起始于 30 年代,40 年代开始工业化生产。由于环氧树脂具有一系

列的可贵性能,所以发展很快,特别是自 60 年代以来,它广泛用于碳纤维复合材料及其他纤维复合材料。

酚醛是最早实现工业化生产的一种树脂。它的特点是在加热条件下即能固化,无须添加固化剂,酸、碱对固化反应起促进作用,树脂固化过程中有小分子析出,故树脂固化需在高压下进行,固化时体积收缩率大,树脂对纤维的粘附性不够好,已固化的树脂有良好的压缩性能,良好的耐水、耐化学介质和耐烧蚀性能,但断裂延伸率低,脆性大。所以酚醛树脂大量用于粉状压塑料、短纤维增强塑料,少量地应用于玻璃纤维复合材料、耐烧蚀材料等,在碳纤维和有机纤维复合材料中很少使用。

除上述几类热固性树脂外,近年来又研究和发展了用热塑性聚合物作碳纤维复合材料的基体材料,其中耐高温聚酰亚胺有着重要意义。其他热塑性聚合物除了用于玻璃纤维复合材料外,也开始用于碳纤维复合材料,这对于扩大碳纤维复合材料的应用无疑是一个很大的推动。

2. 聚合物基体的组分

聚合物是聚合物基复合树脂的主要组分。聚合物基体的组分、组分的作用及组分间的关系都是很复杂的。一般来说,基体很少是单一的聚合物,往往除了主要组分——聚合物以外,还包含其他辅助材料。在基体材料中,其他的组分还有固化剂、增韧剂、稀释剂、催化剂等,这些辅助材料是复合材料基体不可缺少的组分。由于这些组分的加入,使复合材料具有各种各样的使用性能,改进了工艺性,降低了成本,扩大了应用范围。在复合材料发展过程中,辅助材料的研究是很重要的,可以说没有辅助材料的配合就没有复合材料工业的发展。

3. 聚合物基体的作用

复合材料中的基体有三种主要的作用:把纤维粘在一起;分配纤维间的载荷;保护纤维不受环境影响。

制造基体的理想材料,其原始状态应该是低粘度的液体,并能迅速变成坚固耐久的固体,足以把增强纤维粘住。尽管纤维增强材料的作用是承受复合材料的载荷,但是基体的力学性能会明显地影响纤维的工作方式及其效率。例如,在没有基体的纤维束中,大部分载荷由最直的纤维承受,基体使得应力较均匀地分配给所有纤维,这是由于基体使得所有纤维经受同样的应变,应力通过剪切过程传递,这要求纤维和基体之间有高的胶接强度,同时要求基体本身也具有高的剪切强度和模量。

当载荷主要由纤维承受时,复合材料总的延伸率受到纤维的破坏延伸率的限制,这通常为 1% ~ 1.5%。基体的主要性能是在这个应变水平下不应该裂开。与未增强体系相比,先进复合材料树脂体系趋于在低破坏应变和高模量的脆性方式下工作。

在纤维的垂直方向,基体的力学性能和纤维与基体之间的胶接强度控制着复合材料的物理性能。由于基体比纤维弱得多,而柔性却大得多,所以在复合材料结构件设计中应尽量避免基体的直接横向受载。

基体以及基体/纤维的相互作用能明显地影响裂纹在复合材料中的扩展。若基体的剪切强度和模量以及纤维/基体的胶接强度过高,则裂纹可以穿过纤维和基体扩展而不转向,从而使这种复合材料像是脆性材料,并且其破坏的试件将呈现出整齐的断面。若胶接强度过低,则其纤维将表现得像纤维束,并且这种复合材料将很弱。对于中等的胶接强度,横跨树脂或纤维扩展的裂纹会在另面转向,并且沿着纤维方向扩展,这就导致吸收相当多的能量,以这种形式破坏的复合材料是韧性材料。

在高胶接强度体系(纤维间的载荷传递效率高,但断裂韧性差)与胶接强度较低的体系(纤维间的载荷传递效率不高,但有较高的韧性)之间需要折衷。在应力水平和方向不确定的情况下使用的或在纤维排列精度较低的情况下制造的复合材料往往要求基体比较软,同时不太严格。在明确的应力水平情况下使用的和在严格地控制纤维排列情况下制造的先进复合材料,应通过使用高模量和高胶接强度的基体以更充分地发挥纤维的最大性能。

2.4.2 聚合物的结构与性能

1.聚合物的结构

研究聚合物结构的根本目的在于了解聚合物的结构与性质的关系,以便正确地选择和使用聚合物材料,更好地掌握聚合物及其复合材料的成型工艺条件。通过各种途径改变聚合物结构,有效地改进其性能,设计与合成具有指定性能的聚合物。聚合物的结构有以下主要特点。

(1)聚合物的分子链由很大数目($10^3 \sim 10^5$ 数量级)的结构单元组成,每个结构单元相当于一个小分子。一条链长短主要由两价结构基团连接而成,也可以由三价或四价基团连成。这些结构单元可以是相同的(均聚物),也可以是不同的(共聚物),它们通过共价键连成不同的结构,如线型的、支链的或网状的结构。

(2)链长有限的聚合物分子含有官能团或端基,其中端基不是重复结构单元的一部分,它们与其他可反应基团的反应以及反应后的性能是非常重要的,即使在聚合物间存在程度很小的交联,也将对其物理、力学性能产生很大的影响。

(3)聚合物分子间的作用力对于聚合物聚集态结构及复合材料的物理力学性能有密切关系。一般聚合物的主链都有一定的内旋转自由度,使大分子具有无数的构象,具有柔性。如果组成聚合物分子链的化学键不能内旋转,或结构单元间有强烈的相互作用,则形成刚性链,使高分子链具有一定的构象和构型。

综上所述,聚合物分子链结构,指的是单个聚合物分子的化学结构和立体化学结构,包括重复单元的本性、端基的本性、可能的支化和交联与结构顺序中缺陷的本性,以及高分子的大小和形态等。聚合物分子聚集态结构指的是聚合物材料本体内部结构,包括晶态结构、非晶态结构、取向结构和织态结构等。

2.聚合物的性能

(1)聚合物的力学性能

当人们应用聚合物基复合材料时,常常是使用它的力学性能。当然复合材料制件在实际使用中总会受到整个环境的影响,而不是仅仅受力这一个因素的影响,因此还必须了解使用的时间、温度、环境等,同时考虑"温度 – 时间 – 环境 – 载荷"几方面因素的作用,才能真实反映材料的性能指标。聚合物的力学性能与复合材料的力学性能无疑有密切的关系,但是,由于种种因素的影响,一般复合材料用的热固性树脂固化后的力学性能并不高。决定聚合物强度的主要因素是分子内及分子间的作用力,聚合物材料的破坏,无非是聚合物主链上化学键的断裂或是聚合物分子链间相互作用力的破坏。因此从构成聚合物分子链的化学健的强度和分子间相互作用力的强度,可以估算聚合物材料的理论强度,Morse,Fox 及 Martin 等都提出了计算公式,在此不作详细介绍。

热塑性树脂与热固性树脂在分子结构上的显著差别就是前者是线型结构而后者为体型网状结构。由于分子结构上的差别,使热塑性树脂在力学性能上有如下几个显著特点:1)具有明显的力学松弛现象;2)在外力作用下,形变较大,当应变速度不太大时,可具有相当大的断裂延伸率;3)抗冲击性能较好。

复合材料基体树脂强度与复合材料的力学性能之间的关系不能一概而论,基体在复合材料中的一个重要作用是在纤维之间传递应力,基体的粘接力和模量是支配基体传递应力性能的两个最重要的因素,这两个因素的联合作用,可影响到复合材料拉伸时的破坏模式。如果基体弹性模量低,纤维受拉时将各自单独地受力,其破坏模式是一种发展式的纤维断裂,由于这种破坏模式不存在叠加作用,其平均强度是很低的。反之,如基体在受拉时仍有足够的粘接力和弹性模量,复合材料中的纤维将表现为一个整体,可以预料强度会是高的。实际上,在一般情况下材料表现为中等的强度,因此,如各种环氧树脂在性能上无重大不同,则对复合材料影响是很小的。

因此,从聚合物结构来考虑,复合材料的力学性能是一个复杂的问题,应当具体分析。

(2)聚合物的耐热性能

(a)聚合物的结构与耐热性

从聚合物结构上分析,为改善材料耐热性能,聚合物需具有刚性分子链、结晶性或交联结构。

为提高耐热性,首先是选用能产生交联结构的聚合物,如聚酯树脂、环氧树脂、酚醛树脂、有机硅树脂等。此外,工艺条件的选择会影响聚合物的交联密度,因而也影响耐热性。提高耐热性的第二个途径是增加高分子链的刚性。因此在高分子链中减少单键,引进共价双键、叁键或环状结构(包括脂环、芳环或杂环等),对提高聚合物的耐热性很有效果。

最后应当指出,结构规整的聚合物以及那些分子间相互作用强烈的聚合物均具有较大的结晶能力,结晶聚合物的熔融温度大大高于相应的非结晶的聚合物。

(b)聚合物的热稳定性

聚合物的热稳定性也是一种度量聚合物耐热性能的指标。在高温下加热聚合物可以引起两类反应,即降解和交联。降解指聚合物主链的断裂,它导致相对分子质量下降,使材料的物理力学性能变坏。交联是指某些聚合物交联过度而使聚合物变硬、发脆,使物理力学性能变坏。

关于提高聚合物热稳定性的途径有以下几种。

提高聚合物分子链的键能,避免弱键存在。如 C—H 键中的氢完全为氟原子所取代而形成 C—F 键,则可大大提高聚合物的热稳定性。

如果在聚合物链中尽量引入较大比例的芳环和杂环,可以增加聚合物的热稳定性,聚合物的分子结构含有"梯形"、"螺形"和"片状"结构,并有好的热稳定性。

(3)聚合物的耐腐蚀性能

常用热固性树脂的耐化学腐蚀性能见表2-5。

表 2-5 常用热固性树脂的耐化学腐蚀性能

性　能	酚　醛	聚　酯	环　氧	有　机　硅
吸水率,24h(%)	0.12~0.36	0.15~0.60	0.10~0.14	少
弱酸的影响	轻微	轻微	无	轻微
强酸的影响	被侵蚀	被侵蚀	被侵蚀	被侵蚀
弱碱的影响	轻微	轻微	无	轻微
强碱的影响	分解	分解	轻微	被侵蚀
有机溶剂的影响	部分侵蚀	部分侵蚀	耐侵蚀	部分侵蚀

由此可见,玻璃纤维增强的复合材料的耐化学腐蚀性能与树脂的类别和性能有很大的关系,同时,复合材料中的树脂含量,尤其是表面层树脂的含量与其耐化学腐蚀性能有着密切的关系。

(4)聚合物的介电性能

聚合物作为一种有机材料,具有良好的电绝缘性能。一般来讲,树脂大分子的极性越大,则介电常数也越大、电阻率也越小、击穿电压也越小、介质损耗角值则越大,材料的介电性能就越差。

常用热固性树脂的介电性能见表 2-6。

表 2-6 常用热固性树脂的介电性能

性　能	酚　醛	聚　酯	环　氧	有　机　硅
密度,g/cm^3	1.30~1.32	1.10~1.46	1.11~1.23	1.70~1.90
体积电阻率,$\Omega \cdot cm$	$10^{12}~10^{13}$	10^{14}	$10^{16}~10^{17}$	$10^{11}~10^{13}$
介电强度,kV/mm	14~16	15~20	16~20	7.3
介电常数,60Hz	6.5~7.5	3.0~4.4	3.8	4.0~5.0
功率常数,60Hz	0.10~0.15	0.003	0.001	0.006
耐电弧性,s	100~125	125	50~180	—

(5)聚合物基的其他性能

常用热固性树脂其他物理性能见表 2-7。

2.4.3 热固性树脂

1.不饱和聚酯树脂

(1)不饱和聚酯树脂及其特点

不饱和聚酯树脂是指有线型结构的,主链上同时具有重复酯键及不饱和双键的一类聚合物。不饱和聚酯的种类很多,按化学结构分类可分为顺酐型、丙烯酸型、丙烯酸环氧酯型和丙烯酸型聚酯树脂。

表 2-7　常用热固性树脂其他物理性能

性　能	酚　醛	聚　酯	环　氧	有 机 硅
密度,g/cm³	1.30 ~ 1.32	1.10 ~ 1.46	1.11 ~ 1.23	1.70 ~ 1.90
吸水率,24h(%)	0.12 ~ 0.36	0.15 ~ 0.60	0.10 ~ 0.14	少
热变形温度,℃	78 ~ 82	60 ~ 100	120	—
线膨胀系数, $10^{-6}/℃$	60 ~ 80	80 ~ 100	60	308
洛氏硬度,M	120	115	100	45
收缩率,%	8 ~ 10	4 ~ 6	1 ~ 2	4 ~ 8
对玻璃、陶瓷、金属粘结力	优良	良好	优良	较差

不饱和聚酯树脂在热固性树脂中是工业化较早,产量较多的一类,它主要应用于玻璃纤维复合材料。由于树脂的收缩率高且力学性能较低,因此很少用它与碳纤维制造复合材料。但近年来由于汽车工业发展的需要,用玻璃纤维部分取代碳纤维的混杂复合材料得以发展,价格低廉的聚酯树脂可能扩大应用。

不饱和聚酯的主要优点是:第一,工艺性能良好,如室温下粘度低,可以在室温下固化,在常压下成型,颜色浅,可以制作彩色制品,有多种措施来调节其工艺性能等;第二,固化后树脂的综合性能良好,并有多种专用树脂适应不同用途的需要;第三,价格低廉,其价格远低于环氧树脂,略高于酚醛树脂。主要缺点是:固化时体积收缩率较大,成型时气味和毒性较大,耐热性、强度和模量都较低,易变形,因此很少用于受力较强的制品中。

(2)交联剂、引发剂和促进剂

(a)交联剂

不饱和聚酯分子链中含有不饱和双键,因而在热的作用下通过这些双键,大分子链之间可以交联起来,变成体型结构。但是,这种交联产物很脆,没有什么优点,无实用价值。因此,在实际中经常把线型不饱和聚酯溶于烯类单体中,使聚酯中的双键间发生共聚合反应,得到体型产物,以改善固化后树脂的性能。

烯类单体在这里既是溶剂,又是交联剂。已固化树脂的性能,不仅与聚酯树脂本身的化学结构有关,而且与所选用的交联剂结构及用量有关。同时,交联剂的选择和用量还直接影响着树脂的工艺性能。

应用最广泛的交联剂是苯乙烯,其他还有甲基丙烯酸甲酯、邻苯二甲酸二丙烯酯、乙烯基甲苯、三聚氰酸三丙烯酯等。

(b)引发剂

引发剂一般为有机过氧化物,它的特性通常用临界温度和半衰期来表示。临界温度是指有机过氧化合物具有引发活性的最低温度,在此温度下过氧化物开始以可察觉的速度分解形成游离基,从而引发不饱和聚酯树脂以可以观察的速度进行固化。半衰期是指在给定的温度条件下,有机过氧化物分解一半所需要的时间。常见过氧化物的特性见表 2-8。

表 2-8　几种有机过氧化物的特性

名　称	物　态	临界温度,℃	半衰期温度,℃		半衰期时间,h	
过氧化二异丙苯 $[C_6H_5C(CH_3)_2]_2O_2$	固	120	115 117	130 145	12 10	1.8 0.3
过氧化二苯甲酰 $(C_6H_5CO)_2O_2$	固	70	70 72	85 100	13 10	2.1 0.4
过氧化环己酮 (混合物)	固	88	85 91	102 115	20 10	3.8 1.0
过氧化甲乙酮 (混合物)	固	80	85 100	105 115	81 16	10 3.6

(c)促进剂

促进剂的作用是把引发剂的分解温度降到室温以下。促进剂种类很多,各有其适用性。对过氧化物有效的促进剂有二甲基苯胺、二乙基苯胺、二甲基甲苯胺等。对氢过氧化物有效的促进剂大都是具有变价的金属钴,如环烷酸钴、萘酸钴等。为了操作方便,配制准确,常用苯乙烯将促进剂配成较稀的溶液。

(3)不饱和聚酯树脂的固化特点

不饱和聚酯树脂的固化是一个放热反应,其过程可分为以下三个阶段。

(a)胶凝阶段

从加入促进剂后到树脂变成凝胶状态的一段时间。这段时间对于玻璃钢制品的成型工艺起决定性作用,是固化过程最重要的阶段。影响胶凝时间的因素很多,如阻聚剂、引发剂和促进剂的加入量,环境温度和湿度,树脂的体积,交联剂蒸发损失等。

(b)硬化阶段

硬化阶段是从树脂开始胶凝到一定硬度,能把制品从模具上取下为止的一段时间。

(c)完全固化阶段

在室温下,这段时间可能要几天至几星期。完全固化通常是在室温下进行,并用后处理的方法来加速,如在 80℃保温 3 小时。但在后处理之前,室温下至少要放置 24 小时,这段时间越长,制品吸水率越小,性能也越好。

(4)不饱和聚酯树脂的增粘特性

在碱土金属氧化物或氢氧化物,例如 MgO,CaO,Ca(OH)$_2$,Mg(OH)$_2$ 等作用下,不饱和聚树脂很快稠化,形成凝胶状物,这种能使不饱和聚酯树脂粘度增加的物质,称为增粘剂。它使起始粘度为 0.1～1.0Pa·s 的粘性液体状树脂,在短时间内粘度剧增至 10^{3}Pa·s 以上,直至成为能流动的、不粘手的类似凝胶状物,这一过程称为增粘过程。树脂处于这一状态时并未交联,在合适的溶剂中仍可溶解,加热时有良好的流动性。目前已利用不饱和聚酯树脂的这一增粘特性来制备聚酯预混料:片状模压料(SMC)和团状模压料,前者可以进行自动化、机械化、连续大量生产,并且用它可以压制大型制品。

2.环氧树脂

凡是含有二个以上环氧基的高聚物统称为环氧树脂。按原料组分而言有双酚型环氧树脂,非双酚型环氧树脂以及脂环族环氧化合物和脂肪族环氧化合物等新型环氧树脂。

(1)环氧树脂的种类

A.双酚 A 型环氧树脂

以双酚化合物为原料,制成的环氧树脂,统称双酚型环氧树脂,有双酚 A 型、双酚 F 型、双酚 PA 型和间苯二酚环氧树脂等。

(a)双酚 A 型环氧树脂

这类环氧树脂是以双酚 A 型环氧树脂为代表,它是一种量大面广的环氧树脂,常称为变通环氧树脂,系由环氧丙烷与二酚基丙烷等在碱性介质中缩聚而成的,属缩水甘油醚类。其中粘度较低,相对分子质量较小的呈粘液态的双酚 A 型环氧树脂可作为玻璃钢的原材料使用。

这种环氧树脂的结构通式如下

$$CH_2-CHCH_2-\left[-O-\bigcirc-\underset{CH_3}{\overset{CH_3}{C}}-\bigcirc-O-CH_2-CH-CH-\right]_n$$

$$-O-\bigcirc-\underset{CH_3}{\overset{CH_3}{C}}-\bigcirc-O-CH_2-CHCH_2$$

$$n=0\sim19$$

(b)双酚 F 型环氧树脂

这种树脂的相对分子质量小,结构简单

$$CH_2-CH-CH_2-O-\bigcirc-CH_2-\bigcirc-O-CH_2-CH-CH_2$$

特点是粘度小,只有双酚 A 型环氧树脂的 1/3 左右。它所用的固化剂以及固化物的性能与双酚 A 型环氧树脂相似。

(c)双酚 S 型环氧树脂

双酚 S 型环氧树脂是以 4,4'一二羟基二苯砜(双酚 S)与过量环氧氯丙烷在氢氧化钠催化剂存在下合成树脂。这种树脂的特点是热稳定性和耐腐蚀性比双酚 A 型树脂好得多,对玻璃纤维有较好的润湿性,制品尺寸稳定性好。

(d)间苯二甲环氧树脂

这种树脂是由间苯二酚与甲醛(或丁醛等)在草酸催化下结合成低相对分子质量的酚醛树脂后,再在氢氧化钠催化下与环氧氯丙烷反应制成的环氧树脂。该树脂的最大特点是具有较高的活性,其制品有良好的电绝缘性和耐热及耐化学腐蚀性。主要用作纤维增强塑料、胶粘剂、涂料和耐高温的浇铸料。

B.非双酚型环氧树脂

它是由环氧氯丙烷与多元醇、多元酸、多元酯或多元胺等缩合而成的树脂。在国内已试制或生产的品种有酚醛环氧、三聚氰酸环氧、氨基环氧树脂等。

(a)酚醛环氧树脂

它是由环氧氯丙烷与线型酚醛树脂在氢氧化钠存在下缩合而成的高粘性树脂。典型结构式如下

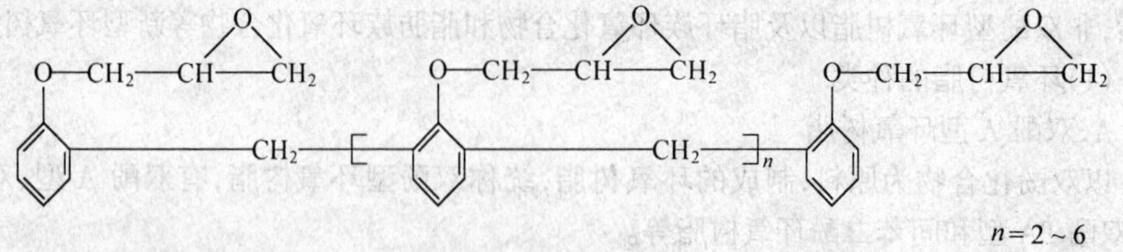

$$n = 2 \sim 6$$

(b)三聚氰酸环氧树脂

它是由三聚氰酸与环氧氯丙烷在氢氧化钠存在下结合而成的,为三聚氰酸三环氧丙酯与异三聚氰酸三环氧丙酯的混合物。现生产的牌号有 695 环氧树脂,结构式如下

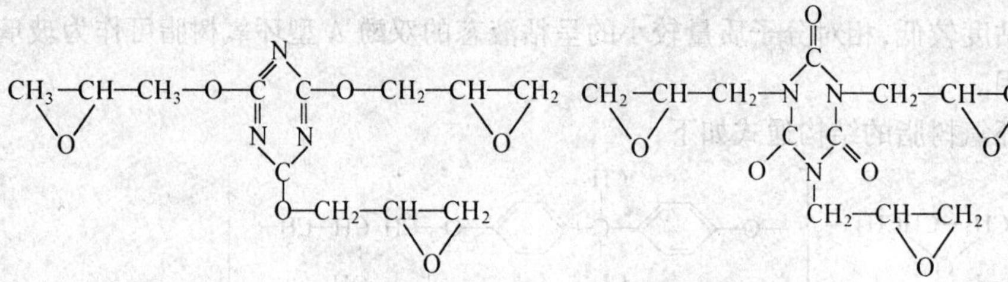

从结构式中可以看出,含有三个环氧基,固化后交联密度大,因此,有优良的耐热性。同时,它的主体三氮杂环,化学稳定性高,耐紫外线和大气老化性能好,而且更为突出的是成分中氮含量较高(14%),有自熄性,耐电弧性等特点。

C. 有机硅环氧树脂

在有机硅环氧树脂中,有一种线型的树脂,它是以环氧丙烷丙烯醚与聚硅氧烷中的活泼氢发生加成反应制得的。这种树脂具有耐高温性能,其纤维增强物的层压板比有机硅树脂纤维增强物层压板的抗劈、弯曲和层间剪切强度等都有很大的提高。

D. 胺基环氧树脂

它是由胺的化合物和环氧氯丙烷缩合而成的,属于缩水甘油胺。

(a) 四官能团胺基环氧树脂

这种环氧树脂的特点是韧性好、耐热、耐有机溶剂和碱,但耐无机酸差。目前这种树脂只少量生产,主要用于导电胶,也可用于纤维增强塑料,特别是碳纤维复合材料更好。

(b)对氨基苯酚环氧树脂

它是由对氨基苯酚和环氧氯丙烷在苛性碱介质中反应生成的,是一种性能良好的新型环氧树脂。这种树脂粘附力较好。

这类树脂适用于手工湿法成型复合材料制品,特别是纤维缠绕成型的复合材料制品,如电机护环,火箭辅助发动机壳体。

E. 缩水甘油酯类环氧树脂

这种环氧树脂具有粘度较低,反应活性高,固化物力学性能好,粘接强度大,耐气候性能、电性能优良的特点。

F. 脂环族环氧树脂

脂环族环氧树脂是脂环族环氧化合物,它是以脂环烯烃(有二个以上双键的化合物)

通过过氧化物(如过氧化乙酸等)环氧化而制得的。

这类环氧树脂的主要特点是由于它的环氧基都直接连接在脂环上,固化后得到含脂环的刚性结构物,具有高的热变形温度和热稳定性。又因无苯基结构存在耐紫外线,耐气候性良好,此外还有粘度低、工艺性好等优点。但它需要加热固化成型,同时要以刺激眼睛的酸酐类作为固化剂,操作麻烦。

G.脂肪族环氧树脂

这种环氧树脂是以脂肪烯烃(有二个以上双键的化合物)通过过氧化物环氧化而制得的。目前这类环氧树脂典型的代表是环氧化聚丁二烯树脂。

这种树脂是以丁二烯-1,3为原料,用金属钠为催化剂在溶剂(苯或庚烷)中聚合,得到低相对分子质量的液体聚丁二烯,再用过氧化酸(如过氧化醋酸)等氧化而成的聚丁二烯环氧树脂。结构式如下

从结构中可以看出具有活性的环氧基、羟基和双键为多官能团的环氧树脂。其主要特点是产物可从橡胶状到坚硬固体,耐冲击性能突出,蠕变小,但成型的收缩率较大。

该树脂主要用作玻璃纤维增强塑料,高强度结构胶粘剂,耐腐蚀涂料和浇铸材料等。

(2)环氧树脂的固化剂

环氧树脂是线型结构的,必须加入固化剂使它变为不溶不熔的网状结构的树脂才有用处。环氧树脂的固化剂,按固化工艺历程可分为三大类:①含有活泼氢的化合物,它仍在固化时发生加成聚合反应;②离子型引发剂,它们可进一步分为阴离子和阳离子二种;②交联剂,它们能与双酚A型环氧树脂的氢氧基进行交联。

凡能与环氧树脂中环氧基发生反应使树脂固化的物质统称为固化剂或硬化剂,发生反应的过程叫做固化、硬化或变定。固化剂的种类很多,通常有胺类固化剂、酸酐类固化剂、咪唑类固化剂、潜伏性固化剂,以及其他类型的固化剂。固化剂的不同使用要求,对环氧树脂性能产生关键性的影响。因此对固化剂的研究越来越引起人们的重视,新品种不断出现,改善了环氧树脂的性能,扩大了它的应用范围。

3.酚醛树脂

酚醛树脂系酚醛缩合物,它广泛应用于工业技术部门已有50年的历史,并将继续使用下去。它的使用范围多系胶粘剂、涂料及布、纸、玻璃布的层压复合材料等。它的优点是比环氧树脂价格便宜,但有吸附性不好、收缩率高、成型压力高、制品空隙含量高等缺点。因此较少用酚醛树脂来制造碳纤维复合材料。

酚醛树脂的含碳量高,因此用它制造耐烧蚀材料,做宇宙飞行器载入大气的防护制件,它还用作碳/碳复合材料的碳基体的原料,近年来新研制的酚改性二甲苯树脂(2605树脂),也已被用来制造耐高温的玻璃纤维复合材料。

(1)酚醛树脂的种类

通常酚醛树脂按酚类和醛类配比用量不同和使用的催化剂不同,将所得到的酚醛树脂分为热固性和热塑性两大类。在国内作为纤维增强塑料基体用的酚醛树脂大多采用热固性(酚与醛的摩尔比小于 0.9)树脂。

(a)氨酚醛树脂

2124 酚醛树脂:用苯酚与甲醛(比为 1:1.2),在氨水存在下经缩聚,脱水而制成的酚醛树脂,以乙醇为溶剂配制成胶液。

1184 酚醛树脂:用苯酚与甲醛(比为 1:1.5),在氨水存在下经缩聚反应,脱水而制得的酚醛树脂,以乙醇为溶剂配制成溶液。

616 酚醛树脂:所用的原材料与 2124,1124 相同,只是苯酚和甲醛配比不同而已。

(b)镁酚醛树脂

用苯酚与甲醛(比为 1:1.33),和少量苯胺在氧化镁催化剂的作用下经缩聚,脱水而制成的酚醛树脂。如牌号为 351 酚醛树脂等。

(c)钡酚醛树脂

用苯酚和甲醛为原料,在 $Ba(OH)_2$ 的催化剂作用下,经缩聚、中和、过滤及脱水而制成的一种热固性酚醛树脂。它的主要特点是粘度小,固化速度快,适合于低压成型和缠绕成型工艺。

(d)钠酚醛树脂

用苯酚和甲醛(比为 1:1.4),在 Na_2CO_3 存在下,经缩聚反应后制成的酚醛树脂。如牌号为 2180 酚醛树脂等。

(e)改性酚醛树脂。

(2)酚醛树脂的固化与固化剂

酚醛树脂固化方法有两种:(一)加热固化,不加任何固化剂通过加热的办法,依靠酚醛结构本身的羟甲基等活性基团,进行化学反应而固化;(二)通过加入固化剂使树脂发生固化。常用的固化剂有两类:(1)线型酚醛树脂(二步法树脂),用六次甲基四胺等固化剂(10% ~ 15%),再通过加热进行固化;(2)甲阶热固性酚醛树脂,用有机酸作为固化剂,常用的固化剂有:苯磺酸、甲基苯磺酸、苯磺酰氯、石油磺酸、硫酸 – 硫酸乙酯等,用量为8% ~ 10%。

要在常温下进行固化就必须使用此类固化剂。

(3)酚醛树脂的改性

仅由苯酚加甲醛缩合而成的酚醛树脂,存在脆性,粘附力小等缺点,多半都要进行改性,最为普遍的改性方法有:

(a)聚已烯醇缩丁醛改性酚醛树脂

用聚乙烯醇缩丁醛的酒精溶液加到镁酚醛树脂中,配成胶液树脂。这种树脂的特点是具有良好的流动性,适合于模压成型,制品具有较高的机械强度,良好的电绝缘性及磁热性。

(b)苯胺改性酚醛树脂

以苯胺、苯酚与甲醛按 0.63:1.00:2.10 比的用量,在乌洛托品(六次甲基四胺)催化剂的存在下,于 90 ~ 98℃回流反应后,经脱水而成树脂,再用甲苯、乙醇配成溶液。

该树脂具有优良的电性能,若在缩合时加入苯胺的用量越多,则树脂中苯酚醛结构上的羟基越少,电性能越好,而耐热性降低。

(c)二甲苯改性的酚醛树脂

二甲苯改性的酚醛树脂又称酚改性二甲苯甲醛树脂,它是由二甲苯和甲醛在硫酸催化下经缩合反应而生成的产物,再与苯酚和甲醛进行反应而制得的树脂。它是一种优良的耐热的高频绝缘材料,而且耐腐蚀性能优良,但玻璃钢成型工艺较其他酚醛树脂差。

(d)硼改性的酚醛树脂

利用硼酸与苯酚反应,生成硼酸酚,再与甲醛或多聚甲醛水溶液反应,可生成一个含硼的酚醛树脂。这种树脂改善了原有酚醛树脂的脆性和吸水性,提高了玻璃钢制品的机械强度和耐热性。

还有其他一些改性方法,在此不作一一介绍。

4.其他热固性树脂

(1)呋喃树脂

凡是含有呋喃环结构的树脂统称为呋喃树脂。一般包括糠醇、糠醛和糠酮及其衍生物漆糠树脂、糠醇改性酚醛树脂等。这类树脂是以杂环为主链,因此具有较高的热稳定性和耐腐蚀等优良性能,而且原材料取之于农副产物,其来源方便。缺点是机械性能较差,特别脆,成型需要加压加热固化等条件,影响它的使用和推广。多半在要求耐高温和耐酸又耐碱制品中才使用它。单独使用呋喃树脂不多,通常与环氧树脂等混用,制造防腐蚀地坪等。

(2) 乙烯基酯树脂

乙烯基酯树脂是环氧丙烯酸酯类树脂或称不饱和环氧树脂,是国外 60 年代初开发的一类新型聚合物,它通常是由低相对分子质量环氧树脂与不饱和一元酸(丙烯酸)通过开环加成反应而制得的化合物。这类化合物可单独固化,但一般都把它溶解在苯乙烯等反应性单体的活性稀释剂中来使用,把这类混合物称为乙烯基酸树脂,其典型化学结构式如下

$$CH_2=C-C-O-[CH_2-C-CH_2-O-\underset{CH_3}{\underset{|}{\overset{CH_3}{\overset{|}{C}}}}-O-]_n-CH_2-C-CH_2-O-C-C=CH_2$$

R = H 或 CH₃

从结构式中可以看出,该类树脂保留了环氧树脂的基本链段,又有不饱和聚酯树脂的不饱和双键,可以室温固化。汇集了这二种树脂双重特性,使其性能更趋完善,这就是该树脂最大的特点之一。

经过 20 余年的研究和发展,乙烯基酯树脂已成为多品种的系列产品,以利于满足各种不同使用的要求。

(3) 有机硅树脂

有机硅树脂是一类由交替的硅和氧原子组成骨架,不同的有机基再与硅原子联结的聚合物的统称。如果原料单体的官能度≤2,则制得的聚有机硅烷为线型结构,如果原料的单体的官能度≥2,则可制得热固性有机硅树脂,后者以高温(200~250℃)或催化剂(如

环烷酸盐、三乙醇胺等)状态存在时,若加热即可能转变为不溶不熔的三维网状结构。

硅树脂可分为硬的和柔软弹性的两大类型。作为纤维增强塑料及涂料用的硅树脂属于硬的一类。

2.4.4 热塑性树脂

热塑性聚合物是指具有线型或支链型结构的那一类有机高分子化合物,这类聚合物可以反复受热软化(或熔化),而冷却后变硬。热塑性聚合物在软化或熔化状态下,可以进行模塑加工,当冷却至软化点以下时能保持模塑成型的形状。

属于这类聚合物的有:聚乙烯、聚丙烯、聚氯乙烯、聚苯乙烯、聚酰胺、聚碳酸酯、聚甲醛、聚砜、聚苯硫等。在这些聚合物中,有一些已用于玻璃纤维增强塑料,但是用作碳纤维复合材料基体的目前还不多。可以预见,随着能源矛盾的加剧,随着科学技术的发展,以热塑性聚合物为基体的复合材料,也将会有很大的发展。

热塑性聚合物基复合材料与热固性树脂基复合材料相比,在力学性能、使用温度、老化性能方面处于劣势,而在工艺简单、工艺周期短、成本低、相对密度小等方面占优势。当前汽车工业的发展为热塑性聚合物基复合材料的研究和应用开辟了广阔的天地。

作为热塑性聚合物基体复合材料的增强材料,除用连续纤维外,还用纤维编织物和短切纤维,一般纤维含量可达 20%~50%。热塑性聚合物与纤维复合可以提高机械强度和弹性模量,改善蠕变性能,提高热变形温度和导热系数,降低线膨胀系数,增加尺寸稳定性,降低吸水性,抑制应力开裂与改善疲劳性能。

早期的热塑性聚合物基复合材料,主要是玻璃纤维增强的复合材料。用玻璃纤维增强的热塑性聚合物基复合材料,在某些性能上不仅能达到一般热固性聚合物基玻璃纤维复合材料的水平,而且还能超过。

在短切碳纤维增强聚合物中,纤维长度一般为 0.64~1.30cm,已研究或应用碳纤维增强的聚合物有尼龙、聚丙烯、聚苯硫、聚碳酸酯、聚砜、乙烯-四氟乙烯共聚物等。在聚合物中引入碳纤维可以降低材料的摩擦系数,其重要用途是制造支架和阀门。在冲击性能方面,碳纤维增强的聚合物基复合材料不如相应的玻璃纤维增强的复合材料,在工程上常选用玻璃纤维与碳纤维混杂增强材料。

为制造纤维增强热塑性复合材料的零件,需要研究改进材料模塑时的收缩性,还要研究如何防止挠曲等问题。欲解决这些问题,不仅要改进纤维性能,而且要研制有更好性能的热塑性聚合物。下面介绍几种具体的热塑性聚合物。

1.聚酰胺

聚酰胺是具有许多重复的酰胺基 $\overset{\text{O}\ \ \text{H}}{\overset{\|\ \ \ |}{\text{C——N}}}$ 的一类线型聚合物的总称,通常叫做尼龙。目前尼龙的品种很多,如尼龙 4,5,6,7,8,9,10,ll,12,13 及 66,610,1010 等,此外还有芳香族聚酰胺。

聚酰胺分子链中能形成具有相当强作用力的氢键,氢键形成的多少,由大分子的立体化学结构来决定。氢键的形成使聚合物大分子间的作用力增大,易于结晶,且有较高的机械强度和熔点。在聚酰胺分子结构中次甲基(-CH$_2$-)的存在,又使分子链比较柔顺,有较高的韧性。

随着聚酰胺结构中碳链的增长,其机械强度下降。如尼龙-6的强度为70MPa,而尼龙-12仅有13.6MPa。与此相反,大分子的柔顺性、疏水性则随着碳链的增长相应增加,低温性能、加工性能和尺寸稳定性亦有所改善。

聚酰胺对大多数化学试剂是稳定的,特别是耐油性好。仅能溶于强极性溶剂,如苯酚、甲醛及间苯二胺等。

2.聚碳酸酯

聚碳酸酯有下述的化学结构

其中 n 在 100~500 的范围内。工业生产的聚碳酸酯平均相对分子质量为 25 000~70 000。

聚碳酸酯分子主链上有苯环,限制了大分子的内旋转,减小了分子的柔顺性。碳酸酯基团是极性基团,增加了分子间的作用力,使空间位阻加强,亦增大了分子的刚性。由于聚碳酸酯具有僵硬的分子主链,所以熔融温度可达 225~250℃,玻璃化温度为 145℃。碳的刚性使其在受力下形变减少,抗蠕变性能好,尺寸稳定,同时又阻碍大分子取向与结晶,且在外力强迫取向后不易松弛。所以在聚碳酸酯制件中常常存在残余应力而难于自行消除,故聚碳酸酯碳纤维复合材料制件需进行退火处理,以改善机械性能。

聚碳酸酯分子链中存在氧基,使链段可以绕氧基两端单键发生内旋转,又使聚合物有一定的柔顺性。结构中碳基和氧基结合成酯基使聚碳酸酯易溶于有机溶剂,如三氯甲烷、二氯乙烷、甲酚等,但对于油类是稳定的。

聚碳酸酯可以与连续碳纤维或短切碳纤维制造复合材料,也可以用碳纤维编织物与聚碳酸酯薄膜制造层压材料。例如,用粉状聚碳酸酯配成溶液浸渍乱纤维毡制造复合材料零件,纤维毡浸聚碳酸酯溶液后,先在真空中于110℃下脱水干燥并预成型(纤维含量约20%),纤维可以是玻璃纤维,也可以是 HMG 碳纤维,所用溶剂是 75%的甲醇和 25%的水,浸有聚碳酸酯的纤维毡在 353MPa 压力和 275℃下模塑成型,冷却 10 分钟或经 245℃退火处理后得到复合材料,对其进行性能测试表明,用碳纤维增强聚碳酸酯与用玻璃纤维增强聚碳酸酯比较,在弹性模量上有明显提高,而断裂延伸率却降低。

3.聚砜

聚砜是指主链结构中含有 $-SO_2-$ 链节的聚合物。它的突出性能是可以在 100~150℃下长期使用。它的结构式如下

$$n = 50 \sim 10\ 000$$

聚砜结构规整,主链上含有苯环,所以玻璃化温度很高。美国联合碳化物公司生产的

聚砜玻璃化温度为190℃,英国I.C.I的产品为230℃。由于聚砜分子中砜基上的硫原子处于最高氧化状态,故聚砜有抗氧化的特性,即使在加热情况下,聚砜也难发生化学变化。这是由于二苯基砜的共扼状态的化学健比非共扼键要坚强有力得多,所以在高温或离子辐射下也不致引起主链和侧链的断裂。聚砜在高温下使用仍能保持高的硬度、尺寸稳定性和抗蠕变能力,但是聚砜的成型温度高达300℃是一大缺点。聚砜分子结构中异丙基和醚键的存在,使大分子具有一定的韧性。它耐磨性好,且耐各种油类和酸类。有些聚砜具有低的可燃性和发烟性。碳纤维聚砜复合材料,对宇航和汽车工业很有意义。波音公司已将碳纤维聚砜复合材料应用于飞机结构,取得了明显的经济效果。如在无人驾驶靶机上用聚砜石墨纤维层压板取代铝合金蒙皮,可以降低20%的成本,减少16%的质量,并可很好地协调最大载荷条件。近年来,热塑性聚合物基复合材料不断有新的发展,如聚乙烯乙二醇对苯二酸酯(PET)和聚1,4丁二醇对苯二酸酯(PBT)等聚酯与碳纤维复合,具有低的摩擦特性,是唯一超过聚四氟乙烯的材料。

聚四氟乙烯与碳纤维构成的复合材料可制造空间飞行器的框架。LuBin研究了用各种热塑性聚合物基碳纤维复合材料制造宇航飞行器和太阳能收集器框架,他推荐用聚甲基丙烯酸甲酯复合材料。由于与碳纤维复合,增强了材料的刚度,改善了尺寸稳定性,使得这种材料有希望在具有放射性和热暴露的空间工作。

用EIM－5石墨纤维增强聚砜、聚砜醚、聚芳砜等可以制造发动机排气导管,其中聚砜醚的弯曲疲劳性能等优于环氧石墨纤维复合材料。

总之,用热塑性聚合物做复合材料的基体,将是发展复合材料的一个重要方面,特别是从材料来源、节约能源和从经济效益上来考虑,发展这类复合材料有着重要意义。

第三章 复合材料的增强材料

在复合材料中,凡是能提高基体材料力学性能的物质,均称为增强材料。纤维在复合材料中起增强作用,是主要承力组分。它不仅能使材料显示出较高的抗张强度和刚度,而且能减少收缩,提高热变形温度和低温冲击强度等。复合材料的性能在很大程度上取决于纤维的性能、含量及使用状态。如聚苯乙烯塑料,加入玻璃纤维后,拉伸强度可从 600MPa 提高到 1 000MPa,弹性模量可从 3 000MPa 提高到 8 000MPa,其热变形温度可从 85℃提高到 105℃,使 −40℃下的冲击强度可提高 10 倍。

3.1 玻璃纤维及其制品

3.1.1 概 述

随着玻璃钢工业的发展,玻璃纤维工业也得到迅速发展。70 年代国外玻璃纤维的主要特点是:普遍采用池窑拉丝新技术;大力发展多排多孔拉丝工艺;用于玻璃钢的纤维直径逐渐向粗的方向发展,纤维直径为 14 ~ 24μm,甚至达 27μm;大量生产无碱纤维;大力发展无纺织玻璃纤维织物,无捻粗纱和短切纤维毡片所占比例增加;重视纤维 – 树脂界面的研究,偶联剂的品种不断增加,玻璃纤维的前处理受到普遍重视。

我国玻璃纤维工业诞生于 1950 年,当时只能生产绝缘材料用的初级纤维。1958 年以后,玻璃纤维工业得到迅速发展,现在全国有大、小玻璃纤维厂 200 多个,玻璃纤维年产量为 5 万吨,其中无碱纤维占 20%,中碱纤维占 80%,纤维直径多数为 6 ~ 8μm,正向粗纤维方向发展,池窑拉丝工艺正在推广,重视纤维 – 树脂界面的研究,新型偶联剂不断出现,许多玻璃纤维厂使用前处理工艺。玻璃纤维工业的不断发展促进了我国复合材料及尖端科学技术的发展。

3.1.2 玻璃纤维的分类

玻璃纤维的分类方法很多。一般从玻璃原料成分、单丝直径、纤维外观及纤维特性等方面进行分类。

1.以玻璃原料成分分类

这种分类方法主要用于连续玻璃纤维的分类。一般以不同的含碱量来区分。

(1)无碱玻璃纤维(通称 E 玻纤):是以钙铝硼硅酸盐组成的玻璃纤维,这种纤维强度较高,耐热性和电性能优良,能抗大气侵蚀,化学稳定性也好(但不耐酸),最大的特点是电性能好,因此也把它称做电气玻璃。国内外大多数都使用这种 E 玻璃纤维作为复合材料的原材料。

目前,国内规定其碱金属氧化物含量不大于 0.5%,国外一般为 1%左右。

(2)中碱玻璃纤维:碱金属氧化物含量在 11.5% ~ 12.5%之间。国外没有这种玻璃纤维,它的主要特点是耐酸性好,但强度不如 E 玻璃纤维高。它主要用于耐腐蚀领域中,价格较便宜。

(3)有碱玻璃(A 玻璃)纤维:有碱玻璃称 A 玻璃,类似于窗玻璃及玻璃瓶的钠钙玻璃。此种玻璃由于含碱量高,强度低,对潮气侵蚀极为敏感,因而很少作为增强材料。

(4)特种玻璃纤维:如由纯镁铝硅三元组成的高强玻璃纤维,镁铝硅系高强高弹玻璃纤维,硅铝钙镁系耐化学介质腐蚀玻璃纤维,含铅纤维,高硅氧纤维,石英纤维等。

2.以单丝直径分类

玻璃纤维单丝呈圆柱形,以其直径的不同可以分成几种(其直径值以 μm 为单位):

粗纤维:30μm;初级纤维:20μm;中级纤维:10 ~ 20μm;高级纤维:3 ~ 10μm(亦称纺织纤维)。

对于单丝直径小于 4μm 的玻璃纤维称为超细纤维。

单丝直径不同,不仅使纤维的性能有差异,而且影响到纤维的生产工艺、产量和成本。一般 5 ~ 10μm 的纤维作为纺织制品使用,10 ~ 14μm 的纤维一般做无捻粗纱、无纺布、短切纤维毡等较为适宜。

3.以纤维外观分类

有连续纤维,其中有无捻粗纱及有捻粗纱(用于纺织)、短切纤维、空心玻璃纤维、玻璃粉及磨细纤维等。

4.以纤维特性分类

根据纤维本身具有的性能可分为:高强玻璃纤维、高模量玻璃纤维、耐高温玻璃纤维、耐碱玻璃纤维、耐酸玻璃纤维、普通玻璃纤维(指无碱及中碱玻璃纤维)。

3.1.3 玻璃纤维的结构及化学组成

1.玻璃纤维的结构

玻璃纤维的拉伸强度比块状玻璃高许多倍,但经研究证明,玻璃纤维的结构与玻璃相同。关于玻璃结构的假说到目前为止比较能够反映实际情况的是"微晶结构假说"和"网络结构假说"。

微晶结构假说认为,玻璃是由硅酸块或二氧化硅的"微晶子"组成,在"微晶子"之间由硅酸块过冷溶液所填充。

网络结构假说认为,玻璃是由二氧化硅的四面体、铝氧三面体或硼氧三面体相互连成不规则三维网络,网络间的空隙由 Na,K,Ca,Mg 等阳离子所填充。二氧化硅四面体的三维网状结构是决定玻璃性能的基础,填充的 Na,Ca 等阳离子称为网络改性物。

大量资料证明,玻璃结构是近似有序的。原因是玻璃结构中存在一定数量和大小比较有规则排列的区域,这种规则性是由一定数目的多面体遵循类似晶体结构的规则排列造成的。但是有序区域不是像晶体结构那样有严格的周期性,微观上是不均匀的,宏观上却又是均匀的,反映到玻璃的性能上是各向同性的。

2.玻璃纤维的化学组成

玻璃纤维的化学组成主要是二氧化硅、三氧化二硼、氧化钙、三氧化二铝等,它们对玻璃纤维的性质和生产工艺起决定性作用。以二氧化硅为主的称为硅酸盐玻璃,以三氧化二硼为主的称为硼酸盐玻璃。氢化钠、氧化钾等碱性氧化物为助熔氧化物,它可以降低玻璃的熔化温度和粘度,使玻璃熔液中的气泡容易排除。它主要通过破坏玻璃骨架,使结构疏松,从而达到助熔的目的,因此氧化钠和氢化钾的含量越高,玻璃纤维的强度、电绝缘性能和化学稳定性都会相应的降低。加入氧化钙、三氧化二铝等,能在一定条件下构成玻璃网络的一部分,改善玻璃的某些性质和工艺性能;用氧化钙取代二氧化硅,可降低拉丝温度;加入三氧化二铝可提高耐水性。总之,玻璃纤维化学成分的制定,一方面要满足玻璃纤维物理和化学性能的要求,具有良好的化学稳定性;另一方面要满足制造工艺的要求,如合适的成型温度、硬化速度及粘度范围。

3.1.4 玻璃纤维的物理性能

玻璃纤维具有一系列优良性能,拉伸强度高,防火、防霉、防蛀、耐高温和电绝缘性能好等。它的缺点是具有脆性,不耐腐,对人的皮肤有刺激性等。

(1)外观和比重

一般天然或人造的有机纤维,其表面都有较深的皱纹。而玻璃纤维表面呈光滑的圆柱,其横断面几乎都是完整的圆形。宏观看来,由于表面光滑,纤维之间的抱合力非常小,不利于和树脂粘结。又由于呈圆柱状,所以玻璃纤维彼此相靠近时,空隙填充的较为密实,这对于提高复合材料制品的玻璃含量是有利的。

玻璃纤维直径从 $1.5 \sim 30\mu m$,大多数为 $4 \sim 14\mu m$。

玻璃纤维的密度为 $2.16 \sim 4.30 g/cm^3$,其比重较有机纤维大很多,但比一般的金属比重要低,与铝相比几乎一样,所以在航空工业上用复合材料代替铝钛合金就成为可能。此外,一般无碱玻璃纤维比有碱纤维的比重要大。

(2)表面积大

由于玻璃纤维的表面积大,使得纤维表面处理的效果对性能的影响很大。

(3)玻璃纤维的力学性能

① 玻璃纤维的拉伸强度

玻璃纤维的最大特点是拉伸强度高。一般玻璃制品的拉伸强度只有 $40 \sim 100 MPa$,而直径 $3 \sim 9\mu m$ 的玻璃纤维拉伸强度则高达 $1\,500 \sim 4\,000\ MPa$,较一般合成纤维高约 10 倍,比合金钢还高 2 倍。几种纤维和金属材料的强度见表 3-1。

表 3-1 几种纤维材料和金属材料的强度

性能 材料	羊 毛	亚 麻	棉 花	生 丝	尼 龙	高强合金钢	铝合金	玻 璃	玻璃纤维
纤维直径 (μ)	15	$16 \sim 50$	$10 \sim 20$	18	块状	块状	块状	块状	$5 \sim 8$
拉伸强度 MPa	$100 \sim 300$	350	$300 \sim 700$	440	$300 \sim 600$	1 600	$40 \sim 460$	$40 \sim 120$	$1\,000 \sim 3\,000$

② 玻璃纤维高强的原因。

对玻璃纤维高强的原因,许多学者提出了不同的假说,其中比较有说服力的是微裂纹假说。微裂纹假说认为,玻璃的理论强度取决于分子或原子间的引力,其理论强度很高,可达到 $2\,000 \sim 12\,000 MPa$。但实测强度很低,这是因为在玻璃或玻璃纤维中存在着数量不等,尺寸不同的微裂纹,因而大大降低了它的强度。微裂纹分布在玻璃或玻璃纤维的整个体积内,但以表面的微裂纹危害最大。由于微裂纹的存在,使玻璃在外力作用下受力不均,在危害最大的微裂纹处,产生应力集中,从而使强度下降。

玻璃纤维比玻璃的强度高很多,这是因为玻璃纤维高温成型时减少了玻璃溶液的不均一性,使微裂纹产生的机会减少。此外,玻璃纤维的断面较小,随着断面的减小,使微裂纹存在的几率也减少,从而使纤维强度增高。有人更明确地提出,直径小的玻璃纤维强度比直径粗的纤维强度高的原因是由于表面微裂纹尺寸和数量较小,从而减少了应力集中,使纤维具有较高的强度。

③影响玻璃纤维强度的因素

A.一般情况,玻璃纤维的拉伸强度随直径变细而拉伸强度增加,见表 3-2。

表 3-2 玻璃纤维拉伸强度与直径的关系

纤维直径/μ	拉伸强度/MPa	纤维直径/μ	拉伸强度/MPa
160	175	19.1	942
106.7	297	15.2	1300
70.6	356	9.7	1670
50.8	560	6.6	2330
33.5	700	4.2	3500
24.1	821	3.3	3450

B.拉伸强度也与纤维的长度有关,随着长度增加拉伸强度显著下降,见 3-3。

表 3-3 玻璃纤维拉伸强度与长度的关系

纤维长度/mm	纤维直径/μm	平均拉伸强度/MPa
5	13.0	1500
20	12.5	1210
90	12.7	860
1560	13.0	720

纤维直径和长度对拉伸强度的影响,可用"微裂纹理论"给予解释,随着纤维直径的减小和长度的缩短,纤维中微裂纹的数量和大小就会相应地减小,这样强度就会相应地增加。

C.化学组成对强度的影响,纤维的强度与玻璃的化学成分关系密切。对于同一系统(即基本组分)来说,部分改变氧化物的种类和数量,纤维强度改变不大(20%~30%)。而改变系统(即改变它的基本组分),强度产生大幅度变化。一般来说,含碱量越高,强度越低。高强玻璃纤维强度明显地高于无碱玻璃纤维,而有碱纤维强度更低。研究表明,高强和无碱玻璃纤维由于成型温度高、硬化速度快、结构键能大等原因,而具有很高的拉伸强度。

纤维的表面缺陷对强度影响巨大。各种纤维都有微裂纹时强度相近,只有当表面缺陷减小到一定程度时,纤维强度对其化学组成的依赖关系才会表现出来,参看表3-4。

表3-4 纤维强度与化学组成的关系

品 种	A玻纤	E玻纤	铝硅酸盐玻纤	石英玻纤	表面缺陷状况
强 度 （MPa）	80～150	80～150	80～150	80～150	表面有微裂纹
	500～700	600～800	800～1000	2000	表面有超细微裂纹
	2000	2100	2500	4000	表面有微裂纹
	—	3000	3300	5000～6000	无缺陷纤维
	7000	—	—	22500	理想均匀的玻璃结构

D.存放时间对纤维强度的影响——纤维的老化。当纤维存放一段时间后,会出现强度下降的现象,称为纤维的老化。这主要取决于纤维对大气水分的化学稳定性。例如,直径$6\mu m$的无碱玻璃纤维和含$Na_2O17\%$的有碱纤维,在空气湿度为$60\%～65\%$的条件下存放。无碱玻璃纤维存放二年后强度基本不变,而有碱纤维强度不断下降,开始比较迅速,以后缓慢下来,存放二年后强度下降33%。其原因在于二种纤维对大气水分的化学稳定性不同所致。

E.施加负荷时间对纤维强度的影响——纤维的疲劳。玻璃纤维的疲劳一般是指纤维强度随施加负荷时间的增加而降低的情况。纤维疲劳现象是普遍的,当相对湿度为60%～65%时,玻璃纤维在长期张力作用下,都会有很大程度的疲劳。

纤维强度受施加负荷时间的影响,即纤维的疲劳是普通存在的。例如,在施加60%的断裂负荷的作用力下,$2～6$昼夜,纤维会全部断裂。

玻璃纤维疲劳的原因,在于吸附作用的影响,即水分吸附并渗透到纤维微裂纹中,在外力的作用下,加速裂纹的扩展。纤维疲劳的程度取决于微裂纹扩展和范围。这与应力、尺寸、湿度、介质种类等方面有关。

F.玻璃纤维成型方法和成型条件对强度也有很大影响。如玻璃硬化速度越快,拉制的纤维强度也越高。

④ 玻璃纤维的弹性

A.玻璃纤维的延伸率

纤维的延伸率(又称断裂伸长率)是指纤维在外力作用下直至拉断时的伸长百分率。玻璃纤维的延伸率比其他有机纤维的延伸率低,一般为3%左右。

B.玻璃纤维的弹性模量

玻璃纤维的弹性模量是指在弹性范围内应力和应变关系的比例常数。

玻璃纤维的弹性模量约为7×10^4MPa,与铝相当,只有普通钢的三分之一,致使复合材料的刚度较低。对玻璃纤维的弹性模量起主要作用的是其化学组成。实践证明,加入BeO,MgO能够提高玻璃纤维的弹性模量。含BeO的高弹玻璃纤维(M)其弹性模量比无碱玻璃纤维(E)提高60%。它取决于玻璃纤维结构的本身,与直径大小、磨损程度等无关。不同直径的玻璃纤维弹性模量相同,也证明了它们具有近似的分子结构。几种纤维的弹性模量和延伸率见表3-5。

表 3-5 各种纤维的弹性模量和延伸率

名　称	弹性模量 GPa	断裂延伸率(%)	延伸率可逆部分(%)
无碱玻璃纤维	72	3.0	0.05
有碱玻璃纤维	66	2.7	0.08
棉纤维	10 ~ 12	7.8	1.5
亚麻纤维	30 ~ 50	2 ~ 3	1.5
羊毛纤维	6	25 ~ 35	4 ~ 6
天然丝	13	18 ~ 24	2 ~ 3
普通粘胶纤维	8	20 ~ 30	1.5 ~ 1.7
卡普龙纤维	3	20 ~ 25	8
钢	2.1×10^5 MPa	5 ~ 14	
铝合金	0.47×10^5 MPa	6 ~ 16	
钛合金	0.96×10^5 MPa	8 ~ 12	

表 3-6 三种典型玻璃纤维的力学性能

纤维种类	比　重	拉伸强度 MPa	弹性模量 GPa
E – 玻璃纤维	2.54	3500	72
S – 玻璃纤维	2.44	4700	87
M – 玻璃纤维	2.89	3700	118

玻璃纤维是一种优良的弹性材料。应力 – 应变图基本上是一条直线,没有塑性变形阶段。玻璃纤维的延伸率小,这是由于纤维中硅氧键结合力较强,受力后不易发生错动。玻璃纤维的断裂延伸率与直径有关,直径 9 ~ 10μm 的纤维其最大延伸率为 2% 左右。5μm 的纤维,约在 3%。几种典型玻璃纤维的力学性能见表 3-6。

(4) 玻璃纤维的耐磨性和耐折性

玻璃纤维的耐磨性是指纤维抵抗磨擦的能力,玻璃纤维的耐折性是指纤维抵抗折断的能力。玻璃纤维这两个性能都很差。经过揉搓摩擦容易受伤或断裂,这是玻纤的严重缺点,使用时应当注意。

当纤维表面吸附水分后能加速微裂纹扩展,使纤维耐磨性和耐折性降低。为了提高玻璃纤维的柔性以满足纺织工艺的要求,可以采用适当的表面处理,如经 0.2% 阳离子活性剂水溶液处理后,玻璃纤维的耐磨性比未处理的高 200 倍。

纤维的柔性一般以断裂前弯曲半径的大小来表示,弯曲半径越小,柔性越好。如玻璃纤维直径为 9μm 时,其弯曲半径为 0.094mm,而超细纤维直径为 3.6μm 时,其弯曲半径为 0.038mm。

(5) 玻璃纤维的热性能

①玻璃纤维的导热性

玻璃的导热系数(即通过单位传热面积 $1m^2$,温度梯度为 1 度/m,时间为 1 小时所通过的热量)为 0.6~1.1 千卡/米·度·时,但拉制成玻璃纤维后,其导热系数只有 0.03 千卡/米·度·时。产生这种现象的原因,主要是纤维间的空隙较大,容重较小所致;容重越小,其导热系数越小,主要是因为空气导热系数低所致;导热系数越小,隔热性能越好。使用温度的变化对玻璃纤维的导热系数影响不大,例如,当玻璃纤维的使用温度升高到 200~300℃,其导热系数只升高 10%,因此,玻璃纤维是一种优良的绝热材料。当玻璃纤维受潮时,导热系数增大,隔热性能降低。

②玻璃纤维的耐热性

玻璃纤维耐热性较高,软化点为 550~580℃,其热膨胀系数为 4.8×10^{-6}/℃。

玻璃纤维是一种无机纤维,不会引起燃烧。将玻璃纤维加温,直到某一强度界限以前,强度基本不变。玻璃纤维的耐热性是由化学成分决定的。一般钠钙玻璃纤维加热到 470℃之前(不降温),强度变化不大,石英和高硅氧玻璃纤维的耐热性可达到 2000℃以上。

如果将玻璃纤维加热至 250℃以上后再冷却(通常称为热处理),则强度明显下降。温度越高,强度下降越显著。例如:

300℃下经 24 小时,强度下降 20%;

400℃下经 24 小时,强度下降 50%;

500℃下经 24 小时,强度下降 70%;

600℃下经 24 小时,强度下降 80%。

强度降低与热作用时间有关,因此,玻璃布热处理温度虽然很高,但因受热时间短,故强度降低不大。

玻璃纤维热处理后强度下降,可能是热处理使微裂纹增加所引起的。

(6) 玻璃纤维的电性能

玻璃纤维的导电性主要取决于化学组成、温度和湿度。无碱纤维的电绝缘性能比有碱纤维优越得多,这主要是因为无碱纤维中碱金属离子少的缘故。碱金属离子越多,电绝缘性能越差;玻璃纤维的电阻率随着温度的升高而下降。虽然玻璃纤维的吸附能力较小,但空气湿度对玻璃纤维的电阻率影响很大,湿度增加电阻率下降,见 3-7 表。

表 3-7　空气湿度对玻璃布电阻率影响

玻璃布种类	空气相对湿度(%)下的不同电阻率($\Omega \cdot cm$)				
	20	40	60	80	100
无碱玻璃布	2×10^{15}	6×10^{14}	7×10^{13}	9×10^{12}	3.4×10^{11}
有碱玻璃布	4×10^{12}	1.8×10^{12}	7.5×10^{11}	9.8×10^{10}	2.8×10^4

在玻璃纤维的化学组成中,加入大量的氧化铁、氧化铅、氧化铜、氧化铋或氧化钒,会使纤维具有半导体性能。在玻璃纤维上涂敷金属或石墨,能获得导电纤维。

(7) 玻璃纤维及制品的光学性能

玻璃是优良的透光材料,但制成玻璃纤维制品后,其透光性远不如玻璃。玻璃纤维制品的光学性能以反射系数、透光系数和亮度系数来表示。

反射系数 P 是指玻璃布反射的光强度与入射到玻璃布上的光强度之比,即

$$P = \frac{I_P}{I_0}$$

式中：P——反射系数；I_P——反射光强度；I_0——入射光强度。

在一般情况下，玻璃布的反射系数与布的织纹特点、密度及厚度有关，平均为40% ~ 70%，如将透光性较弱的半透明材料垫在下边，玻璃布的反射系数可达87%。

透过系数是指透过玻璃布的光强度与入射光强度之比，即

$$\tau = \frac{I_\tau}{I_0}$$

式中：τ——透光系数；$I\tau$——透过光强度；I_0——入射光强度。

玻璃布的透光系数与布的厚度及密度有关。密度小而薄的玻璃布，透过系数可达65%，而密度大而厚的玻璃布，透光系数只有18% ~ 20%。

亮度系数是用试样的亮度与绝对白的表面亮度(标准器)之比来测得。不同织纹玻璃布的光学性能见表3-8。

表 3-8　不同织纹玻璃布的光学性能

织　　纹	系　　数　　%		
	透　　光	反　　射	亮　　度
平　　纹	54.0	45.0	1.66
缎　　纹	32.6	60.0	2.46
蔓 草 花 纹	26.5	65.0	1.15

由于玻璃纤维具有优良的光学性能，因而可以制成透明玻璃钢以做各种采光材料，制成导光管以传送光束或光学物像。这在现代通信技术等方面也得到了广泛应用。

3.1.5　玻璃纤维的化学性能

玻璃纤维除对氢氟酸、浓碱、浓磷酸外，对所有化学药品和有机溶剂都有良好的化学稳定性。化学稳定性在很大程度上决定了不同纤维的使用范围。

玻璃纤维的性能一般认为与水、湿度有关，实际上玻璃纤维在相对湿度80%以上环境中存放，强度就有下降；在100%相对湿度下，强度保持率在50%左右。但是，玻璃纤维单丝即使与水接触，强度也不发生变化，只有有碱玻璃纤维由于玻璃纤维中所含的碱分溶出，强度下降。

(1)侵蚀介质对玻璃纤维的腐蚀情况

根据网络结构假说可知，二氧化硅四面体相互连结构成玻璃纤维结构的骨架，它是很难与水、酸(H_3PO_4，HF除外)起反应的；在玻璃纤维结构中还有 Na、Ca、K 等金属离子及SiO_2与金属离子结合的硅酸盐部分。当侵蚀介质与玻璃纤维作用时，多数是溶解玻璃纤维结构中的金属离子或破坏硅酸盐部分；对于浓碱溶液、氢氟酸、磷酸等，将使玻璃纤维结构全部溶解。

(2)影响玻璃纤维化学稳定性的因素

A.玻璃纤维的化学成分

中碱玻璃纤维对酸的稳定性是较高的，但对水的稳定性是较差的；无碱玻璃纤维耐酸

性较差,但耐水性较好;中碱玻璃纤维和无碱玻璃纤维,从弱碱液对玻璃纤维强度的影响看,二者的耐碱性相接近,见表3-9、表3-10。

表3-9　无碱与中碱玻璃纤维性能对比

种　　类	耐酸性	耐水性	机械强度	防老化性	电绝缘性	成本	浸润性	适用条件
无碱玻璃纤维	一般	好	高	较好	好	较高	树脂易浸透	用于强度高的场合
中碱玻璃纤维	好	差	较低	较差	低	低	树脂浸透性差	用于强度低的场合

表 3-10　经 NaOH 溶液(5%)浸润后方格布的变化

浸蚀时间(小时)	0	2	8	24	72	120	240	480
无碱布强度* (kg/25×100mm)	203.7	178.9	165.2	133.4	138.7	152.4	157.4	153.3
有碱布强度* (kg/25×100mm)	176.1	180.7	151.5	160.6	146.1	136.6	142.6	142.3

中碱纤维含 Na_2O,K_2O 比无碱纤维高二十多倍,受酸作用后,首先从表面上,有较多的金属氧化物侵析出来,但主要是 Na_2O,K_2O 的离析、溶解;另一方面酸与玻璃纤维中硅酸盐作用生成硅酸,而硅酸迅速聚合并凝成胶体,结果在玻璃表面上会形成一层极薄的氧化硅保护膜,这层膜使酸的侵析与离子交换过程迅速减缓,使强度下降也缓慢。实践证明 Na_2O,K_2O 有利于这层保护膜的形成。所以中碱纤维比无碱纤维的耐酸性好。

水与玻璃纤维作用,首先是侵蚀玻璃纤维表面的碱金属氧化物,主要是 Na_2O,K_2O 的溶解,使水呈现碱性。随着时间的增加,玻璃纤维与碱液继续作用,直至使二氧化硅骨架破坏。由于无碱玻璃纤维的碱金属氧化物含量较低,所以对水的稳定性较高。

无碱纤维与中碱纤维受到 NaOH 溶液侵蚀后,几乎所有玻璃成分,包括 SiO_2 在内,均匀溶解,使纤维变细,但随浸碱时间的增加,化学成分含量基本不再发生变化,即内部结构并未破坏,因而单位面积的强度基本不变。

总之,玻璃纤维的化学稳定性主要取决于其成分中的二氧化硅及碱金属氧化物的含量。显然,二氧化硅含量多能提高玻璃纤维的化学稳定性,而碱金属氧化物则会使化学稳定性降低。在玻璃纤维成分中增加 SiO_2 或 Al_2O_3 含量,或加入 ZrO_2 及 TiO_2 都可以提高玻璃纤维的耐酸性;增加 SiO_2 含量,或加入 CaO,ZrO_2 及 ZnO 能提高玻璃纤维的耐碱性;在玻璃纤维中加入 Al_2O_3,ZrO_2 及 TiO_2 等氧化物,可大大提高耐水性。

石英、高硅氧玻璃纤维对水、酸的化学稳定性较好,耐碱性远比普通纤维高。

B.纤维表面情况对化学稳定性的影响

玻璃是一种非常好的耐腐蚀材料,但拉制成玻璃纤维后,其性能远不如玻璃。这主要是由于玻璃纤维的比表面积大所造成的。例如,一克重的 2mm 厚的玻璃,只有 $5.1cm^2$ 表面积,而一克玻璃纤维(直径 5μm)的表面积则有 3 100cm²,表面积增大了 608 倍。也就是说玻璃纤维受侵蚀介质作用的面积比玻璃大 608 倍,因此,玻璃纤维的耐腐蚀性能比块玻璃差很多。

表 3-11　在各种侵蚀介质中玻璃纤维的化学稳定性与直径的关系

纤维直径 (μm)	纤维受浸蚀后失重(%)			
	水	2N.HCl	0.5N.NaOH	0.5N.Na₂CO₃
6.0	3.75	1.54	60.3	24.8
8.0	2.73	1.16	55.8	16.1
19.0	1.26	0.39	30.0	7.6
57.0	0.44	——	10.5	2.2
881.0	0.02		0.7	0.2

表 3-11 中的结果说明,玻璃纤维直径对化学稳定性关系极大,随着纤维直径的减小,其化学稳定性也跟着降低。

C.侵蚀介质体积和温度对玻璃纤维化学稳定性的影响

温度对玻璃纤维的化学稳定性有很大影响,在 100℃ 以下时,温度每升高 10℃,纤维在介质侵蚀下的破坏速度增加 50% ~ 100%;当温度升高到 100℃ 以上时,破坏作用将更剧烈。同样的玻璃纤维,受不同体积的侵蚀介质作用,其化学稳定性不同。表 3-12 说明,介质的体积越大,对纤维的侵蚀越严重。

表 3-12　不同直径玻璃纤维的化学稳定性和浸蚀介质体积的关系

纤维直径 (μm)	称量 (g)	纤维表面积 (cm²)	水体积 (ml)	干燥滤渣	
				(mg)	(mg/dm²)
6	1.8	5 000	250	20.6	0.41
6	0.36	1 000	50	2.6	6.26
100	30.0	5 000	250	20.5	0.41
100	3.6	500	50	2.7	0.54
100	3.6	500	250	16.8	3.36

D.玻璃纤维纱的规格及性能

玻璃纤维纱可分无捻纱及有捻纱两种。无捻纱一般用增强型浸润剂,由原纱直接并股、络纱制成。有捻纱则多用纺织型浸润剂,原纱经过退绕、加捻、并股、络纱而制成。

由于生产玻璃纤维纱的直径、支数及股数不同,使无捻纱和有捻纱的规格有许多种。

纤维支数有两种表示方法:

1.重量法是用一克重原纱的长度来表示。

纤维支数 = 纤维长度/纤维重量

例如:40 支纱,就是指一克重的原纱长 40m。

2.定长法是目前国际统一使用的方法,通称"TEX"(公制称号),是指 1 000m 长的原纱的克重量。例如:4"TEX"就是指 1 000m 原纱重 4g。

捻度是指单位长度内纤维与纤维之间所加的转数,以捻/米为单位。有 Z 捻和 S 捻,Z 捻一般称为左捻,顺时针方向加捻;S 捻称为右捻,是逆时针方向加捻。通过加捻可提高纤维的抱合力,改善了单纤维的受力状况,有利于纺织工序的进行。捻度过大不易被树脂浸透。无捻粗纱中的纤维是平行排列的,拉伸强度很高,易被树脂浸透,故无捻粗纱多用于缠绕高压容器及管道等,同时也用于挤拉成型、喷射成型等工艺中。

3.1.6 玻璃纤维织物的品种及性能

玻璃纤维织物的品种很多,主要有玻璃纤维布、玻璃纤维毡、玻璃纤维带等。玻璃纤维布又可分平纹布、斜纹布、缎纹布、无捻粗纱布(即方格布)、单向布、无纺布等。玻璃纤维毡又分为短切纤维毡、表面毡及连续纤维毡等。

无捻粗纱布 它具有浸胶容易、铺覆性好、较厚实、强度高、气泡易排除、施工方便、价格较便宜等特点。它是手糊工艺中常使用的一种布。

平纹布 平纹布是最普通的织法,通常叫平织,是由经纱和纬纱各一根上下相互交叉而织成。平纹布编织紧密、交织点多、强度较低、表面平整、气泡不易排除。它主要用在各个方向强度均要求一致的产品上,适用于制作形面简单或平坦的制品。

斜纹布 这种布经向与纬向的交织点连续而成斜向的纹路。斜纹布与平纹布相比织点较少。斜纹布较致密、柔性好、铺覆性较好、强度较大,适于制作有曲面的和各方向都需要强度高的制品。

缎纹布 它的一个方向上的每根纱从另一方向的几根纱(三根、五根、七根)上面通过,而只压在一根纱下面,在布的表面上形成单独的、不连续的经纬向交织点。缎纹布质地柔软、铺覆性好、强度较大、与模具接触性好,适用于型面复杂的手糊玻璃钢制品。

单向布 单向布的经纱用强纱,纬纱用弱纱织成。其特点是经纱方向强度较高,适用于定向强度要求高的制品。

无纺布 它是由连续纤维(直径为 $12 \sim 15\mu m$)平行或交叉排列后,用粘结剂粘结而成的片状材料,这种布是在拔丝过程中直接成型的,易于保持纤维的新生态。具有强度高、刚性好、工艺简单等优点。无纺布的出现,给使用粗纤维制造玻璃钢创造了条件。近年来国外开始用直径为 $50 \sim 100\mu m$ 的纤维制造无纺布,其性能见表 3-13。

表 3-13 不同纤维直径的无纺布性能

纤维直径 (μm)	纤维强度 MPa	粘结剂含量 (%)	无纺布强度 MPa	无纺布中纤维计算强度 MPa	原始强度利用率 (%)
10	3200	19.3	180	2700	84
15	3100	21.4	159	2520	81
22	3000	21.9	148	2360	79
50	2500	19.4	131	2040	81
100	1900	18.4	93	1420	75

高模量织物 它是由两组粗和细的经纬纱织成,粗纱占玻璃织物的 90% 左右。其特点是强度较大,铺复性能好,纱线可以歪扭。

短切纤维毡　这种毡的铺复性好、各向同性、价格便宜、强度较低、树脂用量大,适用于手糊及喷射成型玻璃钢。

连续纤维毡　这种毡铺复性好、强度大、质量均匀、树脂用量大、价格比短切纤维毡贵10%左右。适用于手糊及喷射成型玻璃钢和大型贮罐玻璃钢的富树脂层。

表面毡　这种毡是将定长玻璃纤维(细纤维)随机地均匀铺放而成。厚度约为0.3~0.4mm。表面毡铺复性好、强度低、价格较便宜,主要用于玻璃钢制品的表面,使制品表面光滑,树脂含量高,耐老化性能好。表面毡分 E 玻璃纤维和 C 玻璃纤维两种。

3.1.7 玻璃纤维及其制品的制造工艺

1.制造原丝

连续(无碱)玻璃纤维及其制品的制造,一般由制球、拉丝和纺织三个部分组成。制球部分的主要设备是玻璃熔窑、喂料机和制球。如无碱玻璃纤维按照成分要求,将砂岩、石灰石、蜡石等粉磨好的原料,以及硼酸、亚砷酸等化工原料按比例计量、调配、混合后送入熔窑内制成玻璃液。玻璃液自熔窑中缓慢流出,并经制球机制成直径约 1.8cm 的玻璃球。玻璃球经质量检查后,可作为拉丝的原料。

拉丝部分的主要设备是铂金坩埚和拉丝机以及温度控制系统。铂金坩埚是一个小型的用电加热的玻璃熔窑,用来将玻璃球熔化成玻璃液,然后从铂金坩埚底部漏板的小孔中流出,拉制成玻璃纤维。拉丝机的机头上套有卷筒,由马达带动作高速转动。将玻璃纤维端头缠在卷筒上后,由于卷筒的高速转动使玻璃液高速度地从铂金坩埚底部的小漏孔中拉出,并经速冷而成玻璃纤维。铂金坩埚底部有多少小漏孔,同时会拉制出多少根玻璃纤维,这些玻璃纤维集束成一股并浸上浸润剂,然后经排线器卷绕到拉丝机的卷筒上去。拉丝的情况如图 3-1 所示。

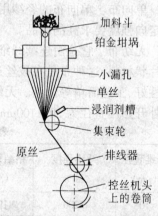

从卷筒上取得的玻璃纤维叫做原丝。原丝由若干根单丝(即单纤维)组成,单丝的多少系由铂金坩埚底部的小漏孔数决定。一般由 102,204 或 408 根单线组成原丝。原丝经质量检查合格后可送到纺织工段作进一步加工。

图中标注:加料斗、铂金坩埚、小漏孔、单丝、浸润剂槽、集束轮、原丝、排线器、控丝机头上的卷筒

2.浸润剂的作用

拉丝时为什么必须要用浸润剂? 这是由于浸润剂有多方面作用:

(1) 原丝中的纤维不散乱而能相互粘附在一起;

(2) 防止纤维间的磨损;

(3) 原丝相互间不粘结在一起;

(4) 便于纺织加工等。

常用的浸润剂有石蜡乳剂和聚醋酸乙烯酯两种,前者

图 3-1　拉制玻璃纤维的示意图

属于纺织型,后者属于增强型。石蜡乳剂中主要含有石蜡、凡士林、硬脂酸等矿物脂类的组分,这些组分有利于纺织加工,但严重地阻碍树脂对玻璃布的浸润,影响树脂与纤维的结合。因此,用含石蜡乳剂的玻璃纤维及其制品,必须在浸胶前除去。聚醋酸乙烯酯对玻璃钢性能影响不大,浸胶前可不必去除。但这种浸润剂在纺织时易使玻璃纤维起毛,一般用于生产无捻粗纱,无捻粗纱织物,以及短切纤维和短切纤维毡。

除了上述两种浸润剂外,还有适合于聚酯树脂的 711 浸润剂,适合于酚醛、环氧树脂的 4114 浸润剂等。因此,在选用任何玻璃纤维制品的时候,必须了解它所用的浸润剂类型,然后再决定是否在浸润树脂以前把它除去。

3.玻璃纤维纱的制造

玻璃纤维纱一般分为加捻纱和无捻纱两种,所谓加捻纱是通过退绕、加捻、并股、络纱而制成的玻璃纤维成品纱。无捻纱则不经退绕、加捻,直接并股、络纱而成。

国内生产的有捻纱一般系石蜡乳剂作为浸润剂。无捻纱一般用聚醋酸乙烯酯作浸润剂,它除了纺织外,还适用于缠绕,其特点是对树脂的浸润性良好,强度较高,成本低,但在成型过程中由于未经加捻而易磨损,起毛及断头。

4.玻璃布的制造

玻璃布是经过纺织而成,纺织部分的主要设备是各种类型的纺纱机和织布机。由拉丝车间取来的原丝经退绕、加捻、合股即可制成各种规格的有捻纱,或经合股、络纱即可制成各种规格的无捻纱,经过纺织加工,织成各种不同规格的玻璃布、玻璃布带以及其他类型的织物。织布和织带的原理基本相同,首先是将整经好的经纱穿扣后与卷好的纬纱分别装在织布的经轴托架上与梭箱中。在织布过程中,需要按织纹组织要求使经纱形成织口,梭子则往复运动于经纱梭口中。这样,经纱和纬纱按照一定的规律交织成布。

除了上述的通用织布机外,现在已推广应用箭竿织机、箭带织机和喷气织机等新工艺。

5.玻璃纤维及其制品制造流程

除了上述玻璃纤维、纱、毡、布(带)以外,玻璃纤维还可制成其他制品,为了使人们有较全面的了解,进行归纳绘制成玻璃纤维的制造流程图 3-2。

3.1.8 特种玻璃纤维

1.高强度及高模量玻璃纤维

(1)高强度玻璃纤维

高强度玻璃纤维有镁铝硅酸盐和硼硅酸盐两个系统。

镁铝硅酸盐玻璃纤维也称 S 玻璃纤维。其化学成分主要是 $SiO_2 \sim 65\%$,$Al_2O_3 \sim 25\%$,$MgO \sim 10\%$。它与 E 玻璃纤维相比,拉伸强度高 33%,弹性模量提高 20%。S 玻璃纤维具有高的比强度,在高温下有良好的强度保留率及高的疲劳极限。直径为 $9\mu m$ 的镁铝硅酸盐纤维,经过无水增强型浸润剂"HTS"处理后,其拉伸强度可达 4 900MPa,弹性模量为 $9 \times 10^4 MPa$,其耐热性比较高。

S 玻璃纤维的拉丝温度很高,一般要在 1 400℃以上,需要特殊的拉丝工艺,因此,国外又开始研究硼硅酸盐玻璃纤维。这种纤维的化学成分为 $SiO_2:40\% \sim 50\%$,$Al_2O_3:19\% \sim 29\%$,$B_2O_3:10\% \sim 20\%$,$li_2O:0.1\% \sim 1\%$。配方中引入 BeO 以提高其弹性模量。

硼硅酸盐玻璃纤维的液相温度较低,不需特殊拉丝工艺条件,一般用含量 15% ~ 25%的铂拉丝炉即可拉丝。

硼硅酸盐玻璃纤维的拉伸强度为 4 400MPa,弹性模量为 $7.4 \times 10^4 MPa$。

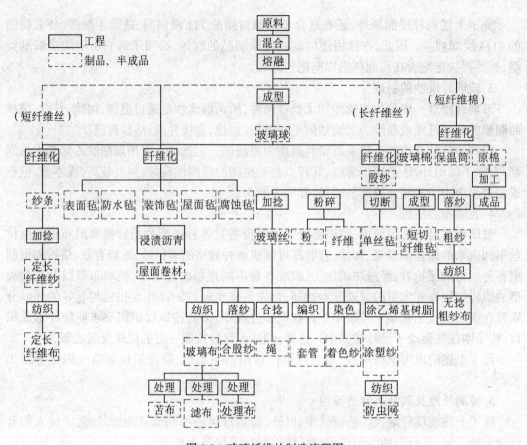

图 3-2 玻璃纤维的制造流程图

表 3-14 S 玻璃纤维和 E 玻璃纤维环氧玻璃钢的性能比较

性　　能	E 玻璃纤维沃兰处理	S 玻璃纤维沃兰处理	S 玻璃纤维 HTS 处理
玻璃纤维含量(%)	75.3	71.6	71.5
比重(g/cm³)	1.96	1.9	1.89
拉伸强度(MPa)	378	514	684
压缩强度(MPa)	378	367	472
拉伸模量(MPa)	2.1×10^4	2.3×10^4	2.2×10^4
压缩模量(MPa)	3.9×10^4	3.2×10^4	3.2×10^4
弯曲强度(MPa)	614	624	778
弯曲模量(MPa)	3.3×10^4	2.7×10^4	3.1×10^4

(2)高模量玻璃纤维

高模量玻璃,这种玻璃也称 M 玻璃或 YM – 35 – A 玻璃,M 玻璃纤维的模量为 9.4×10^4MPa,比一般玻璃纤维的模量提高 1/3 以上,拉伸强度和 E 玻璃纤维相似,玻璃液相温度为 1 110℃。由它制成的玻璃钢制品刚性特别好,在外力作用下不易变形,更适合于要求高强度和高模量制品,以及航空、宇航所用的制品。国内这种玻璃的成分质量比如下:

SiO_2 53.7%, CaO 12.7%, MgO 9%, BeO 8%, ZrO_2 2%, TiO_2 7.9%, Li_2O 3.0%, Fe_2O_3 0.5%。

2. 耐高温玻璃纤维

(1) 石英纤维

石英纤维是一种优良的耐高温材料,这种纤维仅限于用高纯度(99.95%二氧化硅)天然石英晶体制成的纤维,它保持了固体石英的特点和性能。石英纤维的直径一般为 $10\sim100\mu m$,由于其纤维比较脆,故纺织品价格比一般玻璃纱高很多。

石英纤维的主要性能如下:

① 软化温度高。一般玻璃纤维的软化温度只有 $550\sim580℃$,而石英纤维的软化温度度可达 $1250℃$ 以上。

② 膨胀系数小。室温下,石英纤维的膨胀系数为 $5\times10^{-7}℃^{-1}$,当温度升高到 $1200℃$ 时,才增大为 $11\times10^{-7}℃^{-1}$,为普通玻璃纤维的 $1/10\sim1/20$。石英纤维加热到 $800\sim1000℃$ 后用水冷却,其性能无损伤。

③ 电性能好。石英纤维在高温下电绝缘性能良好,其导电率只有 $10^{-16}\Omega^{-1}\cdot cm^{-1}$,为一般纤维的千分之一至万分之一。

④ 石英纤维能耐 $100\sim200℃$ 浓酸的浸蚀,但耐碱及碱性盐的能力差些。

⑤ 石英纤维在 $250\sim4700\mu m$ 的光谱区内,有较高的透光率。

石英纤维广泛用在电机制造、光通讯、火箭及原子反应堆工程等方面。

(2) 高硅氧玻璃纤维

高硅氧玻璃纤维是用浸析法将高钙硼硅酸盐玻璃纤维中的可溶物析出,而制得的二氧化硅含量达95%以上的纤维。高硅氧玻璃纤维的耐热性能与石英纤维相似,但其强度较低,仅为普通无碱纤维强度的十分之一。

高硅氧玻璃纤维的价格比石英纤维低很多,已广泛地用于宇宙航空、火箭等方面。

(3) 铝硅酸盐玻璃纤维

铝硅酸盐玻璃纤维是以高岭土、铝矾土、蓝晶石等为原料,在高频炉、电弧炉或其他高温炉中熔化,用吹制法制成的玻璃纤维。吹制法制成的纤维较短,可以捻丝成线,但强度较低。

铝硅酸盐玻璃纤维的化学组成特点是 Al_2O_3 占50%以上,其熔化温度为 $1760℃$,最高使用温度为 $1260℃$。铝硅酸盐玻璃纤维的主要用途是作绝缘材料和隔热材料,多用于火箭、喷气发动机、原子反应堆等。

3. 空心玻璃纤维

空心玻璃纤维是采用铝硼硅酸盐玻璃原料,用特制拔丝炉拔丝制成。这种纤维呈中空状态,质轻、刚性好,制成玻璃钢制品比一般的轻10%以上,而且弹性模量较高,适用于航空与海底装备。另外,其电性能好,导热系数低,但性质较脆。空心玻璃纤维的直径为 $10\sim17\mu m$。毛细系数是空心玻璃纤维性能的重要因素。当体积重量为 $1.6\sim1.8g/cm^3$ 时,毛细系为 $0.6\sim0.7$。

3.2 碳 纤 维

3.2.1 概　述

碳纤维(Carbon fiber,CF)的开发历史可追溯到19世纪末期美国科学家爱迪生发明的白炽灯灯丝,而真正作为有使用价值并规模生产的碳纤维,则出现在本世纪50年代末期。

1959年美国联合碳化公司(Union Carbide Corporation,UCC)以粘胶纤维(Viscose firber)为原丝制成商品名为"Hyfil Thornel"的纤维素基碳纤维(Rayon－based carbon firber);1962年日本炭素公司实现低模量聚丙烯腈基碳纤维(Polyacry1onitrile－basedc carbon firber,PANCF)的工业化生产;1963年英国航空材料研究所(Royal Aircraft Establishment,RAE)开发出高模量聚丙烯腈基碳纤维;1965年日本群马大学试制成功以沥青或木质素为原料的通用型碳纤维,1970年日本吴羽化学公司实现沥青基碳纤维 Pitch—based carbon fiber 的工业规模生产;1968年美国金刚砂公司研制出商品名为"Kynol"的酚醛纤维 Phenolic fibers,1980年以酚醛纤维为原丝的活性碳纤维(Fibrous activated carbon)投放市场。

碳纤维是由有机纤维经固相反应转变而成的纤维状聚合物碳,是一种非金属材料。它不属于有机纤维范畴,但从制法上看,它又不同于普通无机纤维。碳纤维性能优异,不仅重量轻、比强度大、模量高,而且耐热性高以及化学稳定性好(除硝酸等少数强酸外,几乎对所有药品均稳定,对碱也稳定)。其制品具有非常优良的 X 射线透过性,阻止中子透过性,还可赋予塑料以导电性和导热性。以碳纤维为增强剂的复合材料具有比钢强比铝轻的特性,是一种目前最受重视的高性能材料之一。它在航空航天、军事、工业、体育器材等许多方面有着广泛的用途。

1988年世界碳纤维总生产能力为10 054吨/年,其中聚丙烯腈基碳纤维为7 840吨,占总量的78%。日本是最大的聚丙烯腈基碳纤维生产国,生产能力约3 400吨/年,占总量的43%。美国的碳纤维主要用于航空航天领域,欧洲在航空航天、体育用品和工业方面的需求比较均衡,而日本则以体育器材为主。

3.2.2　碳纤维的分类

当前国内外已商品化的碳纤维种类很多,一般可以根据原丝的类型、碳纤维的性能和用途进行分类。

1.根据碳纤维的性能分类

(1)高性能碳纤维

在高性能碳纤维中有高强度碳纤维、高模量碳纤维、中模量碳纤维等。

(2)低性能碳纤维

这类碳纤维有耐火纤维、碳质纤维、石墨纤维等。

2.根据原丝类形分类

(1)聚丙烯腈基纤维

(2)粘胶基碳纤维

(3)沥青基碳纤维

(4)木质素纤维基碳纤维

(5) 其他有机纤维基(各种天然纤维、再生纤维、缩合多环芳香族合成纤维)碳纤维。

3.根据碳纤维功能分类

(1) 受力结构用碳纤维

(2) 耐焰碳纤维

(3) 活性碳纤维(吸附活性)

(4) 导电用碳纤维

(5) 润滑用碳纤维

(6) 耐磨用碳纤维

3.2.3　碳纤维的制造

碳纤维是一种以碳为主要成分的纤维状材料。它不同于有机纤维或无机纤维,不能用熔融法或溶液法直接纺丝,只能以有机物为原料,采用间接方法制造。制造方法可分为两种类型,即气相法和有机纤维碳化法。

气相法是在惰性气氛中小分子有机物(如烃或芳烃等)在高温下沉积成纤维。用这种方法只能制造晶须或短纤维,不能制造连续长丝。

有机纤维碳化法是先将有机纤维经过稳定化处理变成耐焰纤维,然后再在惰性气氛中,于高温下进行焙烧碳化,使有机纤维失去部分碳和其他非碳原子,形成以碳为主要成分的纤维状物。此法可制造连续长纤维。

天然纤维、再生纤维和合成纤维都可用来制备碳纤维。选择的条件是加热时不熔融,可牵伸,且碳纤维产率高。

到目前为止,制作碳纤维的主要原材料有三种:①人造丝(粘胶纤维);②聚丙烯腈(PAN)纤维,它不同于腈纶毛线;③沥青,它或者是通过熔融拉丝成各向同性的纤维,或者是从液晶中间相拉丝而成的,这种纤维是具有高模量的各向异性纤维。用这些原料生产的碳纤维各有特点。制造高强度高模量碳纤维多选聚丙烯腈为原料。

无论用何种原丝纤维来制造碳纤维,都要经过五个阶段:

(1)拉丝:可用湿法、干法或者熔融状态三种方法进行。

(2)牵伸:在室温以上,通常是 100～300℃范围内进行,W.Watt 首先发现结晶定向纤维的拉伸效应,而且这效应控制着最终纤维的模量。

(3)稳定:通过 400℃加热氧化的方法。400℃的氧化阶段是 A.Shindo's 最近在工艺上做出的贡献。这显著地降低所有的热失重,并因此保证高度石墨化和取得更好的性能。

(4)碳化:在 1 000～2 000℃范围内进行。

(5)石墨化:在 2 000～3 000℃范围内进行。

无论采用什么原材料制备碳纤维,,都经过上述五个阶段,即原丝预氧化、碳化以及石墨化等,所产生的最终纤维,其基本成分为碳,见表 3-15。从表中的数据可以看出高模量碳纤维成分几乎是纯碳。

3.2.4　碳纤维的结构与性能

1. 结构与力学性能

材料的性能主要决定于材料的结构。结构一词有两方面的含义,一是化学结构,二是物理结构。

表 3-15　几种碳纤维化学成分

类型牌号		高　强	中　模　高　强	高　模
		T300, T400	M30, T800	M40, M50
成分(%)	C	93 ~ 96	95 ~ 98	99.7
	N	4 ~ 7	2 ~ 5	0
	H	0	0	0
碱金属(ppm)		20 ~ 40	20 ~ 30	10 ~ 20

碳纤维的结构决定于原丝结构与碳化工艺。对有机纤维进行预氧化、碳化等工艺处理,除去有机纤维中碳以外的元素,形成聚合多环芳香族平面结构。在碳纤维形成的过程中,随着原丝的不同,重量损失可达 10% ~ 80%,因此形成了各种微小的缺陷。但无论用哪种原料,高模量碳纤维中的碳分子平面总是沿纤维轴平行地取向。用 X 射线、电子衍射和电子显微镜研究发现,真实的碳纤维结构并不是理想的石墨点阵结构,而是属于乱层石墨结构。在乱层石墨结构中,石墨层片是基本的结构单元,若干层片组成微晶,微晶堆砌成直径数十纳米、长度数百纳米的原纤,原纤则构成了碳纤维单丝,其直径约数微米。实测碳纤维石墨层的面间距距 0.339 ~ 0.342nm,比石墨晶体的层面间距(0.335nm)略大,各平行层面间的碳原子排列也不如石墨那样规整。

依据 C—C 键键能及密度计算得到的单晶石墨强度和模量分别为 180GPa 和 1 000GPa 左右,而碳纤维的实际强度和模量远远低于此理论值。纤维中的缺陷如结构不匀、直径变异、微孔、裂缝或沟槽、气孔、杂质等是影响碳纤维强度的重要因素。它们来自两个方面,一是原丝中持有的,二是在碳化过程中产生的。原丝中的缺陷主要是在纤维成形过程中产生的,而碳化时由于从纤维中释放出各种气体物质,在纤维表面及内部产生空穴等缺陷。

碳纤维的应力－应变曲线为一直线,伸长小,断裂过程在瞬间完成,不发生屈服。碳纤维轴向分子间的结合力比石墨大,所以它的抗张强度和模量都明显高于石墨,而径向分子间作用力弱,抗压性能较差,轴向抗压强度仅为抗张强度的 10% ~ 30%,而且不能结节。表 3-16,表 3-17 分别列出日本东邦人造丝公司"Besfight"聚丙烯腈基和"Donacarbo"沥青基两种商品碳纤维的主要性能。

2. 碳纤维的物理性能

碳纤维的比重在 1.5 ~ 2.0 之间,这除与原丝结构有关外,主要决定于碳化处理的温度。一般经过高温(3 000℃)石墨化处理,比重可达 2.0。

碳纤维的热膨胀系数与其他类型纤维不同,它有各向异性的特点。平行于纤维方向是负值($-0.72 ~ -0.90 \times 10^{-6}℃^{-1}$),而垂直于纤维方向是正值($32 ~ 22 \times 10^{-6}℃^{-1}$)。

碳纤维的比热一般为 $7.12 \times 10^{-1} kJ(kg \cdot ℃)$。导热率有方向性,平行于纤维轴方向导热率为 0.04 卡/秒·厘米·度,而垂直于纤维轴方向为 0.002 卡/秒·厘米·度。导热率随温度升高而下降。

碳纤维的比电阻与纤维的类型有关,在 25℃时,高模量纤维为 $775\mu\Omega \cdot cm$,高强度碳纤维为 1 500$\mu\Omega \cdot cm$。碳纤维的电动势为正值,而铝合金的电动势为负值。因此当碳纤维复合材料与铝合金组合应用时会发生电化学腐蚀。

表 3-16 Besfight 的种类与性能

类　型	牌　号	单丝数(根)	密度 g/cm³	抗张强度 MPa	弹性模量 GPa	断裂延伸率(%)
高强度	HTA	1,3,6,12	1.77	3 650	235	1.5
高伸长	ST – 3	3,6,12	1.77	4 350	235	1.8
中模量	IM – 400	3,6,12	1.75	4 320	295	1.5
	IM – 500	6,12	1.76	5 000	300	1.7
	IM – 600	12	1.81	5 600	290	1.9
高模量	HM – 35	3,6,12	1.79	2 750	348	0.8
	HM – 40	6,12	1.83	2 650	387	0.7
高强、高模	HMS – 35	6,12	1.78	3 500	350	1.0
	HMS – 40	6,12	1.84	3 300	400	0.8
	HMS – 45	6	1.87	3 250	430	0.7
	HMS – 50X	12	1.92	3 100	490	0.6

表 3-17 Donacarbo 的物理、机械性能

项　　目	S – 230(短纤维)	F – 140(长丝)	F – 500(长丝)	F – 600(长丝)
密度,g/cm³	1.65	1.95	2.11	2.25
抗张强度,MPa	800	1 800	2 800	3 000
弹性模量,GPa	35	140	500	600
断裂延伸率,%	2.0	1.3	0.55	0.50
单丝直径,μm	13 ~ 18	11	10	10
比电阻,Ω.cm	1.6×10^{-3}	1×10^{-3}	5×10^{-4}	3×10^{-4}
热分解温度,℃	410	540	650	710
碳含量,%	>95	>98	>99	>99

3.碳纤维的化学性能

碳纤维的化学性能与碳很相似。它除能被强氧化剂氧化外,对一般酸碱是惰性的。在空气中,温度高于 400℃时,则出现明显的氧化,生成 CO 和 CO_2。在不接触空气或氧化气氛时,碳纤维具有突出的耐热性,与其他类型材料比较,碳纤维要在高于 1 500℃强度才开始下降,而其他材料包括 Al_2O_3 晶须性能已大大下降。另外碳纤维还有良好的耐低温性能,如在液氮温度下也不脆化。它还有耐油、抗放射、抗辐射、吸收有毒气体和减速中子

等特性。

3.3 芳纶纤维(有机纤维)

本节所介绍的芳纶纤维是指目前已工业化生产并广泛应用的聚芳酰胺纤维。国外商品牌号叫凯芙拉(Kevlar)纤维,我国暂命名为芳纶纤维,有时也称有机纤维。

芳纶纤维的历史很短,发展很快。1968年美国杜邦公司开始研制。1972年以B纤维为名发表了专利并提供产品。1972年又研制了以PRD-49命名的纤维。1973年正式登记的商品名称为ARAMID纤维,它包括三种牌号的产品,并重改名称,PRD-49-Ⅳ改称为芳纶-29,PRD-49-Ⅲ改称为芳纶-49,B纤维改称为芳纶。这三种牌号纤维的用途各不相同,芳纶主要用于橡胶增强,制造轮胎、三角皮带、同步带等。芳纶-29主要用于绳索、电缆、涂漆织物、带和带状物,以及防弹背心等。芳纶-49用于航空、宇航、造船工业的复合材料制件。

自1972年芳纶纤维作为商品出售以来,产量逐年增加。1972年总产量为5吨,1978年为6 810吨,1980年为8 000吨,1982年在两万吨以上。10年间增长了400多倍。其原因是由于该纤维具有独特的功能,使之广泛应用到军工和国民经济各个部门。

3.3.1 芳纶纤维的性能特点

1. 力学性能

芳纶纤维的特点是拉伸强度高。单丝强度可达3 773PMa;254mm长的纤维束的拉伸强度为2744PMa,大约为铝的5倍。芳纶纤维的冲击性能好,大约为石墨纤维的6倍,为硼纤维的3倍,为玻璃纤维0.8倍。芳纶纤维与其他材料的性能比较见表3-18。

表3-18 芳纶纤维与其他材料性能的比较

性能 材料	芳纶纤维	尼龙纤维	聚酯纤维	石墨纤维	玻璃纤维	不锈钢丝
拉伸强度 MPa	2815	1010	1142	2815	2453	1754
弹性模量 GPa	126.5	5.6	14.1	225	70.4	204
断裂延伸率 %	2.5	18.3	14.5	1.25	3.5	2.0
密度 g/cm³	1.44	1.14	1.38	1.75	2.55	7.83

芳纶纤维的弹性模量高,可达$1.27 \sim 1.577 \times 10^5$MPa,比玻璃纤维高一倍,为碳纤维0.8倍。芳纶纤维的断裂伸长在3%左右,接近玻璃纤维,高于其他纤维。用它与碳纤维混杂将能大大提高纤维复合材料的冲击性能。

芳纶纤维的密度小,比重1.44~1.45,只有铝的一半,因此它有高的比强度与比模量。

表 3-19 列出芳纶纤维的基本性能。

表 3-19 芳纶纤维的基本性能

性　　　能	芳纶 – 29	芳纶 – 49
比重,g/cm³	1.44	1.44
1.5旦纤维直径,μm	12	14.62
吸湿率,%	3.9	4.6
拉伸强度,MPa	3341	3095
断裂延伸率,%	3.9	2.3
初始模量,GPa	70.4	126.5
最大模量,GPa	97.9	140.7
弯曲模量,GPa	54.1	107.6
轴向压缩模量,GPa	41.5	77.3
动态模量,GPa	98.4	147

2.芳纶纤维的热稳定性

芳纶纤维有良好的热稳定性,耐火而不熔,当温度达 487℃时尚不熔化,但开始碳化。所以高温作用下,它直至分解不发生变形,能长期在 180℃下使用,在 150℃下作用一周后强度、模量不会下降,即使在 200℃下,一周后强度降低 15%,模量降低 4%,另外在低温(－60℃)不发生脆化亦不降解。

芳纶纤维的热膨胀系数和碳纤维一样具有各向异性的特点。纵向热膨胀系数在 0～100℃时为 $-2\times10^{-6}/℃$;在 100～200℃时为 $-4\times10^{-6}/℃$。横向热膨胀系数为 $59\times10^{-6}/℃$。

3.芳纶纤维的化学性能

芳纶纤维具有良好的耐介质性能,对中性化学药品的抵抗力一般是很强的,但易受各种酸碱的侵蚀,尤其是强酸的侵蚀;它的耐水性也不好,这是由于在分子结构中存在着极性酰氨基;湿度对纤维的影响,类似于尼龙或聚酯。在低湿度(20%相对湿度)下芳纶纤维的吸湿率为 1%,但在高湿度(85%相对湿度)下,可达到 7%。耐介质性能见表 3-20。

3.3.2　芳纶纤维的结构

芳纶纤维是对苯二甲酰对苯二胺的聚合体,经溶解转为液晶纺丝而成。它的化学结构式如下从上述化学结构可知,纤维材料的基体结构是长链状聚酰胺,即结构中含有酰氨键,其中至少85%的酰氨直接键合在芳香环上,这种刚硬的直线状分子键在纤维轴向是高度定向的,各聚合物链是由氢键作横向连结。这种在沿纤维方向的强共价键和横向弱的氢键,将是造成芳纶纤维力学性能各向异性的原因,即纤维的纵向强度高,而横向强度低。

表3-20 芳纶在各种化学试剂中的稳定性

化学试剂	浓度(%)	温度(℃)	时间(h)	强度损失(%)	
				芳纶－29	芳纶－49
醋酸	99.7	21	24	－	0
盐酸	37	21	100	72	63
盐酸	37	21	1 000	88	81
氢氟酸	10	21	100	10	6
硝酸	10	21	100	79	77
硫酸	10	21	100	9	12
硫酸	10	21	1000	59	31
氢氧化钠	28	21	1000	74	53
氢氧化铵	28	21	1000	9	7
丙酮	100	21	1000	3	1
乙醇	100	21	1000	1	0
三氯乙烯	100	21	24	－	1.5
甲乙酮	100	21	24	－	0
变压油	100	21	500	4.6	0
煤油	100	21	500	9.9	0
自来水	100	100	100	0	2
海水	100	－	一年	1.5	1.5
过热水	100	138	40	9.3	－
饱和蒸汽	100	150	48	28	－
氟利昂22	100	60	500	0	3.6

芳纶纤维的化学链主要由芳环组成。这种芳环结构具有高的刚性,并使聚合物链呈伸展状态而不是折叠状态,形成棒状结构,因而纤维具有高的模量。芳纶纤维分子链是线性结构,这又使纤维能有效地利用空间而具有高的填充效率的能力,在单位体积内可容纳很多聚合物。这种高密度的聚合物具有较高的强度。

从其规整的晶体结构可以说明芳纶纤维的化学稳定性、高温尺寸稳定性、不发生高温分解以及在很高温度下不致热塑化等特点。通过电镜对纤维观察表明,芳纶是一种沿轴向排列的有规则的褶叠层结构。这种模型可以很好地解释横向强度低、压缩和剪切性能差及易劈裂的现象。

3.3.3 用途

目前,芳纶纤维的总产量 43%用于轮胎的帘子线(芳纶 – 29),31%用于复合材料,17.5%用于绳索类和防弹衣,8.5%用于其他。

芳纶纤维作为增强材料,树脂作为基体的增强塑料(复合材料),简称 KFRP,它在航空航天方面的应用,仅次于碳纤维,成为必不可少的材料。

(1)航空方面,各种整流罩、窗框、天花板、隔板、地板、舱壁、舱门、行李架、座椅、机翼前缘、方向舵、安定面翼尖、尾锥和应急出口系统构件等。采用 KFRP 比 CFRP 可减重30%,在民用飞机和直升机上应用既可减重又能提高经济效益。例如 l – 1011 三星式客机已采用 KFRP1 135 公斤减重 365 公斤。

(2)航天方面,火箭发动机壳体、压力容器、宇宙飞船的驾驶舱以及通风管道等,如"三叉戟"、"MX"的三级发动机壳体全部采用 KFRP(环氧树脂基的),比同一尺寸"海神"的GFRP 壳体减重 50%。法国的潜地导弹 M – 4 的第二、三级固体发动机壳体也采用 KFRP。

(3)其他军事应用,KFRP 作为防护材料,制成飞机、坦克、装甲车、艇的防弹构件、头盔和防弹衣等。

(4)民用,如造船业采用 KFRP,船体质量可减轻 28% ~ 40%(将 GFRP 和 Al 相比),可节省燃料 35%,延长航程 35%。如用 KFRP 制成的钓船,与同样大小的 GFRP 相比可节约燃料 53.7%,行驶速度快 10%。在汽车上的应用也有同样的效果。在体育器具方面的应用已相当成功,如曲棍球棒、高尔夫球棒、网球拍、标枪、弓、钓鱼杆、滑雪撬等。

最为突出的是它在绳索方面的应用,它比涤纶绳索强度高一倍,比钢绳索高 50%,而且重量减轻 4 ~ 5 倍。如作为深海作业用的电缆 6 000 米,钢丝电缆自重为 1.36 万公斤,而 KFRP 电缆只有 0.2 万公斤。用芳纶作为轮胎帘子线,具有承载高、质量轻、采用舒适、噪音低、高速性能好、滚动阻力小、磨耗低、产生热量少等优点,特别适用于高速轮胎。此外,由于芳纶纤维轻质高强,在混杂纤维复合材料的制品中应用也日益广泛。

3.4 其他纤维

3.4.1 碳化硅纤维

碳化硅纤维是以碳和硅为主要组分的一种陶瓷纤维,这种纤维具有良好的高温性能、高强度、高模量和化学稳定性。主要用于增强金属和陶瓷,制成耐高温的金属或陶瓷基复合材料。碳化硅纤维的制造方法主要有两种——化学气相沉积法和烧结法(有机聚合物转化法)。化学气相法生产的碳化硅纤维是直径为 95 ~ 140μm 的单丝,而烧结法生产的碳化硅纤维是直径为 10μm 的细纤维,一般由 500 根纤维组成的丝束为商品。

碳化硅纤维的主要生产国是美、日两国,美国 Textron 公司是碳化硅单丝的主要生产厂,碳化硅纤维的系列产品是 SCS_2,SCS_6 等,并研究发展碳化硅纤维增强铝、钛基复合材料。日本碳公司是烧结法碳化硅纤维的主要生产厂,有系列产品,商品名为 Nicalon 纤维。80 年代末日本又发展了含 Ti 碳化硅纤维。碳化硅纤维虽有其性能特点,但价格昂贵,应用尚未广泛。

1. 碳化硅纤维的性能

(1) 力学性能

以在日本碳公司进行中试生产,产品名称尼卡纶为代表,其主要性能见表3-21。其强度与韧性接近于硼纤维。

表3-21 尼卡纶的一般性质

纤维结构	SiC,非晶体	密　度	2.55g/cm³
化学组成	Si,C,O	比电阻	约 $10^3\Omega$—cm
纤维直径	$15\mu m$	膨胀系数	$1—2\times10^{-6}/℃(0-200℃)$
束丝中的单丝数目	500 根/束	比　热	$1.14J/g\cdot℃(300℃)$
特　数	200g/100mm	热导率	$11.63W/(m\cdot k)$轴向
抗拉强度	2800MPa	比表面积	$0.13m^2/g$
杨氏模量	200GPa	抗射线性能	中子照射无劣化现象
断裂延伸率	1.5%		

(2) 热性能

碳化硅纤维具有优良的耐热性能,在1 000℃以下,其力学性能基本上不变,可长期使用,当温度超过1 300℃时,其性能才开始下降,是耐高温的好材料。

(3) 耐化学性能

它具有良好的耐化学性能,在80℃下耐强酸(HCl、H_2SO_4、HNO_3),用30% NaOH 浸蚀20小时后,纤维仅失重1%以下,其力学性能仍不变,它与金属在1 000℃以下也不发生反应,而且有很好的浸润性,有益于金属复合。

(4) 耐辐照和吸波性能

碳化硅纤维在通量为3.2×10^{10}中子/秒的快中子辐照1.5小时或以能量为10^5中子伏特,200纳秒的强脉冲ν射线照射下,碳化硅纤维强度均无明显降低。

2. 碳化硅纤维的应用

由于碳化硅纤维具有耐高温、耐腐蚀、耐辐射的三耐性能,是一种耐热的理想材料。用碳化硅纤维编织成双向和三向织物,已用于高温的传送带、过滤材料,如汽车的废气过滤器等。碳化硅复合材料已应用于喷气发动机涡轮叶片、飞机螺旋桨等受力部件及透平主动轴等。

在军事上,作为大口径军用步枪金属基复合枪筒套管、M-1 作战坦克履带、火箭推进剂传送系统,先进战术战斗机的垂直安定面,导弹尾部,火箭发动机外壳,鱼雷壳体等。

3.4.2 硼纤维

硼纤维是一种将硼元素通过高温化学气相法沉积在钨丝表面制成的高性能增强纤维,具有很高的比强度和比模量,也是制造金属复合材料最早采用的高性能纤维。用硼铝复合材料制成的航天飞机主舱框架强度高、刚性好,代替铝合金骨架节省重量44%,取得了十分显著的效果,也有力地促进了硼纤维金属基复合材料的发展。

1959 年美国 TELLY 首先发表了用化学气相沉积法制造高性能硼纤维的论文,并受到了美国空军材料实验室的高度重视，积极推进硼纤维及其复合材料的研制。美国 AVCO、TEXFROU 公司是硼纤维的主要生产厂家。

美、俄是硼纤维的主要生产国，并研制发展了硼纤维增强树脂，硼纤维增强铝等先进复合材料，用于航天飞机、B－1 轰炸机、运载火箭、核潜艇等军事装备，取得了巨大效益。我国 70 年代初开始研制硼纤维及其复合材料，但仍处于实验室阶段，离大批量生产应用尚有相当的差距。

硼纤维具有良好的力学性能，强度高、模量高、密度小。硼纤维的弯曲强度比拉伸强度高，其平均拉伸强度为 310MPa，拉伸模量为 420GPa。硼纤维在空气中的拉伸强度随温度升高而降低，在 200℃ 左右硼纤维性能基本不变，而在 315℃、1 000 小时硼纤维强度将损失 70%，而加热到 650℃ 时硼纤维强度将完全丧失。

在室温下，硼纤维的化学稳定性好，但表面具有活性，不需要处理就能与树脂进行复合，而且所制得的复合材料具有较高的层间剪切强度。对于含氮化合物，亲和力大于含氧化合物。在高温下，易与大多数金属发生反应。

由于涂层材料不同，硼纤维的密度在 $2.5 \sim 2.65 g/cm^2$ 范围内变化，热膨胀系数为 $4.68 \sim 5.04 \times 10^{-6}/℃$。

3.4.3 晶 须

晶须是目前已知纤维中强度最高的一种，其机械强度几乎等于相邻原子间的作用力。晶须高强的原因，主要由于它的直径非常小，容纳不下能使晶体削弱的空隙、位错和不完整等缺陷。晶须材料的内部结构完整，使它的强度不受表面完整性的严格限制。晶须分为陶瓷晶须和金属晶须两类，用作增强材料的主要是陶瓷晶须。陶瓷晶须的基本性能见表 3-22，其直径只有几个微米，断面呈多角状，长度一般为几厘米。晶须兼有玻璃纤维和硼纤维的优良性能。它具有玻璃纤维的延伸率（3% ~ 4%）和硼纤维的弹性模量（$4.2 \sim 7.0 \times 10^5 MPa$），氧化铝晶须在 2 070℃ 高温下，仍能保持 7 000MPa 的拉伸强度。

表 3-22　晶须的基本性能

晶须名称	密度（克/厘米³）	熔点（℃）	拉伸强度（MPa）	拉伸模量（GPa）	比强度	比刚度
氧化铝	3.9	2 080	$1.4 \sim 2.8 \times 10^4$	$7 \sim 24 \times 10^2$	3 500 ~ 7 200	$1.8 \sim 6.2 \times 10^5$
氧化铍	1.8	2 560	$1.4 \sim 2.0 \times 10^4$	7×10^2	7 800 ~ 11 000	3.9×10^5
碳化硼	2.5	2 450	0.71×10^4	4.5×10^2	2 800	1.8×10^5
石墨	2.25	3 580	2.1×10^4	10×10^2	9 300	4.5×10^5
碳化硅 α 型	3.15	2 320	$0.7 \sim 3.5 \times 10^4$	4.9×10^2	2 250 ~ 11 100	1.55×10^5
碳化硅 β 型	3.15	2 320	$0.71 \sim 3.55 \times 10^4$	$7 \sim 10.5 \times 10^2$	2 250 ~ 11 100	$2.2 \sim 3.3 \times 10^5$
氮化硅	3.2	1 900	$0.35 \sim 1.06 \times 10^4$	3.86×10^2	1 000 ~ 3 320	1.2×10^5

晶须没有显著的疲劳效应，切断、磨粉或其他的施工操作，都不会降低其强度。

晶须在复合材料中的增强效果与其品种、用量关系极大，根据实践经验：

（1）作为硼纤维、碳纤维及玻璃纤维的补充增强材料，加入 1% ~ 5% 晶须，强度有明显的提高。

(2)加入 5% ~ 50% 晶须对模压复合材料和浇注复合材料的强度能成倍增加。

(3)在层压板复合材料中,加入 50% ~ 70% 的晶须,能使其强度增长许多倍。

(4)在定向复合材料中,加入 70% ~ 90% 的晶须,往往可以使其强度提高一个数量级,定向复合材料所用的晶须制品为浸渍纱和定向带。

(5)对于高强度、低密度的晶须构架,胶结剂只须相互接触就可把晶须粘结起来,因此晶须含量可高达 90% ~ 95%。

晶须复合材料由于价格昂贵,目前主要用在空间和尖端技术上,在民用方面主要用于合成牙齿、骨骼及直升飞机的旋翼和高强离心机等。

3.4.4 氧化铝纤维

以氧化铝为主要纤维组分的陶瓷纤维统称为氧化铝纤维。一般将含氧化铝大于70% 的纤维称为氧化铝纤维,而将氧化铝含量小于 70%,其余为二氧化硅和少量杂质的纤维称为硅酸铝纤维。

氧化铝纤维的特点与应用:

(1)耐热性好,在空气中加热到 1 250℃还保持室温强度的 90%,碳纤维通常在 400℃以上就氧化燃烧。

(2)不被熔融金属侵蚀,可与金属很好地复合,制成航天工业、汽车工业等所需高强度、质量轻的元件。

(3)表面活性好,不需要进行表面处理,即能与树脂和金属复合,层间剪切强度与GFRP 相当。

(4)具有极佳的耐化学腐蚀和抗氧化性,尤其在高温条件这些性能更为突出。

(5)用氧化铝增强的复合材料具有优良的抗压性能,压缩强度比 CFRP 高,是 GFRP 的三倍以上,耐疲劳强度高,经 107 次重复交变加载后的强度不低于静强度的 70%。

(6)电气绝缘、电波透过性好,与玻璃钢相比,它的介电常数和损耗正切小,且随频率的变化小,电波透过性更好。

针对上述的特点,它特别适合于制造既需要轻质高强又需要耐热的结构件。用它制作雷达天线罩,其刚性比玻璃钢高,透电波性能好,耐高温;若用它的复合材料制导弹壳体,则有可能不开天线窗,将天线装在弹内。它的用途正处于开发阶段,不久的将来将在航空、航天、卫星、交通和能源等部门得到广泛应用。

氧化铝纤维不足之处是密度比较大,约为 $3.20g/cm^3$,是所介绍纤维中最大的一种。

第四章 复合材料的界面

4.1 概 述

复合材料的界面是指基体与增强物之间化学成分有显著变化的、构成彼此结合的、能起载荷传递作用的微小区域。界面虽然很小,但它是有尺寸的,约几个纳米到几个微米,是一个区域或一个带、或一层,厚度不均匀,它包含了基体和增强物的部分原始接触面、基体与增强物相互作用生成的反应产物、此产物与基体及增强物的接触面,基体和增强物的互扩散层,增强物上的表面涂层、基体和增强物上的氧化物及它们的反应产物等。在化学成分上,除了基体、增强物及涂层中的元素外,还有基体中的合金元素和杂质、由环境带来的杂质。这些成分或以原始状态存在、或重新组合成新的化合物。因此,界面上的化学成分和相结构是很复杂的。

界面是复合材料的特征,可将界面的机能归纳为以下几种效应。

(1)传递效应　界面能传递力,即将外力传递给增强物,起到基体和增强物之间的桥梁作用。

(2)阻断效应　结合适当的界面有阻止裂纹扩展、中断材料破坏、减缓应力集中的作用。

(3)不连续效应　在界面上产生物理性能的不连续性和界面摩擦出现的现象,如抗电性、电感应性、磁性、耐热性、尺寸稳定性等。

(4)散射和吸收效应　光波、声波、热弹性波、冲击波等在界面产生散射和吸收,如透光性、隔热性、隔音性、耐机械冲击及耐热冲击性等。

(5)诱导效应　一种物质(通常是增强物)的表面结构使另一种(通常是聚合物基体)与之接触的物质的结构由于诱导作用而发生改变,由此产生一些现象,如强的弹性、低的膨胀性、耐冲击性和耐热性等。

界面上产生的这些效应,是任何一种单体材料所没有的特性,它对复合材料具有重要作用。例如粒子弥散强化金属中微形粒子阻止晶格位错,从而提高复合材料强度;在纤维增强塑料中,纤维与基体界面阻止裂纹进一步扩展等。因而在任何复合材料中,界面和改善界面性能的表面处理方法是关于这种复合材料是否有使用价值、能否推广使用的一个极重要的问题。

界面效应既与界面结合状态、形态和物理 – 化学性质等有关,也与界面两侧组分材料的浸润性、相容性、扩散性等密切相联。

复合材料中的界面并不是一个单纯的几何面,而是一个多层结构的过渡区域,界面区是从与增强剂内部性质不同的某一点开始,直到与树脂基体内整体性质一致的点间的区域。此区域的结构与性质都不同于两相中的任一相,从结构来分,这一界面区由五个亚层组成(见图 4-1),每一亚层的性能均与树脂基体和增强剂的性质、偶联剂的品种和性质、复合材料的成型方法等密切相关。

基体和增强物通过界面结合在一起,构成复合材料整体,界面结合的状态和强度无疑对复合材料的性能有重要影响,因此对于各种复合材料都要求有合适的界面结合强度。界面的结合强度一般是以分子间力、溶解度指数、表面张力(表面自由能)等表示的,而实际上有许多因素影响着界面结合强度。如表面的几何形状、分布状况、纹理结构;表面吸附气体和蒸气程度;表面吸水情况;杂质存在;表面形态(形成与块状物不同的表面层);在界面的溶解、浸透、扩散和化学反应;表面层的力学特性;润湿速度等。

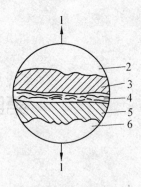

图 4-1　界面区域示意图
1—外力场；　2—树脂基体；
3—基体表面区；4—相互渗透区；
5—增强剂表面区；6—增强剂

由于界面区相对于整体材料所占比重甚微,欲单独对某一性能进行度量有很大困难,因此常借用整体材料的力学性能来表征界面性能,如层间剪切强度(ILSS)就是研究界面粘结的良好办法,如再能配合断裂形貌分析等即可对界面的其他性能作较深入的研究。由于复合材料的破坏形式随作用力的类型、原材料结构组成不同而异,故破坏可开始在树脂基体或增强剂,也可开始在界面。有人通过力学分析指出,界面性能较差的材料大多呈剪切破坏,且在材料的断面可观察到脱粘、纤维拔出、纤维应力松弛等现象。但界面间粘结过强的材料呈脆性也降低了材料的复合性能。界面最佳态的衡量是当受力发生开裂时,这一裂纹能转为区域化而不产生进一步界面脱粘。即这时的复合材料具有最大断裂能和一定的韧性。由此可见,在研究和设计界面时,不应只追求界面粘结而应考虑到最优化和最佳综合性能。如在某些应用中,如果要求能量吸收或纤维应力很大时,控制界面的部分脱粘也许是所期望的,用淀粉或明胶作为增强玻璃纤维表面浸润剂的 E 粗纱已用于制备具有高冲击强度的避弹衣。

由于界面尺寸很小且不均匀、化学成分及结构复杂、力学环境复杂,对于界面的结合强度、界面的厚度、界面的应力状态尚无直接的、准确的定量分析方法,对于界面结合状态、形态、结构以及它对复合材料性能的影响尚没有适当的试验方法,需要借助拉曼光谱、电子质谱、红外扫描、X 衍射等试验逐步摸索和统一认识。对于成分和相结构也很难作出全面的分析。因此,迄今为止对复合材料界面的认识还是很不充分的,更谈不上以一个通用的模型来建立完整的理论。尽管存在很大的困难,但由于界面的重要性,所以吸引着大量研究者致力于认识界面的工作,以便掌握其规律。

4.2　复合材料的界面

4.2.1　聚合物基复合材料的界面

1.界面的形成

对于聚合物基复合材料,其界面的形成可以分成两个阶段:第一阶段是基体与增强纤维的接触与浸润过程。由于增强纤维对基体分子的各种基团或基体中各组分的吸附能力不同,它总是要吸附那些能降低其表面能的物质,并优先吸附那些能较多降低其表面能的物质。因此界面聚合层在结构上与聚合物本体是不同的。

第二阶段是聚合物的固化阶段。在此过程中聚合物通过物理的或化学的变化而固化,形成固定的界面层。固化阶段受第一阶段影响,同时它直接决定着所形成的界面层的结构。以热固性树脂的固化过程为例,树脂的固化反应可借助固化剂或靠本身官能团反应来实现。在利用固化剂固化的过程中,固化剂所在位置是固化反应的中心,固化反应从中心以辐射状向四周扩展,最后形成中心密度大、边缘密度小的非均匀固化结构。密度大的部分称作胶束或胶粒,密度小的称作胶絮。在依靠树脂本身官能团反应的固化过程中也出现类似的现象。

界面层的结构大致包括:界面的结合力、界面的区域(厚度)和界面的微观结构等几个方面。界面结合力存在于两相之间,并由此产生复合效果和界面强度。界面结合力又可分为宏观结合力和微观结合力,前者主要指材料的几何因素,如表面的凹凸不平、裂纹、孔隙等所产生的机械铰合力;后者包括化学键和次价键,这两种键的相对比例取决于组成成分及其表面性质。化学键结合是最强的结合,可以通过界面化学反应而产生,通常进行的增强纤维表面处理就是为了增大界面结合力。水的存在常使界面结合力显著减弱,尤其是玻璃表面吸附的水严重削弱玻璃纤维与树脂之间的界面结合力。

界面及其附近区域的性能、结构都不同于组分本身,因而构成了界面层。或者说,界面层是由纤维与基体之间的界面以及纤维和基体的表面薄层构成的,基体表面层的厚度约为增强纤维的数十倍,它在界面层中所占的比例对复合材料的力学性能有很大影响。对于玻璃纤维复合材料,界面层还包括偶联剂生成的偶联化合物。增强纤维与基体表面之间的距离受化学结合力、原子基团大小、界面固化后收缩等方面因素影响。

2.界面作用机理

界面层使纤维与基体形成一个整体,并通过它传递应力,若纤维与基体之间的相容性不好,界面不完整,则应力的传递面仅为纤维总面积的一部分。因此,为使复合材料内部能够均匀地传递应力,显示其优异性能,要求在复合材料的制造过程中形成一个完整的界面层。

界面对复合材料特别是其力学性能起着极为重要的作用。从复合材料的强度和刚度来考虑,界面结合达到比较牢固和比较完善是有利的,它可以明显提高横向和层间拉伸强度以及剪切强度,也可适当提高横向和层间拉伸模量、剪切模量。碳纤维、玻璃纤维等的韧性差,如果界面很脆、断裂应变很小而强度较大,则纤维的断裂可能引起裂纹沿垂直于纤维方向扩展,诱发相邻纤维相继断裂,所以这种复合材料的断裂韧性很差。在这种情况下,如果界面结合强度较低,则纤维断裂所引起的裂纹可以改变方向而沿界面扩展,遇到纤维缺陷或薄弱环节时裂纹再次跨越纤维,继续沿界面扩展,形成曲折的路径,这样就需要较多的断裂功。因此,如果界面和基体的断裂应变都较低时,从提高断裂韧性的角度出发,适当减弱界面强度和提高纤维延伸率是有利的。

界面作用机理是指界面发挥作用的微观机理,关于这方面的研究工作。目前已有许多理论.但还不能说已达到完善的程度。

A.界面浸润理论

1963 年 Zisman 首先提出了这个理论,其主要论点是填充剂被液体树脂良好浸润是极其重要的,因浸润不良会在界面上产生空隙,易使应力集中而使复合材料发生开裂,如果完全浸润,则基体与填充剂间的粘结强度将大于基体的内聚强度。

首先,从热力学观点出发来考虑两个表面结合与其表面能的关系。一般用表面张力来表征表面能,即

$$\gamma = (\partial F / \partial A) T \cdot V \qquad (4-1)$$

此处 γ 为表面张力,F 为自由能,A 为面积。可以看出,表面张力实际上就是在温度和体积不变情况下,自由能随表面积增加的量。如果两个表面结合了,则体系中由于减少了两个表面和增加了一个界面使自由能降低了。这种自由能的下降可以定义为粘合功 W_A,则

$$W_A = \gamma_S + \gamma_L - \gamma_{SL} \qquad (4-2)$$

式中下标 S,L 和 SL 分别表示为固体、液体和固液,严格来说 γ_S、γ_L 应该用固气、液气界面张力 γ_{SG}、γ_{LG} 来表示,但是由于数值差别很小,故可代用。从现象上来看,任何物体都有减少其自身表面能的倾向。因此液体尽量收缩成圆球状,固体则把其接触的液体铺展开来覆盖其表面。如果一滴液体滴在固体表面,则成如下图 4-2(a)所示的情况。图

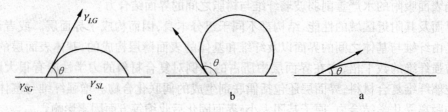

图 4-2

(b)、(c)分别表示结合或浸润不良和良好的现象。此处 θ 为接触角。当 $\theta > 90^0$,液体不能润湿固体;当 $\theta = 180^0$ 时,固体表面完全不能被液体润湿,液体呈球状;当 $\theta < 90^0$,液体能润湿固体;当 $\theta = 0^0$,这时液体完全浸润固体。根据力的合成可写成

$$\gamma_L \cos\theta = \gamma_S - \gamma_{SL} \qquad (4-3)$$

由(4-2)、(4-3)式可得

$$W_A = \gamma_S + \gamma_L - \gamma_{SL} = \gamma_L(1 + \cos\theta) \qquad (4-4)$$

由(4-4)式可以看出,结合最好的情况即 W_A 达到极大值的条件为 $\cos\theta = 1$,亦即 $\theta = 0$,表明液体全部铺平在固体上,同时 $\gamma = \gamma_{SL}$ 和 $\gamma_S = \gamma_L$。

实际上两种基础学科(热力学能说明两个表面结合的内在因素,表示结合的可能性,这里没有时间概念;动力学能反映实际产生界面结合的外界条件,如温度、压力等的影响,表明结合过程的速度问题)应同时应用。Zisman(1964 年)提出了能产生良好结合的两个条件,即(1)液体粘度要尽量低;(2)γ_S 略大于 γ_L。并且提出一个经验式,即

$$'\gamma_t^L = '\varphi^2 \gamma \qquad 0.8 < \varphi < 1 \qquad (4-5)$$

式中 φ 为效率因子,亦即液体在固体上扩展的条件,它与温度等活化过程有关。对于低能表面而言有下列经验关系

$$\varphi = \frac{W_A}{2\sqrt{\gamma_S\gamma_L}} \qquad\qquad 0.8 < \varphi < 1 \tag{4-6}$$

这里着重提一下长期以来被人们接受的模糊概念,即认为复合材料中增强体表面粗糙度越大,界面结合愈好。对于这个问题必须进行仔细分析。可以想象表面积随着粗糙度增加而增大,同时表面孔槽亦有机械结合的效果。但是,实际上尽管测定出的表面积很大,其中有相当多的孔穴,粘稠的基体是无法流入的。如下列经验式

$$Z^2 = \frac{K\gamma\cos\theta t\delta}{\eta} \tag{4-7}$$

表明流入量 Z 是与液体表面张力、接触角、时间 t 和孔径 δ 成正比,而与粘度 η 成反比,K 为比例常数。一般常用纤维增强体表面上能被树脂基体浸入的孔占总孔比重很小,多数的孔是无效的。例如碳纤维表面上有 80% 孔径在 $30\,nm$ 以下的孔,而树脂基体分子尺寸约在 $100\,nm$ 左右,同时粘度也大,浸渍固化的时间也不可能很长。因此这些无效的孔不仅造成界面脱粘的缺陷,而且也形成了应力集中点。所以过去认为碳纤维经氧化表面处理后由于增大了表面积而改善了层间剪切强度的说法并不准确,经大量实验证明主要是由于氧化形成的活性基团的贡献。

B.化学键理论

化学键理论的主要论点是处理增强剂表面的偶联剂应既含有能与增强剂起化学作用的官能团,又含有能与树脂基体起化学作用的官能团。由此在界面上形成共价键结合,如能满足这一要求则在理论上可获得最强的界面粘结能($210\sim220\,J/mol$)。例如使用乙基三氯硅烷和烯丙基烷氧基硅烷作偶联剂于不饱和聚酯树脂玻璃纤维增强的复合材料中,结果表明含不饱和双键的硅烷的制品的强度比含饱和键的强度高出几乎两倍,显著地改善了树脂、玻璃两相间的界面粘结状态。在无偶联剂存在时,如果基体与纤维表面可以发生化学反应,那么它们也能够形成牢固的界面。这种理论的实质即强调增加界面的化学作用是改进复合材料性能的关键。化学键理论在偶联剂选择方面有一定指导意义。但是化学键理论不能解释为什么有的处理剂官能团不能与树酯反应却仍有较好的处理效果。

C.物理吸附理论

这种理论认为,增强纤维与树脂基体之间的结合是属于机械铰合和基于次价键作用的物理吸附。偶联剂的作用主要是促进基体与增强纤维表面完全浸润。一些试验表明,偶联剂未必一定促进树脂对玻璃纤维的浸润,甚至适得其反。这种理论可作为化学键理论的一种补充。

D.变形层理论

如果纤维与基体的热膨胀系数相差较大,固化成型后在界面会产生残余应力,将损伤界面和影响复合材料性能。另外,在载荷作用下,界面上会出现应力集中,若界面化学键破坏,产生微裂纹,同样也要导致复合材料性能变差。增强纤维经表面处理后,在界面上形成一层塑性层,可以松弛并减小界面应力。这种理论称作变形层理论。在这一理论的基础上又经过修正的优先吸附理论和柔性层理论,即认为偶联剂会导致生成不同厚度的柔性基体界面层,而柔性层厚度与偶联剂本身在界面区的数量无关。此理论对聚合物基的石墨碳纤维复合材料较为适用。

E.拘束层理论

该理论认为界面区(包括偶联剂部分)的模量介于树脂基体和增强材料之间时,则可最均匀地传递应力。这时吸附在硬质增强剂或填料颗粒上的聚合物基体要比本体更为聚集紧密。且聚集密度随离界面区距离的增大而减弱,并认为硅烷偶联剂的作用在于一端拉紧界面上的聚合物分子结构,一端以硅醇基团与玻璃等无机材料粘结。这一理论接受者并不多,且缺乏必要的实验根据。

F.扩散层理论

按照这一理论,偶联剂形成的界面区应该是带有能与树脂基体相互扩散的聚合链活性硅氧烷层或其他的偶联剂层。它是建立在高分子聚合物材料相互粘结时引起表面扩散层的基础上,但不能解释聚合物基的玻璃纤维或碳纤维增强的复合材料的界面现象,因当时无法解释聚合物分子怎样向玻璃纤维、碳纤维等固体表面进行扩散的过程。后来由于偶联剂的使用及其偶联机理研究的深入,如偶联剂多分子层的存在等,使这一理论在复合材料领域中也得到了很多学者的承认。近年来提出的相互贯穿网络理论实际上就是扩散理论和化学键理论在某种程度上的结合。

G.减弱界面局部应力作用理论

减弱界面局部应力作用理论认为,基体与增强纤维之间的处理剂,提供了一种具有"自愈能力"的化学键。在载荷作用下,它处于不断形成与断裂的动态平衡状态。低分子物质(主要为水)的应力浸蚀使界面化学键断裂,而在应力作用下处理剂能沿增强纤维表面滑移,使已断裂的键重新结合。与此同时,应力得以松弛,减缓了界面处的应力集中。

4.2.2 金属基复合材料的界面

在金属基复合材料中往往由于基体与增强物发生相互作用生成化合物,基体与增强物的互相扩散而形成扩散层,增强物的表面预处理涂层,使界面的形状、尺寸、成分、结构等变得非常复杂。近20年来人们对界面在金属基复合材料中的重要性的认识越来越深刻,进行了比较系统详细的研究,得到了不少非常有益的信息。

1.界面的类型

对于金属基纤维复合材料,其界面比聚合物基复合材料复杂得多。表4-1列出金属基纤维复合材料界面的几种类型。其中,I类界面是平整的,厚度仅为分子层的程度.除原组成成分外,界面上基本不含其他物质;II类界面是由原组成成分构成的犬牙交错的溶解扩散型界面;III类界面则含有亚微级左右的界面反应物质(界面反应层)。

表 4-1 金属基纤维复合材料界面的类型

类　型　Ⅰ	类　型　Ⅱ	类　型　Ⅲ
纤维与基体互不反应亦不溶解	纤维与基体不反应但相互溶解	纤维与基体相互反应形成界面反应层
钨丝/铜 Al_2O_3 纤维/铜 Al_2O_3 纤维/银 硼纤维(表面涂 BN)/铝 不锈钢丝/铝 SiC 纤维(CVD)/铝 硼纤维/铝 硼纤维/镁	镀铬的钨丝/铜 碳纤维/镍 钨丝/镍 合金共晶体丝/同一合金	钨丝/铜 – 钛合金 碳纤维/铝（>580℃） Al_2O_3 纤维/钛 B 纤维/Ti B 纤维/Ti - Al SiC 纤维/钛 SiO_2 纤维/Al

界面类型还与复合方法有关。

金属基纤维复合材料的界面结合可以分成以下几种形式：

(1)物理结合 物理结合是指借助材料表面的粗糙形态而产生的机械铰合，以及借助基体收缩应力包紧纤维时产生的摩擦结合。这种结合与化学作用无关，纯属物理作用，结合强度的大小与纤维表面的粗糙程度有很大关系。例如，用经过表面刻蚀处理的纤维制成的复合材料，其结合强度比具有光滑表面的纤维复合材料约高 2~3 倍。但这种结合只有当载荷应力平行于界面时才能显示较强的作用，而当应力垂直于界面时承载能力很小。

(2)溶解和浸润结合 这种结合与表 4-1 中的 II 类界面对应。纤维与基体的相互作用力是极短程的，只有若干原子间距。由于纤维表面常存在氧化物膜，阻碍液态金属的浸润，这时就需要对纤维表面进行处理，如利用超声波法通过机械摩擦力破坏氧化物膜，使纤维与基体的接触角小于 90°，发生浸润或局部互溶以提高界面结合力。当然，液态金属对纤维的浸润性也与温度有关。如图 4-1 所示，液态铝在较低温度下不能浸润碳纤维，在 1 000℃ 以上时，接触角小于 90°，液态铝就可浸润碳纤维。

(3)反应结合 反应结合与表 4-1 中的 III 类界面对应。其特征是在纤维与基体之间形成新的化合物层，即界面反应层。界面反应层往往不是单一的化合物，如硼纤维增强钛铝合金，在界面反应层内有多种反应产物。一般情况下，随反应程度增加，界面结合强度亦增大，但由于界面反应产物多为脆性物质，所以当界面层达到一定厚度时，界面上的残余应力可使界面破坏，反而降低界面结合强度。此外，某些纤维表面吸附空气发生氧化作用也能形成某种形式的反应结合。例如，用硼纤维增强铝时，首先使硼纤维与氧作用生成 BO_2，由于铝的反应性很强，它与 BO_2 接触时可使 BO_2 还原而生成 Al_2O_3 形成氧化结合。但有时氧化作用也会降低纤维强度而无益于界面结合，这时就应当尽量避免发生氧化反应。

在实际情况中，界面的结合方式往往不是单纯的一种类型。例如，将硼纤维增强铝材料于 500℃ 进行热处理，可以发现在原来物理结合的界面上出现了 AlB_2，表明热处理过程中界面上发生了化学反应。

2.影响界面稳定性的因素

与聚合物基复合材料相比，耐高温是金属基复合材料的主要特点。因此，金属基复合材料的界面能否在所允许的高温环境下长时间保持稳定，是非常重要的。影响界面稳定性的因素包括物理的和化学两个方面。

物理方面的不稳定因素主要指在高温条件下增强纤维与基体之间的熔融。例如，用粉末冶金法制成的钨丝增强镍合金材料，由于成型温度较低，钨丝直径未溶入合金，故其强度基本不变，但若在 1 100℃ 左右使用 50h，则钨丝直径仅为原来的 60%，强度明显降低，表明钨丝已溶入镍合金基体中。在某些场合，这种互溶现象不一定产生不良的效果。例如，钨铼合金丝增强铌合金时，钨也会溶入铌中，但由于形成很强的钨铌合金，对钨丝的强度损失起到补偿作用，强度不变或还有所提高。对于碳纤维增强镍材料，在界面上还会出现先溶解再析出的现象。例如，在 600℃ 以上复合材料中碳纤维会溶入镍基体中，而后析出具有石墨结构的碳，由于碳变石墨使密度增大留下空隙，为镍渗入碳纤维扩散聚集提供了位置，致使碳纤维强度降低。随着温度升高，镍渗入量增加，碳纤维强度进一步急剧降低。

化学方面的不稳定因素主要与复合材料在加工和使用过程中发生的界面化学作用有关。它包括连续界面反应、交换式界面反应和暂稳态界面变化等几种现象。其中,连续界面反应对复合材料力学性能的影响最大。这种反应有两种可能:发生在增强纤维一侧,或者基体一侧。前者是基体原子通过界面层向纤维扩散,后者则相反。观察发生深度界面反应后碳纤维/铝材料的断口时发现,虽然碳纤维表面受到刻蚀,但内部并无明显变化,即反应发生在碳纤维一侧。在硼纤维/钛材料中,则可以观察到硼向外扩散以致在纤维内部产生空隙的现象,表明反应发生在靠近基体一侧。

交换式界面反应的不稳定因素主要出现在含有两种或两种以上合金的基体中。增强纤维优先与合金基体中某一元素反应,使含有该元素的化合物在界面层富集,而在界面层附近的基体中则缺少这种元素,导致非界面化合物的其他元素在界面附近富集。同时,化合物的元素与基体中的元素不断发生交换反应,直至达到平衡。例如,在碳纤维/铝钛铜合金材料中,由于碳与钛反应的自由能低,故优先生成碳化钛,使得界面附近的铝、铜富集。暂稳态界面变化是由于增强纤维表面局部存在氧化层所致。对于硼纤维/铝材料,若采用固态扩散法成型工艺,界面上将产生氧化层,但它的稳定性差,在长时间热环境下氧化层容易发生球化而影响复合材料性能。

界面结合状态对金属基复合材料沿纤维方向的抗张强度有很大影响.对剪切强度、疲劳性能等也有不同程度的影响。表 4-2 为碳纤维增强铝材料的界面结合状态与抗张强度、断口形貌的关系。显然,界面结合强度过高或过低都不利,适当的界面结合强度才能保证复合材料具有最佳的抗张强度。一般情况下,界面结合强度越高,沿纤维方向的剪切强度越大。在交变载荷作用下,复合材料界面的松脱会导致纤维与基体之间摩擦生热加剧破坏过程。因此就改善复合材料的疲劳性能而言,界面强度稍强一些为好。

表 4-2　碳纤维增强铝的抗张强度和断口形貌

界面结合状态	抗张强度,MPa	断　口　形　貌
结合不良	206	纤维大量拔出,长度很长,呈刷子状
结合适中	612	有的纤维拔出,有一定长度,铝基体发生缩颈,可观察到劈裂状
结合稍强	470	出现不规则断面,可观察到很短的拔出纤维
结合过强	224	典型的脆性断裂,平断口

3.残余应力

在金属基复合材料结构设计中,除了要考虑化学方面的因素外,还应注意增强纤维与金属基体的物理相容性。物理相容性要求金属基体有足够的韧性和强度,以便能够更好地通过界面将载荷传递给增强纤维;还要求在材料中出现裂纹或位错(金属晶体中的一种缺陷,其特征是两维尺度很小而第三维尺度很大,金属发生塑性形变时伴随着位错的移动)移动时基体上产生的局部应力不在增强纤维上形成高应力。物理相容性中最重要的是要求纤维与基体的热膨胀系数匹配。如果基体的韧性较强、热膨胀系数也较大,复合后容易产生拉伸残余应力,而增强纤维多为脆性材料,复合后容易出现压缩残余应力。因而不能选用模量很低的基体与模量很高的纤维复合,否则纤维容易发生屈曲。图 4-3 是铝基纤维复合材料(纤维体积含量 $V_f = 50\%$)的应力-应变曲线。可以看出,复合后纤维中出现残余应变 ε_{fr}。在 I 区,载荷完全由基体承受;II 区为暂态的瞬态区,超过 II 区后复合材料才发挥作用。假设纤维和基体的热膨胀系数及残余应力分别为 α_f 和 α_m 及 σ_{fr} 和 σ_{mr},纤维应变和残余应变分别为 ε_f 和 ε_{fr},则有

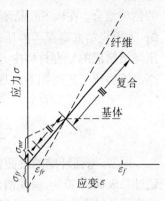

图 4-3 铝基纤维复合材料应力-应变曲线

当 $\alpha_f = \alpha_m$ 时,$\sigma_{mr} = \sigma_{fr}$;

当 $\alpha_f < \alpha_m$ 时,$\sigma_{mr} > \sigma_{fr}$;

当 $\alpha_f > \alpha_m$ 时,$\sigma_{mr} < \sigma_{fr}$;

如果 $\Delta\sigma_r = \sigma_{fr} - \sigma_{mr}$,则

当 $\alpha_f = \alpha_m$ 时,$\Delta\sigma_r = 0$;

当 $\alpha_f < \alpha_m$ 时,$\Delta\sigma_r$ 为负值,即纤维中残余应力为压应力,基体中为拉应力;

当 $\alpha_f > \alpha_m$ 时,$\Delta\sigma_r$ 为正值,即纤维中残余应力为拉应力,基体中为压应力;

当纤维中残余应力是压应力时,应注意纤维的屈曲;当基体的残余应力为拉应力时,应考虑界面和基体中的裂纹扩展。如果情况相反,那么纤维和基体正好发挥各自所长。因此,在选择金属基复合材料的组分材料时,为避免过高的残余应力,要求增强纤维与基体的热膨胀系数不要相差很大。

4.2.3 陶瓷基复合材料的界面

在陶瓷基复合材料中,增强纤维与基体之间形成的反应层质地比较均匀,对纤维和基体都能很好地结合,但通常它是脆性的。因增强纤维的横截面多为圆形,故界面反应层常为空心圆筒状,其厚度可以控制。当反应层达到某一厚度时,复合材料的抗张强度开始降低.此时反应层的厚度可定义为第一临界厚度。如果反应层厚度继续增大,材料强度亦随之降低,直至达某一强度时不再降低,这时反应层厚度称为第二临界厚度。例如,利用 CVD 技术制造碳纤维/硅材料时,第一临界厚度为 $0.05\mu m$,此时出现 SiC 反应层,复合材料的抗张强度为 1800MPa;第二临界厚度为 $0.58\mu m$,抗张强度降至 600MPa。相比之下,碳纤维/铝材料的抗张强度较低,第一临界厚度 $0.1\mu m$ 时,形成 Al_4C_3 反应层,抗张强度为 1150MPa;第二临界厚度 $0.76\mu m$,抗张强度降至 200GPa。

氮化硅具有强度高、硬度大、耐腐蚀、抗氧化和抗热震性能好等特点,但断裂韧性较差,使其特点发挥受到限制。如果在氮化硅中加入纤维或晶须,可有效地改进其断裂韧性。由于氮化硅具有共价键结构,不易烧结,所以在复合材料制造时需添加助烧结剂,如 $6\%Y_2O$ 和 $2\%Al_2O_3$ 等。在氮化硅基碳纤维复合材料的制造过程中,成型工艺对界面结构影响甚大。例如,采用无压烧结工艺时,碳与硅之间的反应十分严重,用扫描电子显微镜可观察到非常粗糙的纤维表面,在纤维周围还存在许多空隙;若采用高温等静压工艺,则由于压力较高和温度较低,使得反应

$$Si_3N_4 + 3C \longrightarrow 3SiC + 2N_2$$

和
$$SiO_2 + C \longrightarrow SiO \uparrow + CO$$

受到抑制,在碳纤维与氮化硅之间的界面上不发生化学反应,无裂纹或空隙,是比较理想

的物理结合。在以 SiC 晶须作增强材料、氮化硅作基体的复合材料体系中,若采用反应烧结、无压烧结或高温等静压工艺也可获得无界面反应层的复合材料。但在反应烧结和无压烧结制成的复合材料中,随着 SiC 晶须含量增加,材料密度下降,导致强度降低,而采用高温等静压工艺时则不出现这种情况。

4.3 增强材料的表面处理

通常,增强纤维的表面比较光滑。比表面积小,表面能较低,具有活性的表面一般不超过总表面的 10%,呈现憎液性,所以这类纤维较难通过化学的或物理的作用与基体形成牢固的结合。为了改进纤维与基体之间的界面结构,改善二者的复合性能,需要对增强纤维进行适当的表面处理。所谓表面处理就是在增强材料表面涂覆上一种称为表面处理剂的物质,这种表面处理剂包括浸润剂及一系列偶联剂和助剂等物质,以利于增强材料与基体间形成一个良好的粘结界面,从而达到提高复合材料各种性能的目的。

4.3.1 玻璃纤维

本世纪 40 年代初期发展起来的玻璃纤维增强塑料即玻璃钢,由于它具有质轻、高强、耐腐蚀、绝缘性好等优良性能,已被广泛应用于航空、汽车、机械、造船、建材和体育器材等方面。玻璃纤维的表面状态及其与基体之间的界面状况对玻璃纤维复合材料的性能有很大影响。玻璃纤维的主要成分是硅酸盐。通常玻璃纤维与树脂的界面粘结性不好,故常采用偶联剂涂层的方法对纤维表面进行处理。

有机铬合物类表面处理剂,是有机酸与氯化铬的络合物,该类处理剂在无水条件下的结构式为 A 。有机铬络合物的品种较多,其中以甲基丙烯酸氯化铬配合物(Volan,沃兰)应用最为广泛,其结构式如 B 。用它作偶联剂时,水解使配合物中的氯原子被羟基取代,并与吸水的玻璃纤维表面的硅羟基形成氢键,干燥脱水后配合物之间以及配合物与玻璃纤维之间发生醚化反应形成共价键结合。

沃兰对玻璃纤维表面的处理机理如下:

1.沃兰水解

2.玻璃纤维表面吸水,生成羟基

$$
\begin{array}{ccc}
\text{OH} & & \text{OH} \\
| & & | \\
-\text{Si}-\text{O}-\text{Si}-\text{O}- \\
| & & |
\end{array}
$$

3.沃兰与吸水的玻璃纤维表面反应

(1)沃兰之间及沃兰与玻璃纤维表面间形成氢键

$$CH_3-C=CH_2 \qquad CH_3-C=CH_2$$

（图：沃兰之间及沃兰与玻璃纤维表面间形成氢键的化学结构式，含 Cr、O、H、Si 等原子构成的络合物结构）

(2)干燥(脱水),沃兰之间及沃兰与玻璃纤维表面间缩合－醚化反应

$$CH_3-C=CH_2 \qquad CH_3-C=CH_2$$

（图：沃兰之间及沃兰与玻璃纤维表面间缩合-醚化反应的化学结构式，含 Cr、O、H、Si 等原子，右侧标注 $+H_2O$）

沃兰的 R 基团($CH_3-C=CH_2$)及 $Cr-OH$($Cr-Cl$)[11－73]将与基体树脂反应。实验证明,纤维与树脂的粘附强度随玻璃纤维表面上铬含量的提高而提高。开始时,铬只与玻璃纤维表面的负电位置接触,随着时间延长,铬的聚集量逐渐增多,在聚集的铬的总量中,与玻璃纤维产生化学键合的,不超过 35％,但它所起的作用超过其余的铬。因为化学键合的铬比物理吸附的铬处理效果约高 10 倍。此外,铬络合物本身之间脱水程度越高,聚合度越大,处理效果越好。

另一类常用的偶联剂是有机硅烷偶联剂,通常含有两类功能性基团,其通式为 $R_nSiX_{(4-n)}$。其中 X 指可与玻璃纤维(或无机颗粒填充剂)表面发生反应的官能团;R 代表能与有机树脂反应或可与树脂相互溶解的有机基团,不同的 R 基团适用于不同类型的树脂。例如,含有乙烯基或甲基丙烯酰基的硅烷偶联剂适用于不饱和聚酯树脂和丙烯酸树脂基体,因为偶联剂中的不饱和双键可与树脂中的不饱和双键发生反应,形成化学键。若 R 基团中含有环氧基,则由于环氧基既能与不饱和聚酯中的羟基反应,又能与不饱和双键加成,而且还能与酚羟基发生化学作用,因此这种偶联剂对环氧树脂、不饱和聚酯树脂和酚醛树脂都适用。玻璃纤维表面含有极性较强的硅羟基,用硅烷偶联剂处理时,玻璃纤维表面的硅羟基与硅烷的水解产物缩合,同时硅烷之间缩聚,使纤维表面极性较强的羟基转变为

极性较弱的醚键,纤维表面为 R 基覆盖。这时 R 基团所带的极性基的特性将影响偶联剂处理后玻璃纤维的表面性能以及树脂对纤维的浸润性。有机硅烷处理剂的处理机理如下:

1. 有机硅烷水解:生成硅醇　　　　2. 玻璃纤维表面吸水:生成羟基

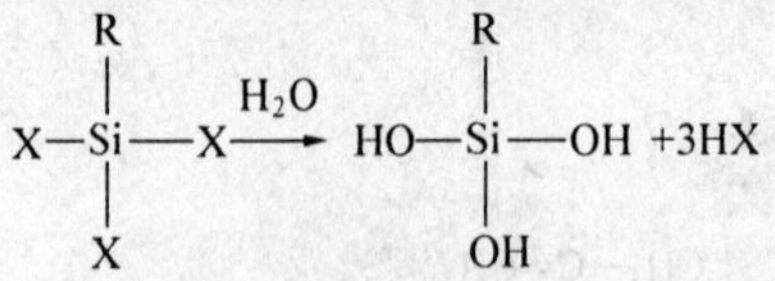

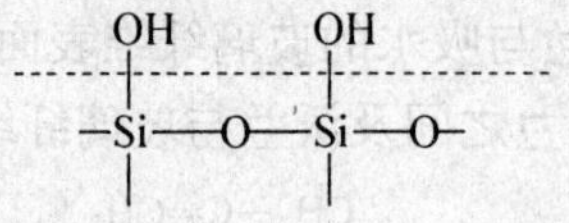

$$\underset{X}{\overset{R}{X-Si-X}} \xrightarrow{H_2O} \underset{OH}{\overset{R}{HO-Si-OH}} +3HX \qquad \cdots\underset{|}{\overset{OH}{-Si}}-O-\underset{|}{\overset{OH}{Si}}-O-\cdots$$

3. 硅醇与吸水的玻璃纤维表面反应

(1) 硅醇与吸水的玻璃纤维表面生成的氢键

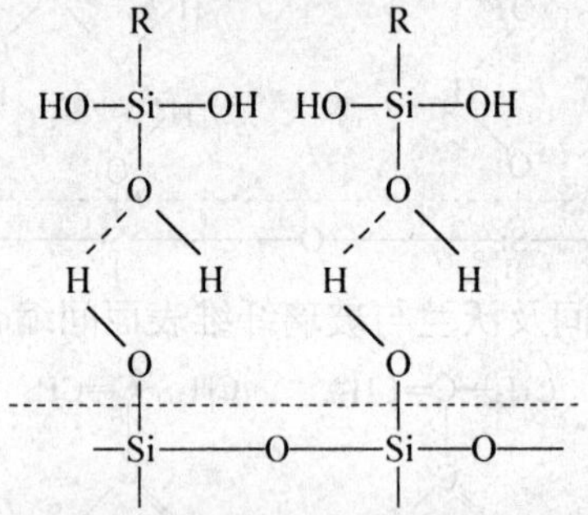

$$HO-\overset{R}{Si}-OH \quad HO-\overset{R}{Si}-OH$$

(2) 低温干燥(水分蒸发),硅醇间进行醚化反应

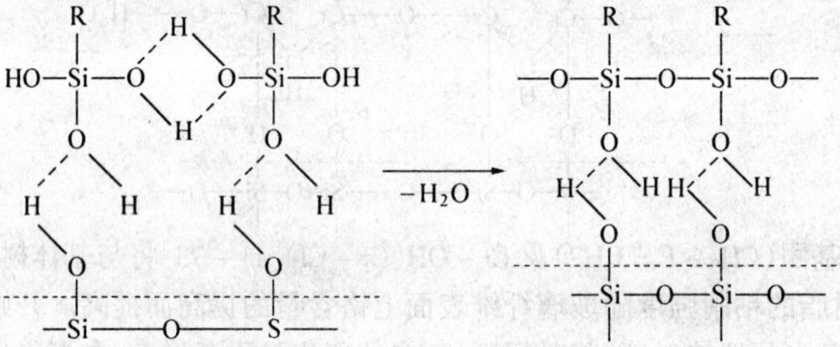

（结构式）$\xrightarrow{-H_2O}$（结构式）

(3) 高温干燥(水分蒸发),硅醇与吸水玻璃纤维进行醚化反应

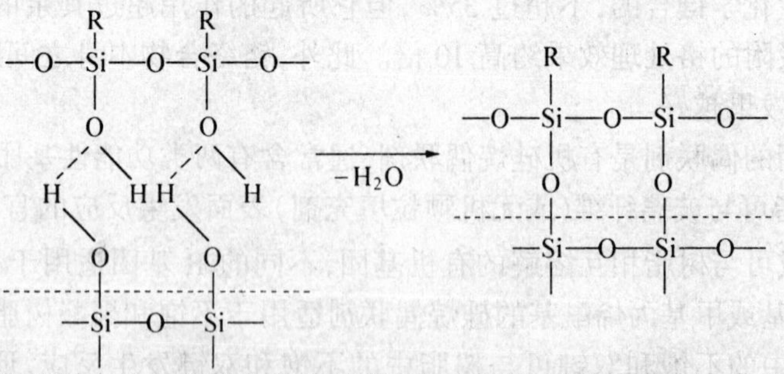

（结构式）$\xrightarrow{-H_2O}$（结构式）

在有机硅烷偶联剂中,X 基团的种类和数量对偶联剂的水解、缩合速度、与玻璃纤维的偶联效果和纤维与基体的界面结合特性等都有很大影响。例如,X 基团为氯离子时,三氯硅烷能很快水解生成硅醇,在过量水存在下,硅醇快速自缩合,很难再与玻璃纤维反应形成牢固的表面结合。最常采用的 X 基团是甲氧基(OCH_3)或乙氧基(OC_2H_5),这种有机

硅烷偶联剂的水解速度比较缓慢，生成的硅醇比较稳定，可在水存在下与玻璃纤维表面发生反应。X基团的数目也是一个很重要的参数。带有三个可水解基团(X＝3)的典型硅烷偶联剂一般可使纤维与基体之间形成硬度较大和亲水性较强的界面区域；含有一个可水解基团硅烷偶联剂形成的界面区域，往往显示出较强的憎水性；当可水解基团为两个时，所得界面区域的硬度较小，这种偶联剂更适用于玻璃纤维增强弹性体或低模量热塑性树脂体系。

用表面处理剂处理玻璃纤维的方法，目前采用的有三种：

I 前处理法：这种方法是将既能满足抽丝和纺织工序要求，又能促使纤维和树脂浸润与粘接的处理剂代替纺织型浸润剂，在玻璃纤维抽丝过程中，涂覆到玻璃纤维上，所以这种处理剂又叫做"增强型浸润剂"。经增强型浸润剂处理过的玻璃纤维，织成的布叫前处理布。这种纤维和布在制成复合材料时，可直接使用不需再经处理。前处理法工艺及设备简单，纤维的强度保持较好，是比较理想的处理方法。其缺点是目前尚没有理想的增强型浸润剂。

II 后处理法：这是目前国内外普遍采用的处理方法。处理过程分两步进行：第一步，先除去抽丝过程涂覆在玻璃纤维表面的纺织浸润剂。第二步，纤维经处理剂浸渍、水洗、烘干，使玻璃纤维表面上覆上一层处理剂。

除去纺织型浸润剂的方法，主要有洗涤法和热处理法两种，常用的是热处理法。热处理法是用加热方法，使涂覆在玻璃纤维表面上的浸润剂组分，经挥发、烘烧、碳化而除去。热处理温度一般为350℃～450℃，通常是连续进行，处理时间为几十秒钟到几分钟，视处理温度高低而定。热处理后纤维上浸润剂的残留量应为0.1%～0.3%之间。热处理会使纤维强度下降，如在500℃条件上，处理一分钟，玻璃纤维的强度下降约40%～50%。但由于经热处理后纤维与树脂间的粘接强度提高，使复合材料的强度提高，所以热处理虽使纤维强度下降，仍较普遍地采用。热处理后的纤维，因其表面完全裸露在空气中，很容易吸附空气中的水，所以应及时用处理剂处理或直接用于成型。

洗涤法是根据浸润剂的组成，采用碱液、肥皂水、有机溶剂等，分解和洗去浸润剂。经洗涤后，纤维上浸润剂的残留量为0.3%～0.5%。

是用处理剂处理纤维表面的关键是处理剂浓度的控制、处理剂的配制及使用，以及处理后的烘干制度。

根据前述处理机理，处理剂在玻璃纤维表面的最理想状态是单分子层，但实际上做不到。为了防止处理剂层过厚，影响处理效果，所以处理剂浓度不宜过大，经验上处理剂浓度配制为百分之几到千分之几浓度。处理剂溶液配制过程应适当调节和控制其pH值。因为处理剂水解过程有时会生成酸性物质(如HCl、CH_3COOH)，而酸性物质是处理剂水解产物的强缩合催化剂，使水解产物自行缩合成高分子物，而失去"偶联"作用，因此，控制处理剂的pH值，对处理效果影响很大。必要时可用NH_4OH，NaOH或KOH进行调节，将处理剂溶液控制在弱酸性或略呈碱性，如沃兰处理剂的pH值一般控制在5.6。处理剂溶液在配制好后应立即使用，并在规定的时间内用完，否则处理剂因水解、缩合，失去"偶联"作用。玻璃纤维经处理剂处理后，烘干的温度与时间也应严格控制，烘干温度过低，起不到应有的"偶联"效果，过高又易引起处理剂分解，失去作用。在一定烘干温度条件下，需经过一定时间才能产生偶联效果。随着时间的延长,处理后的纤维憎水性有所提高,但时间延长会影响生产效率。后处理法设备要求多,成本高,但一般处理剂都可用此方法对纤维进行处理。

Ⅲ 迁移法:此方法是将化学处理剂加入到树脂胶粘剂中,在纤维浸胶过程中,处理剂与经过热处理后的纤维接触,当树脂固化时产生偶联作用。这种方法处理的效果比以上两种方法差,但工艺简便,适用于这种方法的处理剂有:KH550(A－1100)和 B201 等。

表 4-3 给出了常用的纤维表面处理的偶联剂。

表 4-3　纤维表面处理的偶联剂

种类	牌号		化学名称	结 构 式	适用基体类型	
	国内	国外			热固性	热塑性
有机化合物	沃兰	Volan	甲基丙烯酸氯化铬配合物	CH_3—C—O—$CrCl_2$ / OH CH_2—O→$CrCl_2$	酚醛、聚酯、环氧	PE, PM-MA
硅烷偶联剂	KH-550	A-1100 3100W ATM-9	γ-氨丙基三甲氧基硅烷	$H_2N(CH_2)_3Si(OCH_3)_3$	环氧、酚醛、三聚氰胺	PA, PC, PVC, PE, PP
	KH-560	A-187 Y-4087 Z-6040 KBM-403	γ(2,3-环氧丙氧基)丙基三甲氧基硅烷	CH_3—CH(CH_2)$_3$O(CH_2)Si(OCH_3)$_3$	聚酯、环氧、酚醛、三氧氰胺	PA, PC, PS,PP
	KH-570	A-174 Z-6030 KBM-503	γ-甲基丙烯酸丙酯基三甲氧基硅烷(γ-MPS)	CH_2=C—C—O—$(CH_2)_3$Si(OCH_3)$_3$ / CH_3	聚酯、环氧	PS$_t$, PE, PMMA, PP, ABS
	KH-590	A-189 Z-6060 Y-5712 KBM-803	γ-硫基丙基三甲氧基硅烷(γ-SPS)	$HS(CH_2)_3Si(OCH_3)_3$	大都适用位主要用于天然橡胶、丁苯橡胶	PVC, PSt, PU,PSu
钛酸酯偶联剂		TTS	异丙基三异酰酰酸酯	CH_3—CH—O—Ti[O—C(C$_{17}$H$_{35}$)$_3$]$_3$ / CH_3	适用范围广,主要用于改进工艺性能	
		SS	四(2,2-二烯丙氧甲基-1-丁基)[二(十三烷基)亚磷酸酯]钛酸酯	$(CH_2$—O—CH_2—CH=$CH_2)_2$ / (C_2H_5—C—CH_2—O)$_4$Ti[P—(O—$C_{13}H_{27}$)$_2$OH]$_2$		
		138S	双(二辛基磷酸酯)氧乙酸酯钛酸酯	CH_2—O—Ti[O—O—P—O—P—(OC$_8$H$_{17}$)$_2$] / OH		

通过调节偶联剂本身的化学组成和结构,不仅可提高玻璃纤维与树脂基体的界面粘

结力,而且可以设计理想的界面层,从而制得综合性能优良的玻璃纤维复合材料。除用偶联剂处理外,虽然也可采用接枝、等离子体(Plasma)处理等方法对玻璃纤维进行表面处理,但研究报道的并不多。这也许正是由于用偶联剂处理玻璃纤维比较成功的缘故。

4.3.2 碳纤维

由于碳纤维本身的结构特征(沿纤维轴择优取向的同质多晶),使其与树脂的界面粘结力不大(特别是石墨碳纤维),因此用未经表面处理的碳纤维制成的复合材料其层间剪切强度较低。可用于碳纤维表面处理的方法较多,如氧化、沉积、电聚合与电沉积、等离子体处理等。

氧化法是较早采用的碳纤维表面处理技术,目的在于增加纤维表面粗糙度和极性基含量。氧化法有液相氧化和气相氧化之分。液相氧化法又可分成介质直接氧化和阳极氧化两种方式。前者使用的氧化剂有浓硝酸、次氯酸钠、磷酸、$KMnO_4/H_2SO_4$ 等,处理时将碳纤维浸入氧化剂溶液中一定时间,然后充分洗涤即可。这种方法的处理效果比较缓和,对纤维力学性能影响较小,可增加碳纤维表面粗糙程度和羧基含量,提高碳纤维复合材料的层间剪切强度,但工艺过程比较复杂,公害严重,工业上已很少采用。阳极氧化是目前工业上较普遍采用的一种碳纤维表面处理方法。其基本原理是将碳纤维作为阳极,镍板或石墨电极作为阴极,在含有 $NaOH$,NH_4HCO_3,HNO_3,H_2SO_4 等电解质溶液中通电处理,用初生态氧对纤维表面进行氧化刻蚀。纤维的处理时间从数秒到数十分钟不等,处理后应尽快洗除表面的电解质。气相氧化法中使用的氧化剂为空气、氧气、臭氧、二氧化碳等,通过改变氧化剂种类、处理温度及时间等可以改变纤维的氧化程度。该方法所用设备简单,操作简便,而且容易连续化生产,但氧化程度的控制难度较大,常常因过度氧化而严重影响纤维力学性能。

沉积法一般指在高温或还原性气氛中,使烃类、金属卤化物等以碳、碳化物的形式在纤维表面形成沉积膜或生长晶须,从而实现对纤维表面进行改性的目的。例如,使低分子碳化物(如 CH_4,C_2H_2,C_2H_6)在通电的碳纤维表面沉积形成碳氢化合物涂层;在纤维表面涂覆二茂铁、乙酰丙酮铬等金属有机配合物溶液,使之与纤维表面的碳原子结合,起到连接基体的偶联作用;使纤维在氧化性气氛中进行短时间热处理,然后用适当的树脂涂覆纤维表面等。一般沉积法对纤维力学能影响不大,主要是利用涂层来增加纤维与基体之间的界面结合力。由于涂层往往具有一定厚度和韧性,可以减缓界面内应力,起到保护界面的作用。

电聚合法是将碳纤维作为阳极,在电解液中加入带不饱和键的丙烯酸酯、苯乙烯、醋酸乙烯、丙烯腈等单体,通过电极反应产生自由基,在纤维表面发生聚合而形成含有大分子支链的碳纤维。电聚合反应速度很快,只需数秒到数分钟,对纤维几乎没有损伤。经电聚合处理后,碳纤维复合材料的层间剪切强度和冲击强度都有一定程度的提高。

电沉积法与电聚合法类似,利用电化学的方法使聚合物沉积和覆盖于纤维表面,改进纤维表面对基体的粘附作用。若使含有羧基的单体在纤维表面沉积,则碳纤维与环氧树脂基体之间可形成化学键,有利于改进复合材料的剪切性能、抗冲击性能等。电沉积或电聚合处理碳纤维的技术不仅能够改进碳纤维复合材料的机械性能,而且还有可能减少碳纤维复合材料燃烧破坏时纤维碎片所引起的电公害。例如,通过电聚合或电沉积在石墨碳纤维表面形成磷化物或有机磷钛化合物覆盖层,可起到阻燃作用。因为,磷酸盐、磷酸酯和有机磷钛酸酯的电化学覆层不仅可以起到偶联树脂基体的作用,还能在燃烧时因阻燃性而促进树脂形成导电性差的焦碳覆盖在碳纤维碎片上。特别是有机磷钛酸酯的电化学覆层,可在燃烧时残存不燃性的 TiO_2 残渣,使纤维碎片成为导电性差的残渣或碎片。

近年来等离子体技术在处理碳纤维表面方面得到应用。等离子体是含有离子、电子、自由基、激发的分子和原子的电离气体,它们都是发光的和电中性的,可由电学放电、高频电磁振荡、激波、高能辐射(如 α 和 β 射线)等方法产生。通常,等离子体可分为三种:热等离子体、低温(冷)等离子体和混合等离子体。热等离子体是由大气电弧、电火花和火焰产生的,气体的分子、离子和电子都处于热平衡状态,温度高达数千度;低温等离子体是在减压(1.3~1333Pa)条件下利用辉光放电产生的;而混合等离子体则是在常压或略低的压下由电晕放电、臭氧发生器等产生的。目前,用于处理增强纤维表面的等离子体主要为低温等离子体。

低温等离子体的纤维表面处理是一种气固相反应,可以使用活性气体(如氧)或非活性气体(如氩),也可以使用各种饱和或不饱和的单体蒸气。等离子体处理时所需能量远低于热化学反应,改性只发生在纤维表面,处理时间短而效率高。如可除去纤维弱的表面层、改变纤维表面形态(刻蚀或氧化)、创立一些活性位置(反应官能团)以及由纤维表层向内部扩散并发生交联(特别是对碳纤维或有机纤维)等,从而改善纤维表面浸润性和与树脂基体的反应性。例如,用 O_2 低温等离子体处理石墨碳纤维表面后,可使复合材料的剪切强度提高一倍以上;通过等离子体处理,在碳纤维表面接枝丙烯酸甲酯、顺丁烯二酸酐、内次甲基四氢邻苯二甲酸酐等能有效地改进碳纤维复合材料的层间剪切性能等。

4.3.3 Kevlar 纤维

与碳纤维相比,适于 Kevlar 纤维表面处理的方法不多,目前主要是基于化学键理论,通过有机化学反应和等离子体处理,在纤维表面引进或产生活性基团,从而改善纤维与基体之间的界面粘结性能。前者常常因使用强酸、强碱等试剂,容易给纤维力学性能带来不良影响。尽管等离子体处理纤维表面的机理尚不十分清楚,但就效果而言,既不明显损害纤维性能,又能较有效地改进纤维与基体的界面状况,所以应用较多。

经等离子体处理后的 PPTA 纤维表面可产生多种活性基团,如—COOH,OH,OOH, > C = O,NH_2 等。有利于改进纤维与基体之间的界面结合力,改善复合材料的层间剪切性能。若用可聚合的单体气体等离子体处理 Kevlar 纤维表面,则可在纤维表面或内部发生接技反应,不仅提高了纤维与基体的界面结合力,而且可使纤维在复合材料发生断裂破坏时不易被劈裂。通过控制接枝聚合物的结构,还可设计具有不同性质的界面区域,使复合材料显示出更佳的综合性能。等离子体接枝改性 Kevlar 纤维的表面处理时间短,耗能少,如能解决好密封等技术问题还可实现连续化处理。研究发现,等离子体处理后,纤维应尽快与基体复合,否则表面活性会发生退化。等离子体处理过程中还应严格控制温度、时间等,防止纤维大分子因过度处理而裂解。

4.3.4 超高分子量聚乙烯纤维

超高分子量聚乙烯纤维是继碳纤维、Kevlar 纤维之后又一种力学性能优异的高强、高模纤维。由于聚乙烯大分子中只含有 C 和 H 两种元素,无任何极性基因,所以这种纤维很难与基体形成良好的界面结合,影响了复合材料的整体力学性能。目前,较常用的改性方法为等离子体处理。在 He,Ar,H_2,N_2,CO_2 和 NH_3 等离子体中处理时,聚乙烯主要是被热蚀,交联很少,但经 O_2 等离子体处理后交联深度可达 30nm 左右,并伴随发生氧化和引入许多羰基和羧基。用频率 40MHz 的氧等离子体处理装置,在功率 70～100W、压力 13～26Pa 条件下处理超高分子量聚乙烯纤维 300 秒钟后,纤维与环氧树脂的界面粘结强度可提高 4 倍以上。但随着等离子体处理深度的增加,纤维力学性能亦受到较大损伤。利用高分子共混技术,在超高分子量聚乙烯冻胶纺丝溶液中混入乙烯 – 醋酸乙烯共聚物(EVA),可制成共混改性超高分子量聚乙烯纤维。这种纤维与环氧树脂具有较好的粘结性能,而纤维原有的优异力学性能变化很小,制造工艺亦比较简单。

4.3.5 金属纤维

对于金属基复合材料,表面处理的目的主要是改善纤维的浸润性和抑制纤维与金属基体之间界面反应层的生成。

钛的比强度高,它在中等温度下的强度高于铝合金,但钛的刚性差。如果用硼纤维增强钛,就可以得到强度和刚度都很高的复合材料。硼纤维与钛复合时容易在界面处发生反应形成界面层,由于界面层的脆性,受到外力作用时界面层将成为新的裂纹源,并与纤维中原有的裂纹源一起作用。如果界面层诱发产生的裂纹尺寸小于原有裂纹,复合材料的强度不会因界面层裂纹源而受到损害,此时的破坏仍由纤维中原有的裂纹所决定;否则,若因界面层断裂伸长小而产生的裂纹大于原有裂纹,裂纹形成后将向周围纤维扩展,使纤维断裂,并最终导致复合材料整体破坏。通常,脆性界面层必将在某一形变量下发生破断,而破断形变量的大小取决于脆性界面层的模量和强度。界面层开裂后产生的裂纹对材料强度的影响取决于这种裂纹的长度,裂纹的大小又依赖于脆性界面层的厚度。如果脆性界面层裂纹所引起的应力集中程度小于纤维原有缺陷的应力集中程度,这种界面层不会影响材料的强度;当这种裂纹长度超过临界尺寸时,复合材料的强度逐渐减小;超过某一临界长度后,界面层的破裂立即引起纤维断裂,导致复合材料破坏。因此,为改善界面性能必须控制界面层的厚度,如采取快速制造工艺以减少反应时间或低温工艺以降低反应速度,或者采用可减小反应活性的纤维涂层等。利用 CVD 技术在硼纤维表面形成碳化硅或碳化硼涂层,可以抑制热压成型时硼与钛之间的界面反应。

氧化铝纤维是一种较理想的金属基复合材料的增强纤维。但它与液态金属的浸润性差,一般常采用金属涂层的方法改进其浸润性。例如,为使铝或银能够浸润,可采用 CVD 技术在氧化铝纤维表面涂覆镍或镍合金层。为了尽量提高复合材料中纤维的体积含量,涂层厚度必须很薄。而极薄的涂层又容易在液态金属中溶解掉,所以对制造工艺过程要严格控制。

将硼纤维的强度、刚度等与铝合金的加工性能结合起来,制成的硼纤维增强铝合金材料可用于制造蜗轮发动机风扇叶片、飞机或空间飞行器的蒙皮、翼梁等。在硼纤维/铝合金材料的制造过程中,以下反应对硼纤维表面有损害作用

$$Al + 2B \longrightarrow AlB_2$$

$$2B + O_2 \longrightarrow B_2O_3 \quad (熔点 577℃)$$

利用 CVD 技术在硼纤维表面涂覆碳化硅有助于改善浸润性和阻止界面反应。虽然氮化硼涂层对抑制界面反应有比较好的效果,但却给纤维与基体的界面结合带来不良影响。另外,为防止硼纤维和铝发生氧化反应,复合材料的成型与固化应在惰性气氛中进行。

第五章 聚合物基复合材料

5.1 聚合物基复合材料的种类和性能

聚合物基复合材料是以有机聚合物为基体,连续纤维为增强材料组合而成的。纤维的高强度、高模量的特性使它成为理想的承载体。基体材料由于其粘接性能好,把纤维牢固地粘接起来。同时,基体又能使载荷均匀分布,并传递到纤维上去,并允许纤维承受压缩和剪切载荷。纤维和基体之间的良好的复合显示了各自的优点,并能实现最佳结构设计,具有许多优良特性。

1.具有较高的比强度和比模量

聚合物基复合材料的比强度和比模量可以与常用的金属材料,如钢、铝、钛等进行比较,其力学性能相当出色,见表5-1。这对于非常注意重量的宇航工业来说,是非常有价值的。

表 5-1 金属材料和纤维增强塑料的性能比较

性能 \ 材料种类	比重	抗拉强度 GPa	弹性模量 100GPa	比强度 GPa	比模量 100GPa
钢	7.6	1.03	2.1	0.13	0.27
铝	2.8	0.47	0.75	0.17	0.26
钛	4.5	0.96	1.14	0.21	0.25
玻璃钢	2.0	1.06	0.4	0.53	0.21
碳纤维Ⅰ/环氧	1.45	1.5	1.4	1.03	0.97
碳纤维Ⅱ/环氧	1.6	1.07	2.4	0.7	1.5
有机纤维PRD/环氧	1.4	1.4	0.8	1.0	0.57
硼纤维/环氧	2.1	1.38	2.1	0.66	1.0
硼纤维/金属	2.61	1.0	2.0	0.38	0.76

2.抗疲劳性能好

疲劳破坏是指材料在交变负荷作用下,逐渐形成裂缝,并不断扩大而引起的低应力破坏。金属材料的疲劳破坏是由里往外突然发展的,事前并没有任何预兆,而聚合物基复合材料却不同,它如果由于疲劳而产生裂缝时,因纤维与基体的界面能阻止裂纹的扩展,并且由于疲劳破坏总是从纤维的薄弱环节开始,逐渐扩展到结合面上,所以破坏前有明显的预兆。金属材料的疲劳极限为抗拉强度的 40% ~ 50%,而碳纤维复合材料可达到 70% ~ 80%。此外,抗声、抗振疲劳性能也比较好。

3.减振性能好

较高的自振频率会避免工作状态下引起的早期破坏,而结构的自振频率除了与结构本身形状有关而外,还与材料的比模量的平方根成正比。在聚合物基复合材料中,纤维与基体界面具有吸振的能力,其振动阻尼很高,减振效果很好。

4.高温性能好

聚合物基复合材料的耐热性是相当好的,所以适宜作烧蚀材料。所谓材料的烧蚀是指材料在高温时,表面发生分解,引起气化,与此同时吸收热量,达到冷却的目的,随着材料的逐渐消耗,表面出现很高的吸热率。例如玻璃纤维增强酚醛树脂,就是一种烧蚀材料,烧蚀温度可达 1 650℃。其原因是酚醛树脂受高的入射热时,会立刻碳化,形成耐热性很高的碳原子骨架,而且纤维仍然被牢固地保持在其中。此外,玻璃纤维本身有部分气化,而表面上残留下几乎是纯的二氧化硅,它的粘结性相当好,从而阻止了进一步的烧蚀,并且它的导热系数只有金属的 0.1% ~ 0.3%,瞬时耐热性好。

5.安全性好

聚合物基复合材料中有大量的独立纤维,每平方厘米的复合材料上有几千根,甚至上万根纤维分布着,当材料超载时,纵使有少量纤维断裂,但其载荷会重新分配到未断裂的纤维上,在短期内不致于使整个构件失去承载的能力。

6.可设计性强、成型工艺简单

通过改变纤维、基体的种类及相对含量、纤维集合形式及排列方式、铺层结构等可以满足对复合材料结构与性能的各种设计要求。又其制品的制造多为整体成型,一般不需焊、铆、切割等二次加工,工艺过程比较简单。由于一次成型,不仅减少了加工时间而且零部件、紧固件和接头的数目也随之减少,使结构更加轻量化。

但是目前聚合物基复合材料还存在一些不足的地方,如断裂伸长率小、抗冲击强度差、横向强度和层间剪切强度低,另外,虽然成型工艺简单,但手工劳动多,质量不够稳定,成本较高,这些均有待于进一步提高。

由于组成聚合物基复合材料的纤维和基体的种类很多,决定了它种类和性能的多样性,如:玻璃纤维增强热固性塑料(俗称玻璃钢)、短切玻璃纤维增强热塑性塑料、碳纤维增强塑料、芳香族聚酰胺纤维增强塑料、碳化硅纤维增强塑料、矿物纤维增强塑料、石墨纤维增强塑料、木质纤维增强塑料等。这些聚合物基复合材料具有上述共同的特点,同时还有其本身的特殊性能。

5.1.1 玻璃纤维增强热固性塑料(代号 GFRP)

玻璃纤维增强热固性塑料是指玻璃纤维(包括长纤维、布、带、毡等)做为增强材料,热固性塑料(包括环氧树脂、酚醛树脂、不饱和聚酯树脂等)做为基体的纤维增强塑料,俗称玻璃钢。根据基体种类不同,可将 GFRP 分成三类,即玻璃纤维增强环氧树脂、玻璃纤维增强酚醛树脂、玻璃纤维增强聚酯树脂。

GFRP 的突出特点是比重小、比强度高。比重为 1.6 ~ 2.0,比最轻的金属铝还要轻,而比强度比高级合金钢还高。"玻璃钢"这个名称便由此而来。

GFRP 还具有良好的耐腐蚀性,在酸、碱、有机溶剂、海水等介质中均很稳定,其中玻璃纤维增强环氧树脂的耐腐蚀性最为突出,其他 GFRP 虽然不如玻璃纤维增强环氧树脂,但其耐腐蚀性也都超过了不锈钢。

GFRP 也是一种良好的电绝缘材料,主要表现在它的电阻率和击穿电压强度两项指标都达到了电绝缘材料的标准。一般电阻率小于 $1\Omega\cdot cm$ 的物质称为导体,大于 $10^6\Omega\cdot cm$ 的物质称为电绝缘体。而 GFRP 的电阻率为 $10^{11}\Omega\cdot cm$,有的甚至可达到 $10^{18}\Omega\cdot cm$,电击穿强度达 20kV/mm,所以它可做为耐高压的电器零件。

另外 GFRP 不受电磁作用的影响,它不反射无线电波,微波透过性好,因此可用来制造扫雷艇和雷达罩。

GFRP 还具有保温、隔热、隔音、减振等性能。

GFRP 也有不足之处,其最大的缺点是刚性差,它的弯曲弹性模量仅为 0.2×10^3GPa,而钢材为 2×10^3GPa,它的刚度比木材大两倍,而比钢材小十倍。其次是玻璃钢的耐热性虽然比塑料高,但低于金属和陶瓷,玻璃纤维增强聚酯树脂连续使用温度在 280℃ 以下,其他 GFRP 在 350℃ 以下。导热性也很差,摩擦产生的热量不易导出,从而使 GFRP 的温度升高,导致其破坏。此外,GFRP 的基体材料是易老化的塑料,所以它也会因日光照射、空气中的氧化作用、有机溶剂的作用而产生老化现象,但比塑料要缓慢些。虽然 GFRP 存在上述缺点,但它仍然是一种比较理想的结构材料。

玻璃纤维增强环氧、酚醛、聚酯树脂除具有上述共同的性能特点而外,各自有其特殊的性能。

玻璃纤维增强环氧树脂是 GFRP 中综合性能最好的一种,这是与它的基体材料环氧树脂分不开的。因环氧树脂的粘结能力最强,与玻璃纤维复合时,界面剪切强度最高。它的机械强度高于其他 GFRP。由于环氧树脂固化时无小分子放出,故而玻璃纤维增强环氧树脂的尺寸稳定性最好,收缩率只有 1% ~ 2%,环氧树脂的固化反应是一种放热反应,一般易产生气泡,但因树脂中添加剂少,很少发生鼓泡现象。唯一不足的地方是环氧树脂粘度大,加工不太方便,而且成型时需要加热,如在室温下成型会导致环氧树脂固化反应不完全.因此不能制造大型的制件,使用范围受到一定的限制。

玻璃纤维增强酚醛树脂是各种 GFRP 中耐热性最好的一种,它可以在 200℃ 下长期使用,甚至在 1 000℃ 以上的高温下,也可以短期使用。它是一种耐烧蚀材料,因此可用它做宇宙飞船的外壳。它的耐电弧性,可用于制做耐电弧的绝缘材料。它的价格比较便宜,原料来源丰富。它的不足之处是性能较脆,机械强度不如环氧树脂。固化时有小分子副产物放出,故尺寸不稳定,收缩率大。酚醛树脂对人体皮肤有刺激作用,会使人的手和脸肿胀。

玻璃纤维增强聚酯树脂最突出的特点是加工性能好,树脂中加入引发剂和促进剂后,可以在室温下固化成型,由于树脂中的交联剂(苯乙烯)也起着稀释剂的作用,所以树脂的粘度大大降低了,可采用各种成型方法进行加工成型,因此它可制作大型构件,扩大了应用的范围。此外,它的透光性好,透光率可达 60% ~ 80%,可制作采光瓦。它的价格很便宜。其不足之处是固化时收缩率大,可达 4% ~ 8%,耐酸、碱性差些,不宜制作耐酸碱的设备及管件。各种 GFRP 与金属性能比较见表 5-2。

表 5-2　各种玻璃钢与金属性能的比较

性　能＼材料名称	聚酯玻璃钢	环氧玻璃钢	酚醛玻璃钢	钢	铝	高级合金
比重	1.7～1.9	1.8～2.0	1.6～1.85	7.8	2.7	8.0
抗拉强度（MPa）	70.3～298.5	180～350	70～280	700～840	70～250	1280
压缩强度（MPa）	210～250	180～300	100～270	350～420	30～100	
弯曲强度（MPa）	210～350	70.3～470	1 100	420～460	70～110	
吸水率（％）	0.2～0.5	0.05～0.2	1.5～5	—	—	
导热系数（J/m·hK）	1 038	630～1 507		155～748	726～828	
线膨胀系数（×10^{-6}/℃）		1.1～3.5	0.35～1.07	0.012	0.023	
比强度（MPa）	160	180	115	50	—	160

5.1.2　玻璃纤维增强热塑性塑料(代号 FR—TP)

玻璃纤维增强热塑性塑料是指玻璃纤维(包括长纤维或短切纤维)做为增强材料,热塑性塑料(包括聚酰胺、聚丙烯、低压聚乙烯、ABS 树脂、聚甲醛、聚碳酸酯、聚苯醚等工程塑料)为基体的纤维增强塑料。

玻璃纤维增强热塑性塑料除了具有纤维增强塑料的共同特点外,它与玻璃纤维增强热固性塑料相比较,其突出的特点是具有更轻的比重,一般在 1.1～1.6 之间,为钢材的 1/5～1/6;比强度高,蠕变性大大改善,例如:合金结构钢 50CrVA 的比强度为 162.5MPa,而玻璃纤维增强尼龙 610 为 179.9MPa。各种玻璃纤维增强热塑性塑料的比强度见表5-3。

表 5-3　几种典型金属及 FR－TP 的比强度比较

材　料　名　称	比　重	抗拉强度(MPa)	比强度(MPa)
普通钢 A$_3$	7.85	400	50
不锈钢 1Cr18Ni9Ti	8	550	68.8
合金钢结构钢 50CrVA	8	150	162.5
灰口铸铁 HT25－47	7.4	250	34
硬铝合金 LY$_{12}$	2.3	470	167.3
普通黄铜 H59	3.4	390	46.4
增强尼龙 610	1.45	250	179.9
增强尼龙 1010	1.23	130	146.3
增强聚碳酸酯	1.42	140	98.3
增强聚丙烯	1.12	90	80.4

1.玻璃纤维增强聚丙烯(代号 FR－PP)

用玻璃纤维增强的聚丙烯突出的特点是机械强度与纯聚丙烯相比大大提高了,当短切玻璃纤维增加到 30% ~ 40% 时，其强度达到顶峰，抗拉强度达到 100MPa，大大高于工程塑料聚碳酸酯、聚酰胺等，尤其是使聚丙烯的低温脆性得到了大大改善，而且随着玻璃纤维含量提高，低温时的抗冲击强度也有所提高。FR－PP 的吸水率很小，是聚甲醛和聚碳酸酯的十分之一。在耐沸水和水蒸气方面更加突出，含有 20% 短切纤维的 FR－PP，在水中煮 1 500 小时，其抗拉强度比初始强度只降低 10%，如在 23℃水中浸泡时则强度不变。但在高温、高浓度的强酸、强碱中会使机械强度下降。在有机化合物的浸泡下会降低机械强度，并有增重现象。聚丙烯为结晶型聚合物，当加入 30% 的玻璃纤维复合以后，其热变形温度有显著提高，可达 153℃（1.86MPa），已接近了纯聚丙烯的熔点，但是必须在复合时加入硅烷偶联剂（如不加则变形温度只有 125℃）。

2. 玻璃纤维增强聚酰胺（代号 FR－PA）

聚酰胺是一种热塑性工程塑料，本身的强度就比一般通用塑料的强度高，耐磨性好，但因它的吸水率太大，影响了它的尺寸稳定性，另外它的耐热性也较低，用玻璃纤维增强的聚酰氨，这些性能就会大大改善。玻璃纤维增强聚酰胺的品种很多，有玻璃纤维增强尼龙 6（FR－PA6）、玻璃纤维增强尼龙 66（FR－PA66）、玻璃纤维增强尼龙 1010（FR－PA1010）等。一般玻璃纤维增强聚酰胺中，玻璃纤维的含量达到 30% ~ 35% 时，其增强效果最为理想，它的抗拉强度可提高 2 ~ 3 倍，抗压强度提高 1.5 倍，最突出的是耐热性提高的幅度最大，例如尼龙 6 的使用温度为 120℃，而玻璃纤维增强尼龙 6 的使用温度可达到 170 ~ 180℃。在这样高的温度下，往往材料容易产生老化现象，因此应加入一些热稳定剂。FR－PA 的线膨胀系数比 PA 降低了 1/4 ~ 1/5，含 30% 玻璃纤维的 FR－PA6 的线膨胀系数为 $0.22 \times 10^4/℃$，接近金属铝的线膨胀系数 $(0.17 ~ 0.19) \times 10^4/℃$。另一特点是耐水性得到了改善，聚酰胺的吸水性直接影响了它的机械强度和尺寸稳定性，甚至影响了它的电绝缘性，而随着玻璃纤维加入量的增加，其吸水率和吸湿速度则显著下降。例如 PA6 在空气中饱和吸湿率为 4%，而 FR－PA6 则降到 2%，吸湿后 FR－PA6 的机械强度比 PA6 提高三倍。因而 FR－PA 吸湿以后的机械强度仍然能够满足工程上的要求，同时电绝缘性也比纯 PA 好，可以制成耐高温的电绝缘零件。

在聚酰胺中加入玻璃纤维后，唯一的缺点是使本来耐磨性好的性能变差了。因为聚酰胺的制品表面光滑，光洁度越好越耐磨，而加入玻璃纤维以后，如果将制品经过二次加工或者被磨损时，玻璃纤维就会暴露于表面上，这时材料的磨擦系数和磨耗量就会增大。因此，如果用它来制造耐磨性要求高的制品时，一定要加入润滑剂。

3. 玻璃纤维增强聚苯乙烯类塑料

聚苯乙烯类树脂目前已成为系列产品，多为橡胶改性树脂，例如：丁二烯－苯乙烯共聚物（BS）、丙烯腈－苯乙烯共聚物（AS）、丙烯腈－丁二烯－苯乙烯共聚物（ABS）等。这些共聚物大大改善了纯聚苯乙烯的性能，使原来只是一种通用塑料的聚苯乙烯改性成为工程塑料。其耐冲击性和耐热性提高了。这些聚合物再用长玻璃纤维或短切玻璃纤维增强后，其机械强度及耐高、低温性、尺寸稳定性均大有提高。例如 AS 的抗拉强度为 66.8 ~ 84.4MPa，而含有 20% 玻璃纤维的 FR－AS 的抗拉强度为 135MPa，提高将近一倍，而且弹性模量提高几倍。FR－AS 比 AS 的热变形温度提高了 10 ~ 15℃，而且随着玻璃纤维含量的增加，热变形温度也随之提高，使其在较高的温度下仍具有较高的刚度，制品的形状不变。此外,随着玻璃纤维含量的增加,线膨胀系数减小,含有 20% 玻纤的 FR – AS 线膨胀系数为 2.9×10^{-5}m/m/℃,与金属铝(2.41×10^{-5}m/m/℃)相接近。

对于脆性较大的 PS、AS 来说,加入玻璃纤维后冲击强度提高了,而对于韧性较好的 ABS 来说,加入玻璃纤维后,会使韧性降低,抗冲击强度下降,直到玻璃纤维含量达到 30%,冲击强度才不再下降,而达到稳定阶段,接近 FR – AS 的水平。这对于 FR – ABS 来说,是唯一的不利因素。

玻璃纤维与聚苯乙烯类塑料复合时也要加入偶联剂,不然聚苯乙烯类塑料与玻璃纤维粘结不牢,影响强度。

4.玻璃纤维增强聚碳酸酯(代号 FR – PC)

聚碳酸酯是一种透明度较高的工程塑料,它的刚韧相兼的特性是其他塑料无法相比的,唯一不足之处是易产生应力开裂、耐疲劳性差。加入玻璃纤维以后,FR – PC 比 PC 的耐疲劳强度提高 2~3 倍,耐应力开裂性能可提高 6~8 倍,耐热性比 PC 提高 10~20℃,线膨胀系数缩小为 $1.6~2.4 \times 10^{-6}$m/m/℃,因而可制成耐热的机械零件。

5.玻璃纤维增强聚酯

聚酯作为基体材料主要有两种,一种是聚苯二甲酸乙二醇酯(代号 PET),另一种为聚苯二甲酸丁二醇酯(代号 PBT)。

未增强的纯聚酯结晶性高,成型时收缩率大,尺寸稳定性差、耐温性差,而且质脆。用玻璃纤维增强后,其性能是:机械强度比其他玻璃纤维增强热塑性塑料均高,抗拉强度为 135~145MPa,抗弯强度为 209~250MPa,耐疲劳强度高达 52MPa。最大应力与往复弯曲次数的曲线(S – N 曲线)与金属一样,具有平坦的坡度。耐热性提高的幅度最大,PET 的热变形温度为 85℃,而 PR – PFT 为 240℃,而且在这样高的温度下仍然能保持它的机械强度,是玻璃纤维增强热塑性塑料中耐热温度最高的一种。它的耐低温性能好,超过了 FR – PA6,因此在温度高低交替变化时,它的物理机械性能变化不大;电绝缘性能又好,因此可用它制造耐高温电器零件;更可喜的是它在高温下耐老化性能好,胜过玻璃钢,尤其是耐光老化性能好,所以它使用寿命长。唯一不足之处是在高温下易水解,使机械强度下降,因而不适于在高温水蒸气下使用。

6.玻璃纤维增强聚甲醛(代号 FR – POM)

聚甲醛是一种性能较好的工程塑料,加入玻璃纤维后,不但起到增强的作用,而且最突出的特点是耐疲劳性和耐蠕变性有很大提高。含有 25% 玻璃纤维的 FR – POM 的抗拉强度为纯 POM 的两倍,弹性模量为纯 POM 的三倍,耐疲劳强度为纯 POM 的两倍,在高温下仍具有良好的耐蠕变性,同时耐老化性也很好。但不耐紫外线照射,因此在塑料中要加入紫外线吸收剂。唯一不足之处是加入玻璃纤维后其摩擦系数和磨耗量大大提高了,即耐磨性降低了。为了改善其耐磨性,可用聚四氟乙烯粉末做为填料加入聚甲醛中,或加入碳纤维来改性。

7.玻璃纤维增强聚苯醚(代号 FR – PPO)

聚苯醚是一种综合性能优异的工程塑料,但存在着熔融后粘度大,流动性差,加工困难和容易发生应力开裂现象,成本高等缺点。为改善上述缺点,采用加入其他树脂共混或共聚使其改性。这种方法虽然克服了上述缺点,但又使其力学性能和耐热性有所下降,故加入玻璃纤维使其增强,其效果很好。

加入 20% 玻璃纤维的 FR－PPO,其抗弯弹性模量比纯 PPO 提高两倍,含 30% 玻璃纤维的 FR－PPO,则提高三倍。因此可用它制成高温高载荷的零件。

FR－PPO 最突出的特性是蠕变性很小,3/4 的变形量发生在 24 小时之内,因此蠕变性的测定可在短期内得出估计的数值,这一点是任何高分子复合材料难以达到的。它耐疲劳强度很高,含 20% 玻璃纤维的 FR－PPO,在 23℃ 往复次数为 $2.5×10^6$ 次的条件下,它的弯曲疲劳极限强度仍能保持 28MPa,如果玻璃纤维的含量为 30% 时,则可达到 34MPa。

FR－PPO 的又一突出特点是热膨胀系数非常小,是 FR－TP 中最小的一种,接近金属的热膨胀系数,因此与金属配合制成零件,不易产生应力开裂。它的电绝缘性也是工程塑料中居第一位的,其电绝缘性可不受温度、湿度、频率等条件的影响。它耐湿热性能良好,可在热水或有水蒸气的环境中工作,因此用它可制造耐热性的电绝缘零件。各种塑料与玻璃纤维增强后的性能对比见表 5-4。

表 5-4　各种塑料与其玻璃纤维增强后的性能对比

品　　种		密度 kg/m³	抗拉强度 MPa	抗弯强度 MPa	压缩强度 MPa	弯曲模量 ×10⁴ MPa	冲击强度 MPa	热变形温度 ℃	成型收缩率 %
聚丙烯	原	910	35	35	45	0.12	0.4	63	1.3～1.6
	增强	1140	85	80	60	0.58	0.8	155	0.2～0.8
高密度聚乙烯	原	960	30	21	20	0.09	0.6	50	1.5～2.5
	增强	1170	80	90	35	0.55	0.8	127	0.3～1.0
聚苯乙烯	原	1040	50	70	100	0.30	0.2	80	0.3～0.6
	增强	1280	95	110	130	0.84	0.4	96	0.1～0.3
聚碳酸酯	原	1200	67	95	88	0.24	0.14	140	0.5～0.7
	增强	1430	110	200	150	0.84	0.20	149	0.1～0.3
聚酯	原	1370	74	130	130	0.35	0.10	85	0.8～2.0
	增强	1630	140	200	150	1.00	0.10	240	0.3～0.6
尼龙 66	原	1130	83	110	34	0.29	0.4	70	0.7～1.4
	增强	1350	180	260	170	0.81	0.6	250	0.4～0.8
ABS 树脂	原	1050	45	67	80	0.25	0.10	83	0.4～0.6
	增强	1280	100	130	100	0.77	0.6	100	0.1～0.3

5.1.3　高强度、高模量纤维增强塑料

高强度、高模量纤维增强塑料主要是指以环氧树脂为基体,以各种高强度、高模量的纤维(包括碳纤维、硼纤维、芳香族聚酰胺纤维、各种晶须等)做为增强材料的高强度、高模量纤维增强塑料。

该种材料由于受增强纤维高强度、高模量这一性能的影响,致使其具有共同的特点:

(1) 比重轻、强度高、模量高和低的热膨胀系数,其数据见表 5-5。

表 5-5　各种塑料与其玻纤增强塑料的性能对比表

性　能 ＼ 材料种类	碳纤维/环氧树脂	芳香族聚酰胺纤维(Kevlar)/环氧树脂	硼纤维/环氧树脂
比　重 (g/cm³)	1.6	1.4	2.0
抗拉强度 (MPa)	1 500	1 400	1 750
抗拉弹性模量 (GPa)	12	76	120
热膨胀系数 (×10⁻⁶/℃)	(‖)－0.7(⊥)30	(‖)－40(⊥)60	(‖)－5.0(⊥)30

从表中的数据来看,它们的抗拉强度及模量都超过了高级合金钢及 GFRP(高级合金钢的抗拉强度为 1 280MPa,玻璃纤维增强环氧树脂为 500MPa),是目前力学性能最好的高分子复合材料。

(2)加工工艺简单。该种增强塑料可采用 GFRP 的各种成型方法,如模压法、缠绕法、手糊法等。

(3)价格昂贵。该种材料唯一的缺点是价格比较贵。除芳香族聚酰胺纤维而外,其他纤维由于加工比较复杂原料价格昂贵,致使其增强塑料价格昂贵,从而限制了大量应用。

1.碳纤维增强塑料

碳纤维增强环氧塑料是一种强度、刚度、耐热性均好的复合材料,这方面的性能是其他材料无法相提并论的。它的质轻(比重小),如果采用钢材、GFRP 以及碳纤维增强塑料这三种材料分别制成长途客车的车身时,其中碳纤维增强塑料最轻,比 GFRP 车身轻1/4,比钢车身轻 3～4 倍。再看它们的刚度,从车顶的挠曲度来进行比较,就可一目了然,GFRP 车顶弯曲下沉将近 10cm,钢车顶下沉 2～3cm,碳纤维增强塑料下沉不到 1cm。碳纤维增强塑料的抗冲击强度也特别突出,假如用手枪在十步远的地方射向一块不到 1cm 厚的碳纤维增强塑料板时,竟不会将其射穿。它的耐疲劳强度很大,而摩擦系数却很小,这方面性能均超过了钢材,

碳纤维增强塑料不但机械性能好,耐热性也特别好,它可在 12 000℃的高温下经受 10 秒钟,保持不变,这在其他材料是无法想像的。陶瓷被认为是耐高温的材料,但是在这样高的温度下,根本无法存在。

碳纤维增强塑料的不足之处,一是碳纤维与塑料的粘结性差,而且各向异性,这方面不如金属材料。目前已有解决的办法,那就是使碳纤维氧化和晶须化来提高其粘结性。用碳纤维编织法来解决各向异性的问题。另一个不足之处是价格昂贵,因而虽然有上述一些优良性能,但还只是应用于宇航工业,其他领域应用较少。

2.芳香族聚酰胺纤维增强塑料

芳香族聚酰胺纤维增强塑料的基体材料主要是环氧树脂,其次是热塑性塑料的聚乙烯、聚碳酸酯、聚酯等。

芳香族聚酰胺纤维增强环氧树脂的抗拉强度大于 GFRP,而与碳纤维增强环氧树脂相

似。它最突出的特点是有压延性,与金属相似,而与其他有机纤维则大大不同。它的耐冲击性超过了碳纤维增强塑料;自由振动的衰减性为钢筋八倍,GFRP 的 4~5 倍;耐疲劳性比 GFRP 或金属铝还好。

3.硼纤维增强塑料

硼纤维增强塑料是指硼纤维增强环氧树脂。该种材料突出的优点是刚度好,它的强度和弹性模量均高于碳纤维增强环氧树脂,是高强度、高模量纤维增强塑料中性能最好的一种。

4.碳化硅纤维增强塑料

碳化硅纤维增强塑料主要是指碳化硅纤维增强环氧树指。碳化硅纤维与环氧树脂复合时不需要表面处理,粘结力就很强,材料层间剪切强度可达 1.2MPa。它的抗弯强度和抗冲击强度为碳纤维增强环氧树脂的两倍,如果与碳纤维混合叠层进行复合时,会弥补碳纤维的缺点。

5.1.4 其他纤维增强塑料

其他纤维增强塑料是指以石棉纤维、矿棉纤维、棉纤维、麻纤维、木质纤维、合成纤维等为增强材料,以各种热塑性塑料和热固性塑料为基体的复合材料。

这方面的复合材料发展得比较早,应用也比较广。其中热固性酚醛塑料与纸、布、石棉、木片等纤维的复合材料,在电器工业方面做为绝缘材料使用,在机械工业中制成各种机械零件等,在此不做详细介绍。这里主要介绍两种比较新型的增强塑料,即石棉纤维增强聚丙烯和矿物纤维增强塑料。

1.石棉纤维增强聚丙烯复合材料

石锦纤维与聚丙烯复合以后,使聚丙烯的性能大为改观。它的性能的突出特点是断裂伸长率由原来纯聚丙烯的 200% 变成 10%,从而使抗拉弹性模量大大提高,是纯聚丙烯三倍;其次是耐热性提高了,纯聚丙烯的热变形温度为(0.46MPa)110℃,而增强后为140℃,提高了 30℃;再次是线膨胀系数由 11.3×10^{-5}cm/cm/℃缩小到 4.3×10^{-5}cm/cm/℃,因而成型加工时尺寸稳定性更好了。其性能见表5-6。

表 5-6　石棉增强聚丙烯的性能

性　　能	单　位	石棉增强 PP	纯　PP
比　重	g/cm³	1.24	0.90
成型线性收缩率	%	0.8~1.2	1.0~2.0
吸水率	%	0.02	<0.01
抗拉强度	MPa	35	35
伸长率	%	10	200
抗拉弹性模量	MPa	4.5×10^3	1.3×10^3
洛氏硬度		R105	R100
悬梁冲击强度(缺口)	MPa/m	20	30
维卡软化点(1kg)	℃	157	153
热变形温度(4.6 kgf/cm²)	℃	140	110
线膨胀系数(−20℃~70℃)	$\times 10^{-5}$cm/cm/℃	4.2	11.3

性　　能	单　　位	石棉增强 PP	纯　PP
体积电阻	$\Omega \cdot m$	1×10^4	1×10^4
绝缘性	kV/mm	40	40
介电常数	14Hz	2.6	2.3
介电损耗	14Hz	3×10^{-3}	2×10^{-4}
耐电弧性	s	140	130

2.矿物纤维增强塑料

矿物纤维增强塑料目前应用较多的是矿物纤维(代号 PMF)增强聚丙烯和增强聚酯。

该种材料最大的特点是由于矿物纤维直径小,一般为 $\phi 1 \sim 10 \mu m$、长和径之比平均为 $40 \sim 60 : 1$ 的短纤维,它与树脂的接触面大,因而分配、定向性好,挠度扭曲小,其强度介于填料和玻璃纤维之间。如果纤维加入量大和表面处理效果好,强度还可以适当提高。该种材料的焊接部位强度下降的幅度小,对成型机及模具的磨损小,对钻头磨损也小。

在聚丙烯中加入 50% 的矿物纤维,就可使其抗冲击强度提高 50%,热变形温度提高 14%,弯曲强度提高 53%。在聚丙烯中加入矿物纤维与加入碎玻璃的效果相同,但其成本比碎玻璃降低 1/3,可见矿物纤维可代替碎玻璃做为增强材料使用。

5.2　聚合物基复合材料结构设计

由于复合材料与复合材料结构有不同于金属材料与金属材料结构的许多特点,因此复合材料结构设计也有许多不同于金属材料结构设计的特点。特别是复合材料结构设计包含了材料设计的内容。

5.2.1　概　述

1.复合材料结构设计过程

复合材料结构设计是选用不同材料综合各种设计(如层合板设计、典型结构件设计、连接设计等)的反复过程。在综合过程中必须考虑的一些主要因素有:结构质量、研制成本、制造工艺、结构鉴定、质量控制、工装模具的通用性及设计经验等。复合材料结构设计的综合过程如图 5-1 所示,大致分为三个步骤:

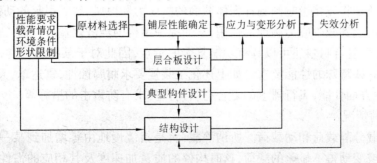

图 5-1　复合材料结构设计综合过程图

(1)明确设计条件。如性能要求、载荷情况、环境条件、形状限制等。

(2)材料设计。包括原材料选择、铺层性能的确定、复合材料层合板的设计等。

(3)结构设计。包括复合材料典型结构件(如杆、梁、板、壳等)的设计,以及复合材料结构(如衍架、刚架、硬壳式结构等)的设计。

在上述材料设计和结构设计中都涉及到应变、应力与变形分析,以及失效分析,以确保结构的强度与刚度。

复合材料结构往往是材料与结构一次成型的,且材料也具有可设计性。因此,复合材料结构设计不同于常规的金属结构设计,它是包含材料设计和结构设计在内的一种新的结构设计方法,它比常规的金属结构设计方法要复杂得多。但是在复合材料结构设计时,可以从材料与结构两方面进行考虑,以满足各种设计要求,尤其是材料的可设计性,可使复合材料结构达到优化设计的目的。

2.复合材料结构设计条件

在结构设计中,首先应明确设计条件,即根据使用目的提出性能要求,搞清载荷情况、环境条件以及受几何形状和尺寸大小的限制等,这些往往是设计任务书的内容。

在某些至今未曾遇到过的一些结构中,通常是结构的外形也不很清楚。这时,为了明确设计条件,就应首先大致假定结构的外形,以便确定在一定环境条件下的载荷。为此,常常经过多次反复才能确定合理的结构外形。

设计条件有时也不是十分明确的,尤其是结构所受载荷的性质和大小在许多情况下是变化的,因此明确设计条件有时也有反复的过程。

(1) 结构性能要求

一般来说,体现结构性能的主要内容有:

1)结构所能承受的各种载荷,确保在使用寿命内的安全;

2)提供装置各种配件、仪器等附件的空间。对结构形状和尺寸有一定的限制;

3)隔绝外界的环境状态而保护内部物体。

结构的性能与结构质量有密切关系。在运输用的结构(如车辆、船舶、飞机、火箭等)中,若结构本身的质量轻,则运输效率就高,用于运输自重所消耗的无用功就少,特别是在飞机中,只要减轻质量,就能多运载旅客、货物和燃料,使效率提高。另一方面,对于在某处固定的设备结构,看起来它的自重不直接影响它的性能,实际上减重能提高经济效益。例如,在化工厂的处理装置中往往使用大型圆柱形结构,它的主要设计要求是耐腐蚀性,因此其结构质量将直接影响到圆柱壳体截面的静应力和由风、地震引起的动弯曲应力等,减轻质量就能起到减少应力腐蚀的作用,从而提高结构的经济效益。

此外,由于复合材料还可以具有功能复合的特点,因此对于某些结构物,在结构性能上还需满足一些特殊的性能要求。如上述化工装置要求耐腐蚀性,雷达罩、天线等要求有一定的电、磁方面性能,飞行器上的复合材料构件要求有防雷击的措施等。

(2) 载荷情况

结构承载分静载荷和动载荷。所谓静载荷,是指缓慢地由零增加到某一定数值以后就保持不变或变动得不显著的载荷,这时构件的质量加速度及其相应的惯性力可以忽略不计。例如,固定结构物的自重载荷一般为静载荷。所谓动载荷,是指能使构件产生较大的加速度,并且不能忽略由此而产生的惯性力的载荷。在动载荷作用下,构件内所产生的应力称为动应力。例如,风扇叶片由于旋转时的惯性力将引起拉应力。动载荷又可分为瞬时作用载荷、冲击载荷和交变载荷。

瞬时作用载荷是指在几分之一秒的时间内,从零增加到最大值的载荷。例如,火车突然起动时所产生的载荷。冲击载荷是指在载荷施加的瞬间,产生载荷的物体具有一定的动能。例如,打桩机打桩。交变载荷是连续周期性变化的载荷。例如,火车在运行时各种轴杆和连杆所承受的载荷。

在静载荷作用下结构一般应设计成具有抵抗破坏和抵抗变形的能力,即具有足够的强度和刚度。在冲击载荷作用下应使结构具有足够抵抗冲击载荷的能力。而在交变载荷作用下的结构(或者使结构产生交变应力)疲劳问题较为突出。应按疲劳强度和疲劳寿命来设计结构。

(3)环境条件

一般在设计结构时,应明确地确定结构的使用目的,要求完成的使命,且还有必要明确它在保管、包装、运输等整个使用期间的环境条件,以及这些过程的时间和往返次数等,以确保在这些环境条件下结构的正常使用。为此,必须充分考虑各种可能的环境条件。一般为下列四种环境条件:

1)力学条件:加速度、冲击、振动、声音等;

2)物理条件:压力、温度、湿度等;

3)气象条件:风雨、冰雪、日光等;

4)大气条件:放射线、霉菌、盐雾、风砂等。

这里,条件1)和2)主要影响结构的强度和刚度,是与材料的力学性能有关的条件;条件3)和4)主要影响结构的腐蚀、磨损、老化等,是与材料的理化性能有关的条件。

一般来说,上述各种环境条件虽有单独作用的场合,但是受两种以上条件同时作用的情况更多一些。另外,两种以上条件之间不是简单相加的影响关系,而往往是复杂的相互影响,因此,在环境试验时应尽可能接近实际情况,同时施加各种环境条件。例如,当温度与湿度综合作用时会加速腐蚀与老化。

分析各种环境条件下的作用与了解复合材料在各种环境条件下的性能,对于正确进行结构设计是很有必要的。除此之外,还应从长期使用角度出发,积累复合材料的变质、磨损、老化等长期性能变化的数据。

(4)结构的可靠性与经济性

现代的结构设计,特别是飞机结构设计,对于设计条件往往还提出结构可靠度的要求,必须进行可靠性分析。所谓结构的可靠性,是指结构在所规定的使用寿命内,在给予的载荷情况和环境条件下,充分实现所预期的性能时结构正常工作的能力,这种能力用一种概率来度量称为结构的可靠度。由于结构破坏一般主要为静载荷破坏和疲劳断裂破坏,所以结构可靠性分析的主要方面也分为结构静强度可靠性和结构疲劳寿命可靠性。

结构强度最终取决于构成这种结构的材料强度,所以欲确定结构的可靠度,必须对材料特性作统计处理,整理出它们的性能分布和分散性的资料。

结构设计的合理性最终主要表现在可靠性和经济性两方面。一般来说,要提高可靠性就得增加初期成本,而维修成本是随可靠性增加而降低的,所以总成本最低时(即经济性最好)的可靠性为最合理,如图 5-2 所示。

5.2.2 材料设计

材料设计,通常是指选用几种原材料组合制成具有所要求性能的材料的过程。这里所指的原材料主要是指基体材料和增强材料。不同的原材料构成的复合材料将会有不同的性能,而且纤维的编织形式不同将会使与基体复合构成的复合材料的性能也不同。对于层合复合材料,由纤维和基体构成复合材料的基本单元是单层,而作为结构的基本单元——即结构材料,是由单层构成的复合材料层合板。因此,材料设计包括原材料选择、单层性能的确定和复合材料层合板设计。

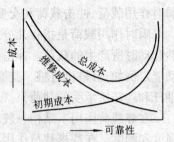

图 5-2 结构成本与可靠性的关系

1.原材料的选择与复合材料性能

原材料的选择与复合材料的性能关系甚大,因此,正确选择合适的原材料就能得到需要的复合材料的性能。

(1)原材料选择原则

①比强度、比刚度高的原则

对于结构物,特别是航空、航天结构,在满足强度、刚度、耐久性和损伤容限等要求的前提下,应使结构质量最轻。对于聚合物基复合材料,比强度、比刚度是指单向板纤维方向的强度、刚度与材料密度之比,然而,实际结构中的复合材料为多向层合板,其比强度和比刚度要比上述值低 30% ~ 50%。

②材料与结构的使用环境相适应的原则,通常要求材料的主要性能在结构整个使用环境条件下,其下降幅值应不大于 10%。一般引起性能下降的主要环境条件是温度,对于聚合物基复合材料,湿度也对性能有较大的影响,特别是在高温、高湿度的影响下会更大。聚合物基复合材料受温度与湿度的影响,主要是基体受影响的结果。因此,可以通过改进或选用合适的基体以达到与使用环境相适应的条件。通常,根据结构的使用温度范围和材料的工作温度范围对材料进行合理的选择。

③满足结构特殊性要求的原则

除了结构刚度和强度以外,许多结构物还要求有一些特殊的性能。如飞机雷达罩要求有透波性,隐身飞机要求有吸波性,客机的内装饰件要求阻燃性等。通常,为满足这些特殊性要求,要着重考虑合理地选取基体材料。

④满足工艺性要求的原则

复合材料的工艺性包括预浸料工艺性、固化成型工艺性、机加装配工艺性和修补工艺性四个方面。预浸料工艺性包括挥发物含量、粘性、高压液相色谱特性、树脂流出量、预浸料贮存期、处理期、工艺期等参数。固化成型工艺性包括加压时间带、固化温度、固化压力、层合板性能对固化温度和压力的敏感性、固化后构件的收缩率等。机加装配工艺性主要指机加工艺性。修补工艺性主要指已固化的复合材料与未固化的复合材料通过其他基体材料或胶粘剂粘接的能力。工艺性要求与选择的基体材料和纤维材料有关。

⑤成本低、效益高的原则

成本包括初期成本和维修成本,而初期成本包括材料成本和制造成本。效益指减重获得节省材料、性能提高、节约能源等方面的经济效益。因此成本低、效益高的原则是一项重要的选材原则。

(2)纤维选择

目前已有多种纤维可作为复合材料的增强材料,如各种玻璃纤维、开芙拉纤维、氧化铝纤维、硼纤维、碳化硅纤维,碳纤维等,有些纤维已经有多种不同性能的品种。选择纤维时,首先要确定纤维的类别,其次要确定纤维的品种规格。

选择纤维类别,是根据结构的功能选取能满足一定的力学、物理和化学性能的纤维。

①若结构要求有良好的透波、吸波性能,则可选取 E 或 S 玻璃纤维、开芙拉纤维、氧化铝纤维等作为增强材料。

②若结构要求有高的刚度,则可选用高模量碳纤维或硼纤维。

③若结构要求有高的抗冲击性能,则可选用玻璃纤维、开芙拉纤维。

④若结构要求有很好的低温工作性能,则可选用低温下不脆化的碳纤维。

⑤若结构要求尺寸不随温度变化,则可选用开芙拉纤维或碳纤维。它们的热膨胀系数可以为负值,可设计成零膨胀系数的复合材料。

⑥若结构要求既有较大强度又有较大刚度时,则可选用比强度和比刚度均较高的碳纤维或硼纤维。

工程上通常选用玻璃纤维、开芙拉纤维或碳纤维作增强材料。对于硼纤维,一方面由于其价格昂贵,另一方面由于它的刚度大和直径粗,弯曲半径大,成型困难,所以应用范围受到很大限制。表 5-7 列出了玻纤、开芙拉 49 及碳纤维增强树脂复合材料的特点,以供选择纤维时参考。

表 5-7　几种纤维增强树脂的特点

项　　目	玻纤/树脂	开芙拉 49/树脂	碳纤维/树脂
成本	低	中等	高
密度	大	小	中等
加工	容易	困难	较容易
抗冲击性能	中等	好	差
透波性	良好	最佳	不透电波,半导体性质
可选用形式	多	厚度规格较少	厚度规格较少
使用经验	丰富	不多	较多
强度	较好	比拉伸强度最高,比压缩强度最低	比拉伸强度高,比压缩强度最高
刚度	低	中等	高
断裂伸长率	大	中等	小
耐湿性	差	差	好
热膨胀系数	适中	沿纤维方向接近零	沿纤维方向接近零

除了选用单一纤维外,复合材料还可由多种纤维混合构成混杂复合材料。这种混杂复合材料既可以由两种或两种以上纤维混合铺层构成,也可以由不同纤维构成的铺层混

合构成。混杂纤维复合材料的特点在于能以一种纤维的优点来弥补另一种纤维的缺点。

选择纤维规格,是按比强度、比刚度和性能价格比选取的。对于要求较高的抗冲击性能和充分发挥纤维作用时,应选取有较高断裂伸长率的纤维。关于各种纤维的比强度、比刚度、性能价格比和断裂伸长率列于表5-8中,供选择纤维品种时参考。

表5-8　各种纤维的比强度、比刚度、性能价格比和断裂伸长率

项目 ＼ 纤维	E玻璃纤维	S玻璃纤维	芳纶纤维49	芳纶纤维149	氧化铝纤维	钨芯硼纤维	钨芯碳化硼纤维	钨芯碳化硅纤维	碳纤维T300	碳纤维celion3000	碳纤维TM6	碳纤维T800	碳纤维T1000	高模量碳纤维P75	高模量碳纤维P75	高模量碳纤维GY70	高模量碳纤维P1000
比强度	0.67	1.04	1.9	1.93	0.35	1.41	1.64	0.98	1.74	1.83	2.69	3.11	3.9	1.0	1.36	0.95	0.99
比模量	29.6	32.1	85.5	119	97.4	161	160	135	130	132	170	163	162	250	288	264	328
强度价格比	–	0.22	0.11	0.007	0.007	0.013	0.021	0.0155	0.153	–	–	–	–	–	–	0.033	0.037
模量价格比	–	6.67	4.96	–	1.9	2.0	2.0	2.13	8.51	–	–	–	–	–	–	3.5	1.03
断裂应变%	2.43	3.25	2.23	1.9	0.36	0.88	1.03	0.73	1.33	1.38	1.66	1.9	2.4	1.59	0.47	0.36	0.30

纤维有交织布形式和无纬布或无纬带形式。一般玻璃纤维或芳纶纤维采用交织布形式,而碳纤维两种形式都采用,一般形状复杂处采用交织布容易成型,操作简单,且交织布构成复合材料表面不易出现崩落和分层,适用于制造壳体结构。无纬布或无纬带构成的复合材料的比强度、比刚度大,可使纤维方向与载荷方向一致,易于实现铺层优化设计,另外材料的表面较平整光滑。

(3)树脂选择

目前可供选择的树脂主要有两类:一类为热固性树脂,其中包括环氧树脂、聚酰亚胺树脂、酚醛树脂和聚酯树脂,另一类为热塑性树脂,如聚醚砜、聚砜、聚醚醚酮、聚苯撑砜、尼龙、聚苯二烯、聚醚酰亚胺等。

目前树脂基复合材料中用得最多的基体是热固性树脂,尤其是各种牌号的环氧树脂和聚酯树脂,它们有较高的力学性能,但工作温度较低,只能在 – 40℃～130℃范围内长期工作,某些牌号树脂的短期工作温度能达到150℃,由其构成的复合材料基本上能满足结构材料的要求,工艺性能好、成本低。对于需耐高温的复合材料,目前主要是用聚酰亚胺作为基体材料,它能在200℃～259℃温度下长期工作,短期工作温度可达350℃～409℃。加成型聚酰亚胶(如 PMR－15)其耐高温性不如另一种缩合型聚酰亚胺(如 NR159B),但后者工艺性差,要求高温、高压成型。

玻璃纤维复合材料的基体一般采用不饱和聚酯树脂和环氧树脂。开芙拉－49复合材料的基体主要是环氧树脂。内部装饰件常采用酚醛树脂,因为酚醛树脂具有良好的耐火性、自熄性、低烟性和低毒性。

树脂的选择是按如下各种要求选取的:

①要求基体材料能在结构使用温度范围内正常工作。

②要求基体材料具有一定的力学性能。

③要求基体的断裂伸长率大于或者接近纤维的断裂伸长率。以确保充分发挥纤维的增强作用。

④要求基体材料具有满足使用要求的物理、化学性能。主要指吸湿性、耐介质、耐候性、阻燃性,低烟性和低毒性等。

⑤要求具有一定的工艺性。主要指粘性、凝胶时间、挥发分含量、预浸带的保存期和工艺期、固化时的压力和温度、固化后的尺寸收缩率等。

2.单层性能的确定

复合材料的单层是由纤维增强材料和树脂体组成的,它的性能(例如刚度和强度)往往不容易由所组成的材料性能来推定。简单的混合法则,即单层性能与体积含量成线性关系的法则,仅适用于复合材料密度和单向铺层方向上的弹性模量等一类特殊情况的性能,而实际上,单层性能的上、下限不能简单地说成是由组成复合材料的原材料的性能确定的。例如,以任意热膨胀系数为正的基体材料所制成的复合材料,其某一方向上的热膨胀系数可能是零或负数。再如,在单向铺层中,与纤维成 90° 方向上的强度通常比基体的强度还低。总之,已知原材料的性能欲确定单层的性能是较为困难的。然而设计的初步阶段,为了层合板设计、结构设计的需要必须提供必要的单层性能参数,特别是刚度和强度参数。为此,通常是利用细观力学分析方法推得的预测公式确定的。而在最终设计阶段,一般为了单层性能参数的真实可靠,使设计更为合理,单层性能的确定需用试验的方法直接测定。

(1)单层树脂含量的确定

为了确定单层的性能,必须选取合适的纤维含量与树脂含量,即纤维和树脂的复合百分比。对此,一般是根据单层的承力性质或单层的使用功能选取的。具体的复合百分比可参考表 5-9 所示。

表 5-9 单层树脂含量的选取

单 层 的 功 用	固化后树脂含量(%)
主要承受拉伸、压缩、弯曲载荷	27
主要承受剪切载荷	30
用作受力构件的修补	35
主要用作外表层防机械损伤和大气老化	70
主要用作防腐蚀	70 ~ 90

在前面给出的刚度和强度的预测公式中,往往采用的是纤维体积含量 V_f,其与质量含量之间的关系式为

$$V_f = \frac{M_f}{M_f + \dfrac{\rho_f}{\rho_m} \cdot M_m}$$

式中　　M_f, M_m —— 分别为纤维、树脂的质量百分比;

　　　　ρ_f, ρ_m —— 分别为纤维、树脂密度。

另外,在最终设计阶段,一般为了单层性能参数的真实可靠,使设计更为合理,单层性能的确定需用试验的方法直接测定。试验可依据国家标准 GB3352—88"定向纤维增强塑料拉伸性能试验方法"和 GD3355—88"纤维增强塑料纵横剪切试验方法"等进行。

(2)刚度的预测公式

单向层的工程弹性常数预测公式和正交层的工程弹性常数预测公式见表 5-10 和表 5-11。

表 5-10　单向层的工程弹性常数预测公式

工程弹性常数	预测公式	说明
纵向弹性模量	$E_L = E_f V_f + E_m(1 - V_f)$	此式基本上符合试验测定值
横向弹性模量	$E_T = \dfrac{E_f E_m}{E_m V_f + E_f(1 - V_f)}$	按此式预测的值往往低于试验测定值,对此可改用修正公式 $\dfrac{1}{E_{T1}} = \dfrac{V'_f}{E_f} + \dfrac{V'_m}{E_m}$ 式中 $V'_f = \dfrac{V_f}{V_f + y_T V_m}$,$V'_m = \dfrac{y_T V_m}{V_f + y_T V_m}$ 系数 y_T 由试验确定,对于玻璃/环氧可取用 0.5
纵向泊松比	$\gamma_L = \gamma_f V_f + \gamma_m(1 - V_f)$	此式基本上符合试验测定值
横向泊松比	$\gamma_T = \gamma_L \dfrac{E_T}{E_L}$	此式为工程弹性常数之间的关系式
面内剪切弹性模量	$G_{LT} = \dfrac{G_f G_m}{G_m V_f + G_f(1 - V_f)}$	按此式预测的值往往低于试验测定值,对此可使用修正公式 $\dfrac{1}{G_{LT}}\dfrac{V'_f}{G_f} + \dfrac{V''_f}{G_f} + \dfrac{V''_m}{G_m}$, 式中 $V''_f = \dfrac{V_f}{V_f + \eta_T V_m}$, $V''_m = \dfrac{\eta_T V_m}{V_f + \eta_T V_m}$ 而根据试验确定系数 η_T,对于玻璃/环氧可取用 0.5

式中　E_f——纤维弹性模量;E_m——基体弹性模量;

　　　γ_f——纤维泊松比;γ_m——基体泊松比;

　　　G_f——纤维剪切弹性模量;G_m——基体剪切弹性模量;

　　　V_f——纤维体积含量。

表 5-11　正交层的工程弹性常数预测公式

工程弹性常数	预 测 公 式	说　　明
纵向弹性模量	$E_L = k(E_{L_1}\dfrac{n_L}{n_L+n_T} + E_{T_2}\dfrac{n_T}{n_L+n_T})$	将正交层看作两层单向层的组合,即经线和纬线分别作为单向层的组合。由于织物不平直使计算值大于实测值,故而采用小于1的折减系数,称为波纹影响系数
横向弹性模量	$E_T = k(E_{L_2}\dfrac{n_L}{n_L+n_T} + E_{T_1}\dfrac{n_T}{n_L+n_T})$	说明同上
纵向泊松比	$\gamma_L = \gamma_{L_1} E_{T_1} \cdot \dfrac{n_L+n_T}{n_L E_{T_1} + n_T E_{L_2}}$	将正交层看作两层单向层的组合,即经线和纬线分别作为单向层的组合
横向泊松比	$\gamma_T = \gamma_L \cdot \dfrac{E_T}{E_L}$	采用正交各向异性材料的关系式
面内剪切弹性模量	$G_{LT} = kG_{L_1 T_1}$	正交层的剪切模量 G_{LT} 与具有相同纤维含量的单向层的剪切模量 $G_{L_1 T_1}$ 是一样的,k 为考虑波纹影响的折减系数

注：　n_L, n_T——分别为单位宽度的正交层中经向和纬向的纤维量,实际上只需知道两者的相对比例即可;

　　E_{L_1}, E_{L_2}——分别为经线和纬线作为单向层时纤维方向的弹性模量;

　　E_{T_1}, E_{T_2}——分别为经线和纬线作为单向层时垂直于纤维方向的弹性模量;

　　V_{L_1}——由经线作为单向层时的纵向泊松比;

　　$G_{L_1 T_1}$——由经线作为单向层时的面内剪切弹性模量;

　　k——波纹影响系数,取 0.90 ~ 0.95。

（3）强度的预测公式

下面分别给出纵向拉伸强度和纵向压缩强度的预测公式

$$X_t = \begin{cases} \sigma_{f\,\max} V_f + (\sigma_m) \varepsilon_{f\,\max}(1-V_f) & (V_f \geq V_{f\,\max}) \\ \sigma_{m\,\max}(1-V_f) & (V_f \leq V_{f\,\max}) \end{cases}$$

$$V_{f\,\max} = \frac{\sigma_{m\,\max} - (\sigma_m)\varepsilon_{m\,\max}}{\sigma_{f\max} + \sigma_{m\max} - (\sigma_m)\varepsilon_{f\max}}$$

式中　$\sigma_{f\max}$——纤维的最大拉伸应力;

　　$\sigma_{m\,\max}$——基体的最大拉伸应力;

　　$(\sigma_a)\varepsilon_{f\max}$——基体应变等于纤维最大拉伸应变时的基体应力;

　　V_f——纤维体积含量;

　　$V_{f\max}$——强度由纤维控制的最小纤维体积含量。

$$X_c = \left\{ \begin{array}{l} 2V_f\sqrt{\dfrac{V_f E_f E_m}{3(1-V_f)}} \\[3mm] \dfrac{G_m}{1-V_f} \end{array} \right\}$$

E_f——纤维弹性模量；G_m——基体剪切弹性模量；

E_m——基体弹性模量；V_f——纤维体积含量。

纵向压缩强度 X_c 取用由上述两公式计算所得值的小者。即使如此,一般由上述公式所得的预测值要高于实测值。实验证明,应将上式的 E_m 或 G_m 乘以小于 1 的修正系数 K。

3.复合材料层合板设计

复合材料层合板设计,是根据单层的性能确定层合板中各铺层的取向,铺设顺序,各定向层相对于总层数的百分比和总层数(或总厚度)。复合材料层合板设计通常又称为铺层设计。

(1)层合板设计的一般原则

层合板设计时目前一般遵循如下设计原则。

①铺层定向原则

由于层合板铺层取向过多会造成设计工作的复杂化,目前多选择 0°,45°,90°和⊥45°四种铺层方向。如果需要设计成准各向同性的层合扳,除了用 $[0/45/90/-45]_s$ 层合板外,为了减少定向数,还可采用 $[60/0/-60]_s$ 层合板。

②均衡对称铺设原则

除特殊需要外,一般均设计成均衡对称层合板,以避免拉－剪、拉－弯耦合而引起固化后的翘曲等变形。

③铺层取向按承载选取原则

如果承受拉(压)载荷,则使铺层的方向按载荷方向铺设;如果承受剪切载荷,则铺层按 45°向成对铺设;如果承受双轴向载荷,则铺层按受载方向 0°,90°正交铺设;如果承受多种载荷,则铺层按 0°,90°,⊥45°多向铺设,见图 5-3。

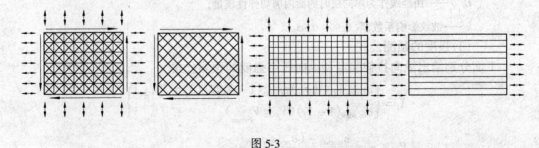

图 5-3

④铺层最小比例原则

为避免基体承载,减少湿热应力,使复合材料与其相连接的金属泊松比相协调,以减少连接诱导应力等,对于方向为 0°,90°,⊥45°铺层,其任一方向的铺层最小比例应大于6% ~ 10%。

⑤铺设顺序原则

A.应使各定向层尽量沿层合板厚度均匀分布,也即使层合板的单层组数尽量地大,或者说使每一单层组中的单层尽量地少,一般不超过4层,这样可以减少两种定向层之间的层间分层可能性。

B.如果层合板中含有⊥45°层、0°层和90°层,应尽量使⊥45°层之间用0°层或90°层隔开,也尽量使0°层和90°层之间用+45°或-45°层隔开,以降低层间应力。

⑥冲击载荷区设计原则

冲击载荷区层合板应有足够多的0°层,用以承受局部冲击载荷;也要有一定量的(45°层以使载荷扩散,见图5-4。除此之外,需要时还需局部加强以确保足够的强度。

⑦防边缘分层破坏设计原则

除了遵循铺设顺序原则外,还可以沿边缘区包一层玻璃布,以防止边缘分层破坏。

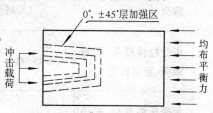

图5-4 冲击载荷区的层合板设计

⑧抗局部屈曲设计原则

对于有可能形成局部屈曲的区域,将⊥45°层尽量铺设在层合板的表面,可提高局部屈曲强度。

⑨连接区设计原则

沿荷载方向的铺层比例应大于30%,以保证足够的挤压强度;与荷载方向成⊥45°的铺层比例应大于40%,以增加剪切强度,同时有利于扩散载荷和减少孔的应力集中。

⑩变厚度设计原则

变厚度零件的铺层阶差、各层台阶设计宽度应相等,其台阶宽度应等于或大于2.5mm。为防止台阶处剥离破坏,表面应由连续铺层覆盖,如图5-5所示。

各定向层百分比和总层数的确定,也即各定向层层数的确定,是根据对层合板设计的要求综合考虑确定的。一般情况下,根据具体的设计要求,可采用等代设计法、准网络设计法、毯式设计法、主应力设计法、层合板系列设计法、层合板优化设计法等。

(2)等代设计法

等代设计法是复合材料问世初期的设计方法,也是目前工程复合材料中较多采用的一种设计方法。

等代设计法,一般是指在载荷和使用环境不变的条件下,用相同形状的复合材料层合板来代替其他材料,并用原来材料的设计方法进行设计,以保证强度或刚度。由于

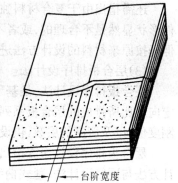

图5-5 变厚度铺层的台阶

复合材料比强度、比刚度高,所以代替其他材料一般可减轻质量。这种方法有时是可行的,有时却是不可行的,对于不受力或受力很小的非承力构件是可行的;对于受很大力的主承力构件是不可行的,而对于受较大力的次承力构件有时是可行的,有时是不可行的,因此需进行强度或刚度的校核,以确保安全可靠。

在这一设计方法中,复合材料层合板可以设计成准各同性的,也可设计成非准各向同性的。究竟采用什么样的层合板结构形式,一般可按应力性质来选择。另外,在等代设计中,一般根据表5-12选择的层合板结构形式,构成均衡对称的层合板作为替代材料。不

要误认为等代设计法必须采用准各向同性层合板。

表 5-12　等代设计中供选择参考的层合板结构形式

受　力　性　质	层合板结构形式	用　　　途
承受拉伸载荷、压缩载荷,可承受有限的剪切载荷	(0/90/90/0)或(0/90/0/90)	用于主要应力状态为拉伸应力或压缩应力,或拉、压双向应力的构件设计
承受拉伸载荷、剪切载荷	(45/−45/−45/45)或(−45/45/45/−45)	用于主要应力为剪切应力的构件设计
承受拉伸载荷、压缩载荷、剪切载荷	(0/45/90/−45/−45/90/45/0)	用于面内一般应力作用的构件设计
承受压缩载荷、剪切载荷	(45/90/−45/−45/90/45)	用于压缩应力和剪切应力,而剪切应力为主要应力的构件设计
承受拉伸载荷、剪切载荷	(45/0/−45/−45/0/45)	用于拉伸应力和剪切应力,而剪切应力为主要应力的构件设计

对于有刚度和强度要求的等代设计,其各种层合板结构形式构成的实际层合板的刚度或强度校核,可根据所选单层材料的力学性能参数,利用层合理论进行计算。

还需指出由于复合材料独特的材料性质和工艺方法,有些情况下,如果保持原有的构件形状显然是不合理的,或者不能满足刚度或强度要求,因此可适当地改变形状或尺寸,但仍按原来材料的设计方法进行设计,这样的设计方法仍属等代设计的范畴。

(3)层合板排序设计法

层合板排序设计法,是基于某一类(即选定几种铺层角)或某几类层合板选取不同的定向层比所排成的层合板系列,以表格形式列出各个层合板在各种内力作用下的强度或刚度值,以及所需的层数,供设计选择。

层合板排序设计法需给出一系列层合板的计算数据,一般需用计算机实施。这种设计方法与网络设计法、毯式曲线设计法比较,后两者认为单独强度可叠加成复杂应力强度,因而在复杂应力状态下是不够合理的。而层合板排序设计法在复杂应力状态下是按复杂应力状态求其强度的。

在多种载荷情况下,必须用层合板排序设计法才有效。层合板排序设计法与选择的层合板种类有关,而层合板种类的多少将决定于计算机的容量和运算速度,因此不可能无限制地选择供层合板设计的层合板种数。

其他几种层合板设计方法在此不作详细介绍。

5.2.3　结构设计

复合材料结构设计除了具有包含材料设计内容的特点外,就结构设计本身而言,无论在设计原则、工艺性要求、许用值与安全系数确定、设计方法和考虑的各种因素方面都有其自身的特点,一般不完全沿用金属结构的设计方法。

1.结构设计的一般原则

复合材料结构设计的一般原则,除已经讨论过的连接设计原则和层合板设计原则外,尚需要遵循满足强度和刚度的原则。满足结构的强度和刚度是结构设计的基本任务之一。复合材料结构与金属在满足强度、刚度和总原则是相同的,但由于材料特性和结构特性与金属有很大差别,所以复合材料结构在满足强度、刚度的原则上还有别于金属结构。

(1)复合材料结构一般采用按使用载荷设计、按设计载荷校核的方法。

(2)按使用载荷设计时,采用使用载荷所对应的许用值称为使用许用值;按设计载荷校核时,采用设计载荷所对应的许用值,称为设计许用值。

(3)复合材料失效准则只适用于复合材料的单层。在未规定使用某一失效准则时,一般采用蔡-胡失效准则,且正则化,相互作用系数未规定时也采用-0.5。

(4)没有刚度要求的一般部位,材料弹性常数的数据可采用试验数据和平均值,而有刚度要求的重要部位需要选取 B 基准值。

2.结构设计应考虑的工艺性要求

工艺性包括构件的制造工艺性和装配工艺性。复合材料结构设计时结构方案的选取和结构细节的设计对工艺性的好坏也有重要影响。主要应考虑的工艺性要求如下:

(1)构件的拐角应具有较大的圆角半径,避免在拐角处出现纤维断裂、富树脂、架桥(即各层之间未完全粘接)等缺陷。

(2)对于外形复杂的复合材料构件设计,应考虑制造工艺上的难易程度,可采用合理的分离面分成两个或两个以上构件;对于曲率较大的曲面应采用织物铺层;对于外形突变处应采用光滑过渡;对于壁厚变化应避免突变,可采用阶梯形变化。

(3)结构件的两面角应设计成直角或钝角,以避免出现富树脂、架桥等缺陷。

(4)构件的表面质量要求较高时,应使该表面为贴膜面,或在可加均压板的表面加均压板,或分解结构件使该表面成为贴膜面。

(5)复合材料的壁厚一般应控制在 7.5mm 以下。对于壁厚大于 7.5mm 的构件,除必须采取相应的工艺措施以保证质量外,设计时应适当降低力学性能参数。

(6)机械连接区的连接板应尽量在表面铺贴一层织物铺层。

(7)为减少装配工作量,在工艺上可能的条件下应尽量设计成整体件,并采用共固化工艺。

3.许用值与安全系数的确定

许用值是结构设计的关键要素之一,是判断结构强度的基准,因此正确地确定许用值是结构设计和强度计算的重要任务之一,安全系数的确定也是一项非常重要的工作。

(1)许用值的确定

使用许用值和设计许用值的确定的具体方法如下:

①使用许用值的确定方法

A.拉伸时使用许用值的确定方法

拉伸时使用许用值取由下述三种情况得到的较小值。第一,开孔试样在环境条件下进行单轴拉伸试验,测定其断裂应变,并除以安全系数,经统计分析得出使用许用值。开孔试样见有关标准。第二,非缺口试样在环境条件下进行单轴拉伸试验,测定其基体不出现明显微裂纹所能达到的最大应变值,经统计分析得出使用许用值。第三,开孔试样在环境条件下进行拉伸两倍疲劳寿命试验,测定其所能达到的最大应变值,经统计分析得出使用许用值。

B.压缩时使用许用值的确定方法

压缩时使用许用值由下述三种情况得到的较小值。第一,低速冲击后试样在环境条件下进行单轴压缩试验,测定其破坏应变,并除以安全系数,经统计分析得出使用许用值。有关低速冲击试样的尺寸、冲击能量见有关标准。第二,带销开孔试样在环境条件下进行单独压缩试验,测定其破坏应变,并除以安全系数,经统计分析得出使用许用值,试样见有关标准。第三,低速冲击后试样在环境条件下进行压缩两倍疲劳寿命试验,测定其所能达到的最大应变值,经统计分析得出使用许用值。

C.剪切时使用许用值的确定方法

剪切时使用许用值由下述两种情况得到的较小值。第一,±45°层合板试样在环境条件下进行反复加载卸载的拉伸(或压缩)疲劳试验,并逐渐加大峰值载荷的量值,测定无残余应变下的最大剪应变值,经统计分析得出使用许用值。第二,±45°层合板试样在环境条件下经小载荷加卸载数次后,将其单调地拉伸至破坏,测定其各级小载荷下的应力 – 应变曲线,并确定线性段的最大剪应变值,经统计分析得出使用许用值。

设计许用值的确定方法 设计许用值是在环境条件下,对结构材料破坏试验进行数量统计后给出的。环境条件包括使用温度上限和1%水分含量(对于环氧类基体为1%)的联合情况。对破坏试验结果应进行分布检查(韦伯分布还是正态分布),并按一定的可靠性要求给出设计使用值。

(2)安全系数的确定

在结构设计中,为了确保结构安全工作,又应考虑结构的经济性,要求质量轻、成本低,因此,在保证安全的条件下,应尽可能降低安全系数。下面简述选择安全系数时应考虑的主要因素。

①载荷的稳定性

作用在结构上的外力,一般是经过力学方法简化或估算的,很难与实际情况完全相符。动载比静载应选用较大的安全系数。

②材料性质的均匀性和分散性

材料内部组织的非均质和缺陷对结构强度有一定的影响。材料组织越不均匀,其强度试验结果的分散性就越大,安全系数要选大些。

③理论计算公式的近似性

因为对实际结构经过简化或假设推导的公式,一般都是近似的,选择安全系数时要考虑到计算公式的近似程度。近似程度越大,安全系数应选取越大。

④构件的重要性与危险程度

如果构件的损坏会引起严重事故,则安全系数应取大些。

⑤加工工艺的准确性

由于加工工艺的限制或水平,不可能完全没有缺陷或偏差,因此工艺准确性差.则应取安全系数大些。

⑥无损检验的局限性。

⑦使用环境条件。

通常,玻璃纤维复合材料可保守地取安全系数为3,民用结构产品也有取至10的,而对质量有严格要求的构件可取为2;对于硼/环氧、碳/环氧,Kevlar/环氧构件,安全系数可取1.5,对重要构件也可取2。由于复合材料构件在一般情况下开始产生损伤的载荷(即使用载荷)约为最终破坏的载荷(即设计载荷)的70%,故安全系数取1.5~2是合适的。

4.结构设计与应考虑的其他因素

复合材料结构设计除了要考虑强度和刚度、稳定性、连接接头设计等以外,还需要考虑应力、防腐蚀、防雷击、抗冲击等。

(1)热应力

复合材料与金属零件连接是不可避免的。当使用温度与连接装配时的温度不同时,由于热膨胀系数之间的差异常常会出现连接处的翘曲变形。与此同时,复合材料与金属中会产生由温度变化引起的热应力。如果假定这种连接是刚性连接,并忽略胶接接头中胶粘剂的剪应变和机械连接接头中紧固件(铆钉或螺栓)的应变,则复合材料和金属构件中的热应力分别由下式计算

$$\sigma_c = \frac{(\alpha_m - \alpha_c)\triangle TE_m}{\dfrac{A_C}{A_m} + \dfrac{E_m}{E_c}}; \sigma_m = \frac{(\alpha_c - \alpha_m)\triangle TE_c}{\dfrac{A_m}{A_c} + \dfrac{E_c}{E_m}}$$

式中　σ_c,σ_m——分别为复合材料和金属材料中的热应力;

　　　a_c,a_m——分别为复合材料和金属材料的热膨胀系数;

　　　E_c,E_m——分别为复合材料和金属材料的弹性模量;

　　　A_c,A_m——分别为复合材料和金属材料的横截面面积;

　　　$\triangle T$——连接件使用温度与装配时温度之差。

通常,$a_m > a_c$,所以复合材料在温度升高时产生拉伸的热应力,而金属材料中产生压缩的应力,温度下降时正好相反。复合材料结构设计时,对于工作温度与装配温度不同的环境条件,不但要考虑条件对材料性能的影响,还要在设计应力中考虑这种热应力所引起的附加应力,确保在工作应力下的安全。例如,当复合材料工作应力为拉应力,而热应力也为拉应力时,其强度条件应改为

$$\sigma_l + \sigma_c \leq [\sigma]$$

式中　σ_l——根据结构使用荷载算得复合材料连接件的工作应力;

　　　σ_c——根据上式计算得到的热应力;

　　　$[\sigma]$——许用应力。

为了减小热应力,在复合材料连接中可采用热膨胀系数较小的钛合金。

(2)防腐蚀

玻璃纤维增强塑料是一种耐腐蚀性很好的复合材料,其广泛应用于石油和化工部门,制造各种耐酸、耐碱及耐多种有机溶剂腐蚀的贮罐、管道、器皿等。

这里所指的防腐蚀是指碳纤维复合材料与金属材料之间的电位差使得它对大部分金

属都有很大的电化腐蚀作用,特别是在水或潮湿空气中,碳纤维的阳极作用而造成金属结构的加速腐蚀,因而需要采取某种形式的隔离措施以克服这种腐蚀。如在紧固件钉孔中涂漆或在金属与碳纤维复合材料表面之间加一层薄的玻璃纤维层(厚度约 0.08mm),使之绝缘或密封,从而达到防腐蚀的目的。对于胶接装配件可采用胶膜防腐蚀。另外,钛合金、耐蚀钢和镍铬合金等可与碳纤维复合材料直接接触连接而不会引起电化学腐蚀。

玻璃纤维复合材料和开芙拉－49 复合材料不会与金属间引起电化腐蚀,故不需要另外采取防腐蚀措施。

(3)防雷击

雷击是一种自然现象。碳纤维复合材料是半导体材料,它比金属构件受雷击损伤更加严重。这是由于雷击引起强大的电流通过碳纤维复合材料后会产生很大的热量使复合材料的基体热解,引起其机械性能大幅度下降.以致造成结构破坏。因此当碳纤维复合材料构件位于容易受雷击影响的区域时,必须进行雷击防护。如加铝箔或网状表面层,或喷涂金属层等。在碳纤维复合材料构件边界装有金属元件也可以减小碳纤维复合材料构件的损伤程度。这些金属表面层应构成防雷击导电通路,通过放置的电刷来释放电荷。

玻璃纤维复合材料和开芙拉－49 复合材料在防雷击方面是相似的,因为它们的电阻和介电常数相近。它们都不导电,因而对内部的金属结构起不到屏蔽作用。因此要采用保护措施,如加金属箔、金属网或金属喷涂等,而不能采用夹结构中加金属蜂窝的方法。

大型民用复合材料结构,如冷却塔等,应安装避雷器来防雷击,

(4) 抗冲击

冲击损伤是复合材料结构中所需要考虑的主要损伤形式,冲击后的压缩强度是评定材料和改进材料所需要考虑的主要性能指标。

冲击损伤可按冲击能量和结构上的缺陷情况分为三类:①高能量冲击,在结构上造成贯穿性损伤,并伴随少量的局部分层;②中等能量冲击,在冲击区造成外表凹陷,内表面纤维断裂和内部分层;③低能量冲击,在结构内部造成分层,而在表面只产生目视几乎不能发现的表面损伤。高能量冲击与中等能量冲击造成的损伤为可见损伤,而低能量冲击造成的损伤为难见损伤。损伤会影响材料的性能,特别是会使压缩强度下降很多。

因此,在复合材料结构设计时,如果受有应力作用的构件,同时考虑低能量冲击载荷引起的损伤,则可通过限制设计的许用应变或许用应力的方法来考虑低能冲击损伤对强度的影响。从材料方面考虑.碳纤维复合材料的抗冲击性能很差,所以不宜用于易受冲击的部位。玻璃纤维复合材料与开芙拉－49 复合材料的抗冲击性能相类似,均比碳纤维复合材料的抗冲击性能好得多。因此常采用碳纤维和开芙拉纤维构成混杂纤维复合材料来改善碳纤维复合材料的抗冲击性能。另外,一般织物铺层构成的层合板结构比单向铺层构成的层合板结构的抗冲击性能好。

5.3　聚合物基复合材料成型加工技术

复合材料的性能在纤维与树脂体系确定后,主要取决于成型固化工艺。所谓成型固化工艺包括两方面的内容,一是成型,这就是将预浸料根据产品的要求,铺置成一定的形

状,一般就是产品的形状。二是进行固化,这就是使已铺置成一定形状的叠层预浸料,在温度、时间和压力等因素影响下使形状固定下来,并能达到预计的性能要求。

复合材料及其制件的成型方法,是根据产品的外形、结构与使用要求,结合材料的工艺性来确定的。从本世纪40年代聚合物基复合材料及其制件成型方法的研究与应用开始,随着聚合物基复合材料工业迅速发展和日渐完善,新的高效生产方法不断出现,已在生产中采用的成型方法有:

(1)手糊成型——湿法铺层成型。　(9)注射成型。
(2)真空袋压法成型。　　　　　　(10)挤出成型。
(3)压力袋成型。　　　　　　　　(11)纤维缠绕成型。
(4)树脂注射和树脂传递成型。　　(12)拉挤成型。
(5)喷射成型。　　　　　　　　　(13)连续板材成型。
(6)真空辅助树脂注射成型。　　　(14)层压或卷制成型。
(7)夹层结构成型。　　　　　　　(15)热塑性片状模塑料热冲压成型。
(8)模压成型。　　　　　　　　　(16)离心浇铸成型。

上述(9),(10),(15)为热塑性树脂基复合材料成型工艺,分别适用于短纤维增强和连续纤维增强热塑性复合材料两类。

在这些成型方法中大部分方法使用已较普遍,本节仅做一般的介绍。随着科学技术的发展,复合材料及制件的成型工艺将向更完善更精密的方向发展。

5.3.1 手糊工艺

手糊工艺是聚合物基复合材料制造中最早采用和最简单的方法。其工艺过程是先在模具上涂刷含有固化剂的树脂混合物,再在其上铺贴一层按要求剪裁好的纤维织物,用刷子、压辊或刮刀压挤织物,使其均匀浸胶并排除气泡后,再涂刷树脂混合物和铺贴第二层纤维织物,反复上述过程直至达到所需厚度为止。然后,在一定压力作用下加热固化成型(热压成型),或者利用树脂体系固化时放出的热量固化成型(冷压成型),最后脱模得到复合材料制品。其工艺流程如图5-6所示:

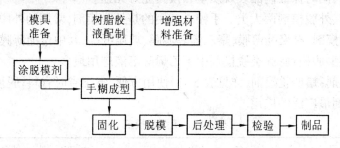

图 5-6　手糊成型工艺流程

手糊成型工艺是复合材料最早的一种成型方法。虽然它在各国复合材料成型工艺中所占比重呈下降趋势,但仍不失为主要成型工艺。这是由于手糊成型具有下列优点所决定的:

(1)手糊成型不受产品尺寸和形状限制,适宜尺寸大、批量小、形状复杂产品的生产。
(2)设备简单、投资少、设备折旧费低。

(3)工艺简便。

(4)易于满足产品设计要求,可以在产品不同部位任意增补增强材料。

(5)制品树脂含量较高,耐腐蚀性好。

手糊成型的缺点为:

(1)生产效率低,劳动强度大,劳动卫生条件差。

(2)产品质量不易控制,性能稳定性不高。

(3)产品力学性能较低。

1.原材料选择

合理选择原材料是满足产品设计要求,保证产品质量,降低成本的重要前提。

(1) 聚合物基体的选择

选择手糊成型用树脂基体应满足下列要求:① 能在室温下凝胶、固化,并在固化过程中无低分子物产生;② 能配制成粘度适当的胶液,适宜手糊成型的胶液粘度为 $0.2 \sim 0.5 Pa \cdot s$;③ 无毒或低毒;④ 价格便宜。

手糊成型工艺用树脂类型有不饱和聚酯树脂,用量约占各类树脂的 80%。其次是环氧树脂。目前在航空结构制品上开始采用湿热性能和断裂韧性优良的双马来酰亚胺树脂。以及耐高温耐辐射和良好电性能的聚酰亚胺等高性能树脂。它们需在较高压力和温度下固化成型。

(2)增强材料的选择

增强材料主要形态为纤维及其织物,它赋予复合材料以优良的机械性能。手糊成型工艺 用量最多的增强材料是玻璃纤维及其织物,如无碱纤维、中碱纤维、有碱纤维、玻璃纤维无捻粗纱、短切纤维毡、无捻粗纱布、玻璃纤维细布和单向织物等,少量有碳纤维、芳伦纤维和其他纤维。

(3)脱模剂的选择

为使制品与模具分离而附于模具成型面的物质称为脱模剂。其功用是使制品顺利地从模具上取下来,同时保证制品表观质量和模具完好无损。

脱模剂分内、外脱模剂两大类。手糊成型用的是外脱模剂,常用的外脱模剂有:

a.薄膜型脱模剂:有聚酯薄膜,聚乙烯醇薄膜,玻璃纸等,其中聚酯薄膜用量较大。

b.混合溶液型脱模剂:此类脱模剂中聚乙烯醇溶液应用最多。

c.蜡型脱模剂:蜡型脱模剂(详见表 5-13)使用方便,省工省时省料,脱模效果好,价格也不高,因此得到最广泛的应用。

表 5-13 蜡型脱模剂

编 号	名 称	产 地
1	多次脱模蜡 M－0811	美国 Meguiars 公司
2	一次脱模蜡 M－08811	美国 Meguiars 公司
3	脱模蜡	日本竹内化成株式会社
4	多次脱模蜡	美国 FinishKare 公司
5	脱模蜡	常州助剂厂
6	脱模蜡	江阴第二合成化工厂

为了得到良好的脱模效果和理想的制品,常常同时使用几种脱模剂,这样可以发挥多种脱模剂的综合性能。

2.手糊成型模具的设计与制造

模具是手糊成型工艺中唯一的重要设备,合理设计和制造模具是保证产品质量和降低成本的关键。手糊成型模具分单模和对模两类。单模又分阳模和阴模两种,如图5-7

阴模　　　　　　　阳模　　　　　　　敞口式对模

图5-7　手糊成型模具分类

所示。无论单模和对模,又都可以根据需要设计成整体式或拼装式。拼装式模具是将模具设计成几块拼装,以保证结构复杂的制品脱模便利。

目前应用最普遍的模具材料是玻璃钢。玻璃钢模具制造方便,精度较高,使用寿命长,制品可加温加压成型。尤其适用于表面质量要求高,形状复杂的玻璃钢制品。随着高光洁度表面的玻璃钢制品要求量的不断增多,获得"镜面效果"的,高光泽度高平整度手糊制品的玻璃钢模具制造技术已日益被人们所重视。可供选用的其他模具材料还有:木材、石膏－砂、石蜡、可溶性盐、低熔点金属、金属等。

3.原材料准备

(1)胶液准备

根据产品的使用要求确定树脂种类,并配制树脂胶液。胶液的工艺性是影响手糊制品质量的重要因素。胶液的工艺性主要指胶液粘度和凝胶时间。

①胶液粘度表征流动特性,对手糊作业影响大。粘度过高不易涂刷和浸透增强材料,粘度过低,在树脂凝胶前发生胶液流失,使制品出现缺陷。手糊成型树脂粘度控制在 0.2 ~ $0.8Pa.s$ 之间为宜。粘度可通过加入稀释剂调节。环氧树脂,一般可加入 5% ~ 15%(质量比)的邻苯二甲酸二丁酯或环氧丙烷丁基醚等稀释剂进行调控。

②凝胶时间指在一定温度条件下,树脂中加入定量的引发剂、促进剂或固化剂,从粘流态失去流动性,变成软胶状态的凝胶所需的时间。这是一项重要指标。一般通过合理的胶液配方来调控。即调变引发剂与促进剂的用量。有关聚酯凝胶时间与环境温度、促进剂用量关系可参考表5-14。

表5-14　不饱和聚酯树脂凝胶时间、环境温度、促进剂用量间关系

环境温度(℃)	萘酸钴的苯乙烯溶液用量(%)	凝胶时间(h)
15 ~ 20	4	1 ~ 1.5
20 ~ 25	3 ~ 3.5	1 ~ 1.5
25 ~ 30	2 ~ 3	1 ~ 1.5
30 ~ 35	0.5 ~ 1.5	1 ~ 1.5
35 ~ 40	0.5 ~ 1	1 ~ 1.5

环氧树脂胶液使用胺类固化剂时凝胶时间短。常采用活性低的固化剂,如二甲基苯

胺、二乙基丙胺、咪唑、聚酰胺等与伯胺类共用来调节凝胶时间。活性低的固比剂要求较高的反应温度,而伯胶类反应温度较高,二者共用,可利用伯胺反应的放热效应促进低活性固化剂反应,从而达到减少伯胶的用量,延长树脂凝胶时间,满足手糊作业时间的要求。常用不饱和聚酯树脂和环氧树脂配方见表 15 和 16。

表 5-15 常用不饱和聚酯树脂配方

配方编号 原 料	1	2	3	4	5
不饱和聚酯树脂	100	100	100	85	60
引发剂 H(或 M)	4(2)	4(2)		4(2)	4(2)
促 进 剂 E	0.1~4	0.1~4		0.1~4	0.1~4
引 发 剂 B			2~3		
促 进 剂 D			4		
邻苯二甲酸二丁酯		5~10			
触 变 剂				15	40

注:引发剂 H——为 50%过氧化环己酮二丁酯糊;

　　引发剂 M——过氧化甲乙酮溶液(活性氧 10.8%);

　　引发剂 B——50%过氧化苯甲酰二丁酯糊;

　　促进剂 E——含 6%苯酸钴的苯乙烯熔液;

　　促进剂 D——10%二甲基苯胺的苯乙烯溶液。

表 5-16 常温固化环氧树脂配方

编 号 树脂种类	1	2	3	4	5	6	7	8	9	10	注
环氧树脂 E-51,44,42	100	100	100	100	100	100	100	100	100	100	室 温 固 化
乙二胺	6~8										
三乙烯四胺		10~14									
二乙烯三胺			8~12								
多乙烯多胺				10~15							
间苯二胺					14~15						
间苯二甲胺						20~22					
酰胺基多元胺							40				低毒
120#								16~18			加热
590#									15~20		固化 60℃
591#										20~25	12h

(2)增强材料准备

手糊成型所用增强材料主要是布和毡。为提高它们同基体的粘结力,增强材料必须进行表面处理。例如,含石蜡乳剂浸润剂的玻璃布需进行热处理或化学处理,贮运不受潮湿,不沾染油垢,使用前要烘干处理。裁剪布时,对于结构简单的制件,可按模具型面展开图制成样板,按样板裁剪。对于结构形状复杂的制品,可将制品型面合理分割成几部分,分别制作样板,再按样板裁剪。

(3)胶衣糊准备

胶衣糊是用来制作表面胶衣层的。胶衣树脂种类很多,例如耐水性、自熄性、耐热型、柔韧耐磨型等,应根据使用条件进行选择。

胶衣层树脂胶液配方:

33 号胶衣树脂	100($w\%$)
引发剂 H	4
促进剂 E	2～4

(4)手糊制品厚度与层数计算

制品厚度的预测

手糊制品厚度可用下式计算

$$t = m \times k$$

式中　t——制品(铺层)厚度,mm;

　　　m——材料质量,kg/m²;

　　　k——厚度常数,mm/kg·m⁻²(即每 1kg/m² 材料的厚度)。

材料厚度常数 k 值如表 5-17。

表 5-17　材料厚度常数 k 值

材料 性能	玻璃纤维 E 型,S 型,C 型	聚酯树脂	环氧树脂	填料-碳酸钙
密度 kg/m²	2.56,2.49,2.45	1.1 ,1.2,1.3,1.4	1.1,1.3	2.3,2.5,2.9
k mm/(kg·m⁻²)	0.691,0.402,0.408	0.909,0.837,0.769,0.714	0.909,0.769	0.435,0.400,0.345

②铺层层数计算

$$n = \frac{A}{m_f(k_f + ck_r)}$$

式中　A——手糊制品总厚度,mm;

　　　m_f——增强纤维单位面积质量,kg/m²;

　　　k_f——增强纤维的厚度常数,mm/(kg·m⁻²);

　　　k_r——树脂基体的厚度常数,mm/(kg·m⁻²);

　　　c——树脂与增强材料的质量比;

　　　n——增强材料铺层层数。

4.糊　制

(1)刷胶衣

胶衣层不宜太厚或太薄,太薄起不到保护制品作用,太厚容易引起胶衣层龟裂。胶衣层厚度控制在 0.25～0.5mm。或者用单位面积用胶量控制,即为 300～500g/m²。

胶衣层通常采用涂刷和喷涂两种方法。涂刷胶衣一般为两遍,必须待第一遍胶衣基本固化后,才能刷第二遍。两遍涂刷方向垂直为宜。涂刷胶衣的工具是毛刷,毛要短、质地柔软。注意防止漏刷和裹入空气。

喷涂是采用喷枪进行的,喷枪口径为 2.5mm 时,适宜的喷涂压力为 0.4～0.5MPa(枪口压力)。压力过高,材料损耗增大。喷涂方向应与成型面垂直。均匀地按一定速度左右平行移动喷枪进行喷涂。喷枪与喷涂面距离应保持在 400~600mm 之间,距离太近,容易产生小波纹及颜色不均。

(2)结构层的糊制

待胶衣层全部凝胶后,即可开始手糊作业,否则易损伤胶衣层。但胶衣层完全固化后再进行手糊作业,又将影响胶衣层与制品间的粘结。首先应铺放一层较柔软的增强材料,最理想的为玻璃纤维表面毡,形成一层富树脂层,既能增强胶衣层(防止龟裂),又有利于胶衣层与结构层(玻璃布)的粘合,同时还可保护制品不受周围介质侵蚀,提高其耐候、耐水、耐腐蚀性能,具有延长制品使用寿命的功能。接着在模具上交替刷一层树脂、铺一层玻璃布,并要排除气泡,如此重复直到设计厚度。

(3)铺层控制

对于外形要求高的受力制品,同一铺层纤维尽可能连续,切忌随意切断或拼接,否则将严重降低制品力学性能,但往往由于各种原因很难做到。铺层拼接的设计原则是,制品强度损失小,不影响外观质量和尺寸精度,施工方便。拼接的形式有搭接与对接两种,以对接为宜。对接式铺层可保持纤维的平直性,产品外形不发生畸变,并且制品外形和质量分布的重复性好。为不致降低接缝区强度,各层的接缝必须错开,并在接缝区多加一层附加布,如图 5-8。

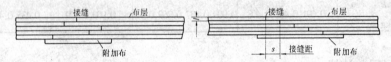

图 5-8 各层接缝示意图

(4)铺层一次固化拼接

由于各种原因不能一次完成铺层固化的制品,如厚度超过 7mm 的制品,若采用一次铺层固化,就会使固化发热量大,导致制品内应力增大而引起变形和分层。于是,需两次拼接铺层固化。先按一定铺层锥度铺放各层玻璃布,使其形成"阶梯",并在"阶梯"上铺设一层无胶平纹玻璃布。固化后撕去该层玻璃布,以保证拼接面的粗糙度和清洁。然后再在"阶梯"面上对接糊制相应各层,补平阶梯面,二次成型固化,如图 5-8 所示。试验表明,铺层二次固化拼接的强度和模量并不比一次铺层固化的低。

5.固化

(1)不饱和聚酯树脂的固化及工艺控制

欲使不饱和聚酯树脂的线形分子与交联剂变成体型结构,必须加入引发剂。引发剂是一种活性较大含有共价键的化合物,在一定条件下,它可以分解产生游离基,游离基是一种能量很高的活性物质,它能把双键打开,以游离基的聚合方式进行聚合,达到交联固化的目的。

在室温下引发剂不能分解出游离基(低于临界温度),故必须加促进剂。促进剂实为活性剂,它能促使引发剂在较低温度下分解产生大量游离基,降低固化温度,加快固化速度和减少引发剂用量。常用的促进剂有萘酸钴(含10%的苯乙烯溶液)和环烷酸钴。其用量在4%以内。

不饱和聚酯树脂固化是放热反应。聚酯树脂从粘流态转为不能流动的凝胶,最后转变为不溶不熔的坚硬固体的固化过程可分为三个阶段:凝胶阶段、定型阶段(硬化阶段)、熟化阶段(完全固化阶段)。通过宏观控制这三个阶段的微观变化,使制品性能达到要求。

(2)不饱和聚酯树脂固化工艺控制

固化度表明热固性树脂固化反应的程度,通常用百分率表示。控制固化度是保证制品质量的重要条件之一。固化度愈大,表明树脂的固化程度愈高。一般通过调控树脂胶液中固化剂含量和固化温度来实现。对于室温固化的制品,都必须有一段适当的固化周期,才能充分发挥玻璃钢制品的应有性能。

手糊制品通常采用常温固化。糊制操作的环境温度应保证在15℃以上,湿度不高于80%。低温湿度都不利于不饱和聚酯树脂的固化。

制品在凝胶后,需要固化到一定程度才可脱模。常用的简单方法是测定制品巴柯硬度值。一般巴柯硬度达到15时便可脱模,而尺寸精度要求高的制品,巴柯硬度达到30时方可脱模。脱模后继续在高于15℃的环境温度下固化或加热处理。手糊聚酯玻璃钢制品一般在成型后24h可达到脱模强度。脱模后再放置一周左右即可使用。但要达到最高强度值,则需要较长时间,详见表5-18。试验表明,聚酯玻璃钢的强度增长,一年后方能稳定。

表5-18 聚酯玻璃钢室温固化时间与强度关系

性能 \ 时间	时间(d)				
	5	10	15	20	25
拉伸强度(MPa)	222.5	220.2	222.0	240.7	246.8
弯曲强度(MPa)	133.2	94.2	128.5	178.0	176.7
原材料	(1)0.2斜纹布经350℃处理 (2)配方:树脂:过氧化甲乙酮:环烷酸钴 = 100:2:0.5				

6.脱模、修整与装配

当制品固化到脱模强度时,便可进行脱模,脱模最好用木制工具(或铜、铝工具),避免将模具或制品划伤。大型制品可借助千斤顶、吊车等脱模。脱模后的制品要进行机械加工,除去毛边、飞刺,修补表面和内部缺陷。为了防止玻璃钢机械加工时的粉尘,可采用水或其他液体润滑冷却。装配主要是对大型制品而言的,它往往分几部分成型,机加工后要进行拼装,组装时可用机械连接或胶接。

5.3.2 模压成型工艺

1.概 述

模压成型是一种对热固性树脂和热塑性树脂都适用的纤维复合材料成型方法。将定量的模塑料或颗粒状树脂与短纤维的混合物放入敞开的金属对模中,闭模后加热使其熔化,并在压力作用下充满模腔,形成与模腔相同形状的模制品,再经加热使树脂进一步发生交联反应而固化,或者冷却使热塑性树脂硬化,脱模后得到复合材料制品。

模压成型工艺是一种古老工艺技术,早在20世纪初就出现了酚醛塑料模压成型。模压成型工艺有较高的生产效率,制品尺寸准确,表面光洁,多数结构复杂的制品可一次成型,无需有损制品性能的二次加工,制品外观及尺寸的重复性好,容易实现机械化和自动化等优点。模压工艺的主要缺点是模具设计制造复杂,压机及模具投资高,制品尺寸受设备限制,一般只适合制造批量大的中、小型制品。

由于模压成型工艺具有上述优点,已成为复合材料的重要成型方法,在各种成型工艺中所占比例仅次于手糊/喷射和连续成型,居第三位。近年来由于SMC、BMC和新型模塑料的出现以及它们在汽车工业上的广泛应用,实现了专业化、自动化和高效率生产。制品成本不断降低,其使用范围越来越广泛。模压制品主要用作结构件、连接件、防护件和电气绝缘等。广泛应用于工业、农业、交通运输、电气、化工、建筑、机械等领域。由于模压制品质量可靠,在兵器、飞机、导弹、卫星上也都得到了应用。

2. 模压料

主要就SMC,BMC及DMC三种最常用的模压料作一下简单介绍。

(1) 片状模塑料(即SMC)

SMC是用不饱和聚酯树脂、增稠剂、引发剂、交联剂、低收缩添加剂、填料、内脱模剂、着色剂等混合成树脂糊浸渍短切玻璃纤维粗纱或玻璃纤维毡,并在两面用聚乙烯或聚膜包覆起来形成的片状模压成型材料。使用时,只需将两面的薄膜撕去,按制品的尺寸裁切、叠层、放入模具中加温加压,即得所需制品。

SMC是"干法"成型模压制品的模塑料。它与其他成型材料的根本区别在于其增稠作用,在浸渍玻璃纤维时体系粘度较低,浸透后粘度急速上升,达到并稳定在可供模压的粘度。用这种方法制成的模塑料,价格低廉、使用方便、工艺性能良好,能够用来压制不同规格、形状复杂的产品。用这种模塑料压制成的制品还具有一些比较突出的优点,例如尺寸稳定性好、机械强度高、表面光洁度好等。

SMC的组分配方,除需考虑制品性能上的要求外,还需考虑可模压性,即模压时应具有良好的均匀性和流动性,才能使树脂–增强材料–填料三者不分离,并且能充满模腔各部位。将吸收能力高的填料和吸收能力低的填料进行合理搭配,是解决均匀性与流动性的有效途径之一。表5-19给出三种类型SMC配方。

(2) 团状模塑料(DMC)和散状模塑料(BMC)

团状模塑料(DMC)及散状模塑料(BMC)为预混模塑料。这类预混塑料主要是以聚酯为基体。因此,又可称为"聚酯料团"。在成型方法上主要采用压制法,此外还可采用压铸法和注射法。

在此类预混料中,一般含有树脂系统(包括引发剂)、填料、增稠剂和增强材料等四种主要成分。此外,还含有脱模剂、着色剂等,通用配方见表5-20。

表 5-19　SMC 配方

配方＼类型	一般型	耐腐蚀型	低收缩型	制片时配比（质量比）
聚酯树脂	邻苯二酸型 100	间苯二酸型 100	邻苯二酸型 100	
引发剂	过氧化苯甲酰叔丁脂 1	过氧化苯甲酰叔丁脂 1	过氧化苯甲酰叔丁脂 1	
低收缩添加剂	热塑性聚合物 0～10		25～40	
填料	$CaCO_3$　70～120	$BaSO_4$ 60～80	$CaCO_3$ 120～180	
内脱模剂	硬脂酸亚铅 1～2	硬脂酸亚铅 1～2	硬脂酸亚铅 1～2	65%～75%
增稠剂	MgO 或 $(Mg(OH)_2,$ $Ca(OH)_2$ 1～2	MgO 或 $(Mg(OH)_2,$ $Ca(OH)_2$ 0.5～2	MgO 或 $(Mg(OH)_2,$ $Ca(OH)_2$ 1～2	
颜料	2～5			
安定剂	适量	适量	适量	
玻璃纤维				25%～35%

表 5-20　DMC,BMC 常用配方

组　分	重 量 含 量
乙烯基甲苯聚酯树脂(标准型)	30.0
引发剂糊(50% BPO)	1.6(按树脂量计)
硬脂酸锌	1.0
浮选石棉(7TF-1)	7.0
碳酸钙、高岭土、(单独或复合使用)	47.7
6.4mm 长的玻璃纤维或剑麻增强材料	15.0
总　　计	100

3.模压工艺

模压工艺流程图如图 5-9 所示。

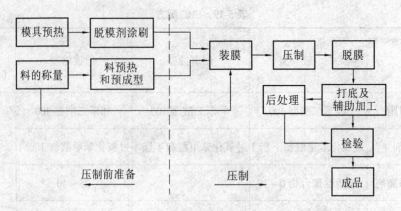

图 5-9　模压成型工艺流程

（1）压制前准备

① 模压料预热和预成型

为了改善模压料的工艺性能,如增加流动性,便于装模和降低制品收缩率,要对模压料预先进行加热处理。同时提高模压料温度,可缩短固化时间,降低成型压力。经预热的模压料压制的制品,其理化性能和尺寸稳定性均有提高。

模压料预成型是将模压料在室温下预先压成与制品相似的形状,然后再进行压制。预成型操作可缩短成型周期,提高生产率及制品性能。一般在预混料模压制品批量生产、使用多腔模具或特殊形状和要求的制品时采用。

② 装料量的估算

为提高生产效率及确保制品尺寸,需进行准确地装料量计算。但要做到这一点往往很困难,一般是预先进行粗略估算,然后经几次试压找出准确的装料量。装料量等于模压料制品的密度乘以制品的体积,再加上 3% ~ 5% 的挥发物、毛刺等损耗。

③ 脱模剂的选用

在模压中采用外脱模剂和内脱模剂结合使用的办法。外脱模剂是在装料前直接涂刷在模具的成型面上,内脱模剂则作为模压料组分之一混合于模压料中。

（2）压制

在模压过程中,物料宏观上历经粘流、凝胶和硬化三个阶段。微观上分子链由线型变成了网状体型结构。这种变化是以一定的温度、压力和时间为条件的。模压工艺的压制制度包含温度制度和压力制度。

①温度制度包括:装模温度、升温速度、最高温度、恒温、降温及后固化温度等。成型温度取决于树脂糊的固化体系、制品厚薄、生产效率和制品结构的复杂程度。制品厚度为 25 ~ 35mm 时,其成型温度为 135 ~ 143℃,而更薄的制品就可在 170℃ 左右成型。一般认为,片状模塑料的成型温度在 120 ~ 170℃ 之间,应避免在高于 170℃ 下成型,否则在制品上会产生气泡,温度低于 140℃,固化时间将增加,温度低于 120℃ 时,不能确保基本的固化反应顺利进行。

②压力制度主要包括成型压力、加压时机、放气等。成型压力随物料的增稠程度、加料面积、制品结构、形状、尺寸的不同而异。形状简单的制品,仅需 1.5 ~ 3.0MPa,形状复

杂的制品,如带加强筋、翼、深拉结构等,成型压力可达 14.0~21.0MPa。另外,成型压力还与分模面、外观性能及平滑度有关。为了让模塑料有较充分的反应程度,应把握好加压时机。由于在模压过程中常常有小分子物放出,必须及时放气,排出气体小分子。

③固化时间(即保温时间)一般按 40s/mm 计算。

(3)模压制品常见缺陷分析

模压制品常见缺陷分析见表 5-21。

表 5-21　模压制品常见缺陷分析

常见缺陷	原因分析
翘曲变形	a.模压料挥发物含量过多;b.制品结构设计不合理,厚薄变化悬殊;c.脱模温度过高;d.升温过快;e.脱模不当。
裂纹	a.制品厚度不均,过渡曲率半径过小;b.脱模不当;c.模具设计不合理;d.新老料混用或配比不当。
表面或内部起泡	a.模压料挥发物含量过大;b.模具温度过高、过低;c.成型压力小;d.放气不足。
树脂集聚	a.模压料挥发分过大;b.加压过早;c.模压料"结团"或互溶性差;d.纤维"结团"。
局部缺料	a.模压料流动性差;b.加压过迟;c.加料不足。
局部纤维裸露	a.模压料流动性差;b.加压过早,树脂大量流动;c.装料不均,局部压力过大;d.纤维"结团"。
表面凹凸不平、光洁度差	a.模压料挥发物含量过大;b.脱摸剂过多;c.模压料互溶性差;d.装料量不足。
脱模困难	a.模具设计不合理:配合过紧,无斜度等;b.顶出杆配置不好,受力不均;c.加料过多,压力过大;d.粘模。
粘模	a.脱模剂处理不当;b.局部无脱模剂 c.压制温度低,固化不完全;d.模具型腔表面粗糙;e.模压料挥发物含量过高。

5.3.3　RTM 成型工艺

树脂传递模塑为 Resin Transfer Molding,简称 RTM。

RTM 是一种闭模成型工艺方法,其基本工艺过程为:将液态热固性树脂(通常为不饱和聚酯)及固化剂,由计量设备分别从储桶内抽出,经静态混合器混合均匀,注人事先铺有玻璃纤维增强材料的密封模内,经固化、脱模、后加工而成制品。图5-10 为一个用 RTM 法生产汽车零件的过程图。

RTM 与其他工艺的关系如图 5-11 所示。在图的中间和右上部位是 RTM 工艺,表明 RTM工艺可以生产高性能、尺寸较大、高综合度、数量中等到大量

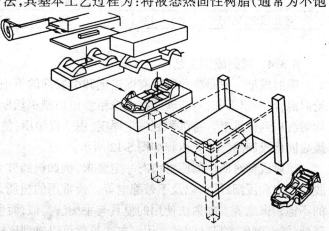

图 5-10　用 RTM 法生产汽车零件

的产品,所以说 RTM 工艺也是一种很有前途的工艺方法。

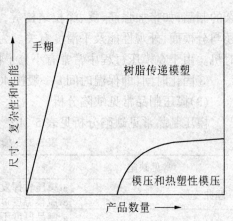

图 5-11　几种工艺的关系

用于 RTM 工艺的树脂系统主要是通用型不饱和聚酯树脂。增强材料一般以玻璃纤维为主含量为 25 ~ 40%,常用的有玻璃纤维毡、短切纤维毡、无捻粗纱布、预成型坯和表面毡等。

RTM 成型工艺与其他工艺相比具有下列特点:

(1)主要设备(如模具和摸压设备等)投资少,即用低吨位压机能生产较大的制品;

(2)生产的制品两面光滑、尺寸稳定、容易组合;

(3)允许制品带有加强筋、镶嵌件和附着物,可将制品制成泡沫夹层结构,设计灵活,从而获得最佳结构;

(4)制造模具时间短(一般仅需几周),可在短期内投产;

(5)对树脂和填料的适用性广泛;

(6)生产周期短,劳动强度低,原材料损耗少;

(7)产品后加工量少;

(8)RTM 是闭模成型工艺,因而单体(苯乙烯)挥发少、环境污染小。

表 5-22 列举了 RTM 成型、SMC 模压成型和开模成型的复合材料的物理性能比较。

表 5-22　RTM 成型、SMC 模压成型、和开模成型的复合材料的物理性能

成型方法	RTM 成型	模压成型	开模成型			测试方法
增强材料种类	CM + WR	SMC(通用型)	CM	CM	WR	
玻纤含量(%)	26　30　31	28 ~ 30	30	39	48	GB2577 – 81
巴氏硬度	44　44　41	45	40	42	45	GB3854 – 83
拉伸强度(MPa)	53　119　121	80 ~ 100	101	116	220	GB1447 – 83
弯曲强度(MPa)	125　184　201	160 ~ 200	184	245	240	GB1449 – 83

5.3.4　喷射成型工艺

喷射成型一般是将分别混有促进剂和引发剂的不饱和聚酯树脂从喷枪两侧(或在喷枪内混合)喷出,同时将玻璃纤维无捻粗纱用切割机切断并由喷抢中心喷出,与树脂一起均匀沉积到模具上。待沉积到一定厚度,用手辊滚压,使纤维浸透树脂、压实并除去气泡,最后固化成制品。工艺流程如图 5-12 所示。

喷射成型对所用的原材料有一定要求,例如树脂体系的粘度应适中,容易喷射雾化、脱除气泡和浸润纤维,以及不带静电等。最常用的树脂是在室温或稍高温度下即可固化的不饱和聚酯等。喷射法使用的模具与手糊法类似,而生产效率可以提高数倍,劳动强度降低,能够制作大尺寸制品。用该方法虽然可以成型比较复杂形状的制品,但其厚度和纤维含量都较难精确控制,树脂含量一般在 60% 以上,孔隙率较高,制品强度较低,施工现

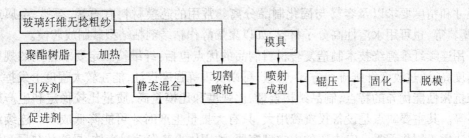

图 5-12　喷射成型工艺流程

场污染和浪费较大。利用喷射法可以制作大蓬车车身、船体、广告模型、舞台道具、贮藏箱、建筑构件、机器外罩、容器、安全帽等。

5.3.5　连续缠绕成型工艺

1.概述

将浸过树脂胶液的连续纤维或布带,按照一定规律缠绕到芯模上,然后固化脱模成为增强塑料制品的工艺过程,称为缠绕工艺。缠绕工艺流程图如图 5-13。

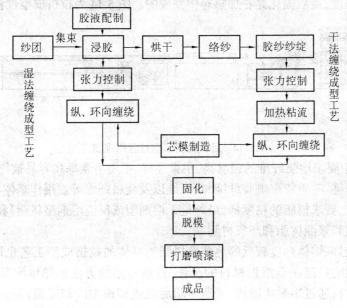

图 5-13　缠绕工艺流程图

利用连续纤维缠绕技术制作复合材料制品时有两种不同的方式可供选择:将纤维或带状织物浸渍树脂后缠绕在芯模上,或者先将纤维或带状织物缠好后再浸渍树脂。目前普遍采用前者。缠绕机类似一部机床、纤维通过树脂槽后,用轧辊除去纤维中多余的树脂。为改善工艺性能和避免损伤纤维,可预先在纤维表面徐覆一层半固化的基体树脂,或者直接使用预浸料。纤维缠绕方式和角度可以通过机械传动或计算机控制。缠绕达到要求厚度后。根据所选用的树脂类型,在室温或加热箱内固化、脱模便得到复合材料制品。

利用纤维缠绕工艺制造压力容器时,一般要求纤维具有较高的强度和模量,容易被树脂浸润,纤维纱的张力均匀和缠绕时不起毛、不断头。所使用的芯模应有足够的强度和刚度,能够承受成型加工过程中各种载荷如缠绕张力、固化时的热应力、自重等,满足制品形状尺寸和精度要求以及容易与固化制品分离。常用的芯模材料有石膏、石蜡、金属或合金、塑料等，也可用水溶性高分子材料，如以聚烯醇作粘结剂粘结型砂制成芯模。

用连续纤维缠绕技术制造复合材料制品的优点包括：纤维按预定要求排列的规整度和精度高，通过改变纤维排布方式、数量，可以实现等强度设计，能在较大程度上发挥增强纤维抗张性能优异的特点，制品结构合理，比强度和比模量高，质量比较稳定和生产效率较高等。其主要缺点是设备投资费用大，只有大批量生产时才可能降低成本。连续纤维缠绕法适于制作承受一定内压的中空型容器，如固体火箭发动机壳体、导弹放热层和发射筒、压力容器、大型贮罐、各种管材等。近年来发展起来的异型缠绕技术，可以实现复杂横截面形状的回转体或断面为矩形、方形以及不规则形状容器的成型。

5.3.6 拉挤成型工艺

拉挤成型是将浸渍过树脂胶液的连续纤维束或带状织物在牵引装置作用下通过成型模定型，在模中或固化炉中固化，制成具有特定横截面形状和长度不受限制的复合材料型材（如管材、棒材、槽型材、工字型材、方型材等）。一般情况下，只将预制品在成型模中加热到预固化的程度，最后固化是在加热箱中完成的。图 5-14 为拉挤成型过程原理图。

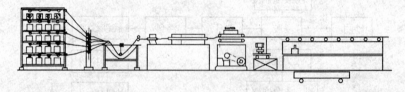

图 5-14　卧式拉挤成型过程原理图

拉挤成型中要求增强纤维的强度高、集束性好、不发生悬垂和容易被树脂胶液浸润。常用的如玻璃纤维、芳香族聚酰胺纤维、碳纤维以及金属纤维等。用作基体材料的树脂以热固性树脂为主，要求树脂的粘度低（最好是无溶剂型或反应溶剂型树脂）和适用期长，大量使用的如不饱和聚酯树脂和环氧树脂等。

以耐热性较好、熔体粘度较低的热塑性树脂为基体的拉挤成型工艺也取得了很大进展。其拉挤成型的关键在于增强材料的浸渍，目前常用的方法如热熔涂覆法和混编法。前者是使增强材料通过熔融树脂槽，浸渍树脂后在成型模中冷却定型；混编法，按一定比例将热塑性聚合物纤维与增强材料混编织成带状、空芯状等几何形状的织物，通过热模时基体纤维熔化并浸渍增强材料，冷却定型后成为产品。

拉挤成型的优点：生产效率高，便于实现自动化；制品中增强材料的含量一般为 40%～80%，能够充分发挥增强材料作用，制品性能稳定可靠；不需要或仅需要进行少量加工；生产过程中树脂损耗少；制品的纵向和横向强度可任意调整，以适应不同制品的使用要求；其长度可根据需要定长切割。

拉挤制品的主要应用领域有：

(1)耐腐蚀领域。主要用于上、下水装置，工业废水处理设备、化工挡板、管路支梁以及化工、石油、造纸和冶金等工厂内的栏杆、楼梯、平台扶手等。

(2)电工领域。主要用于高压电缆保护管、电缆架、绝缘梯、绝缘杆、电杆、灯柱、变压器和电机的零部件等。

(3)建筑领域。主要用于门窗结构用型材、桁架、桥梁、栏杆、支架、天花扳吊架等。

(4)运输领域。主要用于卡车构架、冷藏车箱、汽车笼板、刹车片、行李架、保险杆、船舶甲板、电气火车轨道护板等。

(5)运动娱乐领域。主要用于钩鱼杆、弓箭杆、滑雪板、撑杆跳杆、曲辊球棍、活动游泳池底板等。

(6)能源开发领域。主要用于太阳能收集器、支架、风力发电机叶片和抽油杆等。

(7)航空航天领域。如宇宙飞船天线绝缘管,飞船用电机零部件等。

目前,随着科学和技术的不断发展,正向着提高生产速度、热塑性和热固性树脂同时使用的复合结构材料方向发展。生产大型制品,改进产品外观质量和提高产品的横向强度都将是拉挤成型工艺今后的发展方向。

5.3.7 挤出成型工艺

挤出成型工艺是热塑性复合材料的成型方法。

1. FRTP 挤出成型工艺

挤出成型主要包括加料、塑化、成型、定型四个过程。挤出成型需要完成粒料输运、塑化和在压力作用下使熔融物料通过机头口模获得所要求的断面形状制品。增强粒料在挤出机的挤出过程如图 5-15 所示。粒料从料斗 3 进入挤出机的料筒 7,在热压作用下发生物理变化,并向前推进。由于滤板 8、机头 9 和料筒 7 阻力,使粒料压实、排除气,与此同时,外部热源与和物料磨擦热使料粒受热塑化,变成熔融粘流态,凭借螺杆推力,定量地从机头挤出。

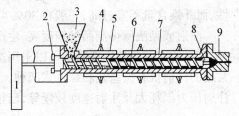

图 5-15 挤出成型示意图

1.转动机构;2.止推轴承;3.料斗;4.冷却系统;5.加热器;6.螺杆;7.机筒;8.滤板;机头孔型

2 FRTP 管的挤出成型工艺

FRTP 管的成型条件与普通塑料管工艺基本相似,只是成型温度要提高 10~20℃。挤出机与物料接触的部件表面要求硬化处理,提高其耐磨性。挤管工艺流程如图 5-16 所示。

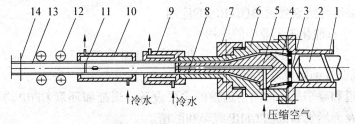

图 5-16 挤管工艺流程

1.机筒;2.螺杆;3.滤板;4.接口套;5.模心;6.机头;7.定位器;8.孔型;9.定径套;10.冷却槽;11.塞和链;12.牵引装置;13.玻璃钢管;14.切断装置

物料在主机内塑化完全后,经滤板、分流器和孔型初步成型,经过定径套初步冷却定型,进入冷水槽硬化,再经牵引装置引出,定长切断。成型过程中,不断由模心通入压缩空气,保证管材挤出后尺寸稳定。

5.3.8 注射成型工艺

注射成型是树脂基复合材料生产中的一种重要成型方法,它适用于热塑性和热固性复合材料,但以热塑性复合材料应用最广。

注射成型是根据金属压铸原理发展起来的一种成型方法。该方法是将颗粒状树脂、短纤维送入注射腔内加热熔化和混合均匀,并以一定的挤出压力注射到温度较低的密闭模具中,经过冷却定型后,开模便得到复合材料制品。整个过程包括加料、熔化、混合、注射、冷却硬化和脱模等步骤。加工热固性树脂时,一般是将温度较低的树脂体系(防止物料在进入模具之前发生固化)与短纤维混合均匀后注射到模具,然后再加热模具使其固化成型。

在加工过程中,由于熔体混合物的流动会使纤维在树脂基体中的分布有一定的各向异性。如果制品形状比较复杂,则容易出现局部纤维分布不均匀或大量树脂富集区,影响材料的性能。因此,注射成型工艺要求树脂与短纤维的混合均匀,混合体系有良好的流动性,而纤维含量不宜过高,一般在 30% ~ 40% 左右。

注射成型法所得制品的精度高、生产周期短、效率较高、容易实现自动控制,除氟树脂外,几乎所有的热塑性树脂都可以采用这种方法成型。按物料在注射腔中熔化方式分类,常用的注射机有按塞式和螺杆式两种。由于柱塞式注射机塑化能力较低、塑化均匀性差、注射压力损耗大及注射速度较慢等,已很少生产,现在普遍使用的是往复螺杆式注射机。

5.4 聚合物基复合材料的应用

复合材料范围广,产品多,在国防工业和国民经济各部门中都有广泛的应用。目前应用的复合材料主要有金属基、陶瓷基和聚合物基三个大类,由于前两类复合材料价格昂贵,主要用于宇航、航空工业部门,一般工业应用尚不多见,在三类复合材料中,聚合物基复合材料的应用最广,发展也最快。例如在汽车、船舶、飞机、通讯、建筑、电子电气、机械设备、体育用品等各个方面都有应用。

5.4.1 玻璃纤维增强塑料(GFRP)的应用

(1)GFRP 在石油化工工业中的应用

石油化工工业利用 GFRP 的特点,解决了许多工业生产过程中的关键问题,尤其是耐腐蚀性和降低设备维修费等方面。

GFRP 管道和罐车是原油陆上运输的主要设备。聚酯和环氧 GFRP 均可做输油管和储油设备,以及天然气和汽油 GFRP 罐车和贮槽。

海上采油平台上的配电房可用钢制骨架和 GFRP 板组装而成。板的结构是硬质聚氨酯泡沫塑料加 GFRP 蒙面。这样的材料质轻、强度高、刚度好,而且包装运输也很方便。能合理利用平台的空间并减轻载荷,同时还有较好的热和电的绝缘性能。

海上油田需要潜水作业,英国 Vickers – Slingsby 公司,在 70 年代就已经设计和生产了 GFRP 潜水器,它可载 3 名潜水员,有较高的净载荷量,电池利用率高,使用寿命长,并且耐海水腐蚀等,优点很多。另外还生产了水下无人驾驶的检查维修机器,主要是用聚酯GFRP制造的。该公司还制造了GFRP潜水电气部件,如蓄电池盒、电源插头等,均已在水下120m处工作了9年多。

开采海底石油所需要的浮体。如灯标、停泊信标、标状浮标和驳船离岸的信标等,都可用GFRP制作。全部由GFRP制成的海上油污分离器,具有良好的耐海水和耐油性。

海上油田用的GFRP救生船、勘测船等其船身、甲板和上层结构都是玻璃纤维方格布和间苯二甲酸聚酯成型的。目前世界上最大的勘测船的长度为60m、宽10m、排水量650t。

海上油田不可缺少的海水淡化及污水处理装置可用玻璃钢制造管道。

化学工业生产也是离不开GFRP的。在化工生产过程中,经常产生各种强腐蚀性的物质。所以一般不能采用普通钢制造设备或管道,而需要耐腐蚀的环氧GFRP和酚醛GFRP来制造。其他还有如:GFRP冷却塔、大型冷却塔的导风机叶片以及各种耐腐蚀性的贮槽、贮罐、反应设备、管道、阀门、泵、管件等。

用GFRP制成的风机叶片,不仅延长了使用的寿命,而且还大大地降低了电耗量。如发电厂锅炉送风机、轴流式风机,装GFRP叶片的比装金属叶片的离心式风机,平均每台每天节电2 500kW·h,一年可节电91万kW·h。我国每年生产各类风机10万台,如果全部换上玻璃钢叶片,节约能量就相当可观了。

(2)GFRP在建筑业中的应用

目前世界各国对房屋建筑的美观舒适、保温节能、防震抗震的要求越来越高。在此情况下,GFRP成为人们比较注意的新型建筑材料。在工业发达国家,消耗GFRP最多的部门,是建筑行业,其原因是建筑构件大,使用GFRP多,用途也比较广泛。世界上消耗量最大的是美国,其次是日本。

建筑业使用GFRP,主要是代替钢筋、树木、水泥、砖等,并已占有相当的地位。其中应用最多的是GFRP透明瓦,这是一种聚酯树脂浸渍玻璃布压制而成的。波形瓦主要用于工厂采光,其次是作街道、植物园、温泉、商亭等的顶篷,GFRP板应用于货栈的屋顶、建筑物的墙板、天花板、太阳能集水器等,还可用GFRP制成饰面板、圆屋顶、卫生间、浴室、建筑模板、门、窗框、洗衣机的洗衣缸、储水槽、管内衬、收集贮罐和管道减阻器等。

(3) GFRP在造船业中的应用

用GFRP可制造各种船舶,如赛艇、警艇、游艇、碰碰船、交通艇、救生艇、帆船、鱼轮、扫雷艇等。

用GFRP制造鱼船在我国已广泛采用,GFRP鱼船与木船比较有以下几个优点:

玻璃钢渔船稳定性好。木船在六级风时就不能出海,而GFRP船可经受八级风浪的考验。

GFRP渔船速度快。全GFRP船的时速为七节,比同马力的木船快1~1.5节。因而不但节省燃料油,而且在突遇天气变化时,收港也快。

GFRP船维修简便,费用低。木船使用两年后就需要维修,每四年要大修或中修,而GFRP船耐腐蚀性好,维修费只为木船的20%~30%。

GFRP船使用寿命长,可达20年,为木船的两倍。而且经济效益高,该种船适应能力强,捕鱼量比木船多一倍。虽然一次投资比木船高,但综合效益高于木船。

世界上用 GFRP 制造船舶发展的速度很快,例如 1957 年英国伯缀的国际船舶展览会上,展出的船舶中,GFRP 船占 21%,1961 年增加到 25%,1967 年增加到 55%,仅 10 年之间就增加了一倍。目前美国有长度为 40～50m 的 GFRP 扫雷艇三千多艘。在大轮船和舰艇上,GFRP 主要用来制成各种部件,如甲板、船脸、驾驶室、通风管、窗门和推进器等。

(4) GFRP 在铁路运输上的应用

GFRP 在铁路上主要是用在造车生产中,铁路车辆有许多部件可以用 GFRP 制造,如内燃机车的驾驶室、车门、车窗、框、行里架、座椅、车上的盥洗设备、整体厕所等,国外也有试制 GFRP 轮对的。其中在我国应用最多的是用聚酯 GFRP 制造的 GFRP 窗框。原来采用的钢窗,每一年半就要进厂维修一次,每年窗框的维修费平均每一辆车要花费 1 400 元,6 年就报废了;改用 GFRP 窗框,不再需要维修,寿命可达 10 年以上,重量可减轻 20%。同时更有效的解决了钢窗在使用过程中,由于受温度变化的影响而变形所造成的开关不便的问题。因 GFRP 窗不易变形,开关很方便。

此外,在铁路客车中的一些易被腐蚀的部位,均可采用 GFRP,如厕所、盥洗室的地板,经常浸泡在水中,很容易腐蚀烂掉,经常需要维修,采用 GFRP 地板则可延长使用寿命,减少维修费用。国外已采用了 GFRP 地板、墙板、卫生装置,如整体厕所、盥洗室、水箱、垃圾箱等。还有卧铺车厢内的卧铺支柱、冷藏箱、绝缘板等。在货车制造中,可采用 GFRP 活动顶篷,以方便起重机装卸货物,为集装箱运输提供了必要的条件。

(5) GFRP 在汽车制造业中的应用

1953 年美国首先用 GFRP 制成汽车的外壳,此后,意大利、法国等许多著名的汽车公司也相继制造 GFRP 外壳的汽车。目前世界上 GFRP 汽车的数量已经超过了三百多万辆。尤其是运输具有腐蚀性的石油产品或其他液体的罐车,发展得更快。GFRP 除制造汽车的外壳外还可制造汽车上的许多零件和部件,如汽车底盘、车门、车窗、车座、发动机罩以及驾驶室。从 1958 年开始我国就开始研制 GFRP 汽车外壳,近年来,我国许多城市已经使用了 GFRP 制成的汽车外壳及其零部件,这种汽车制造方法简单、方便、省工时、省劳力,可降低造价,同时汽车自重轻,外观设计美观,保温隔热效果好。也可以用 GFRP 制造卡车的驾驶室的顶盖、风窗、发动机罩、门框、仪表盘等。

(6) GFRP 在冶金工业中的应用

在冶金工业中,经常接触一些具有腐蚀性的介质,因而需要用耐腐蚀性的容器、管道、泵、阀门等设备,这些均可用聚酯 GFRP、环氧 GFRP 制造。此外,在有色金属的冶炼生产中,排出的高温烟气等有害气体要通过烟囱排放,其腐蚀极为严重。近年来采用钢材或钢筋混凝土作外壳,内衬 GFRP,或者以钢材或钢筋混凝土做骨架的整体 GFRP 烟囱。这种 GFRP 烟囱耐温、耐腐蚀,而且易于安装检修。目前我国在沈阳冶炼厂建成一座高达 102.5m 的烟囱,外壳为钢筋混凝土、外壳内每隔 5m 设一钢筋混凝土的平台,制成的 GFRP 烟囱固定在相应的平台上,每节高 5 140mm,它是用缠绕成型法制成的聚酯 GFRP 烟囱。

(7) GFRP 在宇航工业中的应用

玻璃钢用于宇航工业方面是比较早的。40 年代初,英国首先利用 GFRP 透波性好的特点,用它来制造飞机上的雷达罩。后来有更多的金属部件被 GFRP 所代替,如飞机的机身、机翼、螺旋桨、起落架、尾舵、门、窗等。经过了二十多年的努力,于 1967 年美国第一架乘载 4 人的全塑飞机飞上了蔚蓝色的天空。它的造价只相当于一辆高级汽车的价格。这架飞机大部分部件是由 GFRP 制成的。美国波音 747 喷气式客机，有一万多个零部件是由 GFRP 制成的，它使飞机的自重减轻了 454kg，相应地可以使飞机飞得高、飞得快、装载能力更大。波音 - 747 型客机上使用 GFRP 的部位见图 5-17，GFRP 部件的总面积为 2 700m²，其中机外结构材料为 900m²，机内部件为 1 800m²。

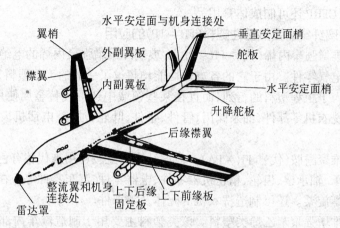

图 5-17 波音-747 型客机上使用玻璃钢的部位

GFRP 在导弹和火箭上的应用也很多，如"北极星 A"导弹上使用 GFRP 的部位见图 5-18。

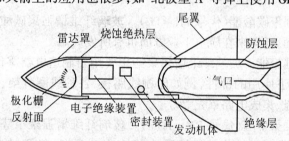

图 5-18 玻璃钢在导弹火箭上的应用

（8）GFRP 在其他部门的应用

GFRP 在机械工业中也得到广泛的应用，主要用于制造各种机器的防护罩，机器的底座、导轨、齿轮、轴承、手柄等，还可制造玻璃钢氧气瓶、液化气罐等。

GFRP 在电气工业中可用于制成电子仪器的各种线路底板；电机、变压器等各种机电设备的绝缘板；还可制成 GFRP 电线杆、高压线架子、天线棒、配电盘外壳、线圈骨架、以及各种电器零件等。

在采矿作业中可用于制成 GFRP 支柱，其质量还可减到坑木或钢支柱的一半，抗压强度比坑木高一倍，比钢支柱高 60%，而且不生锈、不腐蚀，使用寿命长。同时，由于 GFRP 支柱轻，大大地减轻了工人的劳动强度。

在农业生产方面 GFRP 的应用也不少。GFRP 透明瓦有一定的透明度，又有保温隔热的作用，因此可用来制造温室和大棚的建筑材料。GFRP 还可制作各种农机的零部件，例如拖拉机的外壳，采用 GFRP 不但节省制造工序，还可节省大量钢材。如果每台拖拉机的外壳按 80kg 钢材计算,那么,一万台拖拉机就可节省 800t。上述 GFRP 均可采用聚酯 GFRP。此外,农药喷洒装置是很容易腐蚀的,以前均用特殊钢制造,如果采用环氧 GFRP 制造,不仅比特殊钢耐腐蚀性更强,而且质量减轻一半,节省了优质钢材。

GFRP 在常规武器制造方面也有所应用,它可制成步抢的枪托,火箭发射器的手柄、坦克车的轮子、火焰喷射器的筒体、三消器的缓冲器和头盔、防弹装甲车外壳、活动指挥所等。除此以外,GFRP 还可制成体育用品。

5.4.2 玻璃纤维增强热塑性塑料(FR－TP)的应用

1.玻璃纤维增强聚丙烯(代号 FR－PP)。玻璃纤维增强聚丙烯的电绝缘性良好,用它可以制作高温电气零件。由于它的各方面性能均超过了一般的工程塑料,而且价格低廉,因而它不但进入了工程塑料的行列,而且在某些领域中还可代替金属使用。主要应用于汽车、电风扇、洗衣机零部件,油泵阀门、管件、泵件、叶轮,油箱、电话机齿轮、农用喷雾器筒身、气室等。

2.玻璃纤维聚酰胺(代号 FR－PA)。玻璃纤维聚酰胺可用来代替有色金属,制造原为有色金属的轴承、轴承架、齿轮、精密机器零件、电器零件、汽车零件等。在船舶制造中,可代替金属制成螺旋桨。还可制造洗衣机的壳体及零部件。

3.玻璃纤维增强聚苯乙烯类塑料。该类塑料主要用于制造汽车内部的零部件、家用电器的零部件、线圈骨架、矿用蓄电池壳和照相机、放映机、电视机、录音机、空调等机壳和底盘等。

4.玻璃纤维增强聚碳酸酯(代号 FR－PC)。玻璃纤维增强聚碳酸酯主要应用于机械工业和电器工业方面,近年来在航空工业方面也有所发展。

5.玻璃纤维增强聚酯。玻璃纤维增强聚酯主要用于制造电器零件,特别是那些在高温、高机械强度条件下使用的部件,例如印刷线路板、各种线圈骨架、电视机的高压变压器、硒整流器、配电盘、集成电路罩壳等。

6.玻璃纤维增强聚甲醛(代号 RF－POM)。玻璃纤维增强聚甲醛可用来代替有色金属及其合金,制造要求耐磨性好的机械零件,例如传动零件、轴承、轴承支架、齿轮、凸轮等。用碳纤维增强的聚甲醛可制成导电性材料、磁带录音机的飞轮轴承、精密仪器零件等。

7.玻璃纤维增强聚苯醚(代号 FR－PPO)。它的电绝缘性也是工程塑料中居第一位的,其电绝缘性可不受温度、湿度、频率等条件的影响。因此用它可制造耐热性的电绝缘零件,例如电视机零件、家用电器零件、电子仪器仪表零件、精密仪器零件中的线圈骨架、插座、罩壳等。此外它还可制成供热水系统的装置,如:管道、阀门、泵、贮罐、紧固件、连接件等,还可制造医疗方面的高温消毒用具。

5.4.3 高强度、高模量纤维增强塑料的应用

1.碳纤维增强塑料。碳纤维增强塑料主要是火箭和人造卫星最好的结构材料。因为它不但强度高,而且具有良好的减振性,用它制造火箭和人造卫星的机架、壳体、无线构架是非常理想的一种材料。用它制成的人造卫星和火箭的飞行器,不仅机械强度高,而且重量比金属轻一半,这意味着可以节省大量的燃料,因为飞行器每增加一公斤就会消耗数字可观的燃料。用它制造火箭和导弹的发动机的壳体,可比金属制的重量减轻 45%,射程由原来的 1 600km 增加到 4 000km。用它制造宇宙飞船的助推器推力结构时,可比金属制

造的飞船减轻26%,还可用它制飞行器上的仪器设备的台架、齿轮等。也可制造飞行器的外壳,因它有防宇宙射线的作用。飞行器穿过大气层时,由于与空气摩擦,产生了大量的热,使飞行器外表面的温度高达4 000～6 000℃,因此飞行器的外表面须加防热层,这种材料就是采用最好的合金或陶瓷也无法承担。目前还没有一种材料的熔点达到4 000℃以上,而采用碳纤维增强的酚醛塑料就能够胜任。

碳纤维增强塑料也是制造飞机的最理想的材料。用它可以制造飞机发动机的零件,如叶轮、定子叶片、压气机机匣、轴承、风扇叶片等。近年来大型客机采用该种材料制造的部件越来越多了,如"波音747"型飞机的机身上许多部件都采用了该种材料。据报导,美国洛克希德公司生产的飞机,将应用该种材料制造主翼、机身、垂直尾翼、水平尾翼等,这样将使飞机的重量减轻69%。如果这个计划得以实现,其效果是相当可观的,不仅是减轻重量,提高飞行速度,同时因为它耐疲劳强度高,可大大延长其使用寿命。

碳纤维增强塑料在其他领域也同样得到了应有的重视,但由于价格昂贵,因而只在某些必要的地方应用,例如化学工业中取代不锈钢和玻璃等材料,制作对耐腐蚀性和强度要求极高的设备。

在机械工业中,利用碳纤维增强塑料耐磨性好的特性,制造磨床上的磨头和各种零件。还可代替青铜和巴比特合金,制造重型轧钢机及其他机器上的轴承,利用碳纤维是非磁性材料的性能,取代金属制造要求强度极高并易毁坏的发电机端部线圈的护环,不但强度能满足要求,而且重量也大大减轻了,若用金属材料时,要一千多公斤重,而现在用碳纤维增强塑料只有二百多公斤重。

2.开芙拉－49增强塑料的应用。在飞机上已有相当数量的开芙拉增强塑料被用于内部装修、外部整形等方面。洛克希德公司在一架L－1 011三星运输机中使用了1吨以上的开芙拉复合材料,从而减轻了350kg重量。船舶领域内,开芙拉复合材料正在被越来越多的应用。例如,用开芙拉－49织物制造的"兽皮船"仅重8.2kg。此外,在汽车零件、外装饰板等上的应用,不仅大幅度减轻了重量,而且提高了耐冲击性、振动衰减性和耐久性。

3.开芙拉－29增强塑料的应用。开芙拉－29在要求非常高的拉抻强度、低延伸率、电气绝缘性、耐反复疲劳性、耐蠕变性及高的强韧性等领域,可代替拉伸机构和电缆类。此外安全手套、防护衣、耐热衣等劳动保护服也是开芙拉－29的重要用途之一。

4.芳香族聚酰胺纤维增强塑料。它主要的应用是制造飞机上的板材,门、流线型外壳、座席、机身外壳、天线罩和火箭发动机、马达的外壳。其次由于它的综合性能超过了玻璃钢,尤其是它具有减振耐损伤的特点,适合用于船舶制造方面。

5.硼纤维增强塑料。硼纤维增强塑料主要用于制造飞机上的方向舵、安定面、翼端、起落架门、襟翼、机缀箱、襟翼前缘等。由于它的价格比碳纤维增强塑料还要昂贵,目前还仅限于在上述的飞机制造业中应用。

6.碳化硅纤维增强塑料 它可用来制造飞机的门、降落传动装置箱、机翼等。

5.4.4 其他纤维增强塑料的应用

1.石棉纤维增强聚丙烯,由于石棉纤维和聚丙烯的电绝缘性都好,所以复合以后电绝缘性仍然很好,因此主要用作制造电器绝缘件的材料。

2.矿物纤维增强塑料,该种材料主要用于制造耐磨材料。

第六章　金属基复合材料

6.1　金属基复合材料的种类和基本性能

随着现代科学技术的飞速发展,人们对材料的要求越来越高。在结构材料方面,不但要求强度高,还要求其重量要轻,在航空航天领域尤其如此。金属基复合材料正是为了满足上述要求而诞生的。与传统的金属材料相比,它具有较高的比强度与比刚度,而与树脂基复合材料相比,它又具有优良的导电性与耐热性,与陶瓷材料相比,它又具有高韧性和高冲击性能。这些优良的性能决定了它从诞生之日起就成了新材料家族中的重要一员,它已经在一些领域里得到应用并且其应用领域正在逐步扩大。本章将对这一新型材料的基本情况进行介绍。

6.1.1　金属基复合材料的种类

金属基复合材料是以金属为基体,以高强度的第二相为增强体而制得的复合材料。因此,对这种材料的分类既可按基体来进行,也可按增强体来进行。

按基体来分类可分为铝基复合材料、镍基复合材料、钛基复合材料等。而按增强体来分类则可分为颗粒增强复合材料、层状复合材料、纤维增强复合材料等。下面将对上述的各种复合材料首先作些简单的介绍。

1.按基体分类

(1)铝基复合材料

这是在金属基复合材料中应用得最广的一种。由于铝合金基体为面心立方结构,因此具有良好的塑性和韧性,再加之它所具有的易加工性、工程可靠性及价格低廉等优点,为其在工程上应用创造了有利的条件。

在制造铝基复合材料时通常并不是使用纯铝而是用各种铝合金。这主要是由于与纯铝相比铝合金具有更好的综合性能,至于选择何种铝合金做基体则往往根据实际中对复合材料的性能需要来决定。

(2)镍基复合材料

这种复合材料是以镍及镍合金为基体制造的。由于镍的高温性能优良,因此这种复合材料主要是用于制造高温下工作的零部件。人们研制镍基复合材料的一个重要目的,即是希望用它来制造燃汽轮机的叶片,从而进一步提高燃汽轮机的工作温度。但目前由于制造工艺及可靠性等问题尚未解决所以还未能取得满意的结果。

(3)钛基复合材料

钛比任何其他的结构材料具有更高的比强度。此外,钛在中温时比铝合金能更好地保持其强度。因此,对飞机结构来说,当速度从亚音速提高到超音速时,钛比铝合金显示出了更大的优越性。随着速度的进一步加快,还需要改变飞机的结构设计,采用更细长的机翼和其他翼型,为此需要高刚度的材料,而纤维增强钛恰可满足这种对材料刚度的要求。

钛基复合材料中最常用的增强体是硼纤维,这是由于钛与硼的热膨胀系数比较接近,如表 6-1 所示。

表 6-1　基体和增强体的热膨胀系数

基体	膨胀系数($10^{-6}/℃$)	增强体	膨胀系数($10^{-6}/℃$)
铝	23.9	硼	6.3
钛	8.4	涂 SiC 硼	6.3
铁	11.7	碳化硅	4.0
镍	13.3	氧化铝	8.3

2.按增强体分类

(1)颗粒增强复合材料

这时的颗粒增强复合材料是指弥散的硬质增强相的体积超过 20% 的复合材料,而不包括那种弥散质点体积比很低的弥散强化金属。此外,这种复合材料的颗粒直径和颗粒间距很大一般大于 $1\mu m$。在这种复合材料中,增强相是主要的承载相,而基体的作用则在于传递载荷和便于加工。硬质增强相造成的对基体的束缚作用能阻止基体屈服。

颗粒复合材料的强度通常取决于颗粒的直径、间距和体积比,但基体性能很重要。除此以外,这种材料的性能还对界面性能及颗粒排列的几何形状十分敏感。

(2)层状复合材料

这种复合材料是指在韧性和成型性较好的金属基体材料中含有重复排列的高强度高模量片层状增强物的复合材料。片层的间距是微观的,所以在正常的比例下,材料按其结构组元看,可以认为是各向异性的和均匀的。这类复合材料是结构复合材料,因此不包括各种包复材料。

层状复合材料的强度和大尺寸增强物的性能比较接近,而与晶须或纤维类小尺寸增强物的性能差别较大。因为增强薄片在二维方向上的尺寸相当于结构件的大小,因此增强物中的缺陷可以成为长度和构件相同的裂纹的核心。

由于薄片增强的强度不如纤维增强相高,因此层状结构复合材料的强度受到了限制。然而,在增强平面的各个方向上,薄片增强物对强度和模量都有增强效果,这与纤维单向增强的复合材料相比具有明显的优越性。

(3)纤维增强复合材料

金属基复合材料中的纤维根据其长度的不同可分为长纤维、短纤维和晶须,它们均属于纤维增强体,因此,由纤维增强的复合材料均表现出明显的各向异性特征。

基体的性能对复合材料横向性能和剪切性能的影响比对纵向性能更大。当韧性金属基体用高强度脆性纤维增强时,基体的屈服和塑性流动是复合材料性能的主要特征,但纤维对复合材料弹性模量的增强具有相当大的作用。

6.1.2　金属基复合材料中增强体的性质

虽然各种复合材料中的增强体不同,但它们都具有许多共性。人们发现纤维状增强物能够最有效地增强金属基体,因此这里将对此进行重点讨论。

对于纤维状增强体,以下几种性能基本上是其共同的要求:

(A)高强度。纤维的高强度首先是为了满足复合材料强度的需要,其次还可使整个加工制造过程简单。

(B)高模量。对于金属基复合材料而言,这种性能是非常重要的,这是为了使纤维承载时基体不致发生大的塑性流动。

(C)容易制造和价格低廉。如果在重要结构上应用,这个条件对工业生产的要求是十分必要的。

(D)化学稳定性好。纤维的这种性能要求对所选择的基体合金往往是不同的,因为每种复合系统都有特殊的加工要求和环境要求。但对所有纤维来说,在空气中的稳定性和对基体材料的稳定性都是很重要的。

(E)纤维的尺寸和形状。对于采用固相制造法的金属基复合材料,大直径的圆纤维更加合适。借助金属基体的塑性流动,这些纤维很容易和基体结合,由于纤维的表面积小,化学反应也比较小。

(F)性能的再现性与一致性。对于脆性材料或高强度材料,这种要求是非常重要的。由于在很多情况下复合材料的强度取决于纤维的束强度,这种束强度与每个纤维的强度有关,因此需使各个纤维的强度趋于一致。

(G)抗损伤或抗磨损性能。有些脆性纤维对湿暴露或表面磨损特别敏感,这些缺点对一般复合工艺都有不利影响。

表 6-2 列出了一些重要的增强纤维及其性能。从表中可以看到,像"火箭丝"(纲丝)、钼丝和钨丝等高强度丝,就是由于具有高强度才成为特别有用的增强材料。丝状合金比任何其他形状更容易得到高强度和高韧性。这些丝还具有优良的高温蠕变性能。但这些丝的比模量没有其他纤维高。铍丝有很高的比模量,但由于其价格较高影响了它的应用。

E-玻璃纤维和 S 玻璃纤维具有优良的比强度和低成本,因此可以说是树脂基的最重要的增强纤维。但由于这些纤维模量低且化学性质活泼,所以很少用来增强金属。

氧化铝纤维是用从熔体中提拉子晶的方法生产的,这种单晶纤维的典型直径为 $250\mu m$,具有很高的强度。但氧化铝纤维对磨损很敏感,而且很贵。

表 6-2　一些增强纤维的典型性能

纤维材料	直径(μm)	制造方法	平均强度(GPa)	密度 g/cm³	模量(GPa)
硼	100~150	化学气相沉积	3.4	2.6	400
SiC 复硼	100~150	化学气相沉积	3.1	2.7	400
SiC	100	化学气相沉积	2.7	3.5	400
碳单丝	70	化学气相沉积	2.0	1.9	150
B_4C	70~100	化学气相沉积	2.4	2.7	400
碳芯硼	100	化学气相沉积	2.4	2.2	
高强石墨	7*	热解	2.7	1.75	250
高模石墨	7*	热解	2.0	1.95	400
Al_2O_3	250	熔体拉制	2.4	4.0	250
S-玻璃	7*	熔体喷丝	4.1	2.5	80
铍	100~250	拉拔丝	1.3	1.8	250
钨	150~250	拉拔丝	2.7	19.2	400
"火箭丝"	50~100	拉拔丝	4.1	7.9	180

* 每股 10 000 根丝

用硼纤维增强铝合金和镁合金时具有很好的综合性能。用三氯化硼气体通过化学气相沉积法可获得硼纤维,将硼沉积在1 200℃的钨底丝上。用钨作底丝是由于它的再现性好、强度高、价格低且化学纯度高,但有时也用碳单丝及其他金属丝作底丝。

硼纤维具有一系列很突出的优点,它的比模量和比强度高,与固态铝和液态镁的化学相容性好,直径大,再现性好且价格适宜。

碳化硅纤维和碳化硼纤维已有实验室规模的生产。这种纤维的生产方法与硼纤维十分相似,也是在钨或碳的底丝上用化学气相沉积法生产的。这些沉积物都是结晶体,对表面磨损十分敏感。B_4C 和 SiC 的结晶形结构比硼纤维具有更好的抗蠕变性能,因此这些纤维主要作为高温增强材料。

石墨纤维或丝束有优良的比模量和比强度,并具有可用的性能范围。其弹性模量通常与高温石墨化程度有关,一般可达 240~250GPa。但由于这种纤维和熔融金属有反应,使复合材料加工困难,从而使其作为金属基体的增强体的应用受到限制。

6.1.3 金属基复合材料的强度

由于大多数金属基复合材料均表现出各向异性,所以在各个方向上的强度也不尽相同。以纤维增强金属基复合材料为例,则表现为纵向强度与横向强度的差异。

1.纵向强度

材料强度与弹性性能不同,不代表整个测试段上的平均性能,而主要代表局部区的性能。材料强度可以定义为材料发生破坏的最弱横截面上的平均应力。一般情况下,材料强度是指原始横截面积上的应力,而不是瞬断面积上的应力。在静态拉伸应力条件下,判别抗拉强度很简单,就是按原始截面计算的材料试样能够承受的最大张应力或极限张应力。对于高模量的金属基复合材料的断裂,则是由于载荷不断增加,纤维不断断裂,承载能力相继下降从而导致了材料的破坏。

复合材料强度同组分性能间的关系可用如下的公式表示

$$\sigma_C^* = \sigma_F \cdot V_F + \sigma_M \cdot V_M \qquad (6\text{-}1)$$

式中 σ_C^* 表示复合材料的抗拉强度,即复合材料原始面积上的应力,σ_F 为所有纤维上的平均应力,σ_M 是基体在断裂时的平均应力,V_F 和 V_M 是纤维和基体的体积分数。如果没有孔隙及第三相存在,则应有 $V_F + V_M = 1$。

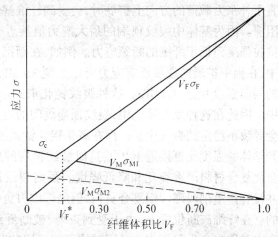

如果所有纤维的强度相近,剩下的基体在纤维断裂时又不能承受载荷,这时 σ_F 就等于纤维的平均强度,而 σ_M 可以认为是在基体应变等于纤维断裂应变时的基体应力。McDaniels 等人对此曾用钨丝铜基复合系进行了研究,并将复

图 6-1　高强度脆性纤维同韧性基体的强度混合定则

合材料的强度绘成纤维体积比的函数,如图 6-1 所示。从图中可以看出,仅在纤维体积比

大于临界纤维体积比 V_F^* 时,公式(6-1)才可适用。如果纤维体积比比较低,基体在全部纤维断裂后仍能承受载荷,这与上面的假设不符。

公式(6-1)应该采用纤维的有效强度,但有效强度值却不是能简单测定的,因为脆性纤维的拉伸强度范围相当大。尽管当纤维强度相近时可以采用纤维的平均强度,但对硼这样的脆性纤维,用纤维平均强度并不能很好地预测复合材料的抗拉强度。

当弱纤维断裂时,将引起三种重要的变化。首先,由于破断纤维失去强度,而使该处截面上的强度降低。第二,破断纤维裂纹周围的静应力集中会降低材料的有效强度。第三,破断纤维失去载荷时产生的动应力波会使复合材料受到冲击,从而降低该处横面上的瞬时承载能力。

第一个问题也与基体内的纤维临界载荷传递长度有关。在纤维破断位置上,由于破断纤维失去载荷能力而使材料强度有相应的损失。在临界载荷传递长度以下的纤维段上,纤维承载能力的减少量等于纤维强度同基体剪切应力回传给破断纤维段上的载荷之差。如果载荷传递长度是无限长,则确定这种纤维强度时,或者测试一束纤维的抗拉强度,或者测试每根纤维,然后算出该组纤维所能承受的最大载荷。测试计算时需要将应力乘上该应力下未断纤维的总面积,并一直测试到最大应力。

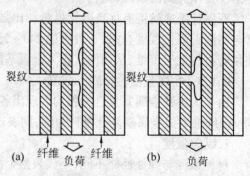

图 6-2　复合材料中的裂纹钝化
(a)界面开裂　　(b)基体剪切变形和开裂

破断纤维端周围的应力集中效应也会降低复合材料的有效强度。复合材料的一项重要性能即是当裂纹在垂直于外张力载荷的方向上扩展时,会受到纤维基体界面的阻滞。因为基体中裂纹顶端的最大应力值接近于基体的抗拉强度而低于纤维的断裂应力。例如,在硼铝复合材料中,在铝中扩展的裂纹顶端应力可以达到 350MPa,而纤维的局部强度接近 4.2GPa。这种裂纹钝化形式示于图 6-2中。因此在这种复合系统中,裂纹顶端周围的应力集中不会导致不稳定的裂纹生长。而在氧化铝－钛系统中,纤维和基体的强度比更接近于 2:1,这时裂纹顶端的应力集中会使复合材料严重脆化和降低强度。虽然裂纹顶端本身并没有严重削弱硼－铝复合材料,但局部应力集中是严重的。在纤维破断位置上,由于受到束缚,破断纤维的两端

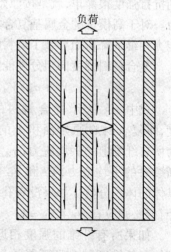

图 6-3　二维裂纹的扩展
箭头表示纤维上的剪切应力

会在基体中产生剪切应力。因基体不能承担破断纤维原来承受的高载荷,这些剪切力主要由最邻近的纤维承担。如果最邻近的纤维没有破坏,几乎不会有什么局部应力传到更远的纤维上。附加在未破断纤维上的局部张应力会导致不稳定的裂纹扩展,因为次邻近纤维的破断甚至会产生更大的剪切阻滞力。图 6-3 示出了二维阻滞力的示意图。如果这

些力平均分配在最近邻的六根纤维上及平均纤维应力是 2.8GPa 时,则在纤维断裂时,加给邻近纤维的局部附加张应力就是 2.8GPa,或者说每根邻近纤维上的附加张应力是 0.45GPa。纤维断裂处的附加应力值最大,而在离开断头端的距离等于 l_c 处,也即在临界剪切传递长度处,附加应力减小到零。

当弱纤维断裂时,复合材料应力状态的第三种变化与由此产生的冲击波有关。金属基复合材料中的断裂通常用声发射检查。动载断裂能主要被试样所吸收,但关于它对复合材料抗拉强度的影响还没有定量的研究。

总之,组分性能和复合材料强度之间的关系比弹性模量更为复杂,因为强度和局部材料有关,而不是整个材料的平均常数。虽然对纤维有效强度能预测的复合材料,可以采用混合定则计算复合材料强度。但对含脆性增强纤维的复合材料,这种计算就不很精确了。

2. 横向强度

金属基复合材料的横向性能的预测比纵向性能复杂。为简化需采用一些假设。在预测横向模量值时,Tsai 假设:(1)两组元在达到断裂应力前都是线弹性的;(2)界面结合是完好的;(3)纤维排列是规则的。由这些假设可以推导出材料的横向刚度 E_{22} 和复合材料横向平面泊松比

$$v_2 = (E_{22}/E_{11})v_1 \tag{6-2}$$

图 6-4 表示纤维正方排列的复合材料横向模量同基体模量之比是纤维体积比的函数,也是纤维模量对基体模量之比的函数。该图表明,金属基体内的增强纤维对横向模量有很大影响。例如,60% 的硼 – 铝复合材料的横向模量接近于基体的三倍。

这种横向模量的增强作用并不能代表复合材料的横向强度,因为复合材料都在最弱的横截面上破坏。此外,由于基体受到纤维的严重束缚,复合材料的断裂应变比非束缚基体材料的相应值要小得多。关于对比的具体预测结果,本书不再作进一步的讨论。

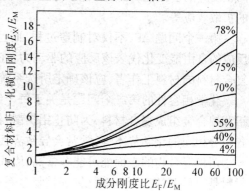

图 6-4　圆纤维正方排列的复合材料的归一化横向刚度

6.1.4　复合材料组分的相容性

由于复合材料包含有两种或两种以上的相,要使组分间具有良好的配合,则这两相间必须具备物理相容性和化学相容性。对金属基复合材料而言,用薄片或纤维增强金属基复合材料的物理相容性问题一般都和压力变化,或热变化时反映材料伸缩性能的材料常数有关。化学相容性问题主要与复合材料加工过程中的界面结合、界面化学反应以及环境的化学反应等因素有关。

所谓物理相容性问题,是指基体应有足够的韧性和强度,从而能够将外部结构载荷均匀地传递到增强物上,而不会有明显的不连续现象。此外,由于裂纹或位错移动,在基体上产生的局部应力不应该在纤维上形成高的局部应力。对很多应用来说,基体的机械性能要求,应包括高的延展性和屈从性。

基体和增强体之间的一个非常重要的物理关系是热膨胀系数,因为基体通常是韧性

较好的材料,因此最好是基体有较高的热膨胀系数。这是因为膨胀系数较高的相从通常较高的加工温度冷却时将受到张应力。对于脆性材料的增强物,一般都是抗压强度大于抗拉强度,处于压缩状态比较有利。而对于像钛这类高屈服强度的基体,一般却要求避免高的残余热应力,因此热膨胀系数不应相差太大。

化学相容性是一个更加复杂的问题。对于原生复合材料,在制造过程中是热力学平衡的。例如,在平衡状态下凝固的共晶复合材料,对于这类共晶体,其两相化学势相等,而比表面能效应也最小。如果这种复合材料在偏离制造温度时有明显的相变或浓度变化,就会产生不稳定问题;在人造复合材料中,两相间发生有害反应的化学动力学过程也相当缓慢,一般可以满足相容性要求。

对于非平衡态复合材料,化学相容性问题要严重得多。如采用石墨增强纤维时,纤维的浸润和结合都非常困难,在使两相结合方面就会产生问题。还有纤维和环境的化学反应也是加工过程中遇到的一个严重问题。高强度脆性纤维的有害反应包括应力腐蚀和氧化。热冲击也会使纤维损伤。

纤维和基体间的直接反应则是更重要的相容性问题。对于像硼-铝这样的低温金属基复合材料,可以靠尽量降低制造温度来避免两相间的化学反应。对蠕变强度低的基体,采用高压低温工艺也能获得良好的固结和粘合。像硼-镁或钨-铜等复合系,因为两相间不反应,不互溶,因此可以采用熔液渗透法制造。

但对于高温复合材料而言,以下的与化学相容性有关的问题则十分重要。(1)ΔF——两相反应的自由能;(2)U——化学势;(3)T——表面能;(4)D——晶界扩散系数;以及一些其他的扩散效应等。

第一个问题 ΔF,不仅对制造过程,而且对高温应用过程都是很重要的。纤维和基体反应的自由能变化代表该反应的驱动力,在高温下该值的大小变得更加重要。设计高温复合材料的材料工作者,应该确定所选系统可能发生的反应的自由能变化。

化学相容性的第二个问题是关于每个组元中每个元素的化学势。例如,如欲用氧化铝和镍合金组成复合材料,为防止铝扩散,铝(和氧等)在两相中的化学势必须相等。如果各组分相间的化学势不等,常常会导致界面不稳定而使纤维性能下降。

两相混合物的表面能可能非常高,因而使界面很不稳定。这个问题对晶须增强复合材料是很重要的。而对碳化钨加钴复合系来说,其表面能关系则是有利的。

由晶界或表面扩散系数控制的二次扩散效应常使复合系中两组分相的关系发生很大变化。例如,钨丝增强镍合金中碰到的一个重要问题即是镍向钨晶界扩散,从而导致钨丝再结晶温度下降。还有另外一些二次扩散效应,如液态金属脆化和氢脆。在复合材料中,如果某一相的间隙氢浓度偏高,便会危及另一相从而会发生氢脆。

上述的各种化学相容相问题还将在以下章节中详细讨论,在结构复合材料的制造和应用过程中,这种相容性问题是非常重要的。

6.2 铝基复合材料

6.2.1 铝基复合材料的特点

航空航天工业中需要大型的、重量轻的结构材料,例如波音 747 大型运输机、远距离通信天线、巨型火箭及宇航飞行器等。在设计这些结构时,问题之一就涉及到平方 – 立方尺寸关系,即结构的强度与刚度随其尺寸的平方增加,而重量却随其尺寸的立方增加。所以,假若要保证大型结构的机动性和高效率,就需要更完善的设计和更好的材料。

复合材料的一个主要目标就是应用像硼那样极高强度的共价结合纤维与适合于结构制造和应用的基体来克服这些限制。而铝则是被选用最广的基体材料。

目前关于硼 – 铝复合材料的研究主要包括以下几个方面的内容:

(1)研制强度高、刚性大、重量轻的构件,这在航空航天领域中显得尤为重要。

(2)改进大型构件的制造技术,研制可靠耐用的材料及构件。

(3)改进硼 – 铝复合材料的制造应用技术,促使其成本尽可能降低。

硼 – 铝复合材料综合了硼纤维优越的强度、刚度和低密度及铝合金基体的易加工性和工程可靠性。表 6-3 对比了硼铝复合材料与硼 – 环氧树脂、高强石墨 – 环氧树脂和高

表 6-3　多向增强复合材料的性能

	抗拉强度 $0°$, MPa	拉伸模量 $0°$, GPa	抗拉强度 $90°$, MPa	拉伸模量 $90°$, GPa	抗压强度 $0°$, MPa
硼 – 环氧树脂					
$0° \pm 45°$	660	110	103	32	1930
$0° \pm 60°$	430	73	280	73	1490
硼 – 铝					
$0° \pm 60°$	500	180	490	180	—
$0°$	1300	220	130	130	> 1980
石墨 – 环氧树脂					
（HMG-50/BP907)					
$\pm 30°$	270	50	40	10	218
$0° \pm 45°$	430	78	62	12	—
铝合金 7075 – T6	500	66	490	67	
Ti – 6Al – 4V	900 ~ 1100	105	900 ~ 1100	105	

强钛合金 Ti—6Al—4V 的性能。表中同时给出了单向增强的性能和增强物 $0° \pm 60°$ 排列的各向同性的性能。大多数工程应用要求采用能使材料性能介于上述两者之间的增强方式。从表中可以看到,由于增强纤维的作用使比模量得到明显改善。硼纤维的比模量约为钢、铝、钼、铜和镁等任何一种标准工程材料的五、六倍,这是由于硼的共价结合在本质上比金属键结合更强。而金属键的结合力又比有机树脂的结合力强得多。这样,金属键

结合的材料的比模量约为有机树脂的十倍。所以,树脂的低刚度将导致树脂基复合材料的横面模量和剪切模量都低。硼－铝的这种优点同样表现在多向增强的复合材料上。像铝这样具有较高模量的基体的另一个优点表现在抗压负载上。基体模量高对防止纤维在基体中发生微观曲折是很重要的。在纤维受压时这种微观曲折问题由于纤维直径小而更为严重,一般认为,这便是细石墨纤维增强复合材料抗压强度低的一个主要原因。

与树脂基复合材料相比,硼铝的弹性模量更接近各向同性,而且其非轴向强度也较高。硼－铝复合材料的横向抗拉强度和剪切强度大约与铝合金基体的强度相等,这就比树脂基材料可能达到的强度要高得多。

除上述特点外,硼－铝复合材料的其他重要物理性能与机械性能有:高的导电性和导热性、塑性和韧性、耐磨性、可涂复性、连接性、成型性和可热处理性及不可燃性。高温性能和抗湿能力对于工程结构的耐久性也常常是重要的。而硼－铝复合材料的优越性能则为其应用提供了有利的保障。

6.2.2　硼铝复合材料

作为结构应用来说,选择复合材料组元的主要目标是高比模量和高比强度,硼－铝复合材料因此在研究与发展上受到了很大的重视。

1.增强纤维

对增强纤维的主要要求是比模量高、比强度高、性能重复性好、价格低以及易于制造成复合材料。与这些要求有关的纤维主要性能已列于表 6-2 中,在表中的每一种纤维与硼纤维相比都各有缺点。玻璃纤维强度较高价格低廉,但它的模量低易与铝起反应。氧化铝纤维的比模量和比强度较低且价格昂贵。碳化硅纤维与铝的反应比硼小,并已作为硼纤维的涂层使用,但其密度比硼高 30%,且强度较低。高模量石墨纤维似乎很有吸引力,但它以纱线形式出现却是一个严重缺点,因为用固态制造方法很难使金属渗入为数一万根的纤维束中,而熔融的铝合金又会与纤维起剧烈反应。$\alpha-\beta$ 钛合金 Ti—6Al—4V 的冷拉丝材和沉淀硬化钢"火箭"丝 NS—355,由于密度大而在比强度和比模量上难以与硼相比。冷拉铍丝性能好,但生产成本太高也限制了其应用。

硼纤维是用化学气相沉积法由钨底丝上用氢还原三氯化硼制成的。将钨丝电阻加热到 1 100 ~ 1 300℃并连续拉过反应器以获得一定厚度的硼沉积层,这样便在钨丝上沉积了颗粒状的无定形硼。目前大量供应的纤维有 $100\mu m$ 和 $140\mu m$ 两种直径,有的纤维带有 $2\mu m$ 厚的碳化硅涂层,其目的是为了改进纤维的抗氧化性能。$140\mu m$ 硼纤维的室温密度为 $2.55g/cm^3$。由于硼纤维的表面具有高的残余压缩应力,因此纤维易操作处理,并对表面磨损和腐蚀不敏感,这是硼纤维的一项很有意义的特性。此外,硼纤维还具有良好的高温性能,它在 600℃时仍保持 75% 强度,在 600℃和 700℃时的蠕变性能比钨还好。但在500℃以上暴露于氧气中短时间纤维的强度就会严重受损,在表面涂一层碳化硅正是为了防止这种破坏作用。

2.基　体

硼纤维选择铝合金作为基体是由于铝合金具有良好的综合性能。所谓良好的综合性能是指良好的结合性能,较高的断裂韧性,较强的阻止在纤维断裂或劈裂处的裂纹扩展能力;较强的抗腐蚀性,较高的强度等。对于高温下使用的复合材料,还要求基体具有较好的抗蠕变性和抗氧化性。此外,基体应能熔焊或钎焊,而对于某些应用还要求基体能采用复合蠕变成型技术。

目前普遍使用的铝合金有变形铝、铸造铝、焊接铝及烧结铝等。这些铝合金并不完全符合硼纤维对金属基体的要求,但某些合金已得到了成功的使用,这其中最普遍的是采用变形铝为基体用固态热压法制得的复合材料。

用铝箔和等离子喷涂的预制合金粉制造复合材料时,使用过多种变形铝合金。表6-4中列举了铝合金的性能。1 000 和 3 000 系列合金容易购得,其延展性和可焊性极好,但抗拉强度和蠕变强度低。7 000 系列和 4 000 系列的合金也进行了研究,但断裂韧性一般低于平均水平。

5 000 系列断裂韧性较好并已用于制造高强度硼纤维复合材料。

能够热处理的 6061 和 2024 最受重视。2024 合金 Al—4.5Cu—1Mg 的好处是:箔材和粉末有现成供应,时效硬化后强度高,高温蠕变强度好,以及在结构应用上有丰富的经验。6061 铝合金是最常用的结构铝合金之一。它可以热处理,形成很细的镁硅化合物沉淀。低合金含量使得熔点较高,而塑性使得缺口敏感性较低。在金属基的硼复合材料系列中该合金的性能数据最为充分。6061 还具有抗蚀性好和应力腐蚀敏感性低的优点,这种合金在低温下也是韧性的,而且比高强合金如 2024 和 7075 更易成型,因而受到了普遍的重视。

表 6-4 铝基体合金的性能

合 金	弹性模量 GPa	屈服强度 MPa	抗拉强度 MPa	断裂应变量 %
1100	63	43	86	20
2024	71	128	240	13
5052	68	135	265	13
6061	70	77	136	16
Al-7Si	72	65	120	23

6.2.3 铝基复合材料的制造

复合材料的制造包括将复合材料的组分组装并压合成适于制造复合材料零件的形状。常用的工艺有两种,第一种是纤维与基体的组装压合和零件成型同时进行;第二种是先加工成复合材料的预制品,然后再将预制品制成最终形状的零件。前一种工艺类似于铸件,后一种则类似于先铸锭然后再锻成零件的形状。

制造过程可分为三个阶段:纤维排列、复合材料组分的组装压合和零件层压。大多数硼 - 铝复合材料是用预制品或中间复合材料制造的。前述的两种工艺具有十分相似的制造工艺,这就是把树脂粘合的或者是等离子喷涂的条带预制品再经过热压扩散结合。

1.挥发性粘合剂工艺

这种工艺是一种直接的方法,几乎不需要什么重要设备或专门技术。制造预制品的材料包括成卷的硼纤维、铝合金箔、气化后不留残渣的易挥发树脂以及树脂的溶剂。铝箔的厚度应结合适当的纤维间距来选择,通常为 $50 \sim 75 \mu m$。

所用的纤维排列方法有两种,单丝滚筒缠绕和从纤维盘的线架用多丝排列成连续条带。前一种工艺因为简单而较常使用。利用滚筒缠绕可能做成幅片,其尺寸等于滚筒的宽度和围长,图6-5为纤维滚筒缠绕的示意图。由于简单的螺杆机构便能保证纤维盘的移动与滚筒转动相配合,故能使间距非常精确和满足张力控制。

第二种纤维排列法是制造连续多丝条带,它要求更完善的设备条件。目前的设备可同时输出600根脆性丝。

等离子喷涂的硼－铝带用同样的方法制造,只是不喷挥发性粘合剂,而在纤维—箔片上喷一层基体铝合金,将纤维和箔片粘在一起。因为选择的等离子喷涂合金

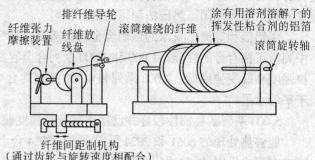

图 6-5　纤维的滚筒缠绕

与箔基体相同,所以这两种材料都变成基体的一部分。铝合金粉注入到灼热的等离子气流中并在放热区内被熔化。熔融质点打在纤维－箔片上并急冷到纤维的反应温度以下。由于纤维周围充满了等离子焰射流中含有的惰性气体,因而能防止纤维氧化。

这种工艺的优点是,纤维在缠绕筒上就被基体固定住,因而纤维间距好控制,喷涂条带的耐久性和强度好,以及易于复合粘结。

用挥发性粘合剂和等离子喷涂工艺生产的"毛料"预制带还必须经叠片和压合才能做成复合材料。采用挥发性粘合剂方法时,粘合剂必需在热压结之前排除。这一步骤直接在高压焊合之前进行,因为在树脂粘合剂挥发之后必须依靠机械作用使纤维和铝箔保持原位。

叠片过程包括先把预制品剪切成一定形状,然后将其铺放在热压模或平压板上。剪切时一般采用比较简单的单片剪切。剪切机可以类似于板金剪切机、剪刀或糕点扣模。假若使用平板热压,通常要将叠层封装在套内,因为控制气氛对防止铝或硼在高温下氧化是很重要的。在平板之间压制的典型封装复合材料的基体与硼纤维各占50%(体积化)。若要制造复杂形状的零件,则使用成型模具热压叠层,这种叠层可以含有许多复杂形状的单片。层片用滚压剪切的方法切割,其方法与扣制糕点类似,随后将这些层片叠好并在叶形模具中压制。这两种工艺都能用来热压长零件。

控制热压条件——温度、压力、时间和气氛是非常重要的。否则,恶劣的条件会使复合材料强度减低并使铝的扩散结合不好。在使用未涂复的硼纤维时可用的时间－温度条件范围很小。然而,用促进大范围塑性变形的方法,如像疏松的等离子喷涂的压实或像挤压的情况,则热压时间可以大大缩短。若采用的时间相当短,就可选用较高的温度。压力一般要求超过70MPa,为了防止硼的氧化,要在更长的时间内保持氧的分压很低。

在硼－铝的压合中有下述一些重要的限制:

(1)纤维损伤问题限制了时间－温度参数。

(2)为保证铝的结合和消除孔隙度,时间－温度－压力参数必须高于门限值,因为这是一个受蠕变和扩散限制的过程。

(3)高压力会增加纤维的断裂。

(4)为防止硼氧化要求仔细控制气氛。

若硼纤维用碳化硅涂覆,这些限制大多可以放宽或不予考虑,因为在制造过程中可以使用高得多的温度而不会使纤维损伤。

在制造复合材料时,在硼和铝合金中还可加入第三种组元以改进一些性能,如高温横向性能、抗腐蚀性和韧性等。目前两种最有效的附加物是钛箔和高强度"火箭丝"。因为铝基体同这些第三组元的结合条件与铝本身自结合的参数相同,所以把钛箔或"火箭"丝加到预制品中并结合成复合材料还是比较容易的。这种丝的典型性能是20℃时抗拉强度为3.8GPa,500℃时为2.8GPa,丝材在500℃或550℃的热压过程中不会明显退火。

除了上述制造工艺以外,硼-铝复合材料的制造还包括电成型、金属粉末成型、铸造和纤维缠绕配合等离子喷涂及烧结等工艺。电成型工艺是先将纤维绕在芯轴上,然后在盛有锂-铝氢化物和氯化铝的乙醚槽中电镀铝。此时铝并不在硼纤维上沉积,而是优先在绕线的间隙生长。解决这个问题的一种方法是在沉积基体之前先将纤维镀镍,但这种工艺成本相当高,因此应用受到了限制。

在含有硼纤维的金属粉末制造工艺中,要求在热压模中放入和模具等长的纤维,并在纤维周围填充一层铝粉。使用这种工艺时遇到的问题有,须保持精确的纤维间距,防止在高纤维体积比时纤维被压碎,以及由于纤维的存在而要求的压力条件下达到良好的基体控制性能。由于存在这些问题,也限制了粉末冶金在这方面的应用。

用纤维缠绕加等离子喷涂基体这样的工艺来制造平板和大直径圆环。这种工艺形成的疏松基体很不结实,但可以用随后的烧结或热压加以改善。用这种工艺制造的复合材料的早期试验结果表明,此种硼-铝材料具有极好的高温强度和耐疲劳性能。

6.2.4 铝基复合材料的二次加工

二次加工是指对基本的复合材料型件如平板、梁和管等所进行的加工、包括成型、连接机械加工和热处理等工艺过程。

1.成 型

硼-铝复合材料的成型涉及到它的组分——强而近于脆性的纤维和软而延性的铝。纤维在室温拉伸实验时具有完全弹性的应力-应变特性,而在高温下具有很高的抗蠕变能力。因为复合材料系列的最高成型温度尚不到600℃,所以如果没有纤维断裂和很高的残余应力,则纤维不会有什么塑性延伸。另一方面,在400℃下很低的应力便可使铝基体产生很大的蠕变变形。纤维对成型工序造成的严重束缚,致使零件的加工制造在很多情况下是在复合材料热压过程中用易于弯曲的预制板加工成最终形状的。实施成型制造法在树脂基复合材料的制造时也常使用。由于纤维对复合材料的束缚,使得材料的最大轴向断裂延伸率小于1%,而蠕变时横向断裂延伸率甚至更小,只有高的剪切韧性和高的蠕变延伸率才能使只要求基体剪切的蠕变成型过程顺利进行。

2.连 接

硼-铝复合材料与承载结构的附件的连接是复合材料应用中最重要的工程领域之一。硼-铝复合材料的连接技术是基于铝的连接而并不考虑硼同硼连接。其目的是想要得到高剪切强度的基体连接而不使复合材料的机械性能降低。因为铝的连接是一种很成熟的工艺,而且纤维损伤的热力学条件也已知,所以解决这个问题的途径是很明确的。

连结工艺包括固态扩散结合、使用钎料的钎焊、不用焊料的铝的熔焊技术和低温钎焊。硼－铝与硼－铝,或者硼－铝与铝板或钛板的固态扩散结合工艺,其所要求的技术和设备同前述的复合材料制造工艺基本相同。所获得的高连接强度相当于基体合金的剪切强度。

硼－铝复合材料的无焊剂炉中钎焊,如果不会使纤维损伤,则可按标准的铝焊工艺进行。标准的工艺是把钎焊箔放入需要连接的零件之间并在接触压力下进行炉中钎焊。

铝合金的熔焊用于获得高强度的、抗蚀的韧性连接。在硼－铝的熔焊中,须考虑的最主要的问题是纤维的损伤。这就必须把热影响区尽可能限制在最小的范围。标准的技术措施是急速的加热和冷却,并使熔池的几何形状具有大的深宽比。硼－铝熔焊第二个需要考虑的因素是组分之间的残余应力状态。这些连接部位可以进行退火,但对应力引起的变形也应考虑。

除了各种焊接方法以外,机械固定和胶接也是复合材料的有效连接方法。由于胶粘剂的强度比钎焊料低得多,因此连接部位所容许的剪切应力也低得多。机械固定方法的使用要考虑两条主要的限制,承载能力与拔出应力必须按各向异性复合材料确定;为安装固紧件而对复合材料进行机械加工时必须小心,保证不产生明显的损伤。

3.机械加工

由于硼纤维硬度高(莫氏硬度为9)。硼－铝复合材料的机械加工比较困难。然而对单层件来说,板金剪切技术就可以胜任。拉伸试样的加工问题通常采用砂轮切割或电加工的方法来解决。用标准的浸有金刚石的黄铜切割轮可得到良好的切割表面,由于硼本身的清洁作用,铝不会沾污或损伤具有合适粒度的砂轮。

研究表明,剪切和冷冲仅对极薄板材有用,而砂轮切割和磨削则是可用的方法;金刚石切割和金刚石钻孔也是可用的,但刀具磨损过多。使用超声波加工很好,旋转式超声波机床使用浸有金刚石钻芯的钻头在硼－铝复合材料上打孔是最有效的钻削方法。对于每种工艺来说,其切割表面质量,特别是关系到纤维的压碎或开裂,必须结合切割速率和工具寿命这些价格因素加以权衡比较。

4.热处理

在硼－铝系中,所选择的有些基体合金可进行时效强化。这些合金包括铝铜镁合金2024,铝镁硅合金6061和铝锌合金7178等。因为基体与纤维有强烈的相互作用,基体合金的时效硬化对复合材料性能的影响是复杂的,这影响到材料的残余应力状态。但这些合金的标准热处理方法还是可用的。

上述三种合金的标准 T4 和 T6,热处理工艺包括高温长时间固溶热处理 。对 2024 或7178 合金,固溶处理通常不会引起硼纤维损伤;然而 6061 所用的处理温度过高,对于未涂复的硼纤维复合材料不宜采用。另一种曾被采用过的热处理方法为液氮淬火,但这种淬火改变了纤维与基体之间的室温残余应力状态,这会对机械应力和热循环应力产生极大的影响,因而在复合材料中没有获得广泛的应用。

6.2.5　机械性能

1.弹性模量

几乎所有的通用工程机械和结构的设计均使其工作载荷不超过所用材料的弹性范围。弹性模量决定了结构在载荷下的尺寸,在这些用途中它是相当重要的。用硼-铝复合材料来增强或加固金属结构也取决于对其弹性模量的了解,因为正是组元材料模量的比值决定了结构内部的载荷分配。

单向增强硼-铝复合材料可以看作是一种正交材料,它在横向上各向同性并具有五个独立的弹性常数。然而,硼-铝复合材料经常作薄片使用,这种薄片也是复杂叠层的结构单元。于是可以把它作为一个处于平面应力状态的正交薄片来对待,因而只需四个独立的弹性常数。这些常数是轴向弹性模量 E_{11}、横向弹模量 E_{22}、主泊松比 γ_{12} 和平面剪切模量 G_{12}。组元硼纤维和铝基体的弹性常数见表6-5。

表6-5 硼纤维与铝基体的弹性常数

弹性常数	硼纤维 GPa	铝基体 GPa
杨氏模量 E	390~430	72
泊松比 γ	0.21	0.33
剪切模量 G	115~143	29

硼铝复合材料的纵向弹性模量 E_{11},可用混合定则公式相当精确地计算即

$$E_{11} = E_F \cdot V_F + E_M \cdot V_M \qquad (6-3)$$

式中角注 F 和 M 表示纤维和基体,而 V 表示体积百分比。横向弹性模量的关系较为复杂,但理论计算与实验相符合,图6-6示出了这两个模量的理论值与实验值的符合情况。弹性模量的各向异性并不大,对于通常使用的50%纤维体积比的复合材料来说,纵向与横向模量的比值约为3:2,它们的纵向与横向的比弹性模量大约为最普通用的工程合金的300%和200%。

纵向与横向模量均随温度的增加而下降。复合材料模量的下降主要是由于基体模量的下降所致。如果试样轴相对纤维轴转动,四个独立的弹性常数也将发生相应的变化。

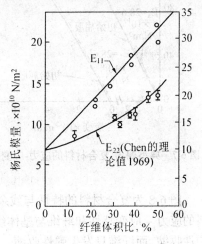

图6-6 硼-6061铝复合材料的纵向
和横向弹性模量

2.强度及应力-应变特性

非均质的正交材料,如硼-铝复合材料,其强度和全部应力-应变特性必然是复杂的。像单一的工程材料一样,结构复合材料的最终性能是原材料的性能、成分以及加工和制造过程的结果。然而,由于纤维与基体分布的独立性和各相之间反应热力学的可观察性,使得复合材料这种冶金和结构的体系比以往大多数的工程材料更适于作定量分析的描述。

(1)轴向拉伸

硼–铝复合材料的轴向拉伸特性取决于增强纤维的性能和复合材料的纤维含量。复合材料轴向强度和断裂应变受纤维性能制约。

图6-7为硼–铝复合材料的应力–应变典型曲线。图中给出了制造状态的(F状态)和热处理状态的两种特性。这两种曲线都有一个初始的直线区域,然后在另一个直线区域之前有一个过渡的非线性区域,最后在断裂之前有一个非线性区域。这种应力–应变曲线不仅反映了硼铝复合材料的特性,而且其他金属基复合材料也有类似的特征。

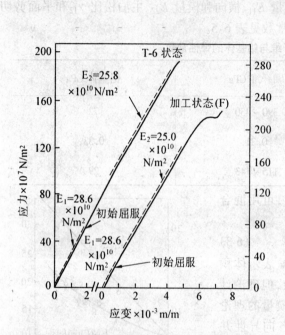

图6-7 典型硼-铝复合材料的应力-应变曲线

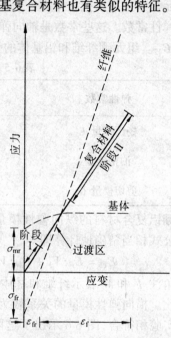

图6-8 基体纤维及复合材料应力-应变曲线图

图6-8为复合材料的特性与残余应力的作用示意图,它包括含50%硼纤维的复合材料的应力–应变特性和纤维与基体组元的应力–应变特性。在冷却时,基体发生塑性和弹性收缩,而纤维只发生弹性收缩。基体中留下的平均净拉伸残余应力的大小等于纤维中的净压缩残余应力。前述的复合材料应力–应变曲线的三个变形阶段分别对应着基体–纤维的弹性–弹性、塑性屈服–弹性和塑性–弹性特性。

硼铝复合材料具有很高的抗拉强度,这主要是由于增强纤维的抗拉强度高。其他一些因素如基体成分和残余应力则是次要原因。图6-9为复合材料强度与纤维含量的关系。对于一定的纤维类型,复合材料的强度一般随纤维含量的增加而增加。

如果纤维强度的重复性好,那么,复合材料的轴向抗拉强度随纤维含量的变化实质上呈线性关系。与线性有较大的偏离通常是由于不同试样之间纤维强度的变化所致。由于复合材料轴向强度与纤维体积比呈线性关系,因而可以用混合定则来表示复合材料强度与纤维强度及基体强度之间的关系,其结果与前面类似,这里不再重复。

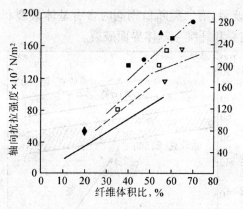

图 6-9 复合材料轴向抗拉强度随纤维含量
的变化

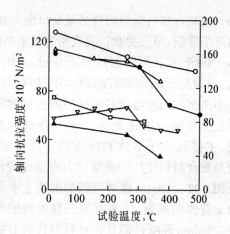

图 6-10 复合材料轴抗拉强度随试验温度
的变化

硼－铝复合材料轴向抗拉强度还随温度的变化而变化,其结果如图 6-10 所示。这种变化主要取决于纤维强度随试验温度的升高而降低,并且也取决于纤维－基体发生反应所引起的纤维强度衰退。后一点在温度超过 430℃和时间长于图中数据所用的拉伸试验时间的情况下更为重要。高温轴向强度主要取决于纤维强度这一事实表明,复合材料高温强度的改进主要是靠改进纤维的性能。基体强度的变化和残余应力的松弛也会影响复合材料强度对试验温度的依赖。

(2)横向拉伸

在构件中所用的硼－铝复合材料的横向拉伸性能是重要的考虑因素。在多数情况下 50%纤维增强复合材料的横向抗拉强度只有轴向抗拉强度的 10% ~ 15%,而横向弹性模量约为轴向模量的 60%。这样大的各向异性是采用多向复合增强的主要原因。复合材料的横向性能对基体和纤维两者的性能都是敏感的。

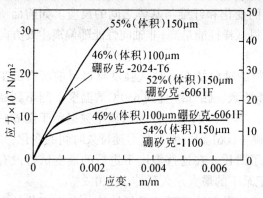

图 6-11 25℃下硼增强铝横面拉伸应力
应变曲线

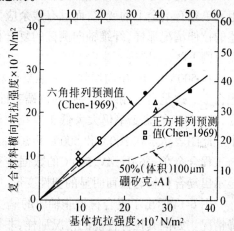

图 6-12 横向抗拉强度与基体强度
和纤维种类的关系

所有硼－铝复合材料的横向拉伸特性可以根据断口的形貌分为三种常见的类型。

第一类复合材料断裂的特征是断口全为基体破裂,第二类断口则同时含有基体破裂和纵向纤维劈裂,第三类断口的典型情况是基体破裂和纤维 – 基体界面破裂。

对于第三类断裂这里不作进一步讨论,因为对于结合良好的硼 – 铝材料而言并不典型。当复合材料承受横向拉伸载荷时是发生第一类还是第二类复合材料断裂,主要取决于基体和纤维的相对强度。两类复合材料特性的典型应力应变曲线示于图 6-11。150μm 硼增强铝的断裂主要是由于基体的破裂,代表着第一种类型的特性。100μm 硼增强铝复合材料则代表着第二种断裂类型的特征。

复合材料横向抗拉强度与基体强度和纤维种类的关系示于图 6-12 中。含有 150μm 硼纤维的复合材料的强度随基体强度的增加而连续增加。复合材料强度与基体强度接近相等。应当说明的是,为提高基体强度而进行的复合材料热处理对于提高复合材料横向强度非常有效。所有的 150μm 硼增强铝复合材料,其断口主要呈基体破裂。

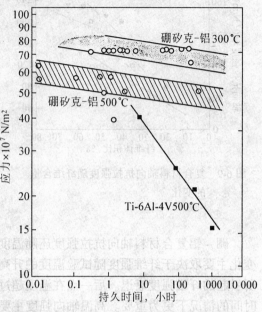

图 6-13　300℃和500℃时硼 – 铝断裂应力与持久时间的关系

3. 蠕变及持久强度

硼 – 铝在航空航天方面的重要应用,要求这种材料在高温下能长时间经受应力作用。材料是否能适应像喷气发动机风扇叶片和导向叶片这样一些用途,明显取决于蠕变和持久强度性能。硼 – 铝在高温下长时间暴露的性能比许多单一材料复杂得多,因不仅每种组元单独有冶金上的变化,而且有残余应力的变化和纤维与基体之间的反应。如前面所述的拉伸情况那样,纤维轴向测试的复合材料试样性能最高,非轴向性能随偏离主要方向而急剧下降。

在 500℃ 以下,单向增强硼 – 铝复合材料的轴向蠕变和持久强度超过目前所有的工程合金。这是由于硼纤维特殊的抗蠕变性能所致。硼纤维直到 650℃ 的温度下测不到蠕变,其 815℃ 的蠕变率仍大大低于冷拉钨丝。其突出的轴向性能的典型数据示于图 6-13 中。此图表示了在 300℃ 和 500℃ 下 100μm 硼—6061 铝的断裂应力随持久时间的变化,并与工程合金 Ti—6Al—4V,500℃ 的数据进行了对比。在这些温度下进行的蠕变试验没有显示出复合材料有任何明显的塑性变形。记录下的最大永久延伸率为 0.2%。

图 6-14 示出了复合材料非轴向的蠕变持久强度性能随偏离纤维轴的角度变化的下降情况。如同其拉伸性能的情况那样,非轴向蠕变性能可以用交叉叠层、加入非轴向增强成分或改变基体成分的办法来提高。这两种方法对改善横向蠕变及持久强度的作用示于图 6-15 中。

4. 缺口拉伸强度及断裂韧性

含有高体积比的硼或其他高模量脆性增强物的复合材料,在轴向加载条件下显示出接近弹性的特性和有限的应变能力。这是因为在等应变的条件下模量较高的纤维承受着大部分载荷并成为纵向模量的主要因素。

纤维增强复合材料中的断裂过程比单一材料复杂得多,它是各向异性和不均匀性复杂作用的结果。它虽仅具有有限的应变能力,但仍不是真正的脆性材料。

硼－铝复合材料的缺口不敏感性和断裂韧性是突出的,研究中观察到两种缺口钝化机理。当硼－铝试样结合较差时,单向增强的拉伸试样对缺口是完全不敏感的,这是由于这时的横向抗拉强度比轴向强度低,以及纤维－基体界面发生断裂。这些材料由于界面开裂面对缺口几乎完全不敏感。随着复合材料横向强度的增加,硼铝的缺口钝化机理转变为与增强纤维共线的基体塑性机理而增加了缺口敏感性。但即使在这种情况下,试样的缺口敏感性仍低于像 Ti—6Al—4V 这样的合金,数据对比示于图 6-16。

裂纹横向扩展所要求的断裂韧性参数 K 值,在每种情况下都等于或超过所采用的未增强的铝基体合金的数值,复合材料的韧性随纤维含量的增加而增加。

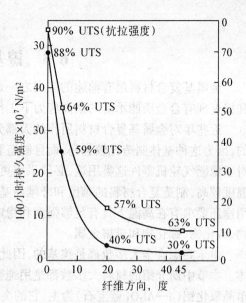

图 6-14　轴间蠕变持久与纤维轴偏离角度的关系

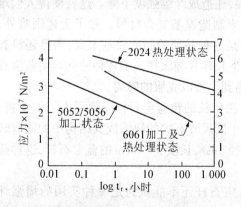

图 6-15　硼-铝复合材料在 300℃下横向拉伸应力与持久时间的关系

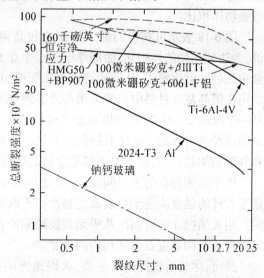

图 6-16　缺口试样的总断裂强度随加工裂纹尺寸的变化

6.3 镍基复合材料

金属基复合材料最有前途的应用之一是做燃气涡轮发动机的叶片。这类零件在高温和接近现有合金所能承受的最高应力下工作,因此成了复合材料研究的一个主攻方向。

近些年对金属基复合材料所作的大部分工作都是根据铝和铝合金基体的复合系进行的,因为这种基体制造比较容易,而且制造和使用温度较低,可减少与纤维反应程度。但对于像燃气轮机零件这类用途,必须采用更加耐热的镍、钴、铁基材料。由于制造和使用温度较高,制造复合材料的难度和纤维与基体之间反应的可能性都增加了。同时,对这类用途还要求有在高温下具有足够强度和稳定性的增强纤维,符合这些要求的纤维有氧化物、碳化物、硼化物和难熔金属。

由于高温合金大多数都是镍基的,因此在研制高温复合材料时,镍也是优先考虑的基体。本节中所介绍的材料大多数都是用纯镍或简单镍铬合金作为基体的。而增强物则以单晶氧化铝(α—Al_2O_3 蓝宝石)为主,它的突出优点是,高弹性模量、低密度、纤维形态的高强度、高熔点、良好的高温强度和抗氧化性。

6.3.1 蓝宝石晶须和蓝宝石杆

蓝宝石晶须仍然属于迄今所发现的强度最高的固体形态。它的强度与截面积的函数关系如图 6-17 所示。从图中可以看出,强度随尺寸减小而增加,这主要是由于表面越小降低强度的表面缺陷越少。因为小直径的晶须强度较高而且比粗的容易生长,所以在制造复合材料时被优先选用。在制造复合材料时为了改善与金属的润湿性和便于制造需用金属涂层。对于细晶须,涂层必须很薄,以便涂层材料在制造复合材料时不至占去太大的增强物体积比。

图 6-18 表示可获得的最大体积比和晶须直径、涂层厚度的函数关系。对细晶须来说,为达到实用的体积化,涂层厚度要小于 $0.5\mu m$,这样薄的金属涂层,在液态镍或镍铬合金中几秒钟就熔解了,从而使得晶须表面不润湿,还造成纤维强度下降。这就使得人们难以用在铝基复合材料中经常采用的液态渗透法来制造镍基复合材料。除了上述困难外,另一个限制 α—Al_2O_3 晶须增强复合材料的地方是这种晶须的制造成本太高,而且还没有研制出经济可靠的方法把有缺陷的晶须同其他生长碎片淘汰掉。上述种种问题使蓝宝石和其他晶须状晶体,在高温下增强金属的研究遇到了难以克服的障碍。

由于晶须存在的上述问题,则通过 Verneuil 法生长的粗蓝宝石杆受到了人们的重视。蓝宝石杆的强度决定于其表面完整性而不取决于同尺寸有关的缺陷或其结构中的固有缺陷。用火焰抛光法可制出几乎无表面缺陷的直径 1mm,长度 5～10cm 的蓝宝石杆,这种蓝宝石杆具有同蓝宝石晶须相当的强度。

然而,尽管有这样高的强度,火焰抛光的蓝宝石杆还不能认为是一种实用的增强纤维,因为每根短杆都是单个制备的,而且晶体生长、机械加工和抛光都是很昂贵的。但所生产的高强度、大尺寸蓝宝石大大有利于对蓝宝石和镍合金相互作用的研究,而用晶须来研究则是不可能的。

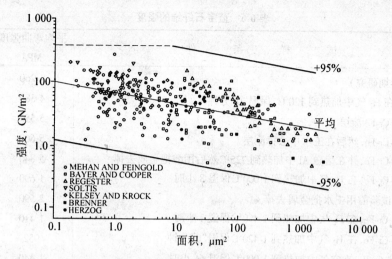

图 6-17　蓝宝石晶须拉伸强度数据,三条线分别表示平均值和 ± 95%
　　　　置信度极限

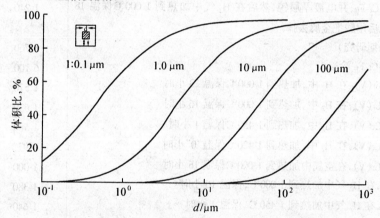

图 6-18　复合材料中不同尺寸晶须涂层厚度对可获得的
　　　　最大体积比的影响

6.3.2　镍 – 蓝宝石反应的性质和影响

　　在高温下,蓝宝石和镍或镍合金将发生反应,这种反应与弥散强化型合金所用的 Al_2O_3 质点的稳定性观测结果相一致。除非这种反应能均匀地消耗材料或在纤维表面形成一层均匀的反应产物,否则就会因局部表面变粗糙而降低纤维的强度。蓝宝石纤维表面质量越好,对降低强度的表面反应越敏感。在火焰抛光蓝宝石的近乎完整的表面上,很小的缺陷也会使测得的强度严重下降。

　　Al_2O_3 和金属之间反应对纤维强度的影响如表 6-6 所示。强度用四点弯曲线测定。表中的结果有一个显著特点,即镀镍合金的杆经加热后强度明显下降,这是由于在加热时薄膜破裂而形成金属小珠所致,这种金属小珠的形成是由于极薄的膜力图减小其表面积与体积比值的倾向造成的。

表6-6 蓝宝石纤维的强度

试 样 条 件	平均弯曲强度 MPa	试验 数目
1.抛光(早期研究)	4 260	4
2.抛光后在 H_2 气中加热到120℃,保温"0"分钟	4 380	5
3.溅射 Ni-Cr-Fe 涂层	5 550	1
4.溅射 Ni-Cr-Fe,然后在王水中去掉涂层	5 660	1
5.溅射 Ni-Cr-Fe,并在熔融 Al 中加热到725℃然后用酸把金属去掉	5 840	3
6.溅射 Ni-Cr-Fe,在 H_2 气中加热到1 000℃保温8小时	1 690	4
7.同6,但试验前用王水把金属去掉	2 590	2
8.溅射 Ni-Cr-Fe,在 H_2 气中加热到1 450℃保温1小时	1 410	2
9.溅射 Ni-Cr-Fe,在 H_2 气中加热到1 420℃保温"0"分钟	952	4
10.溅射 Ni-Cr-Fe,在空气中加热到1 000℃保温66小时	1 440	4
11.溅射 Ni-Cr-Fe,在空气中加热到1 000℃保温16小时	1 480	5
12.溅射 Ni-Cr-Fe,并电镀厚层镍,然后在 H_2 气中加热到1 000℃保温18小时,最后用酸把金属去掉	1 240	1
13.抛光(后期研究)	5 760	12
14.溅射 Ni-Cr-Fe 涂层	6 100	4
15.溅射 NiCr(V),在 H_2 中,加热到1 000℃保温23小时	1 570	2
16.溅射 NiCr(V),在 H_2 中,加热到1 000℃保温16小时	1 630	4
17.溅射 NiCr(V),在 H_2 中,加热到1 450℃保温1小时	1 580	3
18.溅射 NiCr(V),在 H_2 中,加热到1 420℃保温"0"小时	497	9
19.溅射 NiCr(V),在空气中加热到1 000℃保温16小时	1 000	2
20.溅射 Ni,在 H_2 气中加热到1 000℃,保温16小时	1 380	2
21.溅射 Ni,在 H_2 气中加热到1 450℃,保温1小时	1 640	2
22.溅射 Ni,在空气中加热到1 000℃,保温16小时	1 360	4
23.溅射 Ti,在富碳气氛中加热到1 300℃,在 H_2 气中保温3.5小时形成 TiC 涂层	828	3
24.溅射 W,在 H_2 气中加热到1 420℃,保温"0"小时	3 220	13
25.溅射 W,在 H_2 气中加热到1 000℃,保温16小时	2 710	7
26.溅射 W,在 H_2 气中加热到1 420℃,保温"0"小时	3 220	5

蓝宝石纤维和镍或镍铬合金在使用温度下发生一定程度的反应显然是不可避免的。由于这种反应在表面上产生使应力升高的缺陷,所以使纤维强度降低,也使增强潜力减小。因此为了得到最高的纤维强度并在复合材料中充分利用它,就必须在纤维上涂覆防护层来防止或阻滞纤维同基体合金的反应。

研究结果表明,为保护纤维表面,钨是最令人满意的涂层元素,但如果涂层太薄则不够稳定。因此还需对一些难熔陶瓷涂层如碳化物、硼化物和氧化物进行研究。在选择这类涂层时,必须避免选用其氧化物比 Al_2O_3 更稳定的金属。纤维的涂层除了防止同基体的反应以外,还必须保证纤维 – 基体有适当结合以得到最佳的复合材料性能。

6.3.3 镍基复合材料的制造和性能

制造镍基复合单晶蓝宝石纤维复合材料的主要方法是将纤维夹在金属板之间进行加热。这种方法通常称为扩散结合,除此之外的一些方法如电镀、液态渗透、爆炸成型和粉末冶金法也曾被尝试过,但均不很成功。

热压法成功地制造了 Al_2O_3 – NiCr 复合材料。其最成功的工艺是先在杆上涂一层 Y_2O_3(约 $1\mu m$ 厚),随后再涂一层钨(约 $0.5\mu m$ 厚)。涂钨的目的除了可以进一步加强防护外,还赋予表面以导电性,这样可以电镀相当厚的镍镀层。这层镍可以防止在复合材料迭层和加压过程中纤维与纤维的接触和最大限度地减少对涂层可能造成的损伤。经过这种电镀的杆放在镍铬合金薄板之间,板上或者有沟槽,或者有焊上的镍铬合金丝或条带,以便使杆能很好地排列并保持一定的间距。加压在真空中进行,典型条件是温度 $1\ 200℃$、压力 $41.4MPa$。

由于制造符合要求的复合材料十分困难,因此关于蓝宝石增强镍基复合材料的数据还不多。和大多数复合材料一样,大多数这类研究是用混合定则计算确定的。

除了热压法制得的镍基复合材料外,人们还研究了其他方法制造的镍基复合材料的性能。对粉末冶金法制得的材料进行的研究结果表明,在粉末压实过程中晶须因排列不当而大量断裂。测得的性能很差,晶须体积比为 25% 的复合材料的室温强度最高只有 $690MPa$。其他方法制得的镍基复合材料的性能也不理想。

从目前的情况来看,寻找有用的蓝宝石纤维增强的镍基复合材料实际上没有取得成功。虽然不能说这种基体的复合材料没有希望了,但显然要达到按混合定则预测的性能还将遇到很多困难。这其中很多困难对脆性陶瓷纤维增强的所有金属基复合材料系来说是共同的。但是一定条件下还是制造出了一些有用的材料并测定了性能,这就提高了进一步探索其他系统,包括 Ni – Al_2O_3 系统的信心。

6.4 钛基复合材料

硼纤维最初的一种应用是增强钛合金。所以对钛感兴趣主要是基于以下两点原因:钛基复合材料的使用温度超过塑料基体的温度极限,同时在一般的结构材料中钛合金的比强度最高。但由于活性的钛与硼发生严重的反应使得早期在这方面的研究没能取得成功。随着铝基复合材料的发展,钛曾一度受到了冷落,但随着相容性问题的逐渐解决,钛基复合材料又逐渐受到重视。由于对不相容性引起性能降低的原因进行了研究,对钛基体复合材料建立的理论基础也比其他大多数基体更为坚固。目前,有几种不同的系统正在研制且均有一定的应用潜力,本节将对此进行简要的介绍。

6.4.1 相容性问题

1965 年 Sinizer 等人研究了 Ti—6Al—4V 箔片与硼纤维的热压制得的复合材料的性能,结果发现当硼纤维的体积分数仅为 12% 时就获得了有效的强化。其抗压强度增加了 4%,但在进行拉伸实验时发现其强度反而降低了。在对其金相组织进行研究时发现,硼纤维被厚度为 $1\sim2\mu m$ 白色反应物的均匀带所包围,在化合物之外,有一个暗色的两相结构的急剧腐蚀区。进一步的分析表明,此两相区中的白色部分为二硼化钛,而暗色则为腐蚀区。

这种发现对复合材料具有重要意义,因为这表明在具有明显界面反应的复合材料中观察到了混合定则的特征。而在此之前则常常认为,只有在无反应的系统中才可能具有复合材料的特征。

Metcalfe 不但证明了当复合材料的反应量控制一定时,欲得到混合定则的特性是可能的,还根据反应层的数量和性能,分析了钛基体复合材料的机械性能。该分析表明,反应区在复合材料内引起新的裂纹源。除了在原始纤维中已存在的裂纹源外,这些新的裂纹源也会起作用。

如果硼纤维的理论强度等于 $E/10$,其中 E 为弹性模量,则硼的实测强度 S 要有按下式得出的应力集中系数 K 的缺陷

$$K = \frac{E}{10S} \tag{6-4}$$

对于能控制住硼纤维断裂强度为 2 000 ~ 4 000MPa 的典型缺陷,从该关系式可得出 10 ~ 20 之间的应力集中系数。如果缺陷处在纤维的表面上,一般成为近似锐尖端的裂纹,纤维和基体的反应可能不会影响这种缺陷的强度。

对界面反应的进一步研究则表明,所有的脆性反应层将在由其强度和弹性性能确定的应变点上开裂。这些裂纹的严重程度取决于它们的长度,而裂纹长度又取决于反应层厚度。当裂纹产生的应力集中和严重程度小于纤维内部原有缺陷引起的应力集中时,复合材料的强度不会发生变化。当长度的增大超过由这两类应力的等式所确定的临界长度时,强度将逐渐衰减,进一步增长时,反应区破裂将立即引起纤维断裂。

由于钛基复合材料具有一定的应用前景而受到重视,因此为解决相容性问题人们提出了六种方法:(1)最大限度减小反应的高速工艺;(2)最大限度减少反应的低温工艺;(3)研制低活性的基体;(4)研制最大限度减少反应的涂层;(5)选择具有较大反应容限的系列;(6)设计上尽量减少强度降低的影响。

高速工艺,就是使箔片和纤维在热辊之间通过,经电加热制成带状复合材料。典型的温度约为 1 000℃,此温度下停留的时间约为 1 ~ 2s。测定的二硼化钛的反应量小于 50nm。这种工艺制成的带材含有 30 根硼纤维,并得到了预测的性能。

低温工艺与高速工艺有所不同,因使用热压,所以时间不能太短,合理的热压时间为 15min,温度约为 830℃。对硼或碳化硅钛基体之间的反应所进行的研究结果表明,这种反应明显地受到基体成分的影响。以 β 合金为例,增加合金元素的含量,可以降低与纤维的反应量。这样可首先从现有的合金成分中选择低活性基体,然后则是按更长远的目标供复合材料用的基体。目前有两种合金受到了特别的重视,一种是 Ti—6Al—4V,另一种为 Ti—11Mo—5Zr—5Sn。

为了降低反应速度,人们研究了几种表面涂层并在 800℃时进行了比较,其反应区厚度随时间的变化曲线如图 6-19 所示。从图中可见,反应区的厚度可达 $4\mu m$,其厚度与时间的关系均符合抛物线生长规律。对反应进行研究时采用的基体为纯钛(40A)。不论哪种涂层都未发现明显的改善。又由于这些涂层的成本较高而可靠性较低,因此要寻找到对防止硼与钛发生反应的有效保护层可能还很遥远。

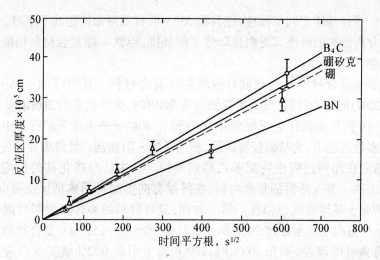

图 6-19   800℃时涂覆的纤维在 Ti(40A)基体中的反应速度

关于选择具有较大反应容限系列及在设计上尽量减少强度降低的方法涉及的问题较为复杂、这里不再介绍。

6.4.2　钛基复合材料的研制

如前述,在制造钛基复合材料时遇到了相容性问题,解决这问题的一个办法即是采用高速工艺,图 6-20 为该工艺过程的示意图。将 30 根硼纤维按 0.15mm 的中心距分两层夹在带轧槽的纯钛箔中间。这样可能使纤维排列精确。将三层箔片和 30 根纤维的叠排层喂入带耐热合金热混轮的连续扩散焊合机,焊合速度为 15cm/min,使复合材料的加热条件相当于在 1000℃的静态加热时间略多于 1s,带材的尺寸被修整到 0.25 × 0.03cm,大约有 25%(体积比)的硼。

这些带材形成的二硼化物的厚度为 25nm ~ 50nm。比前面所述的厚度低得多。但由于高速工艺的特点会存在残余应力,因此需进行退火,退火后的强度及断裂应变量均有所提高。

每一批退火带材的性能都比较一致。对于含 25%硼的钛复合材料,其典型的机械性能是,纵向强度1 000MPa,纵向模量 150 ~ 160GPa,横

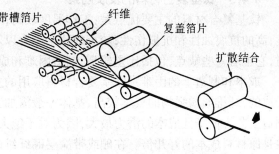

图 6-20　带材制造示意图

向强度 400MPa,横向模量 130 ~ 140MPa。纤维劈裂是限制横向强度的主要原因。

对钛 – 硼复合材料的进一步研究得出以下的几条主要结论:

1)使用制造连续带材的方法能获得非常一致的性能。这种结果是否和带材的小尺寸有关尚不清楚,但有一点可以肯定,即均匀的间隔和均匀的残余应力分布对性能的均匀性有显著的有利影响。

2)对纤维和基体之间的相互作用应加以控制以便制造出符合混合定则性能的复合材料。

3)控制纤维和基体之间的反应,使其在550℃时有效寿命能达几千小时。

4)虽然分离出来的纤维具有明显降低了的强度,但钛-硼复合材料仍能获得符合混合定则的性能。

另一种钛基复合材料是碳化硅纤维增强钛复合材料。其中以 Ti—6Al—4V 为基体(体积含量22%)的复合材料,典型抗拉强度为900MPa,弹性模量为200GPa。采用0.1mm的 Ti—6Al—4V 箔片与碳化硅纤维席片,在850℃、40MPa的条件下进行1小时的扩散而制成的。在多数情况下,为帮助控制间隔,使用了粉末附加剂。纤维席片预先用聚苯乙烯粘结固定,然后在加热过程中将聚苯乙烯烘烤掉。其中钛与碳化硅的反应层为 $0.5\mu m$ 厚。对于含18%~38%纤维的复合材料,在纤维方向上测得的典型抗拉强度范围是800~950MPa,即低于基体的抗拉强度。另一方面,复合材料的弹性模量则与混合定则的值相等,而在某些情况下甚至超过20%多。对 28%SiC—Ti—6Al—4V 复合材料的性能测试表明,强度有显著的改善,如在500℃时,100小时下引起0.2%蠕变变形应力从基体的100MPa提高到复合材料的520MPa。

对已进行的工作所做的总结表明,可能引起复合材料性能低于混合定则预测值的影响因素有四个。这四个因素是相互作用、三向应力、残余应力和纤维损伤。对相互作用的研究已经进行了很多,但由于实际中的生成物比已知的情况更复杂,因此对性能的预测与实际的符合情况还不够理想。三向应力是造成碳化硅含量较高时各复合材料早期破坏的主要原因,如果基体的延展性不高,这种影响还会更大。而残余应力则是限制复合材料强度的一个重要因素,降低残余应力虽会遇到很大困难,但却是改善材料性能的一个关键。最后一个因素即纤维损伤,在有些情况下它甚至能使材料性能指标下降50%以上,这种操作在高温时影响不大,但在室温下却是需要考虑的一种重要因素。

6.4.3 钛基复合材料的发展前景

钛基复合材料的主要优点是:工作温度较高;不需交叉迭层就可获得较高的非轴向强度;高的抗腐蚀性和抗损伤性;较小的残余应力以及强度和模量的各向异性较小等。但同时,它也有一些缺点,包括比重较高,制造困难和成本高。

成本和制造上的困难是钛基复合材料应用的主要障碍。其成本高主要是由下列因素造成的,纤维或增强物的成本较高、基体一般需加工成箔材,制造工艺较为复杂。这其中,制造工艺方面降低成本的潜力最大,因为对于绝大部分金属基复合材料而言,制造成本往往是原材料成本的好几倍。在硼或带涂层硼纤维的复合材料方面这一问题尤为突出,为此需要发展新的方法。

研制一种能把所需要的钛合金基体均匀地涂复在纤维上的方法,或许能解决制造成本问题。这样就可代替昂贵的钛箔,同时也是一种固定纤维间距的实际方法。

制造成本受很多参数的影响,其最重要的参数就是狭窄的热压温度"窗"。相容性较好的系统可以提高这种温度"窗"的上限。如果复合材料能在较高的温度下压制,则使用压力就可降低。采用相容性较好的基体只是解决此问题的方法之一。另一种方法是发展连续制造法,它有两个优点,一是在压制温度下保持的时间可以连续减少,所以可用较高的温度来压制,二是复合材料可以局部加工从而减少固结压力。

可以相信,钛基复合材料对于解决采用高性能材料在先进系统的很多问题上有极大的潜力,但成本问题是妨碍它们应用的主要障碍。由于制造工艺对成本的影响比原材料更大,今后将主要在这方面进行研究。连续制造方法将是一种很有前途的制造方法。

6.5 石墨纤维增强金属基复合材料

由于碳纤维和石墨纤维的强度高、刚度高、密度低以及大规模生产时具有降低成本的潜力,因此作为金属基复合材料的增强物颇为人们所注意。这种强度高重量轻的复合材料会有很多结构用途。目前的石墨纤维强度约为 2 000MPa,弹性模量约为 380GPa,而石墨纤维增强金属基复合材料还处于实验室阶段。

石墨纤维与许多金属系缺乏化学相容性,同时在制备时还存在一些问题,这些因素防碍了石墨增强金属的发展。就目前的情况看,铝、镁、镍和钴同石墨的相容性较好,而钛由于易形成碳化物,因此不能与石墨纤维复合,除非在复合材料的基体和纤维之间加上一层稳定的扩散阻挡层将钛和石墨隔开。

除结构应用以外,石墨增强的铜、铝和铅一类金属还具有另外一些引人注意的特性如高的强度及导电性、低的磨擦系数和高的耐磨性相结合,以及在一定温度范围内有高的几何尺寸稳定性等。石墨 – 铜和石墨 – 铝复合材料作为高强度的电导体是为人们重视的。而石墨 – 铝、石墨 – 铅、石墨 – 锌复合材料有可能用作轴承材料。

6.5.1 石墨纤维

大部分碳纤维或者碳丝是用纱线或单丝状的碳质原丝生产的,原丝经过热解余留下碳,并保持和原来相似的形状。因为在碳化过程中放出的挥发性物质只需通过纤维半径的距离,所以这些碳纤维的密度、弹性模量和强度有可能比用同样工艺得到的石墨块的上述性能更高。

由于碳可分为不同的形式,从很硬、很脆而刚性很大的类似金刚石的结构到软的、无刚性的、但牢固而且耐热的石墨,因此这类碳质原丝纤维中,有些能通过改变原始成分和热处理而达到特殊的性能。

虽然在实验室中已生产出强度高达6.9GPa 的材料,但大多数石墨的强度尚

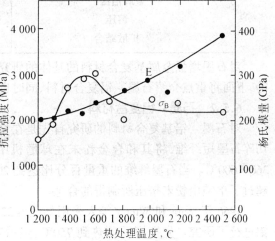

图 6-21 聚丙烯腈纤维的石墨化周期抗拉强度和模量

变化在 1 380 ~ 3 450MPa 之间。而模量值则介于 160 ~ 520GPa 之间。由于其密度只有 $1.8 \times 10^3 \text{kg/m}^3$,因此它的比强度和比模量的值可能达到很高的值。

制造碳纤维采用的原丝主要是人造丝和聚丙烯腈。有机纤维的热分解在所有情况下都是在严格控制的条件下进行的。其中,石墨化温度对纤维可能达到的抗拉强度和模量有显著的影响。

碳纤维在氧化或在惰性气氛中加热时的强度随着温度增加到 400℃ 而不断下降。当

超过 400℃时,强度随着温度的升高而增加。在石墨化过程中,由人造丝生产的碳纤维的模量和强度都随温度的增加而增加,而由聚丙烯腈作原丝所生产的碳纤维的强度在1 500℃以下随温度的升高而增加,超过此温度,则随温度的升高而下降,直到 1 900℃后趋于稳定,而模量则在整个石墨化过程中随温度的增加而不断增加,如图 6-21 所示。

对纤维表面和显微组织的研究已取得了很大进展,但还有很多工作要做。石墨纤维具有耐极高温而不损失强度和模量的能力,因此是金属的理想增强物。但由于石墨与许多金属接触时有很高的反应活性以及纤维的直径很小,因此对制造会造成一定的困难。

表 6-7 列出了目前获得应用的一些石墨纤维增强复合材料的制造方法。一些常用的为人所熟悉的方法不能一概搬到石墨－金属基复合材料的制造中来,因为这些方法可能使一些金属基体如铝不能渗满纤维的全部间隙中。表中所列的工艺中,只有金属熔液法和电镀法能渗透纤维间隙。化学气相沉积法具有巨大的潜力,其研究工作已取得了很大进展。

表 6-7 石墨－金属基复合材料的制造方法

金属粉末法	金属熔液法
熔压	压力注入
扩散结合	抽吸通过
热挤压	电镀
金属箔法	真空蒸发
熔压	化学气相沉积
扩散结合	

对石墨增强金属基复合材料的基体的研究重点是铝,其次也包括铜、镁、铅、锌、锡、铍等,下面将重点介绍石墨－铝复合材料,同时也将对其他基体制得的复合材料做些简介。

6.5.2 石墨－铝复合材料

对石墨－铝基复合材料的研究首先是在 60 年代初期。当时所采用的是直径 $0.5\mu m$ 的切碎石墨短纤维,将其和合金粉末在球磨机中混合然后进行热挤压。挤压温度范围为360 ~ 600℃。当石墨纤维的重量百分比达到 20% ~ 40% 时,制得的复合材料的强度大大超过了单纯由粉末挤压所制得的合金。

1966 年,Sara 和 Winter 等人采用如图 6-22 所示的装置,对石墨纤维束的外部加压渗铝进行了研究。先把模子预热到 750℃,然后在石墨压头上加压。在压力为 2.48 和 7.46MPa 下进行了两次试验、结果铝被强制压进 20 ~ 30μm 宽的层间空隙,但没有渗入各纤维层中。由此得出的结论是,单独利用压力是不能实现渗透的,为达到渗透的目的,必须改善石墨与铝之间的润湿性。

改善润湿性的方法之一是对石墨纤维进行涂层包覆。但涂层一般会使纤维的抗拉性能急剧下降,TiC 涂层即是此种情况。其他涂层如钽、镍、银等涂层,其中,钽涂层无论是和石墨、和铝均未观察到反应,因此可能成为涂层材料。镍则与铝反应形成大量的Al_3Ni,所以不适合作为涂层这类的偶合剂。银则在渗透过程中使铝不易与纤维润湿。利用涂覆纤维并经过工艺上的不断改进后制得了强度达到 160MPa 的复合材料,其纤维的体积百分比为 8%。但这种工艺能否生产出高纤维体积含量的复合材料并得到工业应用则

· 150 ·

仍存在一些问题。

真空蒸发工艺能成功地把大量铝沉积到纤维上。然而,遮蔽问题却难以克服。另外,由于基体与纤维之间的剥离,使这种方法制得的复合材料的强度相当低,随后的冷压与热压能使剥离的基体与纤维结合,但没有足够的材料来对性能进行测试。

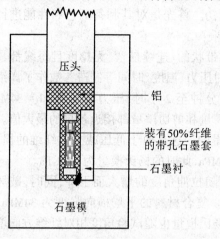

图 6-22　石墨纤维周围压渗铝用的
　　　　　模型结构图

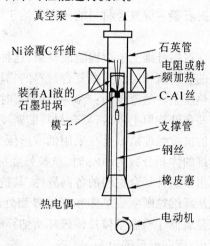

图 6-23　拉丝装置

另一种工艺为连续铸造法,如图 6-23 所示为这种工艺的装置示意图。采用这种工艺来制造复合材料时,首先将涂镍的 $1\mu m$ 的碳纤维束引过一个模子,这个模子是安置在盛有铝熔液的坩埚底部。纤维束被液态金属浸润渗透,并在模中固结形成连续丝。图 6-24 则给出了这种复合材料抗拉强度同纤维体积含量的关系。从图中可以看出,当纤维体积含量超过 30% 时,复合材料的强度下降。其强度下降的原因在于复合材料基体中 Al_3Ni 的比例随纤维体积含量的增加而增加。因此,一旦有弱纤维破断,裂缝就会通过脆的 Al_3Ni 相扩散并导致低应力下的过早断裂。

碳－铝复合材料还有一些其他的制造方法,本书不再介绍。概括起来,对碳－铝复合材料的研究可得出如下几点认识:

1)这种石墨－铝复合尚没有单一的或综合的制造方法能得到稳定的符合混合定则的复合材料。

2)对这种石墨纤维的表面性质未给予足够的重视,也未进行细致的研究。

3)尝试过的许多制造方法都忽视了孔隙度、纤维损伤、碳化物构成等所造成的明显的最终影响。

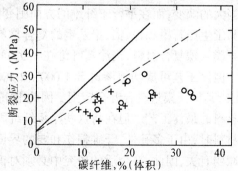

图 6-24　碳－铝复合材料纤维体积含量的关系

4)由于化学气相沉积和电镀能使纤维免于机械损伤,故可作为涂层候选工艺。

5)对固态复合材料进行热加工会破坏复合材料的完整性,从而使纤维增强原理失去作用。

6)纤维的金属镀层和非金属涂层有希望成为 $Al + C \rightarrow Al_4C_3$ 反应的扩散阻挡层。

7)为了达到预期的目标,液态渗透是最有希望的一种工艺方法。

6.5.3 石墨－镍复合材料

对石墨－镍复合材料的研究开始于 70 年代初。首先是对其制备工艺和性能进行研究。

在石墨纤维上电镀镍制成丝束,这种丝束是带状的、连续易弯、无捻度且每线都具有相当的金属沉积层。根据复合材料的物理性能对压力、温度、时间等制造参数作了详细研究。热压条件的范围为:750 ~ 1250℃,时间从 5 分钟至 2 小时,压力范围为 11 ~ 34MPa。当这些条件均取上限时,复合材料的密度、杨氏模量和剪切模量都接近各自的最大值。但最好的抗拉强度值则是在采用低成形压力时获得的。这是由于低压减少了纤维的损伤。当纤维的体积分数为 50% 时,抗拉强度可达 800MPa,此时的杨氏模量为 240GPa。

由于这种复合材料的各向异性,其抗拉强度随拉伸角度的增大而下降,同时,破坏模式也从纤维拉断变成基体和纤维界面处的剪断。复合材料的平均横向强度为 34MPa,该强度显著低于根据基体拉伸破坏所估算的值。杨氏模量也随试验角度相对纤维方向增加而减少;横向模量的值为 38GPa。

对这种复合材料进一步研究了不同取向的多层正交多层板。这些性能和按单向性能作出的预测值符合得较好。这种符合说明叠层间热膨胀系数不同所造成的微观裂纹并没降低复合材料的强度和模量性能。对杨氏模量的测试一直进行到 1 000℃,瞬时抗拉强度的测试到 1 050℃。在 500℃时,仍保持有 520MPa 的抗拉强度值,但在更高温度下由于纤维普遍拉出使得此性能降低。这种复合材料的抗弯曲强度在 250℃时达到最高,最高可达 1 250MPa。对 500℃下的持久强度进行的测试表明,当应力超过 280MPa 时,断裂时间小于 100 小时。纵向和横向线膨胀系数在室温到 1 000℃时测得的结果分别为 $0.5 \times 10^{-6}/℃$ 和 $20 \times 10^{-6}/℃$,由此表明这种复合材料是高度各向异性的。在进行热循环测试时,曾测了 1 000 个热循环,最大的 $\triangle T$ 为 875℃,此时复合材料在垂直于纤维的方向产生了相当大的畸变,而在平行于纤维的方向则变形不明显。

为了生产石墨和镍、铝、铅及铜的复合材料,人们发展了电沉积工艺。由这种工艺生产的石墨－镍复合材料,当涂覆纤维在 1 000℃或更高的温度下暴露,将会引起强度剧烈下降。但该工艺可成功地渗透含 1 000 ~ 2 500 根丝的石墨纤维束,其纤维体积含量可高达 50%,其杨氏模量符合混合定则。因此电沉积法生产石墨－镍复合材料仍是生产这种复合材料的最佳工艺。但在将这些涂覆纤维固结成具有符合混合定则的机械性能的密实复合材料时,由于多孔性、纤维损伤和弱的界面结合,曾遇到过一些问题。高温限制和纤维的减弱有关,因此,在今后的研究中必须对镍合金基体的应用、石墨纤维的表面处理和液相热压实给予应有的注意。

6.5.4 其他石墨增强复合材料

除了铝基、镍基外,人们还研究了其他金属基体的复合材料,下面将进行一些简单介绍。石墨－铜复合材料具有很长的历史,这些材料通常是用各种铜粉、石墨粉和碳粉通过粉末冶金方法制备的,发展这类材料是为了获得更高的强度,更好的尺寸稳定性及更低的价格。直到 1961 年，尚未利用高强度碳纤维来制造铜－石墨复合材料。

1971 年，首先有人在高强度纤维上电镀镍涂层，然后在镍层上电镀铜。最后把经过电镀的石墨纱在 900℃下热压实。由此生产的材料模量不高，仅为 180GPa，抗拉强度为 380MPa，造成这种情况的原因主要是分层、金属基体分布不均以及松孔。

另一种用电镀法制造的石墨－铜复合材料，是在 10 000 根碳纤维组成的纱束上由氰化物槽电镀铜，但当纤维的体积含量为 25％时，其表面涂层既多孔又不均匀。而在惰性气体中热压制备的复合材料则几乎不含孔隙，但在基体中存在一些氧化物的颗粒。

还有人采用硫盐槽电镀，然后在 600℃下热压实获得了体积含量为 30％～50％的石墨－铜复合材料。这种材料的抗拉强度在室温下通常可达 500MPa，偶尔可达 900MPa，400℃时的强度最高可达 560MPa。

70 年代初，采用热压工艺制造了石墨纤维－镁基复合材料。浸润研究表明，熔融的镁不能直接浸润无涂层的石墨纤维。因而需对纤维进行预先涂覆，采用等离子喷涂或物理蒸气沉积钛或用无电镀镍来涂覆石墨纤维，均可获得与镁良好的浸润性。

石墨－镁复合材料的比模量是 EK60A 镁基合金的 4 倍。这种复合材料仍处在发展的初期，今后的研究方向是用高强度镁合金作为基体。预计可研究出强度超过 700MPa 的石墨－镁复合材料，根据现有经验，预期这种复合材料在 600℃以下会有极好的机械性能。极高的纤维强度和刚性与纤维和镁基体两者的低密度的结合，有可能提供一种在任何已知金属结构材料中所没有的最高比强度的材料。

用石墨纤维来增强铅，可一方面发挥铅所具有的良好的消声性、减摩性及高度的抗腐蚀性能，又可克服铅及其合金低强度的弱点。纤维增强铅的可能应用场合包括化学加工装置中的结构构件，铅－酸蓄电池组的极板、隔音墙板和承受高负荷的自润滑轴承。

采用液态渗透法和电沉积技术都曾成功地制备出了石墨－铅复合材料。用热压实都能得到致密的材料，其强度可达到 490MPa，为混合定则预测值的 80％，拉伸模量可达 120GPa。由此可以认为，用复合材料工艺能生产出强度和模量很高的铅基材料，这种材料终将在工业中获得广泛的应用。

除了上述各种金属基体复合材料外，人们还研究过锌、铍等基体的复合材料。从目前的情况看，多数的石墨纤维增强金属基复合材料均处于实验室研究阶段，它们或者是性能尚未达到预期的效果，或者是由于制作过程的过于复杂而使成本上升受到限制，但它们当中的很多材料均具有很好的应用前景，因此对这些材料的研究还将进一步继续下去。

第七章　陶瓷基复合材料

7.1　陶瓷基复合材料的种类及基本性能

现代陶瓷材料具有耐高温、耐磨损、耐腐蚀及重量轻等许多优良的性能。但它同时也具有致命的弱点,即脆性,这一弱点正是目前陶瓷材料的使用受到很大限制的主要原因。因此,陶瓷材料的韧化问题便成了近年来陶瓷工作者们研究的一个重点问题。现在这方面的研究已取得了初步进展,探索出了若干种韧化陶瓷的途径,其中往陶瓷材料中加入起增韧作用的第二相而制成陶瓷基复合材料即是一种重要方法。

7.1.1　陶瓷基复合材料的基体与增强体

1.陶瓷基复合材料的基体

陶瓷基复合材料的基体为陶瓷,这是一种包括范围很广的材料,属于无机化合物而不是单质,所以它的结构远比金属与合金复杂得多。本书仅作一些简单的介绍。

现代陶瓷材料的研究最早是从对硅酸盐材料的研究开始的,随后又逐步扩大到了其他的无机非金属材料。目前被人们研究最多的是碳化硅、氮化硅、氧化铝等,它们普遍具有耐高温、耐腐蚀、高强度、重量轻和价格低等优点。陶瓷材料中的化学键往往是介于离子键与共价键之间的混合键。对于一种具体的陶瓷材料,我们可以用电负性来判断其化学键的离子结合程度,表 7-1 为由 Paueing 给出的元素的电负性值。对由 A、B 两种元素组成的陶瓷中的离子键比例的计算,可由以下的经验公式进行

$$P_{AB} = 1 - \exp[-(x_A - x_B)^2/4] \tag{7-1}$$

从(7-1)式中容易看出,x_A 与 x_B 的差值越大,离子键性越强。反之,则共价键所占的比例越大,当 $x_A = x_B$ 时,则成为完全的共价键。表 7-2 给出了一些由两种元素组成的陶瓷的电负性差及离子键与共价键的比例。

表 7-1　元素的电负性

Li	Be	B										C	N	O	F
1.0	1.5	2.0										2.5	3.0	3.5	4.0
Na	Mg	Al										Si	P	S	Cl
0.9	1.2	1.5										1.8	2.1	2.5	3.0
K	Ca	Se	Ti	V	Cr	Mn	Fe	Co	Ni	Cu	Zn	Ga	Ge	As	Se	Br
0.8	1.0	1.3	1.5	1.6	1.6	1.5	1.8	1.8	1.8	1.8	1.6	1.6	1.8	2.0	2.4	2.8
Rb	Sr	Y	Zr	Nb	Mo	Tc	Ru	Rh	Pd	Ag	Cd	In	Sn	Sb	Te	I
0.8	1.0	1.2	1.4	1.6	1.8	1.9	2.2	2.2	2.2	1.9	1.7	1.7	1.8	1.9	2.1	2.5
Cs	Ba	La-Lu	Hf	Ta	W	Re	Os	Ir	Pt	Au	Hg	Tl	Pb	Bi	Po	At
0.7	0.9	1.1-1.2	1.3	1.5	1.7	1.9	2.2	2.2	2.2	2.4	1.9	1.8	1.8	1.9	2.0	2.2
Fr	Ra	Ac	Th	Pa	U	Np-No									
0.7	0.9	1.1	1.3	1.5	1.7	1.3									

表 7-2　陶瓷的离子性与共价性比例

材　　　料	CaO	MgO	ZrO$_2$	Al$_2$O$_3$	ZnO	ZrO$_2$	TiN	Si$_3$N$_4$	BN	WC	SiC
电负性差	2.5	2.3	2.1	2.0	1.9	1.7	1.5	1.2	1.0	0.8	0.7
离子键性比例	0.79	0.73	0.67	0.63	0.59	0.51	0.43	0.30	0.22	0.15	0.12
共价键性比例	0.21	0.27	0.33	0.37	0.41	0.49	0.57	0.70	0.78	0.85	0.88

从表 7-2 中可以看出,CaO 和 MgO 等氧化物的离子性很强,而 WC 和 SiC 等共价性强。一般说来,氧化物的离子性要比碳化物和氮化物强。

陶瓷材料的晶体结构与金属材料相比是比较复杂的。这其中最典型的有以下几种,闪锌矿结构,包括 ZnS、CuCl、金刚石等,其结构如图 7-1 所示。阴离子构成 f, c, c 结构,而阳离子位于其中的四个四面体间隙位置,其坐标为:$(\frac{3}{4}, \frac{1}{4}, \frac{1}{4})$, $(\frac{1}{4}, \frac{3}{4}, \frac{1}{4})$, $(\frac{1}{4}, \frac{1}{4}, \frac{3}{4})$, $(\frac{3}{4}, \frac{3}{4}, \frac{3}{4})$。

钎锌矿结构,也是以 ZnS 为主要成分的矿石,但为六方晶系,如图 7-2 所示。阳离子构成 hcp 结构,阴离子占据两种四面体间隙的一种使阳离子也处于阴离子构成的四面体中心位置,阳离子的坐标为:$(0,0,0)$, $(\frac{1}{3}, \frac{2}{3}, \frac{1}{2})$;阴离子的坐标为:$(0,0,\frac{3}{8})$, $(\frac{1}{3}, \frac{2}{3}, \frac{7}{8})$。

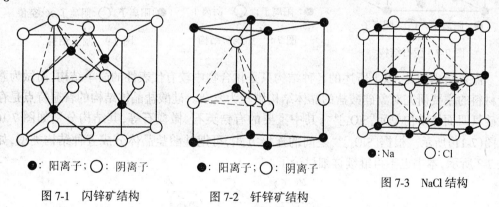

●:阳离子;○:阴离子　　　●:阳离子;○:阴离子　　　●:Na　○:Cl

图 7-1　闪锌矿结构　　　图 7-2　钎锌矿结构　　　图 7-3　NaCl 结构

NaCl 结构:立方晶系,晶体结构如图 7-3 所示,晶胞中离子坐标分列为:

Na$^+$:$(\frac{1}{2}, \frac{1}{2}, \frac{1}{2})$, $(\frac{1}{2},0,0)$, $(0,\frac{1}{2},0)$, $(0,0,\frac{1}{2})$;Cl$^-$:$(0,0,0)$, $(0,\frac{1}{2},\frac{1}{2})$, $(\frac{1}{2},0,\frac{1}{2})$, $(\frac{1}{2},\frac{1}{2},0)$。具有 NaCl 结构的化合物特别多,如 CaO, CoO, Mg, TiC, LiF 等。

CsCl 结构:晶体结构如图 7-4 所示。阴阳离子总体看来为 b.c.c 结构,Cl 位于单胞的顶角,而 Cs$^+$ 位于体心。两种离子的坐标为:

$$Cl^+:(0,0,0) \qquad Cs^+:(\frac{1}{2}, \frac{1}{2}, \frac{1}{2})$$

具有这种结构的还有 CsBr, CdI 等。

除了上述的几种较为简单的常见结构外,陶瓷材料的晶体结构还有:β-方石英结构(如图7-5所示),金红石结构(如图7-6所示),萤石结构(如图7-7所示),赤铜矿结构(如图7-8所示),刚玉型结构(如图7-9所示)及其他一些复杂结构,本书将不再作进一步的介绍。

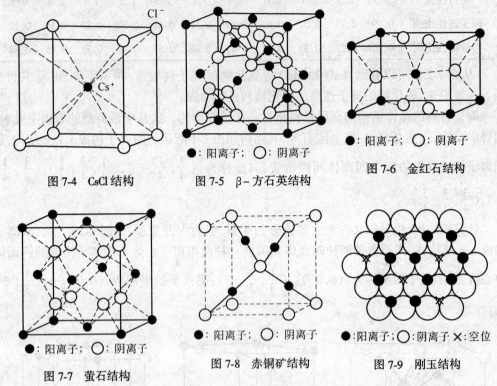

图7-4　CsCl结构　　　　　图7-5　β-方石英结构

●:阳离子;○:阴离子

图7-6　金红石结构

●:阳离子;○:阴离子

图7-7　萤石结构

●:阳离子;○:阴离子

图7-8　赤铜矿结构

●:阳离子;○:阴离子 ╳:空位

图7-9　刚玉结构

需要指出的是,以上所述的各种结构只是化合物中较有代表性的简单结构,而做为陶瓷材料的主要研究对象硅酸盐的晶体结构则较为复杂。硅酸盐晶体结构的普遍特点是存在硅氧四面体结构单元$[SiO_4]^{4-}$,其中重要的有锆英石、橄榄石等,其结构分别如图7-10及图(7-11)所示。根据$[SiO_4]^{4-}$之间的连接方式,可把硅酸盐晶体分成五种结构类型,如表7-3所示,本书也不再继续详细讨论了。

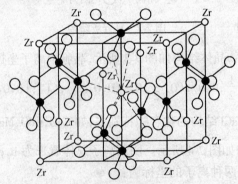

图7-10　锆英石结构

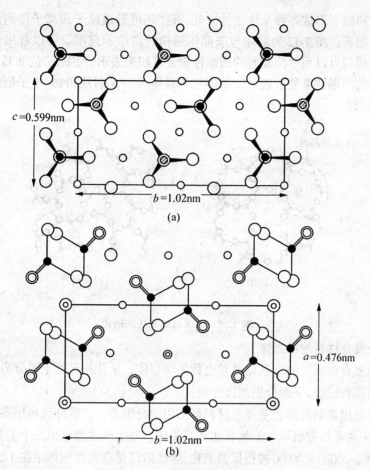

图 7-11 镁橄榄石结构

表 7-3 硅酸盐晶体结构类型

结构类型	$[SiO_4]$ 共用 O^2	形 状	络阴离子	Si:O	实　　例
岛　状	0	四面体	$[SiO_4]^{4-}$	1:4	镁橄榄石 $Mg_2[SiO_4]$
组群状	1	双四面体	$[Si_2O_7]^{6-}$	2:7	硅钙石 $Ca_3[Si_2O_7]$
	2 {	三节环	$[Si_3O_9]^{6-}$	1:3	蓝锥矿 $BaTi[Si_3O_9]$
		四节环	$[Si_4O_{12}]^{8-}$		
		六节环	$[Si_6O_{16}]^{12-}$		绿宝石 $Be_3Al_2[Si_6O_{16}]$
链　状	2	单　链	$[Si_2O_6]^{4-}$	1:3	透辉石 $CaMg[Si_2O_6]$
	2,3	双　链	$[Si_4O_{11}]^{6-}$	4:11	透闪石 $Ca_2Mg_5[Si_4O_{11}]$
层　状	3	平面层	$[Si_4O_{10}]^{4-}$	4:10	滑石 $Mg_3[Si_4O_{10}](OH)_2$
架　状	4	骨　架	$[SiO_2]$	1:2	石英 SiO_2
			$[(Al_xSi_{4-x})O_8]^{x-}$		纳长石 $Na[AlSi_3O_8]$

陶瓷材料除了形成各种晶体结构以外,有些还可形成原子或离子排列没有周期性规律的非晶态物质。图 7-12 为晶体与非晶体结构的两维示意图。可以看出,图(a)的晶体结构的原子排列可以用单位晶胞的周期性重复堆积来表示,而图(b)的非晶态结构却不能用单位晶胞的周期性重复来表示。晶体与非晶体可用 X 射线衍射、中子衍射或电子衍射的方法来鉴别。

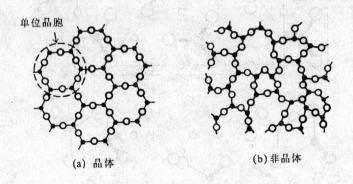

图 7-12　晶体与非晶体的结构

2.陶瓷复合材料的增强体

陶瓷基复合材料中的增强体通常也称为增韧体。从几何尺寸上可分为纤维(长、短纤维)、晶须和颗粒三类,下面分别加以介绍。

碳纤维是用来制造陶瓷基复合材料最常用的纤维之一。碳纤维可用多种方法进行生产,工业上主要采用有机母体的热氧化和石墨化。其生产过程包括三个主要阶段,第一阶段在空气中于 200℃～400℃进行低温氧化,第二阶段是在惰性气体中在 1 000℃左右进行碳化处理,第三阶段则是在惰性气体中于 2 000℃以上的温度作石墨化处理。

目前碳纤维常规生产的品种主要有两种,即高模量型,它的拉伸模量约为 400GPa,拉伸强度约为 1.7GPa;低模量型,拉伸模量约为 240GPa,拉伸强度约为 2.5GPa。碳纤维主要用在把强度、刚度、重量和抗化学性作为设计参数的构件,在 1 500℃的温度下,碳纤维仍能保持其性能不变,但对碳纤维必须进行有效的保护以防止它在空气中或氧化性气氛中被腐蚀,只有这样才能充分发挥它的优良性能。

另一种常用纤维是玻璃纤维。制造玻璃纤维的基本流程如图 7-13 所示,将玻璃小球熔化,然后通过 1mm 左右直径的小孔把它们拉出来。缠绕纤维的心轴的转动速度决定纤维的直径,通常为 10μm 的数量级。为了便于操作和避免纤维受潮并形成纱束,在刚凝固成纤维时表面就涂覆薄薄一层保护膜,这层保护膜还有利于与基体的粘结。

玻璃的组成可在一个很宽的范围内调整,因而可生产出具有较高杨氏模量的品种,这些特殊品种的纤维通常需要在较高的温度下熔化后拉丝,因而成本较高,但可满足制造一些有特殊要求的复合材料。

还有一种常用的纤维是硼纤维。它属于多相的,又是无定形的,因为它是用化学沉积法将无定形硼沉积在钨丝或者碳纤维上形成的。实际结构的硼纤维中由于缺少大晶体结构,使其纤维强度下降到只有晶体硼纤维一半左右。图 7-14 为硼纤维制备原理的示意图。

由化学分解所获得的硼纤维的平均性能为,杨氏模量 420GPa,拉伸强度 2.8GPa。硼纤维对任何可能的表面损伤都非常敏感,甚至比玻璃纤维更敏感,热或化学处理对硼纤维都有影响,高于 500℃时强度会急剧下降。为了阻止随温度而变化的降解作用,已试验采用了不同类型的涂层,商业上使用的硼纤维通常是在表面涂了一层碳化硅,它可使纤维具有长期暴露在高温后仍能保持室温强度的优点。

陶瓷材料中另一种增强体为晶须。晶须为具有一定长径比(直径 $0.3 \sim 1 \mu m$,长 $30 \sim 100 \mu m$)的小单晶体。1952 年,Herring 和 Galt 验证了锡的晶须的强度比块状锡高得多,这促使人们去对纤维状的单晶进行详细的研究。从结构上看,晶须的特点是没有微裂纹、位错、孔洞和表面损伤等一类缺陷,而这些缺陷正是大块晶体中大量存在且促使强度下降的主要原因。在某些情况下,晶须的拉伸强度可

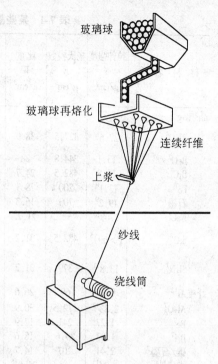

图 7-13 玻璃纤维生产流程图

达 $0.1E$(E 为杨氏模量),这已非常接近于理论上的理想拉伸强度 $0.2E$。而相比之下,多晶的金属纤维和块状金属的拉伸强度只有 $0.02E$ 和 $0.001E$。

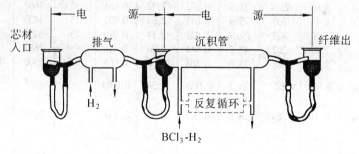

图 7-14 硼纤维制备原理示意图

自 Herring 和 Galf 发现了百余种不同材料构成的晶须以来,人们对其已给予了特别的关注。因为它们具有最佳的热性能、低密度和高杨氏模量。表 7-4 列出了一些晶须及相对应的纤维和块状材料的性质。值得注意的是,表中所列的高强度晶须集中在周期表中前几个元素上。这主要是由于仅周期表中前几个元素才能构成纯的共价键,而一般说来,强的共价键结合的固体可有较高的强度。同时又由于这种键具有方向性与饱和性,因而原子往往不是以很稠密的方式堆积的,为此这种固体的密度就比较低,这恰好满足了像宇航工业这样的尖端科学的应用。

表 7-4 某些晶须、纤维和块状材料的性能

材料名称	拉伸强度 S g/cm³	杨氏模数 E g/cm³	比重 W g/cm³	比强度 S/W 10^6m	比杨氏模数 E/W 10^6m	S/E 比[a]	直径 μm	熔点或软化点,0℃	近似的价格,$/lb	S/E 理论值
晶须 Ag[1]	1.73	—	—	—	—	—	—	960.5[2]	—	0.20[3]
Al₂O₃[4]	27.6[b]	427.5	38.9	0.71	10.99	0.065	3~10	2038	2700—13000[6]	0.10[3]
BeO[7]	13.1	344.8	28	0.468	12.31	0.038	10~30	2570	—	—
B₄C[7]	13.8	482.5	24.7	0.559	19.53	0.029	5~10[5]	2450	—	—
Fe[7]	13.1[8]	200	78.1	0.149	2.27	0.066	2[5]	1537	—	0.18[3]
石墨[7]	19.2[9]	703	16.3	1.205	43.13	0.028	—	3650	—	—
NaCl	1.08[10]	—	21.2[2]	0.051	—	—	—	801[2]	—	0.10[3]
SiC[7]	(>69)[5]	482.5	31.2	2.21	15.46	0.143	1~3	2690	1800~9200[6]	—
Si₃N₄[7]	13.8[11]	379	31.2	0.442	12.15	0.036	1[5]	1898	1500~3000[6]	—
纤维 Al[12]	0.29	69	26.6	0.011	2.59	0.004	150	660[2]	—	
Al₂O₃[7]	2.83[13]	172.5	30.9	0.092	5.58	0.16	25[13]	2038	—	0.10[3]
Be[7]	1.27	241	17.9	0.071	13.46	0.005	127	1280	1500	
BN[7]	1.37	89.6	18.6	0.074	4.82	0.015	7	2980	175	
碳/石墨[7]	2.41	207	14.7	0.164	14.08	0.012	5	3650	500	
陶瓷[b14]	1.24[15]	—	26.8[15]	0.046	—	—	3~10[15]	1815[9]	—	
Cu[12]	0.41	124	87.2	0.005	1.42	0.003	150	1083	—	0.20[3]
石棉纤维[c14]	0.69[14]	—	24.5~32.4[14]	0.021~0.028	—	—	0.03~0.17[14]	1315[14]	—	
E-玻璃纤维[16]	3.45[16]	84.9[10]	24.9[16]	0.139	3.41	0.041	10	846[16]	0.5	
Mo[7]	2.20	358.5	99.5	0.022	3.60	0.006	25	2620	630	
SiO₂(玻璃)[7]	5.86	72.4	21.5	0.272	3.37	0.081	35	1660	30	0.22[3]
钢[7]	4.14	200	75.9	0.055	2.64	0.021	13	1400	50	
W[7]	4.00	407	190.4	0.021	2.14	0.010	13	3400	710	0.16[3]
ZrO₂[7]	2.07	207	47.5	0.044	4.36	0.010	—	2650	—	
B[17]	2.40	448	23.0	0.104	19.48	0.005	100	2300	1500	
块状材料 Al(99.5退火)[15]	0.069	62	26.5	0.0026	2.34	0.0011	—	660[2]		
Al₂O₃(99.9%)[18]	0.31	386	38.9	0.008	9.92	0.0008	—	2050[2]	—	0.10[3]
BeO(99%)[19]	0.41	345	29.5[2]	0.005	11.69	0.0004	—	2570		
Ti(99.5退火)[18]	0.33	102.8	44.2	0.007	2.33	0.0032	—			
Ag(退火)[18]	0.12~0.18	74.5	102.8	0.0012~0.0018	0.72	0.0016~0.0024	—	962		
Fe(铸造)[15]	0.24	196.5	77.1	0.003	2.55	0.0012	—	1535	—	0.18[3]
不锈钢[18]	0.58	196.5	78.8	0.0074	2.49	0.003	—	1398~1454		
W(退火)[15]	1.48	345	189	0.0078	1.83	0.0043	—	3410	—	0.16[3]

在陶瓷基复合材料中使用得较为普遍的是 SiC, Al_2O_3 及 Si_3N_4 晶须。

陶瓷材料中的另一种增强体为颗粒。从几何尺寸上看,它在各个方向上的长度是大致相同的,一般为几个微米。通常用得较多的颗粒也是 SiC, Si_3N_4 等。颗粒的增韧效果虽不如纤维和晶须,但如颗粒种类、粒径、含量及基体材料选择适当仍会有一定的韧化效果,

同时还会带来高温强度,高温蠕变性能的改善。所以,颗粒增韧复合材料同样受到重视并对其进行了一定的研究。

7.1.2 纤维增强陶瓷基复合材料

在陶瓷材料中加入第二相纤维制成复合材料是改善陶瓷材料韧性的重要手段,按纤维排布方式的不同,又可将其分为单向排布长纤维复合材料和多向排布纤维复合材料。

1.单向排布长纤维复合材料。

单向排布纤维增韧陶瓷基复合材料的显著特点是它具有各向异性,即沿纤维长度方向上的纵向性能要大大高于其横向性能。由于在实际的构件中主要是使用其纵向性能,因此只对此进行讨论。

在这种材料中,当裂纹扩展遇到纤维时会受阻,这样要使裂纹进一步扩展就必须提高外加应力。图 7-15 为这一过程的示意图。当外加应力进一步提高时,由于基体与纤维间的界面的离解,同时又由于纤维的强度高于基体的强度,从而使纤维可以从基体中拔出。当拔出的长度达到某一临界值时,会使纤维发生断裂。因此裂纹的扩展必须克服由于纤维的加入而产生的拔出功和纤维断裂功,这使得材料的断裂更为困难,从而起到了增韧的作用。实际材料断裂过程中,纤维的断裂并非发生在同一裂纹平面,这样主裂纹还将沿纤维断裂位置的不同而发生裂纹转向。这也同样会使裂纹的扩展阻力增加,从而使韧性进一步提高。

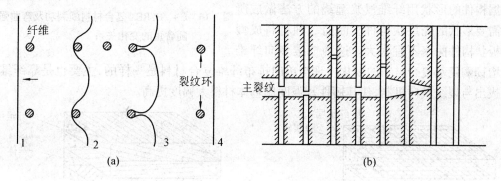

图 7-15　裂纹垂直于纤维方向扩展示意图

图 7-16 给出了 C 纤维增韧玻璃复合材料的断裂功随纤维含量的变化。可以看出,随着纤维含量的增加,断裂功及强度都显著提高。表 7-5 则给出了 C 纤维增韧 Si_3N_4 复合材料的性能。从中可见,复合材料的韧性已达到了相当高的程度。

表 7-5　C 纤维增韧 Si_3N_4 复合材料的性能

材料　　　　性能	SMZ-Si_3N_4	Cf/SNZ-Si_3N_4
体积含量(g/cm^3%)	3.44	2.7
纤维含量(vol%)		30
抗弯强度(MPa)	473 ± 30	454 ± 30
弹性模量(GPa)	247 ± 16	188 ± 18
断裂功(J/m^2)	19.3 ± 0.2	4770 ± 770
断裂韧性 K_{IC}(MPa·$m^{1/2}$)	3.7 ± 0.7	15.6 ± 1.2
热膨胀系数(20 ~ 1 000℃)($\times 10^{-6}$℃$^{-1}$)	4.62	2.51

2.多向排布纤维增韧复合材料

单向排布纤维增韧陶瓷只是在纤维排列方向上的纵向性能较为优越,而其横向性能则显著低于纵向性能。所以只适用于单轴应力的场合。而许多陶瓷构件则要求在二维及三维方向上均具有优良的性能,这就要进一步研究多向排布纤维增韧陶瓷基复合材料。

首先来研究二维多向排布纤维增韧复合材料。这种复合材料中纤维的排布方式有两种。一种是将纤维编织成纤维布,浸渍浆料后根据需要的厚度将单层或若干层进行热压烧结成型,如图 7-17 所示。这种材料在纤维排布平面的二维方向上性能优越,而在垂直于纤维排布面方向上的性能较差。一般应用在对二维方向上有较高性能要求的构件上。另一种是纤维分层单各排布,层间纤维成一定角度,如图 7-18 所示。后一种复合材料可以根据构件的形状用纤维浸浆缠绕的方法做成所需要形状的壳层状构件。而前一种材料成型板状构件曲率不宜太大。这种二维多向纤维

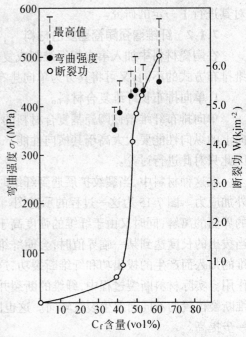

图 7-16 C + /PYREX 复合材料断裂功及弯曲强度随含量的变化关系

增韧陶瓷基复合材料的韧化机理与单向排布纤维复合材料是一样的,主要也是靠纤维的拔出与裂纹转向机制,使其韧性及强度比基体材料大幅度提高。

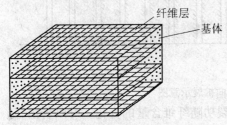

图 7-17　纤维布层压复合材料示意图

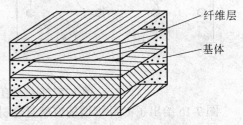

图 7-18　多层纤维按不同角度方向层压示意图

下面再介绍三维多向排布纤维增韧陶瓷基复合材料。三维多向编织纤维增韧陶瓷是为了满足某些情况的性能要求。这种材料最初是从宇航用三向 C/C 复合材料开始的,现已发展到三向石英/石英等陶瓷复合材料。图 7-19 为三向正交 C/C 纤维编织结构示意图。它是按直角坐标将多束纤维分层交替编织而成,由于每束纤维呈直线伸展,不存在相互缠和绕曲,因而使纤维可以充分发挥最大的结构强度。这种编织结构还可以通过调节

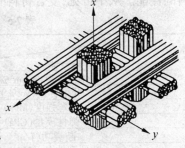

图 7-19　三面 C/C 编织结构示意图

纤维束的根数和股数,相邻束间的间距,织物的体积密度以及纤维的总体积分数等参数进行设计以满足性能要求。关于这种材料的进一步介绍放在下一节。

7.1.3 晶须和颗粒增强陶瓷基复合材料。

长纤维增韧陶瓷基复合材料虽然性能优越但它的制备工艺复杂,而且纤维在基体中不易分布均匀。因此,近年来又发展了短纤维、晶须及颗粒增韧陶瓷基复合材料。由于短纤维与晶须相似,本书将只讨论后两种情形。

由于晶须的尺寸很小,从客观上看与粉末一样,因此在制备复合材料时只须将晶须分散后与基体粉末混合均匀,然后对混好的粉末进行热压烧结,即可制得致密的晶须增韧陶瓷基复合材料。目前常用的是 SiC,Si_3N_4,Al_2O_3 晶须,常用的基体则为 Al_2O_3,ZrO_2,SiO_2,Si_3N_4 及莫来石等。

晶须增韧陶瓷基复合材料的性能与基体和晶须的选择,晶须的含量及分布等因素有关。图 7-20 和图 7-21 分别给出了 ZrO_2(2mol%Y_2O_3) + SiCw 及 Al_2O_3 + SiCw 陶瓷复合材料

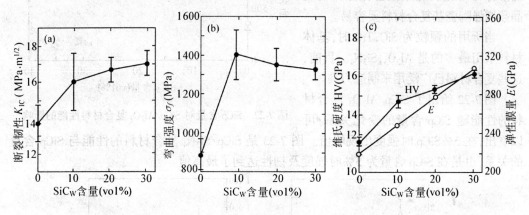

图 7-20　ZrO_2(Y_2O_3)复合材料的力学性能

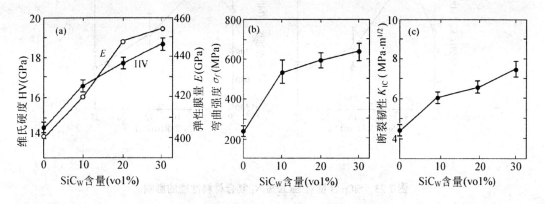

图 7-21　Al_2O_3 + SiCw 复合材料的力学性能

的 性能与 SiCw 含量之间的关系,可以看出,两种材料的弹性模量、硬度及断裂韧性均随着 SiCw 含量的增加而提高,而弯曲强度的变化规律则是,对 Al_2O_3 基复合材料,随 SiCw 含量的增加单调上升,而对 ZrO_2 基体,在 10Vol%SiCw 时出现峰值,随后又有所下降,但却始

终高于基体。这可解释为由于 SiCw 含量高时造成热失配过大,同时使致密化困难而引起密度下降,从而使界面强度降低导致了复合材料强度的下降。由图中可知,对 Al_2O_3 基复合材料最佳的韧性和强度的配合可使断裂韧性 $K_{IC} = 7MPa \cdot m^{1/2}$,弯曲强度 $\sigma_f = 600MPa$;ZrO_2 基复合材料 $K_{IC} = 16MPa \cdot m^{1/2}$,$\sigma_f = 1\ 400MPa$。由此可见,SiCw 对陶瓷材料具有同时增强和增韧的效果。

从上面的讨论知道,由于晶须具有长径比,因此当其含量较高时,因其桥架效应而使致密化变得困难,从而引起了密度的下降并导致性能的下降。为了克服这一弱点,可采用颗粒来代替晶须制成复合材料,这种复合材料在原料的混合均匀化及烧结致密化方面均比晶须增强陶瓷基复合材料要容易。

当所用的颗粒为 SiC,TiC 时,基体材料采用最多的是 Al_2O_3,Si_3N_4。目前,这些复合材料已广泛用来制造刀具。

图 7-22 给出了 $SiCp/Al_2O_3$ 复合材料的性能随 SiCp 含量的变化关系,可

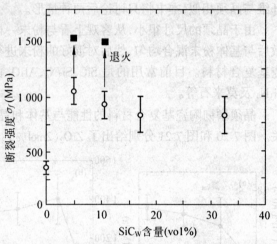

图 7-22　SiCp 含量对 $SiCp/Al_2O_3$ 复合材料性能的影响

以看出,在 5% SiCp 时强度出现峰值。图 7-23 是 $SiCp/Si_3N_4$ 复合材料的性能与 SiCp 含量的关系,也是在 SiCp 含量为 5% 时强度及韧性达到了最高值。

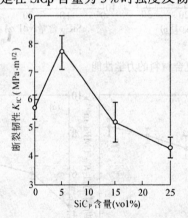
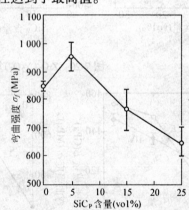

图 7-23　SiCp 含量对 $SiCp/Si_3N_4$ 复合材料性能的影响。

从上面的讨论可知,晶须与颗粒对陶瓷材料的增韧均有一定作用,且各有利弊,晶须的增强增韧效果好,但含量高时会使致密度下降,颗粒可克服晶须的这一弱点但其增强增韧效果却不如晶须,由此很易想到,若将二者共同使用定可取长补短,达到更好的效果,目前,已有了这方面的研究工作,如使用 SiCw 与 ZrO_2 来共同增韧,用 SiCw 与 SiCp 来共同增韧等,图 7-24 及图 7-25 给出了 $Al_2O_3 + ZrO_2(Y_2O_3) + SiCw$ 复合材料的性能随 SiCw 及 ZrO_2

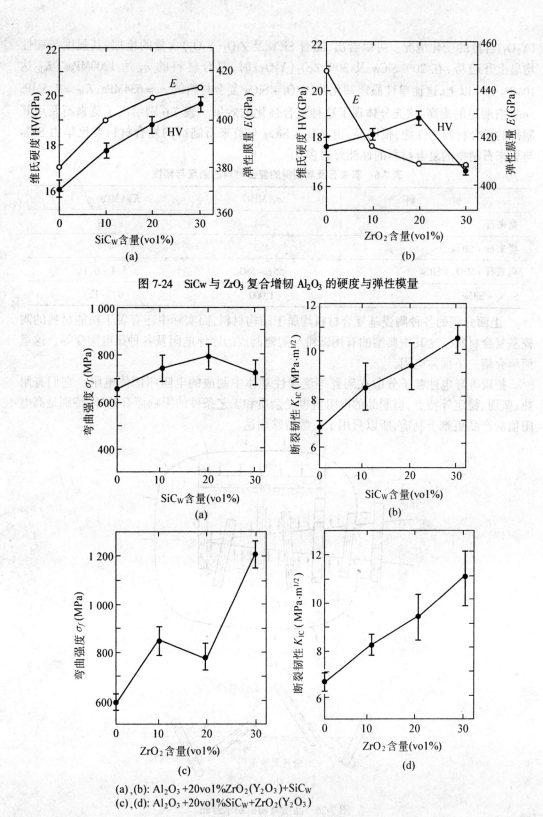

图 7-24 SiCw 与 ZrO₃ 复合增韧 Al₂O₃ 的硬度与弹性模量

(a),(b): Al₂O₃ +20vol%ZrO₂(Y₂O₃)+SiCw
(c),(d): Al₂O₃ +20vol%SiCw+ZrO₂(Y₂O₃)

图 7-25　SiCw 与 ZrO₂ 复合增韧 Al₂O₃ 的强度与断裂韧性

(Y_2O_3)含量的变化情况。可以看出,随着 SiCw 及 $ZrO_2(Y_2O_3)$含量的增加,其强度与韧性均呈上升趋势,在 20% SiCw 及 30% $ZrO_2(Y_2O_3)$时,复合材料的 σ_f 达 1200MPa。K_{IC} 达 10MPa·$m^{1/2}$以上,这比单纯晶须韧化的 Al_2O_3 + SiCw 复合材料的 $\sigma_f = 634$MPa,$K_{IC} = 7.5$MPa·$m^{1/2}$有明显的提高,这充分体现了这种复合强化的效果。表 7-6 则给出了莫来石及用其制得的复合材料的性能,很明显,由 ZrO_2 + SiCw 与莫来石制得的复合材料要比单由 SiCw 与莫来石制得的复合材料的性能好得多。

表 7-6 莫来石及其制得的复合材料的强度与韧性

材 料	σ_f(MPa)	K_{IC}(MPa·$m^{1/2}$)
莫来石	244	2.8
莫来石 + SiCw	452	4.4
莫来石 + ZrO_2 + SiCw	551 ~ 580	5.4 ~ 6.7
Si_3N_4 + SiCw	1 000	11 ~ 12

上面介绍的各种陶瓷基复合材料均属于结构材料,而实际中还有属于功能材料的陶瓷基复合材料。这其中典型的有用碳粉与陶瓷制成的固体电阻及各种压电陶瓷等。这里简单介绍一下固体电阻。

把碳等导电性粒子分散在陶瓷等绝缘性基体中制成的电阻叫固体电阻。它们有耐热、坚硬、稳定等特点,但制品的电阻值也受杂质和工艺条件的影响而有差异,特别是高电阻值的产品更难于制造,所以只用于一些特殊用途。

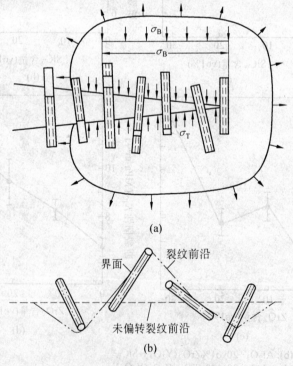

(a)

(b)

图 7-26 · 晶须增韧机制示意图

固体电阻一般是以碳黑和瓷土做原料来制造,为了烧结方便也加一些硼酸和碱土金属、玻璃等辅助材料,但为了防止发生电解和极化现象,瓷土中不能存在碱性物质。

碳黑的种类、瓷土及辅助材料的种类、粒度、配方以及成型方法烧结条件等对制品的电阻值均有较大影响。在制造时要按所需的电阻值对原料进行配比,为了防止氧化,还需在非氧化气氛中烧结。另外,碳黑粒子之间的接触情况和在烧结体中的分布情况也是影响电阻值的重要因素。

7.1.4 陶瓷基复合材料的界面和强韧化机理

与其他复合材料相类似,在陶瓷基复合材料中,界面的性能也直接与材料的性能有关。一般说来,界面可分为两大类。第一类为无反应界面,这种界面上的增强相与基体直接结合形成原子键合共格界面或半共格界面,有时也形成非共格界面。这种界面的结合较强,因此对提高复合材料的强度有利。

另一类界面则是在增韧体与基体之间形成一层中间反应层,中间层将基体与增韧体结合起来。这种界面层一般都是低熔点的非晶相,因此它有利于复合材料的致密化。在这种界面上,增韧相与基体无固定的取向关系。对于这种界面,可通过界面反应来控制界面非晶层的厚度,并可通过对晶须表面涂层处理或加入不同界面层形成物质控制反应层的强度,从而适当控制界面结合强度使复合材料获得预期的性能,但非晶层的存在对材料的高温性能不利。

界面的性质还直接影响了陶瓷基复合材料的强韧化机理。我们以晶须增强陶瓷基复合材料为例来对其强韧化机理进行探讨。

晶须增强陶瓷基复合材料的强韧化机理与纤维增强陶瓷基复合材料大致相同,主要是靠晶须的拔出桥连与裂纹转向机制对强度和韧性的提高产生突出贡献。研究结果表明,晶须的拔出长度存在一个临界值 lpo,当晶须的某一端距主裂纹距离小于这一临界值时,则晶须从此端拔出,此时的拔出长度小于临界拔出长度 lpo;如果晶须的两端到主裂纹的距离均大于临界拔出长度时,晶须在拔出过程中产生断裂,断裂长度仍小于临界拔出长度 lpo;界面结合强度直接影响了复合材料的韧化机制与韧化效果。界面强度过高,晶须将与基体一起断裂,限制了晶须的拔出,因而也就减小了晶须拔出机制对韧性的贡献。但另一方面,界面强度的提高有利于载荷转移,因而提高了强化效果。界面强度过低,则使晶须的拔出功减小,这对韧化和强化都不利,因此界面强度存在一个最佳值。

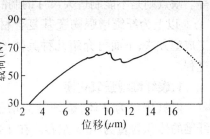

图 7-27 为 SiCw/ZrO$_2$ 材料的载荷－位移曲线,可以看出有明显的锯齿效应,这是晶须拔出桥连机制作用的结果。

图 7-27　SiCw/ZrO$_2$ 复合材料的载荷
　　　　　——位移曲线

7.2 陶瓷基复合材料的成型加工技术

7.2.1 纤维增强陶瓷基复合材料的加工与制备

纤维增强陶瓷基复合材料的性能取决于多种因素。从基体方面看,与气孔的尺寸及数量,裂纹的大小以及一些其他缺陷有关;从纤维方面来看,则与纤维中的杂质、纤维的氧化程度、损伤及其他固有缺陷有关;从基体与纤维的结合情况上看,则与界面及结合效果、纤维在基体中的取向,以及基体与纤维的热膨胀系数差有关。正因为有如此多的影响因素,所以在实际中针对不同的材料的制作方法也会不同,成型技术的不断研究与改进正是为了获得性能更为优良的材料。

目前采用的纤维增强陶瓷基复合材料的成型方法主要有以下几种:

1.泥浆烧铸法

这种方法是在陶瓷泥浆中把纤维分散,然后浇铸在石膏模型中。这种方法比较古老,不受制品形状的限制,但对提高产品性能的效果不显著,成本低,工艺简单,适合于短纤维增强陶瓷基复合材料的制作。

2.热压烧结法

将长纤维切短(<3mm),然后分散并与基体粉末混合,再用热压烧结的方法即可制得高性能的复合材料。这种短纤维增强体在与基体粉末混合时取向是无序的,但在冷压成型及热压烧结的过程中,短纤维由于在基体压实与致密化过程中沿压力方向转动,所以导致了在最终制得的复合材料中,短纤维沿加压面择优取向,这也就产生了材料性能上一定程度的各向异性。这种方法纤维与基体之间的结合较好,是目前采用较多的方法。

3.浸渍法

这种方法适用于长纤维。首先把纤维编织成所需形状,然后用陶瓷泥浆浸渍,干燥后进行焙烧。这种方法的优点是纤维取向可自由调节,如前面所述的单向排布及多向排布等。缺点则是不能制造大尺寸的制品,而且所得制品的致密度较低。

以上为纤维增强陶瓷基复合材料的几种加工成型方法,下面再介绍几种具体的材料及制作过程。

1.碳纤维增强氧化镁

以氧化镁为基体,碳纤维为增强体,其中碳纤维的体积含量为10%左右。在1 200℃进行热压成型获得复合材料,该复合材料的抗破坏能力比纯氧化镁高出10倍以上。但由于石墨纤维与氧化镁的热膨胀系数相差一个数量级,所以这种复合材料具有较多的裂纹,没有太大的实用价值。

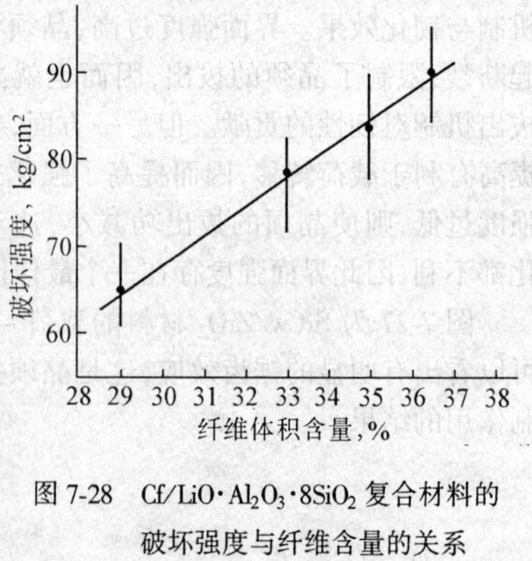

图 7-28　$C_f/LiO \cdot Al_2O_3 \cdot 8SiO_2$ 复合材料的
破坏强度与纤维含量的关系

2.石墨纤维增强 $LiO \cdot Al_2O_3 \cdot nSiO_2$

这种复合材料仍用石墨纤维作增强体,而基体则采用氧化锂、氧化铝和石英组成的复盐。制法是把复盐先制成泥浆，然后使其附着在石墨纤维毡上，把这种毡片无规则地积层，并在 1 375℃～1 425℃热压 5 分钟，压力为 7MPa，所得的复合材料与没有增强的基体材料相比耐力学冲击并耐热冲击。其性能如图 7-28 和表 7-7 所示。

表 7-7   Cf/LiO·Al$_2$O$_3$·8SiO$_2$ 复合材料的破坏强度与热冲击次数的关系

热冲击次数①	破坏强度 MPa	平均破坏强度 MPa
0	985.7 870 810	888.5
1	930 921.4	925.7
5	868.5 917.1	892.8

① 热冲击温度是室温～1200℃。

3.碳纤维增强无定型二氧化硅

这种复合材料的基体为无定型二氧化硅，增强体为碳纤维，碳纤维的含量约 50% 左右。这种复合材料沿纤维方向的弯曲模量可达 150GPa，而且这种弯曲模量在 800℃时仍能保持在 100GPa，在室温和 800℃时的弯曲强度却达到了 300MPa。在冷水和 1 200℃之间进行热冲击实验，基体没有产生裂纹。实验后测定的强度与实验前完全相同，冲击功为 1.1J/cm^2。

4.碳化硅连续纤维增强氮化硅

在 25μm 的不锈钢丝上，用热分解法沉积碳化硅，可得 80～100μm 的连续碳化硅纤维，用它与硅做成复合材料，在氮气中烧结，可得碳化硅增强氮化硅复合材料。烧结温度控制在 1 300℃～1 450℃之间，纤维的体积含量则控制在 10%～50%。根据实际需要可采用不同的复合成型技术，分别获得低密度和高密度的两种制品。这种复合材料在纤维与基体结合良好的情况下，可获得与铸铁相似的冲击强度。

5.氧化锆纤维增强氧化锆

把用氧化钇稳定了的氧化锆纤维或织物用浇铸和热压的方法与氧化锆复合，在 1 200℃进行烧结可得稳定的复合材料。该材料的弯曲强度可达 140～210MPa，在 1 100℃～1 900℃的温度区间内反复进行热循环时没有出现问题。其强度与温度的

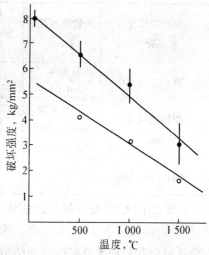

图 7-29   二氧化锆复合材料破坏强度与温度的关系

关系见图 7-29，弯曲强度见表 7-8。这种复合材料特别适合于耐高温隔热材料和耐高温防腐材料。

6.三向 C/C 复合材料

先将碳纤维按前面图 7-18 所示的方式编织成骨架,再用浸渍法制成复合材料。由于编织物是三向 C/C 复合材料的主要承载骨架,为了提高某轴向的力学性能,可将该轴向的股数增加。同时在编织过程中要尽可能致密以缩小纤维束之间的距离,碳纤维三向织物的结构参数由表 7-9 给出。

表 7-8　二氧化锆纤维布复合材料的性能

试样种类	试样编号	密　度 MPa	平均弯曲强度 MPa	范　围 MPa	试验温度 ℃
二氧化锆 + 布	9	5.5	80.6	97.3 ~ 66.5	25
二氧化锆 + 布	8	5.5	69	79.9 ~ 61.3	500
二氧化锆 + 布	8	5.5	56.4	75.4 ~ 43.8	1000
二氧化锆 + 布	6	5.5	39.2	51.2 ~ 31.6	1500
二氧化锆	6	5.5 ~ 5.7	64.1	104.6 ~ 21.7	25
二氧化锆	7	5.5 ~ 5.7	43.2	98.7 ~ 16	500
二氧化锆	6	5.5 ~ 5.7	39.4	97.8 ~ 20.1	1000
二氧化锆	5	5.5 ~ 5.7	36.4	71.2 ~ 18.4	1500
二氧化锆 + 布	14	5.3 ~ 5.8	92.5	133.2 ~ 58.2	25
二氧化锆 + 布	12	5.3 ~ 5.8	57.3	79.9 ~ 43.9	500
二氧化锆 + 布	12	5.3 ~ 5.8	58.1	88.7 ~ 37.5	1000
二氧化锆 + 布	10	5.3 ~ 5.8	30.3	52.1 ~ 15.1	1500

表 7-9　碳纤维三向编织结构参数

织物块尺寸 mm²	织物块密度 ρ g/cm³	z 向纤维束中心间距 S_z mm	x,y 向纤维束中心间距 S_z mm	z 向纤维体积百分数 V_{fz} %	x,y 向纤维体积百分数 V_{fx} %
170 × 170 × 310	0.81 ~ 0.84	0.7	0.588 ~ 0.645	19.29 ~ 20.44	14.40 ~ 15.30

织物块尺寸 mm²	zx 向纤维体积百分比 (V_{fz}/V_{fx}) %	结构单元体积 V_{uc} mm²	结构单元中纤维体积百分数 V_t %	织物块中纤维总体积百分数 V %	织物内部状　态
170 × 170 × 310	1.26 ~ 1.42	0.2 881 ~ 0.3 062	48.09 ~ 48.89	46.29 ~ 47.83	均匀,无断丝

对于三向 C/C 复合材料的制作,高温预处理是三向织物进行复合前必不可少的工序,预处理温度需在 2 000℃以上。通过预处理一方面可以消除纤维表面的防护剂,另一方面还可以起到稳定三向织物的结构和尺寸的作用。特别重要的是,通过高温预处理,可适当改善原始碳纤维的材质,为最终复合成性能优良的 C/C 复合材料创造条件。

7.2.2　晶须与颗粒增韧陶瓷基复合材料的加工与制备

晶须与颗粒的尺寸均很小,只是几何形状上有些区别,用它们进行增韧的陶瓷基复合材料的制造工艺是基本相同的。这种复合材料的制备工艺比长纤维复合材料简便得多,所用设备也不需像长纤维复合材料那样的纤维缠绕或编织用的复杂专用设备。只需将晶须或颗粒分散后并与基体粉末混合均匀,再用热压烧结的方法即可制得高性能的复合材料。下面将对这一工艺过程进行简单的介绍。

与陶瓷材料相似,这种复合材料的制造工艺也可大致分为配料——→成型——→烧结——→精加工等步骤,这一过程看似简单,实则包含着相当复杂的内容。即使坯体由超细粉(微米级)原料组成,其产品质量也不易控制,所以随着现代科技对材料提出的要求的不断提高,这方面的研究还必将进一步深入。

1.配料

高性能的陶瓷基复合材料应具有均质、孔隙少的微观组织。为了得到这样品质的材料,必须首先严格挑选原料。

把几种原料粉末混合配成坯料的方法可分为干法和湿法两种。现今新型陶瓷领域混合处理加工的的微米级、超微米级粉末方法由于效率和可靠性的原因大多采用湿法。湿法主要采用水作溶剂,但在氮化硅、碳化硅等非氧化物系的原料混合时,为防止原料的氧化则使用有机溶剂。混合装置一般采用专用球磨机。为了防止球磨机运行过程中因球和内衬砖磨损下来而作为杂质混入原料中,最好采用与加工原料材质相同的陶瓷球和内衬。

2.成型

混好后的料浆在成型时有三种不同的情况:(1)经一次干燥制成粉末坯料后供给成型工序;(2)把结合剂添加于料浆中,不干燥坯料,保持浆状供给成型工序;(3)用压滤机将料浆状的粉脱水后成坯料供给成型工序。

把上述的干燥粉料充入型模内,加压后即可成型。通常有金属模成型法和橡皮模成型法。金属模成型法具有装置简单,成型成本低廉的优点,但它的加压方向是单向的,粉末与金属模壁的摩擦力大,粉末间传递压力不太均匀。故易造成烧成后的生坯变形或开裂,只能适用于形状比较简单的制件。采用橡皮模成型法是用静水压从各个方向均匀加压于橡皮模来成型,故不会发生像金属模成型那样的生坯密度不均匀和具有方向性之类的问题。此方法虽不能做到完全均匀地加压,但仍适合于批量生产。由于在成型过程中毛坯与橡皮模接触而压成生坯,故难以制成精密形状,通常还要用刚玉对细节部分进行修整。

另一种成型法为注射成型法。仅从成型过程上讲,与塑料的注射成型过程相类似,但是在陶瓷中必须从生坯里将粘合剂除去并再烧结,这些工艺均较为复杂,因此也使这种方法具有很大的局限性。注浆成型法则是具有十分悠久历史的陶瓷成型方法。它是将料浆浇入石膏模内,静置片刻,料浆中的水分被石膏模吸收。然后除去多余的料浆,将生坯和石膏模一起干燥,生坯干燥后保持一定的强度并从石膏中取出。这种方法可成型壁较薄且形状较为复杂的制品。

再有一种成型法为挤压成型法。这种方法是把料浆放入压滤机内挤出水分,形成块状后,从安装各种挤形口的真空挤出成型机挤出成型的方法,它适用于断面形状简单的长条形坯件的成型。

3.烧结

从生坯中除去粘合剂组分后的陶瓷素坯烧固成致密制品的过程叫烧结。为了烧结，必需有专门的窑炉。窑炉的种类繁多，按其功能进行划分可分为间歇式和连续式。前者是放入窑炉内生坯的硬化、烧结、冷却及制品的取出等工序是间歇地进行的。它不适合于大规模生产，但适合处理特殊大型制品或长尺寸制品，且烧结条件灵活，筑炉价格也比较便宜。连续窑炉适合于大批量制品的烧结，由预热、烧结和冷却三个部分组成。把装生坯的窑车从窑的一端以一定时间间歇推进，窑车沿导轨前进，沿着窑内设定的温度分布经预热、烧结、冷却过程后，从窑的另一端取出成品。

4.精加工

由于高精度制品的需求不断增多，因此在烧结后的许多制品还需进行精加工。精加工的目的是为了提高烧成品的尺寸精度和表面平滑性，前者主要用金刚石砂轮进行磨削加工，后者则用磨料进行研磨加工。

金刚石砂轮依埋在金刚石磨粒之间的结合剂的种类不同有着其各自的特征。大致分为电沉积砂轮，金属结合剂砂轮，树脂结合剂砂轮等。电沉积砂轮的切削性能好但加工性能欠佳。金属粘合剂砂轮对加工面稍差的制品也较易加工。树脂结合剂砂轮则由于其强度低，耐热性差，适合于表面的精加工。因此，在实际磨削操作时，除选用砂轮外，还需确定砂轮的速度、切削量、给进量等各种磨削条件，才能获得好的结果。

以上只是简单地介绍了陶瓷基复合材料制备工艺的几个主要步骤，而在实际中的情况则是相当复杂的。陶瓷与金属的一个重要区别也在于它对制造工艺中的微小变化特别敏感，而这些微小的变化在最终烧结成产品前是很难察觉的。一旦烧结结束，发现产品的质量有问题时则为时已晚。而且，由于工艺路线很长，要查找原因十分困难。这就使得实际经验的积累变得越发重要。

陶瓷的制备质量与其制备工艺有很大的关系。在实验室规模下能够稳定重复制造的材料，在扩大的生产规模下常常难于重现。在生产规模下可能重复再现的材料，常常在原材料波动和工艺装备有所变化的条件下难于再现。这是陶瓷制备中的关键问题之一。

先进陶瓷制品的一致性则是它能否大规模推广应用的最关键问题之一。现今的先进陶瓷制备技术可以做到成批地生产出性能很好的产品，但却不易保证所有制品的品质一致。

陶瓷制品在品质上的分散性要比金属制品大得多。若设想需要十万个汽车零件，如果用金属材料制造，机械工程师可以有把握地说，十万个零件都是好的，装上去不会有问题。但如果用陶瓷来制造，则无人敢表这个态。出于这一原因，在很多情况下，即使陶瓷材料的性能比金属好得多，人们还是去选择使用金属材料。所以，先进陶瓷的制备科学就应致力于解决它的重现性和一致性。这就要求我们不能仅将其视为"工艺"或"技术"上的问题来对待，而必须去进一步研究这其中隐藏着的科学问题。现在对先进陶瓷的研究，已经从经验积累式过渡到采用科学的研究方法对其内在的结构与外在性能，以及如何通过制备技术来控制这些结构与性能进行综合研究阶段。可以预见，随着陶瓷制备科学的日益发展，先进陶瓷的应用将不断扩大。

7.3 陶瓷基复合材料的应用

7.3.1 陶瓷基复合材料在工业上的应用

陶瓷材料具有耐高温、高强度、高硬度及耐腐蚀性好等特点,但其脆性大的弱点限制了它的广泛应用。随着现代高科技的迅猛发展,要求材料能在更高的温度下保持优良的综合性能。陶瓷基复合材料可较好地满足这一要求。它的最高使用温度主要取决于基体特性,其工作温度按下列基体材料依次提高:玻璃、玻璃陶瓷、氧化物陶瓷、非氧化物陶瓷、碳素材料,其最高工作温度可达 1 900℃。

陶瓷基复合材料已实用化或即将实用化的领域包括:刀具、滑动构件、航空航天构件、发动机构件、能源构件等。法国已将长纤维增强碳化硅复合材料应用于制作超高速列车的制动件,而且取得了传统的制动件所无法比拟的优异的磨擦磨损特性,取得了满意的应用效果。在航空航天领域,用陶瓷基复合材料制作的导弹的头锥、火箭的喷管、航天飞机的结构件等也收到了良好的效果。

热机的循环压力和循环气体的温度越高,其热效率也就越高。现在普遍使用的燃气轮机高温部件还是镍基合金或钴基合金,它可使汽轮机的进口温度高达 1400℃,但这些合金的耐高温极限受到了其熔点的限制,因此采用陶瓷材料来代替高温合金已成了目前研究的一个重点内容。为此,美国能源部和宇航局开展了 AGT(先进的燃气轮机)100、101、CATE(陶瓷在涡轮发动机中的应用)等计划。德国、瑞典等国也进行了研究开发。这个取代现用耐热合金的应用技术是难度最高的陶瓷应用技术,也可以说是这方面的最终目标。目前看来,要实现这一目标还有相当大的难度。

7.3.2 今后面对的问题及前景展望

现在看来,人们已开始对陶瓷基复合材料的结构、性能及制造技术等问题进行科学系统的研究,但这其中还有许多尚未研究清楚的问题。因此,从这一方面来说,还需要陶瓷专家们对理论问题进一步研究。另一方面,陶瓷的制备过程是一个十分复杂的工艺过程,其品质影响因素众多,即使一位有经验的陶瓷专家把配方和工艺参数告诉另一位同样具有丰富经验的陶瓷专家,后者也往往不能把这种材料顺利地制做出来,而需要进行一系列的试验和调整才行。所以,如何进一步稳定陶瓷的制造工艺,提高产品的可靠性与一致性,则是进一步扩大陶瓷应用范围所面临的问题。

新型材料的开发与应用已成为当今科技进步的一个重要标志,陶瓷基复合材料正以其优良的性能引起人们的重视,可以预见,随着对其理论问题的不断深入研究和制备技术的不断开发与完善,它的应用范围定将不断扩大,它的应用前景是十分光明的。

第八章　水泥基复合材料

8.1　水泥基复合材料的种类及基本性能

8.1.1　水泥

1.水泥的定义和分类

凡细磨成粉末状,加入适量水后成为塑性浆体,既能在空气中硬化,又能在水中硬化,并能将砂、石等散粒或纤维材料牢固地胶结在一起的水硬性胶凝材料,通称为水泥。

水泥的种类很多,按其用途和性能可分为:通用水泥、专用水泥及特性水泥三大类。通用水泥是用于大量土木建筑工程的一般水泥,如硅酸盐水泥,普通硅酸盐水泥、矿渣硅酸盐水泥、火山灰质硅酸盐水泥和粉煤灰硅酸盐水泥等。专用水泥则指有专门用途的水泥,如油井水泥、砌筑水泥等。特性水泥是某种性能比较突出的一类水泥,如快硬硅酸盐水泥、低热矿渣硅酸盐水泥、抗硫酸盐硅酸盐水泥、膨胀硫铝酸盐水泥、自应力铝酸盐水泥、铝酸盐水泥、硫铝酸盐水泥、氟铝酸盐水泥、铁铝酸盐水泥以及少熟料或无熟料水泥等几种。目前水泥品种已达 100 余种。

2.水泥在国民经济中的重要性

水泥是建筑工业三大基本材料之一,使用广用量大,素有"建筑工业的粮食"之称,生产水泥虽需较多能源,但是水泥和砂、石等集料所制成的混凝土则是一种低能耗型建筑材料,其单位质量的能耗只有钢材的 $1/5 \sim 1/6$,铝合金的 $1/25$,比红砖还低 35%。根据预测,下一个世纪的主要建筑材料还将是水泥等制成的混凝土。水泥的生产和研究仍然极为重要。

水泥粉末与水拌合后,表面的熟料矿物立即与水发生水化反应,放出热量,形成一定的水化产物。由于各种水化产物的溶解度很小,就在水泥颗粒周围析出。随着水化作用的进行,析出的水化产物不断增多,以致相互接合。这个过程的进展,使水泥浆体稠化而凝结。随后变硬,并能将拌在一起的砂、石等散粒胶结成整体,逐渐产生强度。因此,水泥或水泥混凝土的强度是随龄期延长而逐渐增长的。早期增长甚快,往后逐渐减缓。但是,只要维持适当的温度和湿度,其强度在几个月,几年后,还会进一步有所增长。另一方面,也可能在几十年后尚有未水化的部分残留,仍具有继续进行水化作用的潜在能力。

作为胶凝材料,除了水硬性外,水泥还有许多优点:水泥浆有很好的可塑性,与砂、石拌合后仍能使混合物具有必要的和易性,可流筑成各种形状尺寸的构件,以满足设计上的不同要求;适应性强,还可用于海上、地下、深水或者严寒、干热的地区,以及耐侵蚀、防辐射等特殊要求的工程;硬化后可以获得较高的强度,并且改变水泥组成,可以适当调节其性能,满足某些工程的不同需要;尚可与纤维或者聚合物等多种无机、有机材料匹配,制成各种水泥基复合材料,有效发挥材料潜力;与普通钢铁相比,水泥制品不会生锈,也没有木材易于腐朽的缺点,更不会有塑料年久老化的问题,耐久性好,维修工作量小等。因此,水泥不但大量应用于工业与民用建筑,还广泛应用于交通、城市建设、农林、水利以及海港等工程,制成各种形式的混凝土、钢筋混凝土的构件和建筑物。而水泥管、水泥船各种水泥制品在代钢、代木方面,也越来越显示出技术经济的优越性。同时,也正是由于钢筋混凝土、预应力钢筋混凝土和钢结构材料的混合使用,才使高层、超高层、大跨度等以及各种特殊功能的建筑物、构筑物的出现有了可能。此外,宇航工业,核工业以及其他新型工业的建设,也需要各种无机非金属材料,其中最为基本的都是以水泥基为主的新型复合材料。

3.水泥的制造方法和主要成分

以最标准的水泥——普通波特兰水泥为例来进行说明。

制造方法 如图 8-1 所示,将原料石灰石、粘土及其他原料充分干燥、粉碎,以适当的比例混合,这是调和原料。把该调和原料从竖形的预热、煅烧炉的上方装入。在通过该竖炉期间即除掉了粘土中的结合水分,石灰石开始分解,就这样从回转窑送到高温烧成炉中。该烧成炉是直径 $3 \sim 4m$、长 $100m$ 左右的像圆筒似地横卧式炉子,保持着一定的倾斜度,慢慢地旋转着。在炉子低方向出口处装有烧嘴,这里是温度最高的地方,约 $1\,400 \sim 1\,500℃$。在这里边旋转边移动的烧制物被送到装有冷风扇的冷却机处冷却,在此阶段制得的半熔化状态的黑灰色的块儿叫做熟料(clinker)。向该熟料中加入百分之几的石膏($CaSO_4 \cdot 2H_2O$),再进一步粉碎,混合成的物品就是水泥粉。

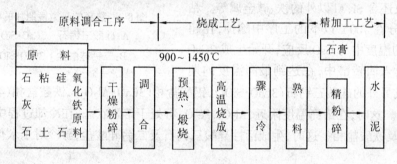

图 8-1 水泥的制造工艺

水凝性物质 熟料中水泥的水凝性物质,也就是依靠水化反应制造形成新的结晶的成分,最后添加石膏是为了调节该水化反应速度的。熟料中,主要的水凝性化合物是如表 8-1 所示的四种。这些化合物的水化反应速度差别很大,发生的水化热也不一样。因此,不管是希望在短期内产生强度,还是希望发热量小,都要根据用途及使用方法,在配比上下功夫。

表 8-1 普通波特兰水泥中的主要化合物及其含有率

化 合 物		含有率,%
硅酸钙化合物	$3CaO \cdot SiO_2$ (硅酸三钙石)	50
	$2CaO \cdot SiO_2$ (二钙硅酸盐)	25
孔隙相物质	$3CaO \cdot Al_2O_3$ (铝酸盐相)	9
	$4CaO \cdot Al_2O_3 \cdot Fe_2O_3$ (铁酸盐相)	9
	其他:石膏($CaSO_4 \cdot 2H_2O$)	$3 \sim 4$

使用量最大的波特兰水泥中,被叫做硅酸三钙石的硅酸钙化合物($3CaO \cdot SiO_2$)占的比

例最大,为50%。

在水泥领域中多用简略号表示化合物:

CaO:C   Al$_2$O$_3$:A   SiO$_2$:S   Fe$_2$O$_3$:F   H$_2$O:H

使用该简略号,硅酸三钙石是C$_3$S,用图8-2所示熟料的显微镜照片的略图看,六角板状结晶相当于此。另一个硅酸钙化合物,二钙硅酸盐(belite,2CaO·SiO$_2$)是球状的结晶,它占剩余的一半,简略号是C$_2$S。这两种化合物约占水泥的75%,添补这些结晶的孔隙的相物质是铝酸盐相(3CaO·Al$_2$O$_3$)和铁酸盐相(4CaO·Al$_2$O$_3$·Fe$_2$O$_3$),其略号分别是C$_3$A,C$_4$AF。

结果是按照使用目的,选择这些主要成分,组成所希望含有率的原料配比。

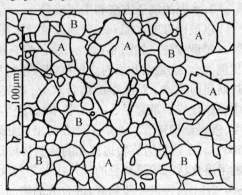

原料调整与加热变化　原料石灰石是碳酸钙CaCO$_3$,一达到700℃以上就如(8-1)式那样分解成氧化钙(CaO),氧化钙被送到回转窑。

$$CaCO_3 \longrightarrow CaO + CO_2 \qquad (8\text{-}1)$$

粘土种类繁多,这里使用的粘土的一般化学式是含水铝代硅酸盐(xSiO$_2$·yAl$_2$O$_3$·ZH$_2$O)。x/y的比率根据粘土的种类各异。另外,大多数还含Si,Al以外的铁、碱金属等。粘土中的水分在700℃以下的工序中除掉,在超过900℃的温度中与CaO反应,开始生成2CaO·SiO$_2$再送入回转窑中,在达到最高温度的期

图8-2　熟料的显微镜照片的略图
A:硅酸三钙石　3CaO·SiO$_2$
B:二钙硅酸盐　3CaO·SiO

间中,生成另外的硅酸三钙石(3CaO·SiO$_2$),铝酸盐相(3CaO·Al$_2$O$_3$),铁酸盐相(4CaO·Al$_2$O$_3$·Fe$_2$O$_3$)等。这时,在最高温度附近,Al$_2$O$_3$.Fe$_2$O$_3$等处于熔融状态,在冷却过程中再次变成铝酸盐相及铁酸盐相。这时,生成活性硅酸三钙石及二钙硅酸盐,骤冷对于水化反应是很重要的。

生产普通波特兰水泥所需的原料配比如表8-2。

表8-2　生产1吨普通波特兰水泥所需求的原料

原料物质	1.石灰石(CaCO$_3$)	1149kg	2.粘土	233kg
	3.硅石(SiO$_2$)	58kg	4.氧化铁原料	29kg
	5.其他	8kg	6.石膏	38kg
煤炭(燃料)			110	
电力			103 kW·h	

如上所述,粘土是含SiO$_2$、Al$_2$O$_3$、Fe$_2$O$_3$等成分的物质,其组成不一定适合目的水泥的成分组成。硅石(SiO$_2$)及氧化铁原料就是在这种场合为调节成分而加的。因此,要根据使用的粘土的化学组成来增减其添加量。

这里列举的原材料大部分都是在国内能够买到的,石灰岩质的山很多,粘土也丰富。氧化铁原料可以使用炼铁厂副产品矿渣,另一种原料石膏也都是使用排烟脱硫、制造磷酸、冶炼钛等的副产品。

4.水泥的强度及硬化体的形成条件

向水泥加水充分搅拌后放置,开始时有流动性,然后是流动困难,最后凝固,该过程叫做凝结。凝结的程度按照规定的条件,用针扎入时定量地表现是能扎到何种程度,从感觉上来看,用手指轻轻按压也不留痕迹时,为凝结的终点。再经过一段时间凝固就更加强固,该过程叫做硬化。

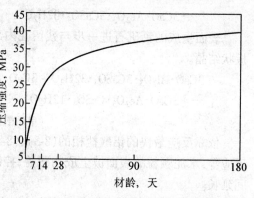

图 8-3　压缩强度与经过时间(材龄)

标准普通水泥凝结过程是几小时,而硬化过程为 180 天以后还在继续着。一般硬化所需时间为 1 周至 1 个月。这些变化过程如图 8-4 所示。从该图可以看出,含有水泥颗粒间的水与水泥经成分反应,开始生成水化物,即水化反应。最终含有率 50%的硅酸三钙石($3CaO \cdot SiO_2$)和 25%的二钙硅酸盐($2CaO \cdot SiO_2$)如(8-2)式那样,与水反应后生成的水化物占据了硬化体的主体,待到反应全部结束时需要很长的时间。

$$\left.\begin{array}{r}3CaO \cdot SiO_2 \\ 2CaO \cdot SiO_2\end{array}\right\} + xH_2O \longrightarrow nCaO \cdot SiO_2 \cdot mH_2O + yCa(OH)_2$$

(8-2)

(硅酸钙水化物)

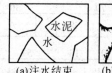

(a)注水结束　　(b)数分钟后　　(c)数小时后　　(d)数日后

水和物

图 8-4　水泥的水化过程

该式的生成物硅酸钙水化物的组成是 $CaO : SiO_2 : H_2O$,其比例大约是 3:2:4,以相同的基准来考虑的话,氢氧化钙($Ca(OH)_2$)大约是 2.5。

表 8-1 中所示的水硬性化合物中,水化反应速度最大的是硅酸三钙石和铝酸盐相($3CaO \cdot Al_2O_3$),特别是后者。与此相反,二钙硅酸盐($2CaO \cdot SiO_2$)和铁酸盐相($4CaO \cdot Al_2O_3 \cdot Fe_2O_3$)比较慢,水化反应持续时间长。

如果向纯粹的硅酸三钙石和铝酸盐相加水,迅速开始水化反应,然后固化完毕。

$$3CaO \cdot Ae_2O_3 + 6H_2O \longrightarrow 3CaO \cdot Ae_2O_3 + 6H_2O$$

(8-3)

(铝酸钙水化物)

可是多数场合,只要想一下运送生混凝土的混料器马上就理解了,为了在凝结过程中有充裕的处理时间,因此目的而添加的是石膏($CaSO_4 \cdot 2H_2O$)。石膏是一种延迟剂。石膏与铝酸盐相反应后,生成像(8-4)式那针状钙矾石,它覆盖在水泥颗粒的表面,控制其后的反应。

$$3CaO \cdot Ae_2O_3 + 3(CaSO_4 \cdot 2H_2O) + 26H_2O$$

$$\longrightarrow 3CaO \cdot Ae_2O_3 \cdot 3CaSO_4 \cdot 32H_2O \tag{8-4}$$

表面生成的钙矾石进一步与残留在内部的铝酸盐相反应后,形成单硫酸盐水化物的板状结晶。

$$3CaO \cdot Al_2O_3 \cdot 3CaSO_4 \cdot 32H_2O + 3CaO \cdot Al_2O_3 + H_2O$$

$$\longrightarrow 3CaO \cdot Ae_2O_3 \cdot CaSO_4 \cdot 12H_2O \tag{8-5}$$

（单硫酸盐）

依靠反应最快的铝酸盐相的(8-3)、(8-4)、(8-5)式反应,以及硅酸三钙石的(8-2)式的反应等,水泥颗粒的表面被生成物覆盖,控制水化反应迅速向颗粒内部进行,凝结所需时间延长。

与该初期反应的同时,或紧随其后发生的反应是含有量最多的硅酸三钙石和二钙硅酸盐的(8-2)式的水化反应,经过长时间的硬化反应,最后钙矾石和单硫盐都融合在硅酸钙水化物之中。由这种反应生成的水化物,相互之间边进行三维的结合,边补强由水占据着的空隙部分,硬化体更加坚固。

从对这种反应的说明可以知道,水泥的强度是由这些水化物不留间隙地充填了空隙而增强的。总之,水泥颗粒之间的所有空隙都被新的水化物的结晶所充填,水泥颗粒内部的各种成分不一定需要全部反应结束。多余水分的存在,因蒸发会产生空隙,它关系到降低强度的问题。因此,加入到水泥之中的水分量希望在所需要量的最小限度。从硅酸钙水化物的最终组成来概算必要的水分量,对于水泥 25% ~ 30% 的重量就是够了。

（1）水泥硬化的条件

原料配比　图 8-5 为标准水泥制品的原料组成。在该原料配比中最重要的是水与水泥(W/C)比,对水泥和水用重量%表示。前面已经谈到,从生成物组成来看,水与水泥之比为 25% ~ 30% 就足够了,可是用这个水分量水泥浆缺乏流动性,因为操作性不好,如图所示还要再追加 10% ~ 30% 的水。可是该多余水分的增加,必须牵涉到强度下降的问题。另外,水与水泥之比一超过 45%,硬化前材

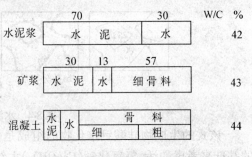

图 8-5　标准的配比(重量比)

料分离明显,会出现凝结体表面浮水的现象。一旦发生这种被叫做析水的现象,硬化了的水泥的耐久性明显受阻。因此,为了使其充分发挥强度和耐久性,希望尽可能不要增大水与水泥比,而提高操作性。为此,要添加叫做"减水剂"及"流动化剂"的某种界面活性剂 0.2% ~ 1% 左右。

搅拌　无论是水泥浆、砂浆还是混凝土,所有的材料都需要非常均匀地搅拌。如果硬化体质量不均匀的话,以强度为首,各种耐久性都要恶化。因此,要使用间歇式或者连续式的各种搅拌机。

养生　凝结、硬化的过程中,在达到某种程度的强度期间,从促进水化反应,保护混凝土不受来自外部的有害影响所做的工作叫养生。其基本做法是,为促进水化反应要保持在适当的温度范围,要给予充分的湿气以保持湿润,不要施加冲击及施加过度的负荷。最

简单的具体方法是用垫子把混凝土盖上,从上面浇水,或者是把它放在水中等。另外,工厂内生产出的混凝土制成品的场合,以缩短生产时间和提高特性为目的,最常使用的是用蒸气养生及在蒸压中给予180℃左右的温度和1MPa(10个大气压)左右的高压蒸汽的蒸压养生方法等。

(2)水泥强化的方法

其一是改善水泥浆自身的强度,其次是强化骨料与界面的结合力,最后是选择强度大的骨料,如图8-6所示。

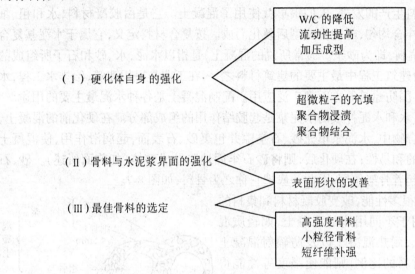

图 8-6　混凝土的高强度化

硬化浆自身的强化是如何缩小空隙,如果可能最好没有空隙。因此,采取缩小 W/C 比,使水泥浆的流动性能充分表现出来。而加入添加剂的方法,把水泥的颗粒制造成球形或者采取缩小 W/C 比,流动性也不充分但能够成型的,加压成型,利用离心力的成型方法。其方法是通过对标准混凝土添加水泥重量的 15% 的高性能减水剂,可以缩小 W/C 比为 25%,使抗压强度提高 20% 以上。

还有一种是采取积极的填补空隙的方法。这种方法在增加水泥浆硬化体自身强度的同时,也强化了骨料与水泥浆的界面。这大致可以区分为两种类型。其一是利用火山灰反应,所谓火山灰是指虽然其本身没有水硬性,但是在常温中的混凝土中氢氧化钙慢慢反应后,生成不溶解于水的化合物的物质。所以把这种反应叫做火山灰反应。代表性的火山灰是自榴火山灰、硅酸白土、烟灰等,硅烟等也与此接近。另外,被叫做潜性物质的高炉渣与碱土类金属的氢氧化物反应后也可制造硬化体,所以也可看作是类似物质。水泥混凝土的界面过渡区是多孔质、氢氧化钙多,加入硅烟(SiO_2 占 90%),氢氧化钙变成含水硅酸钙,多孔质的空隙被充填。

另一种填充空隙的方法是把硬化了的水泥浸渍聚合物或向硬化前的水泥浆中混入水溶性聚合物等方法。图8-6中提出高强度化的最后一项最佳骨料的选定问题,希望其粒度分布是最密填充的状态。

如上所述,水泥浆的硬化体本身,如果用缩语表示的话是 CHS·CH 和由钙矾石等组成的复合材料(即水泥系复合材料),这些结晶究竟如何填充空隙,它决定着材料的特性。砂浆,混凝土等,是以水泥浆为基材的复合材料。

8.1.2　水泥基复合材料的种类及基本性能

水泥基复合材料是指以水泥为基体与其他材料组合而得到的具有新性能的材料。按所掺材料的相对分子质量来划分,可分为聚合物水泥基复合材料(矿物质)和小分子水泥基复合材料,其中聚合物包括纤维、乳液等,而矿物质包括砂、石子、钢铁等。

1.混凝土

随着胶凝材料生产的发展,人们很早就使用了混凝土。它是由胶凝材料,水和粗、细集料按适当比例拌合均匀,经浇捣成型后硬化而成。按复合材料定义,它属于水泥基复合材料。如不用粗集料,即为砂浆。通常所说的混凝土,是指以水泥,水、砂和石子所组成的普通混凝土,现为建筑工程中最主要的建筑材料之一,在工业与民用建筑,给排水工程,水利以及地下工程,国防建筑等方面都广泛应用。配制混凝土是各种水泥最主要的用途。

在混凝土中,水和水泥拌成的水泥浆是起胶结作用的组成部分。在硬化前的混凝土,也就是混凝土拌合物中,水泥浆填充砂、石空隙并包裹砂、石表面,起润滑作用,使混凝土获得施工时必要的和易性;在硬化后,则将砂石牢固地胶结成整体(如前面所述)。砂、石集料在混凝土中起着骨架作用,因此一般把它称之为骨料,如图8-7。

混凝土具有很多性能,改变胶凝材料和集料的品种,可配成适用于不同用途的混凝土,如轻质混凝土,防水混凝土,耐热混凝土以及防辐射混凝土等;改变各组成材料的比例,则能使强度等性能得到适当调节,以满足工程的不同需要;混凝土拌合物具有良好的塑性,可浇制成各种形状的构件;与钢筋有良好的粘结力,能和钢筋协同工作,组成钢筋混凝土或预应力钢筋混凝土,从而使其广泛用于各种工程。但普通混凝土还存在着容积密度大,导热系数高,抗拉强度偏低以及抗冲击韧性差等缺点,有待进一步发展研究。

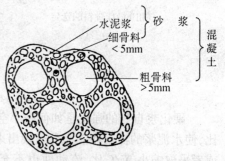

图8-7　混凝土的构成

配制混凝土时,必须满足施工所要求的和易性,在硬化后则应具有足够的强度,以安全地承受设计荷载,同时还须保证经济耐久。值得注意的是,混凝土的质量主要是由组成材料的品质及其配合比例所决定的,而搅拌、成型、养护等工艺因素也有非常重要的作用,如上节所介绍的。

按照在标准条件下所测得的28天抗压强度值(MPa),混凝土可划分为不同的强度等级(C),如:C7.5,C10,C15,C20,C25,C30,C35,C40.C45,C50,C55,C60等。现正向高强度混凝土发展,现场浇注的近C100级混凝土已达实用阶段。

2.纤维增强水泥基复合材料

(1)复合材料的组成

水泥混凝土制品在压缩强度,热性能等方面具有优异的性能,但耐拉伸能力差,破坏前的许用应变小。为了克服这些缺点,采用的方法之一是掺入纤维材料。表8-3列出了作为水泥基增强材料的一些纤维及其某些重要性能,所列数据只能用作参考,因为众所周知,表中所列某些纤维有各种不同的变型品种,因而获得的性能完全有可能变动。

表 8-3 某些典型纤维的性能

纤维名称	直径 μm	密度 $(10^4 N/m^3)$	杨氏模量 (GPa)	抗拉强度 GPa	断裂延伸	临界 $V_f(\%)$(适用于连续顺向水泥复合材料)
湿石棉	0.02~20	2.55	164	1.5	2~3	—
玻璃	9~15	2.6	~80	2.4	2~3.5	0.2~0.1
石墨Ⅰ型	8	1.90	380	1.8	~0.5	0.3
石墨Ⅱ型	9	1.90	230	2.6	~1	0.2
聚丙烯	20~200	0.9	5	0.5	~20	1.0
多晶氧化铝	500~700	~3.9	245	0.65	—	0.8
PRD-49	~10	1.5	133	2.8	2.6	0.2
剑麻	10~50	1.5		0.8	~3	0.6

另一方面,作为基体材料可用硅酸盐水泥,调凝水泥及高铝矿渣水泥等,用砂或粉煤灰之类的填料来代替部分水泥是颇有好处的,加入这些填料可大大地提高基体的体积稳定性,而且也有可能提高纤维增强水泥基复合材料的耐气候性。例如就玻璃而言,这种纤维对水化硅酸盐水泥的浸蚀十分敏感,而砂和粉煤灰却可以吸收释放出的 $Ca(OH)_2$ 来生成水化硅酸钙,从而提高了复合材料的耐久性。

(2)影响纤维增强水泥基复合材料的因素

基体的性能 在纤维增强水泥基复合材料中,所用的纤维大都是短纤维,并且是乱向分布,水泥基体在复合材料中所起的作用不仅仅是传递应力,而是作为受力的主体。因此,在纤维增强水泥基复合材料中,水泥基体的力学行为对复合材料的性能影响很大,要获得高性能的纤维增强水泥基复合材料,除了选用合适的增强纤维外,还必须要有高性能的水泥基体。

增强纤维与水泥基体间的相互作用 对纤维增强水泥基复合材料来说,除了纤维丝束和硬化水泥浆的固有结构特征外,还有一些相互作用的特征,其相互作用可以总结为:①在纤维增强水泥基复合材料中,当纤维间距离大于或等于两倍界面层厚度时,各纤维的界面层将保持自身性状,互无干扰和影响,不因纤维间距改变而变;当纤维间距小于两倍界面层厚度时,由于界面层间互相交错、搭接,产生叠加效应,不同程度地引起界面层弱谷变浅,对界面层产生强化效应。②纤维间距改变对界面层的影响与纤维–集料间距改变对界面层的影响具有一致的规律性和同类性,诸界面层在水泥基材中将有双重界面随机强化效应,只要纤维、砂粒空间随机间距小于两倍界面层厚度,混合料工作性又能满足要求,界面层,尤其是界面最薄弱层的强化效应就会发生。③纤维间距改变对界面层性状的影响与对界面力学行为的影响具有相同的规律性。只要纤维间距小于两倍界面层厚度,则界面粘结强度,界面粘结刚度,纤维脱粘与拔出时所做的功等力学行为均有不同程度的提高。而当纤维间距大于两倍界面厚度时,对诸界面力学行为均无明显影响。

纤维与基体在热膨胀系数上的匹配 由于纤维与基体一般是两种不同的物质,因此要求它们在热膨胀系数上完全一致是不可能的。在形成复合材料的过程中,利用纤维与基体在热膨胀系数上的不一致,使复合材料在基体上产生一定的压预应力,则对复合材料的性能是有好处的。若所选配的系统中,纤维的热膨胀系数(a_f)大于基体的热膨胀系数(a_m),则有可能在制成复合材料过程中,在基体中引入压应力,而纤维则处于张应力状态。当然,这种张应力不应超过纤维本身的强度极限,否则纤维都将断裂。

纤维与基体在弹性模量上的匹配 按照混合物的分配规则,当复合材料的应变达到纤维或基体中比较小的那个应变时,只有 $E_f > E_m$ 时(E_f, E_m 分别为纤维和基体的弹性模量),纤维才可分担整个复合材料中更多的负荷水平。因此,在所选的系统中,如 $E_m > E_f$ 时,所得复合材料强度是不大可能大于基体本身的原有强度。要求所选用的纤维具有较高的弹性模量是必须的。

性能 由上面的叙述中可以看出,纤维增强水泥基复合材料中,纤维的掺入,可显著提高混凝土的极限变形能力(抗弯强度)和韧性,从而大大改善水泥浆体的抗裂性和抗冲击能力。使用分散短纤维的增强效果要比连续长纤维的效果差,但因施工较为方便,应用较多。

3.聚合物改性混凝土。

长期以来,人们一直在寻找对水泥混凝土进行改良的途径,诸如通过改善水泥的性质,改变水泥混凝土的配比;添加纤维材料、外加剂等措施来改良水泥混凝土的性能,或使得混凝土满足工程特殊需要。但是对混凝土最基本的力学性能(刚度大、柔性小,抗压强度远大于抗拉强度)的改善,降低混凝土的刚性,提高其柔性,降低抗压强度与抗折强度的比值则要借助于向混凝土中掺加外加剂,在大多数情况下是掺加聚合物。

聚合物应用于水泥混凝土主要有三种方式:一是聚合物浸渍混凝土,二是聚合物混凝土,三是聚合物水泥混凝土。

聚合物浸渍混凝土是把成型的混凝土的构件通过干燥及抽真空排除混凝土结构空隙中的水分及空气,然后把混凝土构件浸入聚合物单体溶液中,使得聚合物单体溶液进入结构孔隙中,通过加热或施加射线使得单体在混凝土结构孔隙中聚合形成聚合物结构。这样聚合物就填充了混凝土的结构孔隙,并改善了混凝土的微观结构,从而使其使用性能得到了改善。

由实验人们知道,聚合物浸渍混凝土与普通混凝土相比,其性能有如下的改善:抗压强度可提高 3 倍;抗拉强度可提高近 3 倍;弹性量可提高 1 倍;抗破裂模量可增加近 3 倍;抗折弹性模量增加近 50%;弹性变形减少 10 倍;硬度增加超过 70%;渗水性几乎变为 0;吸水性大大降低。

某些实验研究报告称,聚合物浸渍混凝土的应力 - 应变性能接近线性,混凝土的耐久性,抗冻融能力,抗硫酸盐、酸、碱侵蚀能力都得到了明显的改善。

聚合物浸渍混凝土由于其良好的力学性能,耐久性及抗侵蚀能力,主要用于受力的混凝土及钢筋混凝土结构构件,和对耐久性及抗侵蚀有较高要求的地方,如混凝土船体,近海钻井混凝土平台等。虽然聚合物浸渍混凝土有良好的力学性能,但由于聚合物浸渍工艺复杂,成本较高,混凝土构件需预制并且构件尺寸受到限制,因而主要是特殊情况下使用。

聚合物混凝土是以聚合物为结合料与砂石等骨料形成混凝土。大部分情况下是把聚合物单体与粗骨料拌和,通过单体聚合把粗骨料结合在一起,形成整体,这种聚合物混凝土如同普通混凝土一样,可用预制或现浇的方法施工,由于聚合物混凝土有良好的力学性能,耐久性及普通混凝土无法比拟的某些特殊性质,如速凝等,所以大部分情况下用于抢修等特殊用途,也可用于喷射混凝土。据报道 10 ~ 15mm 聚甲基丙烯酸甲酯(PMMA)喷射混凝土强度可达到将近 700MPa。

聚合物混凝土所用的聚合物有环氧树脂、脲醛树脂、糠醛树脂、聚合链上接有苯乙烯的聚酯等。

由于混凝土的结合完全靠聚合物,所以聚合物的用量很大,一般多达整个混凝土重量的 8% 左右,因此聚合物混凝土的价格昂贵,目前还不能用于普通建筑工程,多用于特殊工程。

聚合物水泥混凝土是在水泥混凝土成型过程中掺加一定量的聚合物,从而改善混凝土的性能,提高混凝土的使用品质使混凝土满足工程的特殊需要。因此聚合物水泥混凝土更确切地应称为聚合物改性水泥混凝土或高聚物改性混凝土。聚合物改性水泥混凝土与其他的水泥混凝土改性措施(如加纤维水泥混凝土等)相比有明显的不同。①水泥混凝土的力学性能得到了改善,尤其是抗折强度提高,而抗压强度降低,抗压强度/抗折强度的比值减小;②混凝土的刚性或者说脆性降低,变形能力增大,这对许多工程很有利;③混凝土的耐久性与抗侵蚀能力也有一定程度的提高;④由于聚合物改性水泥混凝土良好的粘结性,特别适合于破损水泥混凝土的修补工程;⑤完全适应现有的水泥混凝土制造工艺过程;⑥成本相对较低。

聚合物改性水泥混凝土的改性效果,尤其是对混凝土力学性能的改善一般不如聚合物浸渍混凝土的改性效果明显。并且采用的聚合物不同,改性效果也不同。但由于其工艺简单,使用方便,采用预掺聚合物的方法来改性水泥混凝土得到了越来越广泛的使用,并且有可能将来在水泥混凝土这一建筑材料领域起非常重要的作用。

用于水泥混凝土改性的聚合物的形态,可以是聚合物单体、聚合物乳液及聚合物粉末,但最常用、或者说使用最方便、改性效果最好的是聚合物乳液。所使用的聚合物乳液有聚氯乙烯乳液,聚苯乙烯乳液,聚乙烯乙酸酯乳液及聚丁烯酚酯乳液等。前苏联报道把糠醛树脂乳液通过使用弱酸,如苯胺氯化氢作为催化剂可成功地改性水泥混凝土。乳化的环氧树脂也可用于水泥混凝土改性。

用于水泥砂浆或水泥混凝土改性的聚合物形态如图 8-8 所示。

聚合物以不同形态用于水泥砂浆或水泥混凝土改性,改性效果虽然与聚合物形态有一定的关系,但主要取决于聚合物(聚合物颗粒的团聚或聚合物单体的聚合)与硬化水泥浆体形成的整体结构状态(后面将会详细论述)。

在水泥砂浆或水泥混凝土改性中使用最为广泛的是聚合物胶乳,或称为聚合物乳液。用聚合物胶乳进行改性是在水泥砂浆或水泥混凝土拌和成型时拌入(大多情况下是胶乳与水先拌和然后再与集料拌和)聚合物胶乳在水泥混凝土凝结硬化过程中脱水在混凝土中形成结构,并可能影响水泥的水化过程及水泥混凝土的结构,从而对水泥砂浆或水泥混凝土的性能起到改善作用,聚合物可是单聚体、双聚或多聚体。聚合物胶乳中包括聚合物、乳体剂、稳定剂等,固体含量一般在 40% ~ 50% 之间,常用的聚合物胶乳在图 8-9

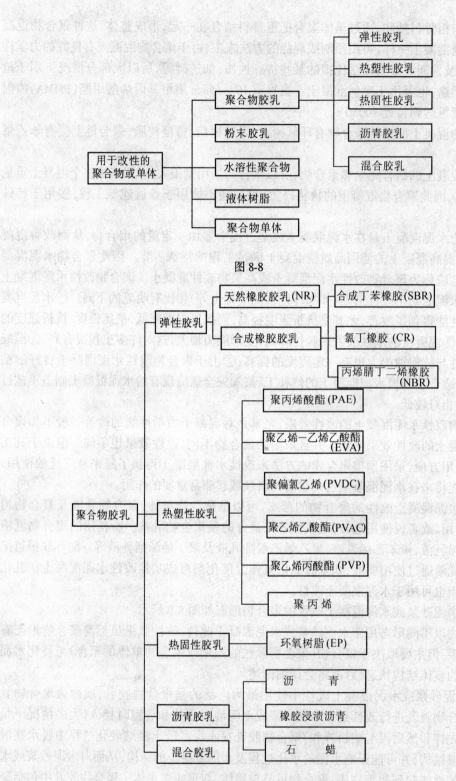

图 8-8

图 8-9 用于改性的聚合物胶乳

中给出。

粉末胶乳改性方法是在混凝土拌合过程中加入干乳胶粉末,在混合料与水拌和后,干胶乳粉末遇水后变为乳液,在水泥混凝土凝结硬化过程中乳液可再一次脱水,聚合物颗粒在混凝土中形成聚合物体结构,从而与聚合物乳液的作用过程相似,对水泥混凝土起改性作用。

水溶性聚合物诸如纤维素衍生物及聚乙烯等,在水泥混凝土拌和过程中少量加入,由于其属表面活性物质,可用来改善水泥混凝土的工作性。实际上起减水剂的作用,从而对混凝土的性能也有一定的改善作用。

液体树脂实际上是在水泥混凝土拌和过程中加入热固性的预聚物或半聚物液体,在水泥混凝土凝结硬化过程中进一步聚合,使得全部聚合过程得以完全完成,聚合物体结构在水泥混凝土中形成,从而改善水泥混凝土的性能。

聚合物单体改性是在水泥砂浆或水泥混凝土拌和过程中加入聚合物单体,聚合全过程在水泥硬结硬化过程中完成。

8.2　水泥基复合材料的成型工艺

8.2.1　混凝土的配合比设计及成型工艺的控制

由上节可知,混凝土的性能决定于诸多因素,如:水泥熟料的组成和岩相结构、水泥的细度和粒径分布、水泥浆体的流变性能和孔隙率、集料的化学、矿物组成、粒形和表面情况等,都会影响到混凝土拌合物和易性以及混凝土硬化后的孔隙率、强度、耐久性以及其他的物理力学性能。而在组成材料已定的条件下,决定混凝土各项性能的则主要是各组成材料之间的相对比例。

所谓混凝土的配合比,是指混凝土内各种组成材料的数量比例,通常有两种表示方法。一种是以每立方米混凝土中各项材料的质量表示,例如,水泥346kg,水180kg。另一种是以各项材料间的质量比例表示,如上例经换算后为:水泥:砂:石 = 1:1.61:3.75,水灰比为0.52。此外,也有用材料体积比的方法但误差较大,只能用于小型工程。

混凝土配合比的设计可以分成三个主要环节。第一,以水泥和水配成一定水灰比的水泥浆,以满足要求的强度和耐久性。第二,将砂和石子组成空隙率最小,总表面积不大的集料,也就是要决定砂石比或砂率,以便在经济的原则下,达到要求的和易性。第三,决定水泥浆对集料的比例(浆集比),常以每立方米混凝土的用水量或水泥用量来表示。因此,合理地确定水灰比、砂石比和用水量,就能使混凝土满足各项技术经济要求,其相互关系如图8-10所示。

设计混凝土的配合比时,一般都采用计算与试验相结合的方法。

1.选择水泥品种,确定混凝土试配强度

因系一般工程,两种水泥均可采用,但矿渣水泥的标号尚不足混凝土强度等级的15倍,故以525号普通水泥为宜。由于在实际施工中各项原材料的质量会有波动,配料称量上总有误差,拌和、运输、浇捣及养护等工序也难始终如一,这一切影响着混凝土质量的均匀性。因此,为了使设计的强度等级能有95%的保证率,混凝土施工时的配制强度应依

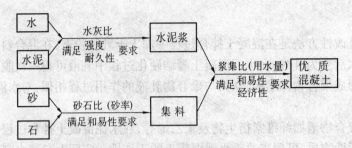

图 8-10　混凝土配合比设计的主要环节

下式计算

$$R = R_{st} + 1.645\sigma$$

式中：R—混凝土的施工配制抗压强度，MPa；

R_{st}—混凝土的设计强度等级，MPa；

σ—施工单位按历史统计水平的标准差（MPa），如无近期混凝土强度统计资料时，C10 ~ C20，可取 $\sigma = 4.0$MPa；C25 ~ C40，$\sigma = 5.0$MPa；C45 ~ C60，$\sigma = 6.0$MPa.

现因施工单位缺乏强度统计资料，故配制强度 $R = 30 + 1.645 \times 5 = 38.2$MPa

2.确定水灰比

可按公式计算：$R_{28} = 0.46R_c (C/W - 0.52)$

式中 R_c 为水泥的实际强度，新鲜水泥，也可在水泥标号基础上乘以 1.13 的强度富余系数估算，即

$$R_c = 52.5 \times 1.13 = 59.3\text{MPa}$$

以配制强度 $R = 38.2$MPa 作为上式中的 $R28$，并将 $R_c = 59.3$MPa 一同代入，得水灰比 W/C = 0.52。

3.选取用水量（W），并计算水泥用量（C）

根据断面最小尺寸和钢筋最小净距，选择 5 ~ 20mm 的碎石。按所需坍落度 30 ~ 50mm，查表 8-4，初步选定。

表 8-4　混凝土用水量选用参考（kg/m³）

所需坍落度	碎石最大粒径（mm）			卵石最大粒径（mm）		
（mm）	15	20	40	10	20	40
10 ~ 30	205	185	170	190	170	160
30 ~ 50	215	195	180	200	180	170
50 ~ 70	225	205	190	210	190	180
70 ~ 90	235	215	200	215	195	185

注：本表适用于水灰比 0.4 ~ 0.8 的混凝土。如为细砂或粗砂，则用水量宜相应增加或减少各 5 ~ 10kg。采用外加剂或混合材料时也须作适当调整。

即每立方米混凝土用水量 W = 195kg

因此每立方米混凝土中水泥用量 $C = \dfrac{W}{W/C} = \dfrac{195}{0.52} = 375$kg

4.选取砂率（S_P%）

一般可按集料品种、规格及水灰比值，在表 8-5 的范围内选用，如本例即为 32% ~

37%,取 34%。

表 8-5 混凝土的适宜砂率

水灰比	碎石最大粒径(mm)			卵石最大粒径(mm)		
	15	20	40	10	20	40
0.40	30 ~ 35	29 ~ 34	27 ~ 32	26 ~ 32	25 ~ 31	24 ~ 30
0.50	33 ~ 38	32 ~ 37	30 ~ 35	30 ~ 35	29 ~ 34	28 ~ 33
0.60	36 ~ 41	35 ~ 40	33 ~ 38	33 ~ 38	32 ~ 37	31 ~ 36
0.70	39 ~ 44	38 ~ 43	36 ~ 41	36 ~ 41	35 ~ 40	34 ~ 39

注:表中数值适用于中砂拌制坍落度为 10 ~ 60mm 的混凝土,否则须作相应调整。

5.计算砂石用量(S.G)

常用的有体积法和质量法两种。

(1)体积法

假设理想的密实混凝土是,水泥浆填满砂的空隙,而水泥砂浆再填满石子的空隙,因此四种材料紧密地互相填满,1m³混凝土体积中除夹入的少量空气之外,应当是四种材料密实体积之和,故又称绝对体积法。

$$\frac{C}{r_c} + \frac{S}{r_s} + \frac{G}{r_g} + \frac{W}{r_w} = 1\,000 - 10a$$

即

$$\frac{375}{3.1} + \frac{S}{2.65} + \frac{G}{2.69} + \frac{195}{1} = 1\,000 - 10a$$

式中:a——为混凝土含气量(%),在不使用含气型外加剂时 a 可取 1。

$$r_c:3.1 \qquad r_s:2.65 \qquad r_g:2.69$$

因此

$$\frac{S}{2.65} + \frac{G}{2.69} = 674$$

而

$$\frac{S}{S+G} = 34\%$$

将两式联立求得:

砂用量 S = 613kg;石子用量 G = 1 190kg

如以各组成材料间质量表示,即为:

每立方米混凝土中用量:水泥 375kg;水 195kg;砂 613kg;石子 1 190kg。

如以各组成材料间质量比例表示,即为:

水泥:砂:石子 = 1:1.64:3.17,水灰比 = 0.52

(2)质量法

质量法又称假定容积密度法,由于混凝土拌合物的湿容积密度一般仅在 2 400 ~ 2 500kg/m³之间波动,因此可以先假定混凝土的湿容积密度(r_h),再扣除水和水泥的用量,即可求得砂、石的总质量

$$S + G = r_h - W - C$$

即:S + G = 2400 - 195 - 375 = 1830kg

砂率仍取:$S_P = \dfrac{S}{S+G} = 34\%$

即可求得:

砂用量 S = 622kg

石子用量 G = 1208kg

这样计算得的初步配合比为：

每立方米混凝土中用量：水泥 375kg；水 195kg；砂 622kg；石子 1 208kg

其质量比例即为水泥:砂:石子 = 1:1.66:3.22，水灰比 = 0.52。

但要注意，所采用的水泥用量和水灰比，必须满足表 8-6 中的有关规定，否则应改用表上所列的限值，才能保证必要的耐久性。

以上求出各种材料的用量是借助于经验公式或有关数据通过计算而得，用以拌制成的混凝土不一定能与原设计要求完全相符。因此，必须按初步配比称取少量材料试拌进行校核，并加以调整，使其符合原设计要求。另外，实验室的条件与实际工程又会有差异，必要时还应作进一步调整。

表 8-6 根据耐久性的需要，混凝土的最大水灰比和最小水泥用量

项次	混凝土所处的环境条件	最大水灰比	最小水泥用量(包括外掺混合材料) (kg/m³)	
			钢筋混凝土，预应力钢筋混凝土	无筋混凝土
1	不受雨雪影响的混凝土	不作规定	225	220
2	受雨雪影响的露天混凝土，位于水中及水位升降范围内的混凝土，在潮湿环境中的混凝土	0.7	250	225
3	寒冷地区水位升降范围内的混凝土，受水压作用的混凝土	0.65	275	250
4	严寒地区水位升降范围内的混凝土	0.60	300	275

注：1. 如用人工捣实时，最小水泥用量应增 25kg/m³，

2. 严寒地区指最寒冷月份的月平均温度低于 - 15℃的地区；而最寒冷月份的月平均温度处于 - 5℃ ~ 15℃的为寒冷地区。

还要注意的是，混凝土的质量除取决于选择适宜的组成材料及正确确定配合比外，还将取决于施工工艺过程中各环节的质量控制是否严格。

水泥质量的波动对混凝土质量的影响很大。对于每一批水泥，都必须经过试验鉴定后才能使用。在运输、保管过程中应避免受潮变质或混杂错用等现象。集料的含水量是引起水灰比变化的一个重要因素，必须经常测试，及时调整，定出符合当时实际情况的施工配合比。

拌和时，应当经常检查称量设备，以保持投料的准确性。拌和的均匀性（如上节所介绍的），常以搅拌时间来控制，并应经常进行和易性检验。如有较大差异，通常应注意用水量，或者集料的含水量，级配是否发生了较大的变动，并须立即进行调整。

在运送过程中，混凝土拌合物常易产生分离、泌水、砂浆流失、流动性减小等问题，必须严加控制。如有必要，还可以适当调整配合比例，或在浇筑地点重新搅拌。

浇筑混凝土时，必须限制卸料的高度和速度，尽量维持竖向下落，使之均匀灌入，避免分离现象。然后用振动器或手工按顺序全面进行捣实。要控制在某个位置上的振捣时

间,过量的振动作用,反而会产生分层离析等不均匀现象,对于流动性较大的混凝土拌合物就更易产生问题。

在混凝土浇捣完毕以后,必须于一定时间内进行养护,维持合宜的温度和湿度。图8-11、图8-12分别表明养护条件对混凝土强度的影响。

自然养护时,一般在混凝土凝结后就用稻草,麻袋或砂子等覆盖,定时浇水。使用普通水泥的混凝土,浇水保湿的时间不少于7天;而矿渣水泥和火山灰水泥的混凝土,则不应少于14天。也可待混凝土表面游离水蒸发后即刻涂刷密封剂,进行密封法养护。

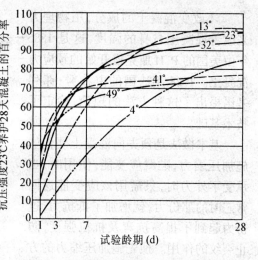

图 8-11 养护温度对混凝土强度的影响

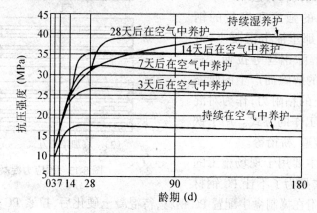

图 8-12 湿养护条件对混凝土强度的
影响(水灰比 = 0.50)

可用湿热蒸汽养护混凝土,加速硬化。在温度低于100℃的常压蒸汽中进行 16～20 小时养护后,其强度一般可达到正常养护条件下 28 天强度的 70%～80%。对矿渣水泥或火山灰水泥,较适宜的养护温度为 90～95℃,用普通水泥则宜采用较低的养护温度,否则 28 天和以后的强度可能降低过多。另外,不用蒸汽或少用蒸汽的各种干热养护法,有升温较快、缩短养护周期的优点。但如混凝土失水过多,后期强度会降低较大。

混凝土的拆模应在其达到必要的强度之后进行。具体的拆模时间原则上应根据试件的强度试验来决定,并且试件的养护应尽可能与结构的养护条件相同。但试件的尺寸小,易受温度和干燥的影响,应予考虑。

8.2.2 钢筋混凝土的成型工艺

钢筋混凝土结构,对于提高抗弯及抗拉强度确实取得了巨大的成效。可是,在对钢筋混凝土构造物施加弯曲负荷时,混凝土自身破裂开始时的负荷的大小与没有钢筋时几乎没有什么改变。也就是,支撑更大负荷的是钢筋,这时混凝土虽然分担了压缩力,却几乎没有分担拉力。作为结构物的强度虽然增大了,但混凝土自身的特性没有得到改善。

不改变混凝土的成分,用物理力来改善混凝土自身的强度,这是1886年由美国的 P.H加克松开始的预应力混凝土。1928 年法国的由希努·弗列基诺提出了这种方法的理论,确定了技术基础。

基本做法是预先向混凝土硬化体施加压缩力,贮藏应变能,使用时,当承受了外力时,只需用该应变能返回常态时的那份力,就增加了抵抗力,这份力起到了提高抗弯及抗拉强度,防止裂纹的作用。预先施加压缩力的方法如图 8-13 所示的两种方法。

拉伸具有大的强度和模量的钢丝、钢丝绳等,在那里灌上混凝土,待其充分硬化后,解除钢丝等拉伸。利用钢丝由于拉伸的解除而产生的收缩力、钢丝与混凝土的粘附力,作为对混凝土的压缩力而工作的方式。用于铁道的枕木、空洞隧道、桥桁等。

另一种方式主要用于现场施工的结构件,这种方式是为了不让 PC 钢材

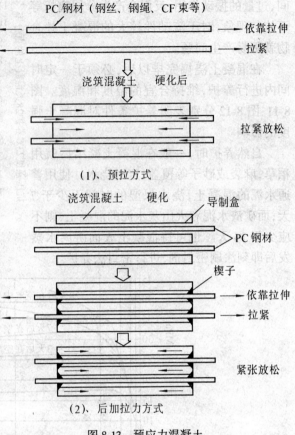

（1）、预拉方式

（2）、后加拉力方式

图 8-13　预应力混凝土

与混凝土直接粘附在捣制盒中配置 PC 钢材,待混凝土硬化后,拉紧 PC 钢材,在此状态下把两端用楔子及螺母等固定在混凝土硬化体上。固定后若解除 PC 钢材的拉伸、其收缩力就可以给予混凝土压缩力。它多用于高架公路路面,大跨度桥及建筑物的横梁等。

目前使用的钢丝、钢丝绳、钢棍等都是 PC 钢材,最近也有一部分试用炭纤维树脂复合材料的。对于跨度更大的桥,更高层的建筑物,需要强度更大的混凝土,改善混凝土硬化体自身强度成了近年来研究的大课题。

8.2.3　纤维增强水泥的成型工艺

纤维增强水泥,无论在用途上,还是制法上,都是处于开发的新材料。这是以玻璃纤维为例来介绍纤维增强水泥的成型工艺。

1.直接喷射法

图 8-14 是直接喷射法的概略流程,这是目前最常用的成型方法。

把直径 2mm 以下的细骨料和水泥以及若干量的外加剂以 S/C = 0.5 ~ 1,W/C = 0.3 ~ 0.4 的比例进行拌合,制成水泥砂浆,经泵压送,用喷枪喷到模具面上。同时,操作者手持喷射设备一边用粗纱切割器把耐碱玻璃纤维精纱切成规定的长度(纤维的长度一般为 12 ~ 50mm,含量为 3% ~ 5%),一边重复水泥砂浆的喷吹途径直接将玻璃纤维喷射到模具上而成型的。

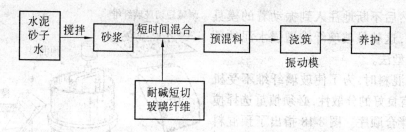

图 8-14　直接喷射法流程

　　这种成型方法的关键是玻璃纤维的均匀分散,以及喷射砂浆的脱泡和厚度的均匀性。图 8-15 是直接喷射法的示意图。用这种方法,纤维在二维方向无规配向,因此,在制造时,制品的形状、大小、厚度等自由度最大,通用性也最大,而且设备费用较便宜。

2.喷射脱水法

　　图 8-16 是喷射脱水法概略流程。在喷射脱水法中,砂浆和玻璃纤维同时往模具上喷射的机理与直接喷射法相同。但它是把玻璃纤维增强水泥喷射到一个带有减压装置的开孔台上,开孔台铺有滤布。喷射完后,进行减压,通过滤纸或滤布,把玻璃纤维增强水泥中的剩余水分脱掉。这种方法是成型水灰比低的高强度板状玻璃纤维增强水泥的方法。

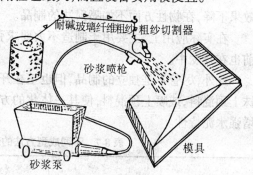

图 8-15　直接喷射法示意图

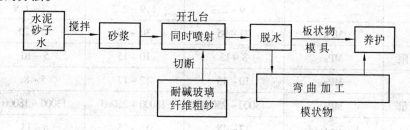

图 8-16　喷射脱水法的流程

　　用喷射脱水法成型的刚脱水的未养护的板具有保持某种程度形状的能力,因此,加上成型模具,可以进行弯曲加工等两次成型。

　　用喷射脱水法制作的制品,比直接喷射制品强度高,但制品形状仅限于以板状或异形断面等的弯曲加工制造。喷射－脱水过程可通过机械化很容易进行连续操作,图 8-17 连续喷射脱水法示意图,这方法已实用化。据说正在生产住宅外装板和无石棉的内装板。

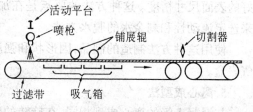

图 8-17　连续喷射脱水法示意图

3.预混料浇铸法

　　水泥、砂子、水、外加剂和切成适当长度的耐碱玻璃纤维(短切纤维)在搅拌机中混合成预混料,然后不断地注入到振动着的模具里进行成型,这就是玻璃纤维增强水泥的预混料浇铸成型法。

拌合预混料时,为了使玻璃纤维不受机械损伤,且有良好的分散性,必须慎重选择搅拌机,注意拌合顺序。图 8-18 指出了预混料浇铸法的概略。

用这种方法可以成型厚壁的制品。但耐碱玻璃纤维在搅拌机中容易损伤,而且如前所述,纤维的配向是三维无规的,因此,增强效果下降,在物性方面不如喷射法的制品。

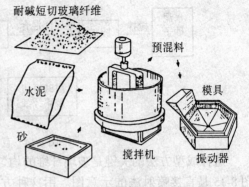

图 8-18　预混料浇铸工序

在实际应用上,主要用于制造不太要求强度的小件异形制品。连续预混料浇铸法目前也在开发中。

此外,尽管不是独立的制品,但也正在开发把混凝土块直接垒起来,在其表面用抹子抹上预混料,或喷上预混料,使其一体化的方法。表 8-7 列出了不同成型方法的玻璃纤维增强水泥特性。

表 8-7　不同成型方法的玻璃纤维增强水泥的特性

特　性	单　位	成型方法		
		直接喷射法	喷射脱水法	预混料法
比　重		1.9～2.3	1.9～2.3	1.7～1.9
弯曲强度	MPa	25～35	30～40	10～20
弯曲比例极限	MPa	8～13	10～15	5～10
拉伸强度	MPa	10～15	12～17	5～8
弯曲弹性模量	MPa	18000～25000	18000～25000	13000～18000
I_{Zod}冲击强度	kg·cm/cm^2	12～18	15～25	8～14

4. 压力法

预混料注入到模具里后,加压除去剩余水分,及时脱模,可以提高生产率,并能获得良好的表面尺寸精度。这种方法的要点是在加压时,根据玻璃纤维增强水泥预混料的配比来选定流动性和剩余水的脱水方法。

使用这种方法制造的制品,因形状和强度的原因,使用范围有限。实用的例子是制造气表盒。

5. 离心成型法

与混凝土管的离心成型相同,在旋转的管状模具中喷入玻璃纤维和水泥浆。该法能够控制纤维的方向性,使它有效地作用到管子的结构强度上,而且在厚度方向上可以改变纤维量。

英国航空研究理事会(ARC)混凝土公司开发的混凝土管子是一种夹层结构,里外是玻璃纤维增强水泥,中间是混凝土。日本也引进了这项技术,已进行试验施工。

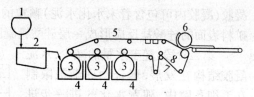

图 8-19　Hatcheck 式抄造机
1—搅拌机;2—柜;3—滚筒(圆网);
4—砖槽;5—毛毡;6—制选辊

6.抄造法

近年来,由于石棉的公害,所以对石棉的使用加以限制,从而促进了石棉板业界开发用耐碱玻璃纤维代替一部分石棉的方法,这些方法正在实用化。

现在大多数石棉板几乎都是用圆网式抄造法(以发明者的名字命名的,也叫做 Hatcheck 法)制造的,如图 8-19 所示。

在这种方法中,使用耐碱玻璃纤维时,一般是预先把玻璃纤维混合到原料浆液中。因为只有玻璃纤维过滤太快,过滤水中流失了很多水泥粒子,因此,通常必须使用一定程度的砂浆和石棉作为内部过滤材料。

完全不使用石棉的方法已经有专利申请了,英国 TAC 公司已生产并出售比重为 1.6 的墙板和比重为 0.9 的绝缘板。

这种方法适于成型较厚(15~40mm)的板状制品,而且也适于大量生产,因此,现在正在进行改进试验,以便把它应用到玻璃纤维增强水泥的制造上。

以上叙述了玻璃纤维增强水泥的主要成型工艺。除了这些方法外,人们还在研究挤出成型和注射成型。

随着商品开发,纤维增强水泥的成型工艺在技术上将会有更大的发展,其水平也将不断提高。

8.2.4　聚合物改性水泥混凝土的成型工艺

1.水泥混凝土中聚合物结构形成过程

以乳液形式掺加到水泥混凝土中的聚合物,在水泥混凝土搅拌均匀后,聚合物乳液颗粒会相当均匀地分在水泥混凝土体系中。形成水泥基的复合材料。随着水泥的水化,体系中的水不断地被水化水泥所结合,乳液中的聚合物颗粒会相互融合连接在一起,如图 8-20 所示。随着水分的不断减少,聚合物在水泥混凝土中形成结构。

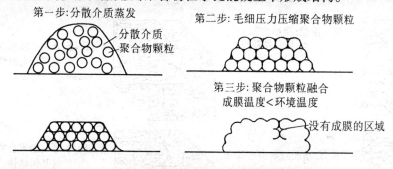

第一步:分散介质蒸发

分散介质
聚合物颗粒

第二步:毛细压力压缩聚合物颗粒

第三步:聚合物颗粒融合
成膜温度<环境温度

没有成膜的区域

图 8-20　聚合物乳液固体化过程示意图

Ohama 给出了这种结构形成过程的模型,如图 8-21。并把这一结构形成过程分为三个阶段。第一阶段:当聚合乳液在水泥混凝土搅拌过程中掺入混凝土后,乳液中的聚合物颗粒均匀分布在水泥浆体中,形成聚合物水泥浆体。在这一体系中,随着水泥的水化,水泥凝胶逐渐形成,并且液相中的 $Ca(OH)_2$ 达到饱和状态。同时,聚合物颗粒沉积在水泥凝胶(凝胶内可包含着未水化水泥)颗粒的表面。这一过程类似于水相中的 $Ca(OH)_2$ 与矿料表面的硅酸盐反应形成一层硅酸钙凝胶的过程。

第二阶段:随着水量的减少,水泥凝胶结构在发展,聚合物逐渐被限制在毛细孔隙中,随着水化的进一步进行,毛细孔隙中的水量在减少,聚合物颗粒絮凝在一起。水化凝胶(包括未水化水泥颗粒)的表面形成聚合物密封层,聚合物密封层也粘结了骨料颗粒的表面及水泥水化凝胶与水泥颗粒混合物的表面。因此,混合物中的较大孔隙被有粘结性的聚合物填充。由于水泥浆体中孔隙的尺寸在零点几个 nm 到几百 nm 之间,而聚合物颗粒尺寸一般在 50～500nm 之间,所以这种认为聚合物颗粒主要填充在水泥浆体孔隙中的理论是可以接受的。当聚合物是聚偏氯乙烯(PVDC)乳液,聚乙烯乙酸酯—甲基丙烯酸酯乳液及氯丁橡胶(CR)乳液等具有反应活性的乳液时,在这一阶段过程中聚合物颗粒与矿物的硅酸盐表面还可能发生化学反应。

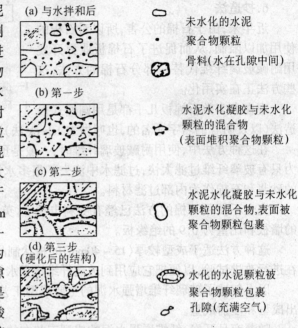

图 8-21　聚合物水泥混凝土结构形成 Ohama 模型

第三阶段:由于水化过程的不断进行,凝聚在一起的聚合物颗粒之间的水分逐渐被全部吸收到水化过程的化学结合水中去,最终聚合物颗粒完全融化在一起形成连续的聚合物网结构。聚合物网结构把水泥水化物联结在一起,即水泥水化物与聚合物交织缠绕在一起,因而改善了水泥石的结构形态。

并非所有的聚合物都能在水泥混凝土体系中形成如上所述的结构,Konietzko 发现有

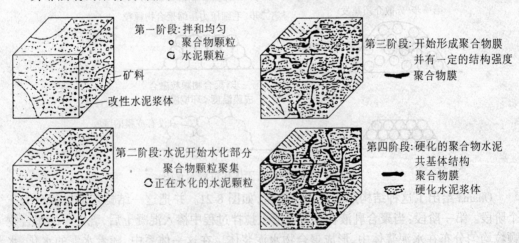

图 8-22　聚合物水泥混凝土结构 Konietzko 模型

些聚合物在某些情况下不能在水泥混凝土体系中形成连续结构,以聚合物球状颗粒的形式堆积在一起,此时,聚合物仅起填充孔隙的作用。他在 Ohama 结构模型的基础上,把聚合物在水泥混凝土中的结构形成过程分为四个阶段,如图 8-22 所示。

在 Konietzko 模型中,开始聚合物均匀分散在水泥混凝土体系中。随着水泥颗粒的水化,由于体系中的一部分水被水泥水化所结合,因此悬浮液中的水分被转移,聚合物颗粒开始堆积,随水泥水化的进一步进行,堆积的聚合物颗粒也越来越多,逐渐融化在一起形成聚合物膜。最终聚合物在水泥混凝土中形成空间连续的网状结构,并且硬化水泥浆体也在聚合物网孔中形成连续结构,两种网结构互相交织缠结在一起,并把水泥混凝土中的骨料颗粒包裹在其中。

Ohama 结构模型与 Konietzko 结构模型的区别在于,前者认为聚合物是空间结构,而水泥硬化浆包裹在聚合物网中间,互不连接,而后者则认为两者都形成空间连续网结构。

2.聚合物改性水泥砂浆及水泥混凝土的设计

聚合物改性水泥砂浆及水泥混凝土的设计类似于普通水泥砂浆或水泥混凝土的设计,根据要求的工作性、强度、变形性、粘结力、不透水性及化学稳定性等进行设计,所不同的是在设计过程中应首先确定聚合物 – 水泥的比值。

聚合物改性水泥砂浆中水泥与砂的重量比在 1:2 至 1:3 之间。聚合物水泥比值在 5% ~ 20% 之间。水灰比一般在 30% ~ 60% 之间,根据所要求的和易性而定。聚合物改性水泥砂浆在不同用途时推荐的标准配比如表 8-8 所示。

表 8-8　聚合物改性水泥砂浆的标准配比

| 用　途 | 地　点　及　场　合 | 配比(重量比) | | | 厚度 (mm) |
		水泥	砂	聚合物乳液	
地面	房屋地面、办公室及商场地面、厕所地面等	1	3	0.2 ~ 0.3	5 ~ 10
路面面层	通道、码头,抗化学腐蚀板,铁路枕木、路面、车间地面等	1	3	0.3 ~ 0.5	10 ~ 15
耐水材料	耐水混凝土封层,混凝土密封墙,水容器,游泳池、贮油罐,贮油库等。	1	2 ~ 3	0.3 ~ 0.5	5 ~ 20
粘结材料	粘结地面、墙等,粘结纯热材料	1	0 ~ 3	0.2 ~ 0.5	—
	新旧混凝土及新旧砂浆的粘结	1	0 ~ 1	> 0.2	—
	裂缝修补	1	0 ~ 3	> 0.2	—
防腐蚀涂层	排污管道,化工厂地面,耐酸容器,特殊容器,机器基础,化学实验室地面,药房等。	1	2 ~ 3	0.4 ~ 0.6	10 ~ 15
表面覆盖层	船体内表面,桥面	1	2 ~ 3	0.9 ~ 1.0	1 ~ 2
	排水管及车道表面	1	3	0.4 ~ 0.6	5 ~ 6
	桥面人行道	1	3	0.5 ~ 0.6	3 ~ 4

聚合物改性混凝土的配比与改性砂浆的配比有所不同。一般在改性混凝土中,聚合物水泥的比例为 5% ~ 15%,水灰比为 30% ~ 50%。Ohama 给出了聚合物改性水泥混凝土

的合理设计方法,其主要过程如下。

在设计中所用的符号及意义如下:

σ_c——聚合物改性水泥混凝土的抗压强度(MPa);

sl——混凝土的坍落度(cm);

a——胶空体积比 $=(V_c+V_p)/(V_a+V_w)$;

φ——坍落度控制系数 $=V_p+V_w(\text{L/m}^3)$。

V_c,V_p,V_a,V_w,V_s,V_g 分别为聚合物改性水泥混凝土单位体积浆体中水泥、聚合物、水、砂、石的体积(kg/m³)。

C,P,W,S,G 分别为聚合物改性水泥混凝土单位体积浆体中水泥、聚合物、水、砂、石的质量(kg/m³)。

P/C——聚合物/水泥(质量比);

W/C——水灰比;

A——空气体积百分率;

s/a——砂石率(体积比);

a——砂石总体积 $=V_s+V_g$。

注:聚合物重量为聚合物乳液中固体成分的重量。

水的重量包括聚合物乳液中的水量及砂石中的含水量。

聚合物改性水泥混凝土的坍落度 sl 由砂石率(s/a)及坍落度控制系数按下式求得

$$sl=j\varphi-k(1-s/a)$$

式中:j 及 k 为经验常数。

根据聚合物水泥比值及由胶空比 a 可预测聚合物改性水泥混凝土的抗压强度,如表8-9所示。

表8-9　聚合物改性水泥混凝土抗压强度预测

聚合物/水泥(%)	σ_c(MPa)
5	65.7a~4.0
10	59.5a~8.8
15	47.4a~6.3
20	42.3a~8.8

水灰比(W/C)及单位体积内的水泥用量是胶空比(a)的函数,关系式如下

$$W/C=-am+n$$
$$C=fa+r$$

式中:m,n,f,r 为经验常数。

对丁苯橡胶(SBR)改性的水泥混凝土,W/C 及 C 与 a 及 P/C 的关系如图8-23所示。

聚合物改性水泥混凝土配合比设计流程如图8-24所示。

对所用材料的要求如下:

水泥:普通硅酸盐水泥;

砂石:砂,粒径 $<2.5\text{mm}$;

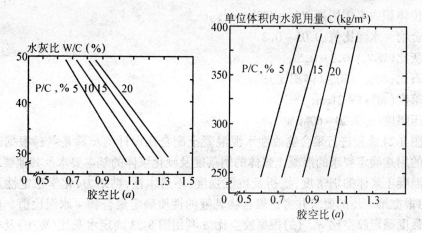

图 8-23　水灰比(W/C)及单位体积内水泥用量 C 与胶空比 a 的关系(SBR 改性水泥混凝土)

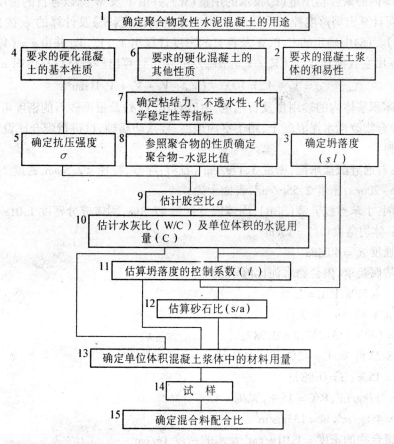

图 8-24　聚合物改性水泥混凝土配合比设计流程图

石:卵石,粒径 5~20mm;

聚合物:用于混凝土改性的聚合物液(含有除气泡剂)。

实用配比范围如下:

单位体积内水泥用量:250~400kg/m³;

聚合物 - 水泥比值:0.05~0.2

水灰比(W/C):0.3~0.5

砂石比:40%~50%(体积比);

坍落度($s\rho$):1~21cm;

抗压强度(σ_C):20~60MPa

按图 8-24 流程进行聚合物改性水泥混凝土配合比设计的步骤是:(1)根据改性水泥混凝土的用途确定要求的混凝土浆体的坍落度及硬化浆体的基本要求及其他要求。即确定水泥混凝土浆体的坍落度,抗折及抗压强度,不透水性,粘结力,化学稳定性及耐磨性等。(2)根据第一步的要求并考虑聚合物乳液的性质确定聚合物 - 水泥比值。根据预计的抗压强度确定胶空比 a。(3)根据胶空比 a 利用图 8-23 确定水灰比(W/C)及单位体积浆体中水泥用量 C。(4)根据已确定的水灰比(W/C)及聚合物 - 水泥比值(P/C),计算单位体积浆体内的聚合物用量(P)及水的用量(W),并由 P 及 W 除以各自的密度计算出 V_P 及 V_W,进而计算出坍落度控制系数(φ),由要求的坍落度(S_e)及计算的 φ 按公式反算砂石比(s/a)。(5)由确定的 C,P,W 及各自的密度计算出 V_c, V_p, V_w 并由 $a = (V_c + V_p)/(V_a + V_w)$ 推算出空气体积 $V_a = (V_c + V_p - aV_w)/a$,则可计算出砂石材料总体积 a

$$a = V_s + V_g = 1000 - (V_w + V_c + V_p + V_a)(\mathrm{dm^3})$$

单位体积浆体内的砂用量及石用量,由砂石比(s/a)及根据砂石的密度可求得。

例:聚合物改性水泥混凝土,用于室内地面,要求防腐蚀,试进行配合比设计。

原材料:

水泥:普通硅酸盐水泥,密度 3.17g/cm³;石料:河砂,粒径 < 2.5mm,密度 2.62g/cm³ 卵石,粒径 5~20mm,密度 2.55g/cm³,表面干燥;

改性剂:丁苯橡胶乳液(SBR),固体成分含量 47.8%,固体成分密度 1.01g/cm³。

要求:体坍落度(sl) = 15cm

抗压强度 $\sigma_c = 40$MPa

根据防腐要求,聚合物水泥比值取 15%。求解:

由 $\sigma_c = 40$MPa,P/C = 15%

代入 $\sigma_c = 47.4a - 6.3$

得 $a = (40 + 6.3)/47.3 = 0.98$

查图 8-23 得 W/C = 42%;C = 317kg/m³

(P/C = 15%,a = 0.98);

由 c = 317kg/m³,P/C = 15%,W/C = 42%

得 $P = 48$kg/m³,W = 133kg/m³

因为聚合物的密度 = 1.01g/cm³ 及水的密度 1g/cm³

所以 $\varphi = (48/1.01) + (133/1.00) = 181$L/m³

由 sl = 15cm 及 $\varphi = 181$L/m³

代入 $sl = 0.26\varphi - 18.5/(1 - S/a)$

得 $s/a = 1 - 18.5/(0.26\varphi - sl)$

$= 1 - 18.5/(0.26 \times 181 - 15) = 42.3\%$；

由 $a = 0.98$，$c = 317kg/m^3$，$P = 48kg/m^3$，$W = 133kg/m^3$

及考虑到水泥、聚合物及水的密度

得空气体积 $V_a = (V_c + V_p - aV_w)a$，

所以 $V_a = (317/3.17 + 48/1.01 - 0.98 \times 133)/0.98 = 18L/m^3$

所以空气体积率 $A = 0.1V_a = 1.8\%$；

可以得出砂石总体积

$a = 1000 - (317/3.17 + 48/1.01 + 133/1.00 + 18) = 701/m^3$；

由于聚合物固体占 47.8%，因此乳液总重为：

$48/0.478 = 100kg/m^3$；

混凝土中需添加的水量为：

$133 - 100(1 - 0.478) = 81kg/m^3$

因此求得的每 m^3 混凝土浆体所需的各种材料数量为：

普通硅酸盐水泥：317kg；

SBR 乳液：100kg　　　水：81kg；

砂：777kg；　　　卵石：1031kg。

8.3　水泥基复合材料的应用

水泥基复合材料具有很多优点，价格低廉，使用当地材料即可制得，用途广泛，适应性强，并能做成几乎任何形状和表面，因此是一种理想的多用途的复合材料。水泥基复合材料的品种很多，其主要用于建筑材料混凝土上，构成混凝土的材料不同，其应用也就不同。

8.3.1　混凝土的应用

1.轻集料混凝土的应用

用多孔轻质集料配制而成的，于表观密度不大于 $1\,950kg/m^3$ 的混凝土，称为轻集料混凝土。

轻集料混凝土的应用范围十分广泛。不同类别的轻集料混凝土有不同的用途，现分述如下：

(1)保温轻集料混凝土，主要于用房屋建筑的外墙体或屋面结构。此类轻集料混凝土的表观密度为 $300 \sim 800kg/m^3$，强度等级为 CL0.5 ~ CL5.0，一般用此种全轻混凝土制作非承重保温制品。

(2)结构保温轻集料混凝土，主要用于既承重又保温的房屋建筑外墙体及其他热工构筑物。此种混凝土的表观密度为 $800 \sim 1\,400kg/m^3$，强度等级为 CL5.0 ~ CL15，可用浮石，火山渣及陶粒为轻集料配制。

(3)结构轻集料混凝土，主要用于承重钢筋混凝土结构或构件，其表观密度为 $1\,400 \sim 1\,950kg/m^3$，强度等级为 CL15 ~ CL50。常用的表观密度为 $1\,700 \sim 1\,800kg/m^3$，强度等级为 CL20。CL25级以上的可用作预应力钢筋混凝土结构。在我国此类混凝土主要用于有抗震要求或建于软土地基上要求减轻结构自重的房屋建筑，用其制作梁、板、柱等承重构件或现浇结构,少量用于热工构筑物。应用时应注意如下事项:①为了改善轻集料的混凝土的施工性能,一般可在施工前 0.5 ~ 1 天对轻集料进行淋水预湿,但在气温低于 5℃ 时不宜进行预湿处理。②全轻混凝土及采用堆积密度小于 $500kg/m^3$ 的轻粗集料配制的砂轻混凝土只能采用强制式搅拌机搅拌,仅塑性砂轻混凝土允许用自落式搅拌机搅拌。③轻集料混凝土一般应采用机械振捣成型,为防止轻集料上浮,振动时表面宜加压,加压重量约为 2000Pa。④轻集料混凝土自然养护时,为防止表面失水,宜及时喷水,覆盖塑料薄膜或喷洒养护剂。加热养护时,静停时间应少于 1.5 ~ 2.0 小时,升温速度为 15 ~ 25℃/h 为宜。

2.粉煤灰混凝土的应用

掺入粉煤灰的混凝土或用粉煤灰水泥为胶结料的混凝土被称为粉煤灰混凝土。

粉煤灰混凝土广泛用于工业与民用建筑工程和桥梁、道路、水工等土木工程。粉煤灰混凝土特别适用于下列情况。

(1)节约水泥和改善混凝土拌合物和易性的现浇混凝土,特别是泵道混凝土工程;

(2)房屋道路地基与坝体的低水泥用量,高粉煤灰掺量的碾压混凝土(用Ⅲ级灰);

(3)C80级以下大流动度高强混凝土(用优质粉煤灰);

(4)受海水等硫酸盐作用的海工,水工混凝土工程;

(5)需降低水化热的大体积混凝土工程;

(6)需抑制碱骨料反应的混凝土工程。

应注意事项:

(1)必须按粉煤灰品质量材使用;

(2)在低温条件下施工时,宜掺入对粉煤灰无害的早强剂、防冻剂;有抗冻要求的混凝土一定要掺引气剂;对抗碳化要求较高的宜掺入减水剂。

(3)对混凝土强度要求较高的地面以上工程用的粉煤灰混凝土,宜采用超量取代法设计混凝土配合比。

(4)有抑制碱集料反应及抗硫酸盐侵蚀要求的粉煤灰混凝土必须选用优质粉煤灰,其掺量不应小于水泥用量的 20% ~ 25%。

3.高强混凝土的应用

高强混凝土是指强度等级为 C60 以上的混凝土。高强混凝土的研究与应用是当前混凝土技术中的一个重要发展方向。

高强混凝土在土木建筑工程中应用范围比较广泛。随着我国高层,超高层建筑、大跨度桥梁、架空索道及高速公路等工程建筑项目的增多,C60级以上高强混凝土的用量也将不断增加。

国内外的经验证明,在上述各工程项目中使用高强混凝土具有显著的经济效益。例如,以 C80级混凝土取代 C40级混凝土制作预应力混凝土桁架,可减轻自重 42%;制作或浇灌钢筋混凝土承重柱可提高承载力 100%。我国一些工程使用 C60级混凝土取代 C40级混凝土,取得了节省投资 15%,减少平面系数 26% 的技术经济效益。深圳贤成大厦底部 10 层柱子及承重墙,剪力墙使用 C60级混凝土取代 C40级混凝土,使结构自重减 4 550t,使用面积增加 1 060m²,取得经济效益 740 万元以上。

高强混凝土用于上述承重结构的经济性,还表现在因其耐久性好而减少维修费用。

综上所述可将高强混凝土的应用范围归纳为此下几个方面:

(1)预应力钢筋混凝土轨枕、管桩;

(2)抗爆结构的防护门;

(3)高层、超高层建筑的底层柱子、承重墙及剪力墙;

(4)高层建筑下部框架的柱子及主梁等;

(5)海上采油平台结构;

(6)大跨桥梁结构的箱形梁及桥墩等;

(7)高速公路的路面;

(8)隧道,矿井工程的衬砌、支架与护板等。

注意事项:

(1)严格选择水泥等原材料,并按规定进行其质量检验。
减水剂和水泥品种要相适应。严禁采用有碱潜在反应的集料。

(2)高强混凝土的配合比必须通过试验确定。

(3)混凝土的搅拌时间一定不能少于 60s,外加剂的投放要有专人负责。

(4)混凝土和水量应根据砂石含水率变化及坍落度检验结果及时调整。

(5)混凝土拌合物输送时间不宜超过 5h,用运输车运输时,要特别注意第一次装运的混凝土拌合物坍落度是否合乎要求。

(6)泵送高强混凝土拌合物从搅拌到入泵的时间不宜超过 90min,夏季更应严格控制;坍落度损失太大及不符合入泵要求时,应采用补加外加剂或 2 次人工搅拌等措施,使其符合入泵要求。

(7)如在浇灌高强混凝土的同时,需要浇灌普通混凝土,要采取措施处理好相接的施工缝。

(8)要加强高强混凝土的养护,特别是夏季更应及时用塑料薄膜覆盖或喷涂养护液。

(9)加强现场施工管理,严格按有关标准及规范进行质量检验与评定。

8.3.2 纤维增强混凝土(FRC)的应用

在混凝土中掺入纤维以改善其力学性能的尝试还是本世纪初期的事,而抱有实用性竭力进行研究则是 1960 年以后的事情。S.GOLFEIN 于 1962 年发表第一份有关纤维增强混凝土研究报告且不断深入,其中有许多论点是引人入胜的。目前人们多以耐碱玻璃纤维砂浆,碳素纤维砂浆等为主要研究对象。经大量的实验,人们可将纤维增强混凝土的开发归纳为以下论点:

(1)在众多的纤维材料中被公认为有前途的增强纤维,是钢纤维和玻璃纤维两种。

(2)耐碱玻璃纤维将来可能成为石棉的代用品。

(3)聚丙烯和尼龙等合成纤维对混凝土裂缝开展的约束能力很差,对增加抗拉强度完全无效,但这类增强混凝土的抗冲击性能十分优良。

(4)就抗弯强度而论,碳素纤维的增强效果介于钢纤维和耐碱玻璃纤维之间。

(5)在各种纤维材料中,钢纤维对混凝土裂缝开展的约束能力最好,它对于抗弯抗拉强度也最有效,钢纤维增强混凝土的韧性最好。

(6)在 FRC 中有关钢纤维的研究为数最多,公认合宜的数据是钢纤维直径中 0.25 ~ 0.5mm[矩形断面(0.2 - 0.4) × (0.25 - 0.65)mm],长 12.5 ~ 50mm(长径比 L/d = 30 - 150),商业上实用长度约 25mm,细长比约 100,掺量约 2%(体积)。

(7)现在流行的 FRC 增强理论是"纤维间隙学说"和"复合强度学说"。

(8)FRC 制造技术尚处于初步阶段,将来应建立有关管理 FRC 质量的标准试验方法。

(9)有钢纤维增强同时用聚合物浸渍混凝土,即具备普通混凝土所没有的延伸变形随从性,又具备 FRC 所缺乏的超高强度这两种特性。

(10)扩大 FRC 实用范围是今后的重要课题。

有实用价值的 FRC 是用锆系耐碱玻璃纤维增强的 CFRC,其应用泛围有:

(1)作内外墙体材料(隔断、挂墙板、窗间墙、夹层材料等);

(2)作模板(楼板的底模、梁柱模、桥台面、各种被覆层);

(3)作土木设施(挡土墙、道路和铁路的防音墙、电线杆、排气塔、通风道、管道、U 形沟、净化池、贮仓等);

(4)海洋方面用途(小型船舶、游艇、浮杆、甲板等);

(5)其他用途(耐火墙、隔热墙、遮音墙、窗框、托板等)。

国内一些建筑物的窗间墙采用了 GBRC、FRC,通常采取喷射法施工,浇注法尚未见采用。

钢纤维增强混凝土(SFRC)在下列场合被采用。

(1)耐火混凝土增强层(如高达 2 900F)水泥窑内衬;

(2)表面喷涂;

(3)加固补强;

(4)堤堰用;

(5)隧道内衬;

(6)道路及跑道面层;

(7)消波用砌体;

(8)其他。

近些年人们也采用高强、高模碳纤维增强水泥。用其增强后的水泥,其杨氏模量接近按混合规则计算的值,断裂功提高几个数量级。同时,还可抑制水泥基体的开裂和在老化过程中的尺寸变化,并使其抗蠕变和耐疲劳性能都得到改善。

为使水泥能在细小的纤维之间均匀分散,作为基体水泥的粒度应尽可能细小。在制造增强复合材料时,用长丝缠绕、泥浆压型、手铺叠层以及喷射注型等成型工艺。

水泥中加入 3%(体积)的碳纤维后,其模量可提高 2 倍,强度增加 5 倍,如果定向增强,则加入 12.3%(体积)的中强碳纤维便可使水泥的强度从 $5 \times 10^6 \text{N/m}^2$ 提高到 $1.85 \times 10^8 \text{N/m}^2$,挠曲强度也可达到 $1.3 \times 10^8 \text{N/m}^2$。

碳纤维增强水泥可用来代替木材,制成住宅的屋顶、构架、梁、地板以及隔板等,也可以代替石棉制成耐压水泥管和各种容器。由于减轻了自重可降低高层结构中的建筑费用,碳纤维的成本昂贵,限制了在这方面的应用。

FRC 现在还不能立即用以代替钢筋混凝土,应先用它制作形体简单的小尺寸构件,再逐渐向生产大构件过渡。

未来的 FRC 主要受增强纤维品种、质量及其价格的支配。纤维本身强度高,同水泥有良好的粘结性,它的耐久性也不错,如果工艺过关,价格便宜,FRC 推广普及并非难事。

8.3.3 聚合物改性水泥混凝土的应用

聚合物改性水泥砂浆或改性水泥混凝土已得到了较为广泛的应用。

主要应用范围如表 8-10 所示。

表 8-10 聚合物改性水泥砂浆的应用范围

应 用	具 体 使 用 场 合
铺面材料	房屋地面,仓库地面,办公室地面,厕所地面等
地面板	人行道,楼梯,化工车间,车站月台,公路路面,修理车间
耐水材料	混凝土防水层,砂浆的混凝土隔水墙,水容器,游泳池,化粪池,贮仓
粘结材料	地面板的粘结,墙面板的粘结,绝热材料的粘结等,新旧混凝土之间的粘结及新旧砂浆之间的粘结
防腐材料	污水管道,化工厂地面,耐酸管道的接头粘结,化粪池,机械车间地面,化学实验室地板,药房等
履盖层	混凝土船体的内外层,桥面覆盖层,停车房地面,人行桥桥面等

1.地面和道路工程

聚合物改性水泥混凝土由于其良好地耐磨性及耐腐蚀性,施工方法有:

(1)直接用聚合物浇铸地面;

(2)聚合物混凝土形成地面板,然后铺砌;

(3)在地面作一层聚合物水泥砂浆涂层。

聚合物改性水泥混凝土物料的配制顺序如下:聚合物乳液加入与水拌合,然后再加入水泥、砂及石。拌和时间一般为 3～7min,配合比可参照前面所讲的工艺方法设计。表 8-11 是一组配合比示例。

表 8-11 聚合物改性水泥混凝土

组 分	配合比(重量份数)
普通硅酸盐水泥	1
聚合物乳液	0.35
砂	1.4
碎石	2.6
水	可至 0.25

聚合物改性水泥砂浆及水泥混凝土的拌合可用砂浆或混凝土拌合设备,并参照现有的拌合工艺进行。但拌合时间及搅拌速度的确定应考虑到尽可能减少拌合浆体内的气泡含量,必要时加入除气泡剂。

聚合物改性水泥混凝土在工厂生产时物料的配制可以简化。制备聚合物改性水泥混凝土混合料时,要严格控制水的用量以保证浆体的工作性,但流动性也不宜太大,否则会影响强度。混合浆体要在配制三小时内使用,已凝固的物料不宜再用。

聚合物改性水泥混凝土地面浇灌和硬化时,地面空气、温度和基底层的温度,以及浇灌混合物温度应不低于 5℃,底层应有足够的强度。准备浇灌聚合物混凝土的底面应除尘清洗并用聚合物乳液(乳液:水 = 1:8)打底,用量为 $0.15 \sim 0.2L/m^2$。

聚合物改性水泥混凝土用于地面工程时,与普通混凝土的施工过程相同,同样要求振动捣实,每段地面的振动不应少于 30s,当其表面均匀地出现水分时可结束振捣,然后整平表面,勾出伸缩缝。

聚合物改性水泥混凝土的养护应考虑到其本身的水化硬化特性。聚合物改性水泥混凝土的成型及养护期间的适宜温度在 5℃ ~ 30℃ 之间。在成型后的初期要防止聚合物上浮到混凝土的表面,即表面不要聚积水并应覆盖,防止雨水。因此成型后,表面最好用湿麻袋或塑料薄膜覆盖,用普通混凝土适应的较长时间内潮湿养护方法对聚合物改性混凝土反而不利。聚合物改性水泥混凝土最合适的养护方法是,先潮湿然后干燥养护,以利于混凝土中的聚合物形成结构。因此要求聚合物改性水泥混凝土在 1 ~ 3 天潮湿养护后,在环境温度下干燥养护。为了加速聚合物的结构形成过程,也可采用提高养护温度的方法,但蒸养的方法不适用。

聚合物改性水泥砂浆铺筑房屋地面,在摊铺成型养护一段时间后,等聚合物改性水泥砂浆达到一定强度后(一般在摊铺后 7 ~ 10 昼夜),用磨光机磨平地面,磨平过程中,先用粗粒金钢砂,再用中粒度的金钢砂打磨。作好的聚合物改性水泥砂浆地面厚度 20mm。在打磨过程中露出砂眼及孔洞时,应用下列成份(按重量计)的混合料最后嵌平:普通硅酸盐水泥 1,聚合物乳液 0.35,细砂 2 ± 1,以及必要的添加剂(如颜料)和水,磨光后可以打蜡或上漆,地面作成后应过 28 天才开始使用。其强度应不低于要求设计砂浆标号的 75%。厚度偏差不大于 10%,表面与水平面或规定的坡度的偏差不超过相应房间尺寸的 0.2%。

由前苏联资料,在汽车机械装配车间,精密仪器车间以及真空管车间和轧件车间等用聚乙烯乙酸水泥混凝土做成的地面经 10 年使用表明,地面的性能良好。

聚合物改性水泥砂浆或水泥混凝土,虽然其多种性能得到了明显改善,但由于聚合物的掺入,会提高混凝土的成本。据前苏联的经验,掺加聚合物后,会使混凝土的成本提高 2 ~ 4 倍。在欧美等工业发达国家,由于化学工业较先进,因此聚合物的成本相对会低一些,聚合物的掺入,使得混凝土的成本增加幅度比前苏联要低一些。在我国,由于化学工业仍然较落后,因此聚合物的成本相对要高一些,这是聚合物改性水泥混凝土在我国没有得到广泛使用的一个主要原因。

聚合物改性水泥由于它的优良性能可用于船甲板铺面,用聚合物水泥制造船甲板铺面可避免采用专用的木材,缩短施工工期,并可使造价减少到原来的 1/8 左右。聚合物水泥在这一方面已在许多国家得到了广泛的应用。

聚合物改性水泥混凝土也可在工厂制成预制板,然后在施用地点铺砌。

聚合物改性水泥混凝土,由于它具有良好的防水性质,所以在桥梁道路路面面层得到了大量的使用。由于使用聚合物改性水泥混凝土作桥面可避免常规施工过程中为粘结及防水所必需的复杂的工艺过程,因而也可用于高等级的刚性水泥混凝土路面,可降低水泥混凝土面层的厚度,减轻面层开裂,从而延长使用寿命。

2.结构工程

在建筑结构中应用聚合物改性水泥是一个很有吸引力的课题,但也是一个困难的课题。这一课题的解决将导改建筑结构的革新。

前苏联契尔金斯基进行了这一方面的试验。用普通的钢筋水泥混凝土梁作对比,在试验梁的受拉区三分之一高度截面用聚醋酸乙烯改性水泥混凝土制成(聚合物乳液/水泥=0.2~0.3)。混凝土梁的尺寸为120cm×20cm×20cm。试验时,梁的支距为110cm,在距支座40cm处施加两个集中荷载。

试验结果为,当梁的理论破坏荷载为21 580kN时,普通混凝土对比梁在荷载为16 100kN时破坏,而在拉伸区应用聚合物改性水泥混凝土梁,破坏荷载为20 000kN。上述试验证明,聚合物改性水泥混凝土梁具有较强的抗折能力及较大的抗拉伸性。

已在跨度为2.1m的公路小桥中用聚合物钢筋水泥混凝土作桥梁。钢筋为30×Г2С高强钢筋,梁的拉伸区用轻集料聚合物改性水泥混凝土。将这种结构与同跨度的预应力梁相比,可节省高强钢筋15%~20%,减少安装块体重量20~27吨,成本下降20%~35%。并且制造复合混凝土梁不需要复杂的设备。

日本建筑研究院开始研制尺寸为150mm×150mm×1800mm及150mm×250mm×2100mm的聚合物钢筋水泥混凝土梁,聚合物外加剂为丁苯胶乳和聚丙烯酸类胶乳,以及环氧树脂(聚合物/水泥=0.1)。他们证明,这种混凝土具有较大的塑性,虽然价格比普通钢筋水泥混凝土高70%,但其发展前途相当乐观。

对于预应力的混凝土有很高要求。现在用于预应力结构中的混凝土变形率较小,抗拉强度也较低,在空气中收缩较大,压缩时蠕变明显。试验证明,在水泥混凝土中掺加聚合物外加剂可部分地克服上述缺陷。

预应力聚合物水泥混凝土对制造强度高、性能优异的结构,具有广阔的发展前景。在预应力聚合物水泥混凝土中,聚合物相呈现新的性质。加入相当量的聚合物(聚合物/水泥达0.2)可改善混凝土在应力状态下的性质,这也证明聚合物相与水泥石相的相互作用具有重要效能。

由于聚合物外加剂的掺入,加荷时混凝土中的微裂纹张开程度发展比在普通混凝土中小得多,横向变形减小。在混凝土的压应力水平达强度的50%时,混凝土的微观破裂界限约提高20%。

实验证明,在长期压缩作用下,甚至在高度压缩条件下(0.8~0.85),聚合物水泥混凝土中亦不形成临界裂纹。聚合物水泥混凝土的这一重要性质可解释为:第一,由于混凝土的非弹性变形,钢筋中均匀作用应力及其偏心迅速减小;第二,聚合物外加剂使微裂缝界限提高,并阻止受压缩的混凝土结构的破坏。这时,压缩应力使抗拉强度下降的不良影响减小至最小程度。

聚合物水泥混凝土预应力结构首先可应用于化学工业生产中的承重和防护建筑,也适用于水利、能源及交通行业中在干湿交替作用下的工程结构,其中包括建造水中及水下结构物,以及隧道、地下排水设施等。

在许多条件下,聚合物水泥混凝土也适用于建造一般条件和在静、动荷载作用下的预应力结构。由于聚合物外掺剂可提高结构的强度、重量、耐腐蚀性及耐久性。因此聚合物水泥混凝土代替普通水泥混凝土的经济效益是难于准确估计的。同时,单独的计算表明,用聚合物水泥混凝土代替一般水泥混凝土后,可在减少水泥用量的条件下,减小梁的高度及混凝土梁的横截面积达 5% ~ 10%。在梁的横截面积及高度相同时,钢筋用量可减少25% ~ 35%,或者构件的抗裂性可提高 30%。

3.轻质混凝土

为了减小构件的重量,在混凝土和砂浆中加入聚合物外加剂可达到很好的效果。在普通水泥混凝土中,加入发泡剂虽可降低构件重量,但会使强度大幅度下降。而聚合物外加剂可在很大程度上弥补这一不足。

轻集料聚合物水泥混凝土具有密度小,强度高的特点,抗压强度通常高于无聚合物的混凝土。采用陶粒、耐火土及其混合物制得了容重为 $1\,600 \sim 1\,800 kg/m^3$,标号为 300 号的混凝土。

轻集料聚合物水泥混凝土的抗折及抗拉强度比无聚合物时提高 30% ~ 40%,断裂伸长率比普通水泥混凝土提高 5 倍。在轻集料混凝土中加入聚合物胶乳,常使混凝土的塑性超过弹性(弹塑性系数 $\lambda_P > 0.5$),而弹性模量降至 1/3。

轻质聚合物水泥混凝土具有优异的使用性能如表 8-12。例如轻质聚合物水泥混凝土具有很好的抗冻性,导热性小(容重为 $1\,500 \sim 1\,600 kg/m^3$ 时,导热系数为 $1.67 kJ/m^2 \cdot h \cdot ℃$),耐热性好,甚至可经受 400℃ 的短时高温作用。

表 8-12　轻质聚合物混凝土的性能

指　　标	原始强度（MPa）	经如下作用后的残留强度（MPa）		
		80 次冻融循环	400℃短时高温	30 次加热－冷却循环
抗压强度	26.3	17.6	13.6	32.2
抗折强度	5.3	4.28	2.81	5.96

把树脂用于多孔混凝土后可使混凝土的抗压强度提高 30%,抗折强度提高 100%。

4.修补工程

聚合物改性水泥砂浆及改性水泥混凝土由于良好的粘结性能被广泛地用于修补工程中。用普通砂浆或普通混凝土进行修补工程,由于新拌混凝土与旧混凝土之间不能很好地结合,经常发生修补的混凝土脱落,不能起到修补作用。原因在于旧有混凝土被修补的表面存在一定数量的结构孔隙,如果旧有混凝土在干燥情况下就将新拌混凝土覆盖上去,由于毛细作用,新拌混凝土中的水份将进入旧混凝土内,致使靠近旧有混凝土表面的新拌混凝土浆体失去水分,不能正常水化。最终新旧混凝土之间形成一软弱夹层。如果旧有混凝土是在潮湿状态下进行修补,即旧混凝土的孔隙已全被水充满,虽然新拌水泥混凝土中水分不被旧混凝土所吸改,但被水分充满的旧混凝土孔隙中,也不会有新拌混凝土中的水泥水化产物进入,因此,两者之间并没有产生相互穿插的联结,同时,由于新拌混凝土在硬化过程中产生的收缩,会使新旧混凝土界面产生剪应力,因而引起局部的破坏,从而减弱了互相间的联结强度及影响修补的效果。因此,由于混凝土本身的特性,用普通混凝土浆体进行混凝土的修补工程不能取得满意的效果。

用聚合物改性水泥混凝土进行修补工程,由于以下原因,会有良好的修补效果。

(1)新拌聚会物水泥混凝土浆体中的聚合物会渗透进入旧有混凝土的孔隙中,在新混凝土硬化及聚合物成膜后,在新旧混凝土之间就形成了穿插于新旧混凝土之间的聚合物联结桥,大大地增强了新旧混凝土之间的联结强度。

(2)聚合物改性水泥混凝土有良好的粘结能力,这主要是由于聚合物水泥混凝土中的聚合物有良好的粘结能力,因而可使新混凝土的联结作用得到加强。

(3)聚合物水泥混凝土的硬化收缩较小,并且刚度小,变形能力大,在新旧混凝土界面之间由于新拌聚合物水泥混凝土硬化引起的收缩而产生的剪应力及破坏裂缝要较少,因而对新旧混凝土之间联结强度的破坏作用小。

(4)新拌聚合物混凝土中的聚合物对新旧混凝土之间的结合部位起到了一定的密封作用,因而使得界面处的抗腐蚀能力提高,对保持新旧混凝土之间联结强度有利。

用聚合物水泥混凝土对水泥混凝土路面、水泥混凝土桥面及地面进行修补,都取得了相当好的效果。也可用聚合物水泥浆体或聚合物水泥浆对水泥混凝土路面的裂缝,或水泥混凝土构件裂缝进行修补。

用聚合物水泥混凝土对破损水泥混凝土路面进行修补时,应清除被修补表面的杂物。然后在修补表面喷洒或涂一层较稀的聚合物乳液再用新拌的聚合物水泥混凝土浆体进行修补。修补后,要进行妥善的养护,最好的养护方式是先湿养,然后再在较干燥条件下养护,既使得水泥能正常水化,又能使聚合物良好地结膜,为了进一步提高新旧混凝土之间的粘结强度,也可对旧混凝土表面进行处理,如清除原有表面,在表面刻槽以增加新旧混凝土之间的接触面积,从而增加新旧混凝土之间的联结强度,改善修补效果。

聚合物改性水泥混凝土的修补效果与所选的聚合物类型、聚合物的掺量等因素有关。用聚苯乙烯 – 丁二烯乳液(SBR)及聚丙烯酸酯(PAE)改性水泥混凝土,进行水泥混凝土的修补均取得了良好的结果。

5.其他方面的应用

聚合物改性水泥混凝土除了上述的用途外,还可用作建筑物装饰材料、保护材料等。

(1)装饰材料

装饰层、保护 – 装饰层以及立面涂层,就其性质而言应满足如下的基本要求:装饰料的抗压强度应为被装饰混凝土强度的 1 ~ 2 倍;外装饰层材料有较好的气候稳定性;涂层与基底之间有较高的抗剪粘结强度,涂层的变形模量不大于基底材料变形模量的两倍半。

聚合物改性水泥混凝土能容易地满足这些要求,作为装饰材料使用。用于混凝土结构装饰材料的配比(重量比)可为,白水泥 17,耐碱颜料 2 ~ 3.5。惰性填料为砂粉或水灰石粉,增强剂为石棉。聚合物外加剂为聚醋酸乙烯乳液或丁苯橡胶乳液。装饰外表面时,聚合物/水泥 = 0.15 ~ 0.2;装饰内表面时,聚合物/水泥 = 0.05 ~ 0.1。

石膏聚合物水泥装饰料用于建筑物内、外的装饰和平整表面。配比为(重量比),普通硅酸盐水泥 20 ~ 30、半水石膏 60 ~ 70 及火山灰材料 10 左右。这种组分与聚合物外加剂一起可制得具有多种优异性能的装饰材料。

上述装饰料可在一般条件下硬化,也可在热湿条件下以及干燥或潮湿条件下硬化。这类装饰料与水泥混凝土、石膏混凝土、砖、玻璃、木材及纸张等有很好的粘结性,与多种塑料及涂用油漆及合成漆的表面也能很好的粘合。

（2）保护涂层

聚合物水泥材料广泛应用各种容器的保护涂层。保护容器材料免受储液的侵蚀，防止容器材料对液体的不良影响，以及减少液体材料经过贮器器壁的渗失。

聚合物水泥油灰防水层用于墙壁楼板、深埋的底部以及用于防护地下结构物，如隧道、地沟、坑道、管道等的器壁，也可用于有水压设施的底板（如储水池，沉降池等）。聚合物水泥防水层一般不和食用水直接接触，否则应采用满足卫生要求的聚合物水泥材料。

建造一般用途的防护涂层时采用标号为 150～200 号，聚合物/水泥 = 0.05 的混凝土，厚度为 20～30mm。设置厚度为 10～30mm 涂层时，若有含盐及碱的水介质的侵蚀作用，则可利用同样强度的聚合物水泥混凝土，聚合物与水泥的比值取 0.1。

还要指出，聚合物水泥混凝土也是电离射线的良好防护材料。

（3）特殊用途

对于腐蚀条件下可使用聚合物水泥混凝土，如前苏联推荐在腐蚀介质条件下使用添加糠醇和盐酸苯胺的水泥混凝土。

用掺加聚合物的方法，可配制成无收缩的聚合物水泥混凝土。这种混凝土在一般湿度和复合硬化条件下硬化（在水中硬化数昼夜，然后在空气中硬化），膨胀变形分别为 1.3 及 0.7mm/m。其抗折强度比同标号的密实混凝土的抗折强度大 50% 到一倍。抗冲击强度比普通混凝土高 15%～20%，可经受 300 次冻融循环。此类聚合物水泥混凝土的弹性模量较普通混凝土约减小 25% 左右，而极限延伸率提高 20%～25%。无收缩聚合物水泥混凝土具有较低的透水性、透盐性、透油性和透苯性，压力为 1～2MPa 时渗透系数为 4 ± 3 $\times 10^{-9}/(cm^2 . s . MPa.)$。

掺加聚合物可制成高度不透气的聚合物水泥密封料。在压力达 0.7MPa 时亦不透气，抗压强度为 19～20.2MPa，在放置一个月后抗压强度为 17.6～18.2MPa；经 60 次冻融循环后强度没有明显降低。此类混凝土由铝酸盐水泥、砂、石灰及水溶性苯酚甲醛聚合物组成，用量比 1:3:0.15:1。这种混凝土已用于煤气管道的接头防护。

在气候特别严寒地区，可用聚合物制成抗冻良好的抗冰冻聚合物水泥混凝土。

用聚合物制成的聚合物水泥混凝土铁道枕木具有特别好的耐久性。

特殊的聚合物水泥适用于保护铁丝网水泥结构中的钢丝网。用聚乙烯醇缩丁醛和普通硅酸盐水泥的混合物于静电场中敷于钢丝网上，涂层中水泥含量应为 40% 以上，以保证最大的密度，钢丝网表面涂层厚度为 60～70μm。裂纹张开程度达 0.1mm 以上时，涂层厚度可增至 100μm。

防止水泥混凝土浆体的分层成为一个严重的技术问题。通过掺加聚合物可消除混凝土的分层离析现象，保证混凝土浆体的质量。掺加的聚合物外加剂应不影响混凝土的硬化及硬化后的各种性质。最适用的是亲水性，非离子型主要是极高相对分子质量（可达数百万）的聚合物。聚氧化乙烯及聚氧化丙烯，甲基及羧基纤维素，聚丙烯酰胺，聚乙烯醇即属于这类聚合物。聚氧化乙烯（相对分子质量为 4×10^6）具有不大的塑化效应，实际上对强度无影响。

掺加占水泥重量 0.6% 的聚氧化乙烯可使水泥浆体经 1 小时的分层度减小 20%。混凝土加入 1.5kg/m³ 的上述外加剂可使混凝土浆体(水泥用量 300kg/m³)的析水作用减小 40%～50%。聚氧化乙烯外加剂也可使混凝土浆体的内磨擦减小。对泵送混凝土在相同生产能力可使泵的压降减小 50%，或提高生产效率。泵及管道的摩耗减少近一倍。对喷射混凝土，掺加聚氧化乙烯可使混凝土回弹损耗减少 25%～40%。聚合物水泥混凝土由于其优良的性能，它的用途越来越广泛。

第九章 碳/碳复合材料

9.1 碳/碳复合材料的发展

9.1.1 碳/碳复合材料

碳/碳复合材料是由碳纤维或各种碳织物增强碳,或石墨化的树脂碳(或沥青)以及化学气相沉积(CVD)碳所形成的复合材料,是具有特殊性能的新型工程材料,也被称为碳纤维增强碳复合材料。据最新资料,用 XRD 多重分离软件分别对不同热处理温度下碳/碳复合材料进行衍射分峰处理,得出该材料由三种不同组分构成,即树脂碳、碳纤维和热解碳。由此可以看到,它几乎完全是由元素碳组成,故能承受极高的温度和极大的加热速率。通过碳纤维适当地取向增强,可得到力学性能优良的材料,在高温下这些性能保持不变甚至某些性能指标有所提高。在机械加载时,碳/碳复合材料的变形与延伸都呈现出假塑性性质,最后以非脆性方式断裂。它抗热冲击和抗热诱导能力极强,且具有一定的化学惰性。碳/碳复合材料的优缺点可归纳于表 9-1。

表 9-1 碳/碳复合材料的主要优缺点

优　　点	缺　　点
高温形状稳定 升华温度高 烧蚀凹陷低 平行于增强方向具有高强度和高刚度 在高温条件下的强度和刚度可保持不变 抗热应力 抗热冲击 力学性能为假塑性 抗裂纹传播 非脆性破坏 衰减脉冲 化学惰性 重量轻 抗辐射 性能可调整 原材料为非战略材料 易制造和加工	材料:非轴向力学性能差 　　　破坏应变低 　　　空洞含量高 　　　孔分布不均匀 　　　纤维与基体结合差 　　　导热系数高 　　　抗养化性能差 　　　抗颗粒浸蚀性差 　　　成本高 加工:制造加工周期长可还原性差 设计:设计与工程性能受限制 　　　缺乏破坏准则 　　　设计方法复杂 　　　环境特性曲线复杂 　　　各向异性 　　　尚无较好的非破坏检验方法 　　　使用经验不足 　　　连接与接头困难

9.1.2 碳/碳复合材料的发展

关于碳/碳复合材料的研制工作,可一直追溯到 60 年代初期,当时碳纤维已开始商品化,人们采取了一系列步骤用它来增强如火箭喷嘴一类的大型石墨部件。结果在强度、耐高速高温气体(从喷嘴喷出)的腐蚀方面都有非常显著的提高。之后,又进一步地研究了致密低孔隙部件的制造,反复地浸渍热的液化天然沥青和煤焦油——制造整体石墨原料。制造碳/碳复合材料时,不必选择强度和刚度最好的碳/石墨纤维,因为它们不利于用编织工艺来制备碳/碳复合材料所需的纤维基。还有一些研究工作想用在低压下就能浸渍的树脂基体代替从石油或煤焦油中来的碳素沥青,通过多次热解和浸渍获得焦化强度很高的产物。更进一步,还可以通过化学蒸气沉积技术在复合材料内部形成耐热性很好的热解石墨或碳化物结构,这进一步扩大了碳/碳复合材料的领域。总之,目前人们正在设法更有效地利用碳和石墨的特性,因为不论在低温或很高的温度下,它们都有良好的物理和化学性能。

碳/碳复合材料的发展主要是受宇航工业发展的影响,它具有高的烧蚀热,低的烧蚀率。有抗热冲击和超热环境下具有高强度等一系列优点,被认为是再入环境中高性能的烧蚀材料。例如,碳/碳复合材料作导弹的鼻锥时,烧蚀率低且烧蚀均匀,从而可提高导弹的突防能力和命中率。碳/碳复合材料还具有优异的耐摩擦性能和高的热导率,使其在飞机、汽车刹车片和轴承等方面得到了应用。

碳与生物体之间的相容性极好,再加上碳/碳复合材料的优异力学性能,使之适宜制成生物构件插入到活的生物机体内作整形材料,如人造骨骼,心脏瓣膜等。

鉴于碳/碳复合材料具有一系列优异性能,使它们在宇宙飞船、人造卫星、航天飞机、导弹、原子能、航空以及一般工业部门中都得到了日益广泛的应用。它们作为宇宙飞行器部件的结构材料和热防护材料,不仅可满足苛刻环境的要求,而且还可以大大减轻部件的重量,提高有效载荷、航程和射程。

今后随着生产技术的革新,产量进一步扩大,廉价沥青基碳纤维的开发及复合工艺的改进,使碳/碳复合材料将会有更大的发展。

9.2 碳/碳复合材料的成型加工技术

碳/碳复合材料的成型加工方法很多,其各种工艺过程大至可归纳为如图 9-1 的几种方法。

9.2.1 坯 体

在沉碳和浸渍树脂或沥青之前,增强碳纤维或其织物应预先成型为一种坯体。坯体可通过长纤维(或带)缠绕、碳毡、短纤维模压或喷射成型、石墨布叠层的 z 向石墨纤维针刺增强以及多向织物等方法制得。

碳纤维长丝或带缠绕方法和 GFRP 缠绕方法一样,可根据不同的要求和用途选择适宜的缠绕方法。

碳毡可由人造丝毡碳化或聚丙烯腈毡预氧化、碳化后制得。碳毡叠层后,可用碳纤维在 x、y、z 的方向三向增强,制得三向增强毡(如图 9-2)。

喷射成型是把切断的碳纤维(约为 0.025mm)配制成碳纤维 – 树脂 – 稀释剂的混合物,然后用喷枪将此混合物喷涂到芯模上使其成型,如图 9-3 所示。

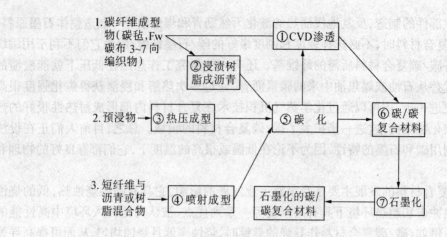

图 9-1 碳/碳复合材料的成型加工方法

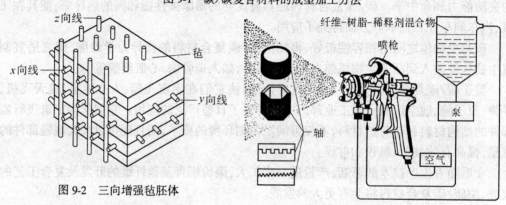

图 9-2 三向增强毡胚体

图 9-3 喷涂成型工艺示意图

用碳布或石墨纤维布叠层后进行针刺,可用空心细径钢管针刺引纱,也可用细径金属棒穿孔引纱。图 9-4 和图 9-5 是 AVCD 公司编织的 MOD-3 坯体及其制造过程的示意图,碳纤维也可与石英纤维混编。

坯体研制的重点是多向织物,如三向、四向、五向或七向等,目前是以三向织物为主。图 9-6 是三向织物的示意图,碳纤维从径、纬、纵三个方向(即 x. y. z 方向)互成 90°正交排列,三个方向的纱线并不交织,x 和 y 方向的纱

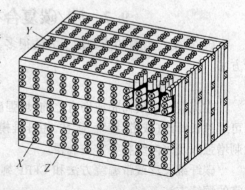

图 9-4 阿芙柯(AVCD)的 3-D 编织物

线交替地叠层,z 方向的纱线起增强作用,因此,x,y,z 方向的纱线并没有交织点,只有重合点,这样充分发挥织物里每个纤维的力学性能。三向织物研究的重点在细编织及其工艺、各向纤维的排列对材料的影响等方面。

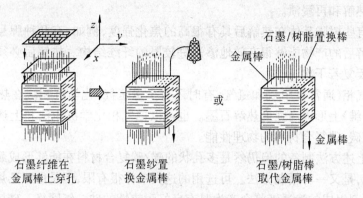

图 9-5　Mod-3 坯体的制造示意图

石墨纤维在　　　石墨纱置　　　　石墨/树脂棒
金属棒上穿孔　　换金属棒　　　　取代金属棒

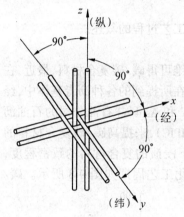

图 9-6　三向织物示意图

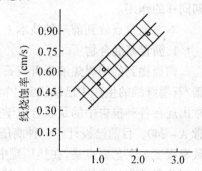

图 9-7　三向织物中纤维的 z 向间距
与线烧蚀率的关系

　　三向织物的细编程度越高,碳/碳复合材料的性能越好,尤其是作为耐烧蚀材料更是如此。细编程度常用织物的正向间距大小来衡量。图 9-7 为三向织物坯体 z 向纤维间距与碳/碳复合材料的线烧蚀率之间的关系。显然, z 向间距越小,编织密度越高,线烧蚀率越低。随着编织技术的改进, z 向间距可缩小到 0.46mm,除 z 向纤维的间距外、单位长度 x 和 y 向纤维的层数也是衡量细编程度的重量因素,通常每厘米的纤维层数为 10 到 16 层,最多可达 20 层以上。

　　在三向纺织的基础上,对四向和七向编织物也进行了研究,四向织物是在相应于立方体的四个长对角线方向上,纤维进行正交排列。七向织物是 x , y , z 三维方向上再加上立方体的四个长对角线方向进行编织,由于编织方向增多,改善了三向织物的非轴线方向的性能,使材料的各部分性能趋于平衡,提高了强度(主要是剪切强度),降低了材料的热膨胀系数。

9.2.2　基　体

　　碳/碳复合材料的碳基体可以从多种碳源采用不同的方法获得,典型的基体有树脂碳和热解碳,前者是合成树脂或沥青经碳化和石墨化而得,后者是由烃类气体的气相沉积而成。当然,也可以是这两种碳的混合物。其加工工艺方法可归结为以下几方面:

　　(1)把来源于煤焦油和石油的熔融沥青在加热加压条件下浸渍到碳/石墨纤维结构中

去,随后进行热解和再浸渍。

(2)已知有些树脂基体在热解后具有很高的焦化强度,例如,有几种牌号的酚醛树脂和醇树脂,热解后的产物能够很有效地渗透进较厚的纤维结构。热解后必须进行再浸渍再热解,如此反复若干次。

(3)通过气相(通常是甲烷和氮气,有时还有少量氢气)化学沉积法在热的基质材料(如碳/石墨纤维)上形成高强度热解石墨。也可以把气相化学沉积法和上述两种工艺结合起来以提高碳/碳复合材料的物理性能。

(4)把由上述方法制备的但仍然是多孔状的碳/碳复合材料在能够形成耐热结构的液态单体中浸渍,是又一种精制方法。可选用的这类单体很有限,但是由四乙烯基硅酸盐和强无机酸催化剂组成的渗透液将会产生具有良好耐热性的硅-氧网络。硅树脂也可以起到同样的作用。

本书把重点放到前三种技术上,以下便是对上述三种工艺过程的叙述。

1.沥青基混合物

前面提到的用煤焦油沥青或石油沥青浸渍碳/石墨纤维可得碳/碳复合材料,最近,在碳/石墨纤维的生产中已认识到中间相沥青的独特优点。在所提到的各种沥青基体中,经常出现在各种报告中的是联合化学公司的煤焦油沥青 15V 和 Ashland 石油公司的石油沥青 A-240。目前已设计了一种高压浸渍碳化工艺(简称 HPIC),来提高碳/碳复合材料的致密程度。工艺要点是,在热压罐中以大约 100MPa 压力下浸渍的复合材料的致密程度,发现前者的焦化产值为后者的一倍。典型的高压浸渍碳化工艺周期如图 9-8 所示。碳/

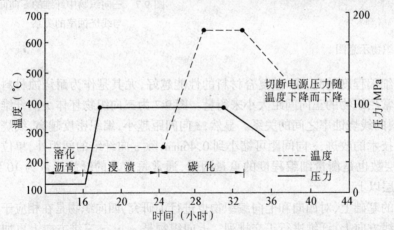

图 9-8　标准高压浸渍碳化工艺,压力约为 100MPa

石墨纤维三维编织型坯在 100MPa 压力下维持 16 小时。虽然也可以采用较低的浸渍压力,但为了达到相同的致密程度就需要重复 2~3 次工艺周期。火箭头锥顶端的标准石墨化工艺在氢气中进行,时间和温度规范如下:

①以 300℃/小时的升温速率从室温升到 600℃。

②以 20℃/小时的升温速率从 600℃升到 1 000℃

③以 70℃/小时的升温速率从 1 000℃升到 2 500℃。

④以 100℃/小时的升温速率从 2 500℃升到 2 700℃+(0~25℃)。

⑤在 2 700℃ + (0 ~ 25)下浸渍 30 分钟。

⑥冷却并卸压。

按照 Tohnson 等人的观点,非常高的石墨化温度可能会损害某些沥青基碳纤维的拉伸强度。在论文中,他们确定了处理三维编织预型坯(2 英寸 × 2 英寸 × 5 英寸,用 V – 15 沥青浸渍)的工艺参数以及它们对型坯性能的影响,为了使碳/碳三维型坯致密化,要求沥青渗透进纤维间较大的孔隙中。如果在浸渍碳化工艺中采用 1.5×10^3 磅/英寸^2 的压力,则较低的石墨化温度(2 400℃)能明显提高沥青纤维碳/碳三维型坯的拉伸强度。

如前所述,由编织物制造的最新型三维型坯是把线股垂直地穿过织物平面,这种型坯具有良好的阻止裂纹在基体中形成和扩展的能力。把它们用酚醛树脂和(或)煤焦油沥青(它们的焦化产值高)进行浸渍,然后碳化和石墨化(2 704℃)若干次,得到本体密度为 $1.70g/cm^3$,McALLister 和 Taverna 报道的性能如表 9-2 所示。

表 9-2　碳/碳复合材料三维型坯 3 型的性能

	25℃	2 700℃
拉伸强度,10^3 磅/英寸^2(MPa)	15(103)	10(69)
拉伸模量,10^6 磅/英寸^2(GPa)	6(414)	1.5(10.3)
弯曲强度,10^3 磅/英寸^2(MPa)	14(97)	15(103)
弯曲模量,10^6 磅/英寸^2(GPa)	4(276)	2.5(172)
1 090℃时的热膨胀系数($\times 10^{-6}$)		0.5
2 000℃时的热膨胀系数($\times 10^{-6}$)		0.3
热传导率,BUT/小时/英尺/°F	260℃ ~ 32(48)	
(千卡/小时/米/℃)	2 500℃ ~ 14(21)	

BUT,英国热量单位 = 252 卡 ,1 卡 = 4.1868J。

从重返大气层飞行器的隔热罩和头锥顶端要求的性能来看,已经发现以高强度石墨纤维增强的碳/碳复合材料具有特别好的结构整体性。另一个例子是碳/碳复合材料在飞机制动器上的应用,正如 Kirkhart 指出,重量为发动机 1/10 的碳/碳制动体系能吸收 10 ~ 2 × 10^6 磅·英尺的能量,它的制动能力是钢制动器的 3 ~ 5 倍。他还研究了人造丝基和聚丙烯腈基碳/石墨纤维的增强效果。圆盘型碳/碳复合材料制动器现已用于军用和民用飞机。对于一次最猛烈的急刹车,每磅碳要吸收将近一百万磅·英尺的能量。碳/碳复合材料制动器的重量大约是钢制动器的 1/3。

Fitzer 和 Heym 研究了最有发展前途的单向纤维/基体复合材料在温度最高达 500°F 时空气中的力学性能。他们选用了商品碳/石墨纤维/环氧单向带材和硼纤维/铝基体单向带材,在压力作用下使它们固化。为比较起见,同时用了碳/石墨纤维/聚酰亚胺、碳/碳复合材料和碳纤维增强铝复合材料。其中碳/碳复合材料的制备工艺如下,把碳纤维在熔融煤焦油沥青中进行液态渗透,在 550℃

图 9-8　单向纤维增强复合材料的弯曲强度与温度的关系

氮气中焙烘,然后碳化到 1 400℃;之后再浸渍,再碳化,如此重复四次,以获得最高的强度。碳纤维增强铝的制备工艺如下,在纤维上预先涂上镍或银浸润剂,接着在约 700℃下进行液态金属(铝)渗透。上述各种材料的物理性能列于下表 9-3,所用的复合材料都在同一实验室内制备和测试。纤维增强复合材料的弯曲强度与温度的关系如图 9-8 所示。

表 9-3 单向复合材料在室温下的力学性能

基　　体	环　氧	聚酰亚胺	石墨/铝	硼/铝	碳/碳
纤维体积含量, %	55	50	45	49	50
弯 曲 强 度, MPa	1 580	1 270	1 150	1 640	950
弯 曲 模 量, GPa	115	126	240	168	154
极 限 应 变, %	1.5	1.1	0.45	1.0	0.6
密 度, $\times 10^3$ kg / m^3	1.45	1.45	2.16	2.5	1.65

Fitzer 等人在另一篇文献中给出了碳/碳复合材料弯曲强度与浸渍沥青和再碳化重复次数的关系。每次石墨化后的数据列于表 9-4。

表 9-4 碳/碳复合材料的弯曲强度

	在 1 000℃下碳化后/MPa	在 2 600℃下石墨化后/MPa
起始值	200	180
1 次	430	240
2 次	650	400
3 次	820	530
4 次	1 000	620

当 A－240 石油沥青和 V－15 煤焦油沥青分别在 700℃和 600℃以上,并在很宽的工艺压力范围内进行热处理时,可看到高温下的焦化工艺使它们的热膨胀系数都大大降低。

2.树脂基体

由于下述原因,人们继续怀着浓厚的兴趣采用合成树脂制备碳/碳复合材料。

①在工艺低温度和低压力下具有低粘度这一点上,合成树脂比石油或煤焦油沥青强。

②合成树脂的纯度比天然产物高,化学结构更容易鉴定,沥青的成分常随产地和提炼方法而异。

③比较容易得到含碳量高的树脂体系,并可能转化为耐高温的碳素产物。

有关合成树脂体系以及它们在高温热解中和热解后的性能数据是有限的。现有的树脂体系一般不是以此为目的而生产的。但是,60 年代初期的测试已表明,某些糠醇或酚醛热固性高聚物具有相当的"焦化强度",也就是说,这类高聚物热解后的性能下降不像其他树脂那样严重。举一个极端的例子,像聚苯乙烯这样的热塑性塑料在高温热解后便"消失"了,剩下的碳渣几乎可忽略不计,而合成的热固性树脂和前述的沥青例子一样,高温热解后留下的碳素残渣有相当好的强度。碳/石墨纤维增强树脂在随后的再浸渍和再热解中会留下越来越多的焦化沉积物,最后其强度可能与浸渍过树脂但未经热解的结构相接近。这时石墨纤维周围有一层碳素物质(通常是从高度交联的热固性高聚物转化而来),从而形成碳/碳复合材料。

由于下述两方面的原因,在固化和热解过程中收缩率很大:

1)高聚物固化过程中包含聚合反应收缩,固化升温速率愈快,收缩率愈大。

2)比较有前途的糠醇树脂和酚醛树脂是收缩聚型高聚物,在固化过程中形成副产物水,这导致较大的孔隙率和收缩率。不管是那种原因,反正复合材料中碳/石墨纤维浓度越高,其收缩率就越低。

Siebold综述了酚醛树脂的碳化过程,目的是搞清如何把碳/石墨纤维增强复合材料加工成碳/碳复合材料。他把Monsanto公司的酚醛树脂浇注料分别以五个不同的工艺周期进行热解,最好温度达2 300℉,材料的传导率也不断地增加,并且显然与本体密度有直接的关系,为了使热解酚醛树脂各方面的性能获得最佳平衡,建议缓慢地热解1 350℉和1 830℉,酚醛树脂经不同温度热解后,它们的重量损失、本体密度和线收缩率如图9-9所示。

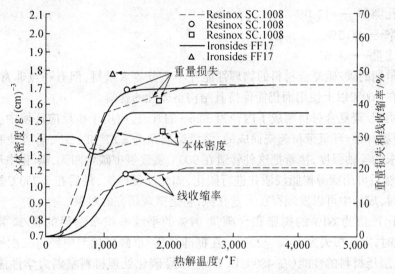

图9-9 Resiox SC – 1008 和 Ironside FF17 酚醛树脂的本体性能
与热解温度的关系

Schmit和Schreyer描述了在多孔碳结构中浸渍糠醇(FA)树脂体系,而后使树脂碳化的过程。他们用顺丁烯二酸酐作糠醇树脂的催化剂,把树脂浸进多孔网状碳泡沫中,于100℃下固化,然后在900～1 000℃的惰性气氛中进行碳化,如此反复若干次。他们用这种方法制得了低密度绝热材料。

据推测,很可能某些具有芳杂环链的聚苯并咪唑和炔端基聚酰亚胺会有良好的耐热性和很高的焦化产值,这对石墨纤维/碳复合材料是极其重要的,值得注意的是,某些液态环氧树脂可以与大量的煤油沥青相混容(例如,铺设公路路面用的低温硬化环氧/煤焦油),而且具有比纯沥青更好的工艺性。在公路建筑中已成千上万磅地大量使用了这类混合物。

在美国政府的报告中,有一些很值得注意的碳/碳复合材料的例子,其中之一是制造了一个长度为15英寸,直径为9英寸的圆柱体。圆柱体是用浸渍了酚醛树脂的石墨布制造的,接着在糠醇树脂(以草酸为催化剂)中浸渍后再热解,如此反复四次。具体工艺如下:把固化的样品置于压力真空中,先在真空下浸渍糠醇树脂体系,然后加压到80磅/英寸^2;在后固化和热解工艺中,升温速率很缓慢;从室温到800℃共经过60多小时;在

2 500～2 600℃氩气气氛中石墨化2小时,材料在加工过程中的典型特性如下:

起始压板的弯曲强度——22 000磅/英寸^2

第一次浸胶后——重量增加22.3%;热解后——净增10.7%。

第二次浸胶后——重量增加13.6%;热解后——净增5.9%。

第三次浸胶后——重量增加11.6%;热解后——净增7.4%。

第四次浸胶后——重量增加7.5%'热解后——净增3.2%。

石墨化造成的重量损失——0.8%

碳/碳复合材料的弯曲程度——12.000磅/英寸^2

层间剪切强度——1 400磅/英寸^2

表观孔隙率——12.0%

吸水率——8.5%

表观比重——1.62

这个早期的碳/碳复合材料的物理性能并不十分令人鼓舞,但有一点非常突出,即它是一种能在500℃以上使用而仍能保持其结构整体性的材料。

业已用碳/碳复合材料制成了内径为38mm的管道,应用于核反应环境中。这种管道是用碳/石墨纤维/环氧带材缠绕而成的,缠绕螺旋角为±87°和±57°,后者使制成的管道具有所要求的等轴强度,接着把这种管道在900℃氩气气氛中碳化四天,碳化中环氧树脂减少50%。然后再用糠醇树脂浸渍并进行碳化,如此反复四次,最后在2 750℃氩气气氛中石墨化2小时,成品中可以发现存在大量孔隙,它是微观研究的对象。

由焦化产值为60%的树脂和含碳量99%的平纹编织布制得的碳/碳复合材料于840℃碳化时,重量损失为16%～20%。在糠醇树脂/草酸催化剂中经过三次浸渍和三次碳化之后,层压材料的性能(在480℃以下)是未经碳化处理材料室温力学性能的60%以上。

Eitman等人研究了以人造丝基,聚丙烯腈基和沥青基碳/石墨纤维与碳素粘结剂之间的相互作用。除了纤维的类型不同之外,他们还用了三种不同的碳素基体,两种来源于煤焦油沥青,一种是酚醛树脂的热解产物。他们得到结论如下,在碳/碳复合材料工艺条件改变的过程中,碳/石墨纤维的性能可发生很大的变化。他们在研究中把单向纤维样品制成直径为1英寸的圆棒,然后每一种复合材料都依次经过浸胶、热解(1 000℃)和石墨化(2 800℃)而致密化。记录的数据表明,在相继的工艺处理中,材料的密度逐渐增加,而孔隙率逐渐减小,尤其是人造丝基和聚丙烯腈基碳/石墨纤维,致密程度提高得特别显著。同时,纤维的弹性模量也明显增加。至于碳基体粘结剂对各种不同类型纤维的影响,从复合材料的结果暂时还不能得出结论。

另外浸渍树脂时,制品的气密性好,但碳化后形成硬质碳,难以石墨化。沥青的残碳量高,残碳较易石墨化。表9-5为不同有机原料作热解基体时的碳化收率。

考虑到碳/碳复合材料中热解酚醛树脂粘结剂的作用,就应该想起碳化酚醛树脂在烧蚀隔热罩上的实际应用。多年来,这种结构在轨道飞行器返回地面的高温中有效地起到了可消耗元件的作用。在该项研究中,发现石墨纤维的取向对烧蚀材料的性能影响很大。

表9-5 不同有机原料热解时的碳化收率

基　体　原　料	纯基体含碳量(%)	实际碳化收率(%)
树脂:聚苯并咪唑	96	73
聚苯	92	71
甲醛二苯	80	65
糠　醇	75	63
酚　醛	78	60
环氧/甲基酚醛	74	55
聚酰亚胺	77	49
沥青:煤焦油	75	60
电极粘合剂	92	40
植物性沥青	69	30
石油沥青	88	21
人造沥青:三苄基苯	95	87
异三苄基苯	95	70
树脂与沥青混合物:		
⎰酚醛60% ⎱煤焦油沥青	78	75
⎰氧茂甲醛60% ⎱煤焦油沥青	—	67
⎰环氧酚醛清漆60%: ⎱煤焦油沥青	—	60

＊在惰性气体中,以6℃/分的升温速度率加热至1 000℃。

通用电气公司调查并研制了在热的环境中长期使用的烧蚀塑性复合材料。对这种材料要求的性能是表面烧蚀度低,绝热良好,重量轻,并且不发生非对称烧蚀、焦化不稳定和剥落等现象,他们用石英和碳纤维(也包括两者的混合物)与酚醛和聚酰亚胺粘结剂复合起来制造烧蚀材料。结果发现碳/石英双纤维带材的效果好。当我们以碳/碳复合材料来说明烧蚀材料时,应该认识到烧蚀材料在使用之前就经过热解,是比较强的结构,可应用于火箭喷嘴和头锥。它们在结构上是稳定的,在强度和耐热应力破坏方面非常出色,而且由于其中的石墨纤维,能阻止裂纹扩展。

近年来出现了一种以芳基乙炔为浸渍剂的低压复合工业,为碳/碳复合材料开辟了新的途径。芳基乙炔粘度小,易于浸渍,含碳量高,在中低压下固化、碳化,有极高的残碳率(＞80%),且所获得碳纯度非常高,是碳/碳复合材料性能优异的基体材料。使用芳基乙炔制造复合材料,可以大大简化工艺过程。目前芳基乙炔的合成方法主要有芳基乙烯卤化－脱卤化氢法,芳烃酰化法和三甲基硅乙炔法,后两种方法由于所用试剂昂贵,操作复杂,仅限于实验室制备,芳基乙烯卤化－脱卤化氢法由于脱卤化氢效率不高,传统方法是使用叔丁醇钾、氨基钠等强碱,以获得较高的产率。但试剂的价格昂贵,且操作危险,可使用氢氧化钠和相转移催化剂进行脱溴化氢法制备二乙炔基苯。

3.化学蒸气沉积(简称 CVD)

在碳素结构的渗透工艺中使用化学蒸气沉积技术有可能大大提高碳/碳复合材料结构的性能。CVD 可以用来代替碳/石墨纤维浸渍沥青或合成树脂基体的工艺过程,也可以在碳/石墨纤维浸渍基体之外再用 CVD 工艺处理,CVD 技术的通用性也是显而易见的,这反映在多种多样的产物上面。例如,除了热解石墨以外,还有钛、硅和硼的碳化物。硅和钛的硼化物,都能利用 CVD 技术来大幅度地提高碳/碳复合材料的物理性能。

"热解碳"(简称 PC)和"CVD 碳"是在 1 100℃左右碳源蒸气经热解而沉积在基质材料上的碳质的总称。而"热解石墨"(简称 PG)则是由碳氢化合物气体在 1 750～2 250℃沉积的碳,PG 的电性能、热性能和力学性能是各向异性的,随测试方向而变化。早在 1880 年 CVD 就是一种能改进灯泡内灯丝材料质量的技术。热解石墨沉积工艺中最经济的气体源是天然气,它通常含有 85%～95%甲烷,2%～5%乙炔和 2%～5%的其他碳氢化合物。在这种混合物中加入一些如氢气一类的气体对工艺有利。

热解碳和热解石墨在多孔基质材料中的渗透是在如图 9-10 所示的炉内进行的。多孔基质材料可以是碳毡、碳/石墨编织物和碳纤维织物通过丝丛法或缝制而成的三维编品,在浸渍树脂和沥青的过程中会遇到一些问题,如挥发物的排除,有机材料的收缩等。这些问题可通过多孔区的内表面涂层工艺而避免。如果热解石墨或热解碳在固体表面沉积的速度远远超过了在微孔内的沉积速度,则孔内的碳量就不再增加,结果表面微孔就被封闭起

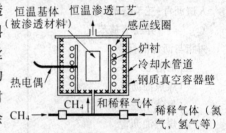

图 9-10　Super-Temp 公司的恒温渗透工艺示意图

来。为了使微孔重新开放以利于进一步地化学沉积渗透,必须磨去或用机械加工办法除去热解碳或热解石墨表面层。进一步的 CVD 处理能够使碳/碳复合材料更加致密,物理性能进一步提高。

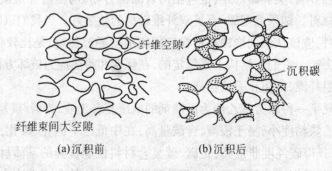

(a)沉积前　　　　　　(b)沉积后

图 9-11　坯体沉积前后的示意图

由上面的叙述中我们可以看出,所谓的化学蒸气沉积法(CVD),就是将甲烷之类的烃类气体混合氢、氩之类的载气于 1 000～1 100℃进行热分解,在坯体的空隙中沉碳(如图 9-11 所示)。在沉碳之前,含碳气体中先生成一些所谓的活性基团,然后与胚体纤维的表面接触进行沉碳,为了得到致密的碳/碳复合材料,在沉积过程中必须让这些活性基团扩

散到坯体的空隙内部。如果含碳气体在通过坯体之前生成的活性基团的速度太快,则容易形成表面涂层,对进一步渗透到内部不利,有碍于内部沉碳。

根据实际操作情况,目前化学气相沉积基体碳主要采用四种方法,即均热法、热梯度法、压差法和脉冲法。

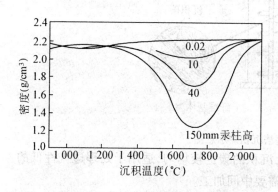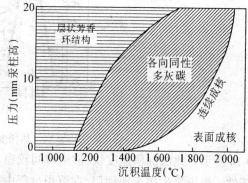

图 9-12 密度和结构与温度和压力的关系

均热法是将坯体放在恒温的空间里(950～1 150℃),在适当低的压力(1～150mm 汞柱)下让烃类气体在坯体表面流过,其部分含碳气体扩散到坯体孔隙内产生热解碳,沉碳速率(大约在 $0.01 ～ 0.1 × 10^3$ 英寸/小时)取决于气体的扩散速率。此法渗透时间长,每一周期需 50～120 小时。由于靠近坯体表面的孔优先被填充,生成硬壳,故在渗透过程中要进行机械加工(如前所述),将其硬壳层除去,然后再继续沉碳。图 9-12 表示材料的密度和结构与沉积温度和压力之间有一定的关系。温度、压力、气流和炉子的几何形状都会影响热解碳和热解石墨的沉积速率。此外还要采用适当的工艺措施以避免生成多灰的各向同性碳,因为这种碳不易石墨化。

热梯度法与均热法类似,其过程也受气体扩散所支配,但因炉压较高,沿坯体厚度方向可形成一定的温差。气态烃类首先与坯体的低温表面接触,逐步向内部高温处扩散。由于温差的影响,越向内部,沉积越快,有效地防止了表面沉积快而生成硬壳的现象,图 9-13 是这类沉积炉的一例。炉内发热体为支撑坯体的石墨芯模,炉壁有冷却水管,形成坯体内外有一温差并随沉积时间的增加,沉积层由内向外移动。同时,随着沉积的致密化,材料的导热性增加内外温度的梯度变小。此法沉积周期短,制品密度高,性能比均热法更好。存在的问题是重复性差,不能在同一时间内加工不同的坯体和多个坯体,坯体的形状也不能太复杂。

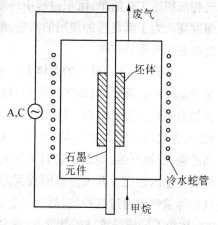

图 9-13 热梯度法沉积炉示意图

压差法是在沿坯体厚度方向造成一定的压力差,反应气体被强行通过多孔坯体,如图

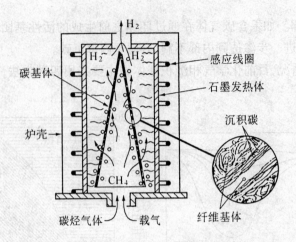

图 9-14　热梯度法沉积炉示意图

9-14 所示。此法沉积速度快,渗透时间较短,沉积的碳也较均匀,适用于处理透气性低的部件。由于易生成表面硬层,在沉积过程中需要中间加工。

脉冲法是一种改进了的均热法,在沉积过程中利用脉冲阀交替地充气和抽真空。图 9-15 为此法的示意图。抽真空过程中有利于气体反应产物的排除。由于它能增加**渗透深度**,故适宜制造不透气的石墨材料。

树脂和沥青碳化时,分解气体产物沿纤维表面逸出,纤维和基体的膨胀系数也不同,因而破坏了纤维和基体的结合,导致生成复合材料的力学性能较差。化学

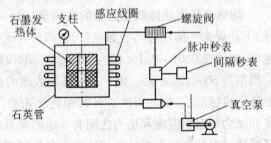

图 9-15　脉冲法沉碳示意图

气相沉积法工艺简单,沉积过程中纤维不受损伤,制品的结构较均匀和完整,故致密性好,强度高。为了满足各种使用的需要,同时制品的密度和密度梯度也已能够加以控制,所以此法近年来发展较快。

早期碳/碳复合材料的基体多用单浸和单沉工艺,以后又发展了复合工艺,并发现了混合基体的性能更好(即气相沉积再加上浸渍和碳化等,往复多次,直到达到要求为止),例如由碳毡为基质材料。以化学沉积碳为基体组成的复合材料,在经过某种程度的热处理后,表现出高度的耐热应力能力。碳毡是用粘性的人造丝纤维毡热解形成的,而强度较高的碳/石墨纤维,则由于它们又强又刚,不容易制成毡,用聚丙烯腈纤维制毡并进行碳化可提高毡的性能。其密度范围较宽,为 $0.10 \sim 0.20 \mathrm{g/cm}^3$。在 1 325 ～ 1 350℃让甲烷和氢气的等量气流通过这种毡,然后一直热处理到石墨化温度,其物理性能如下表所示(见表 9-6,比较不同碳纤维毡的性能)。两种碳/碳复合材料毡(一种以人造丝为原丝,另一种以聚丙烯腈为原丝)的热膨胀系数和热传导率分别如图 9-16 和 9-17 所示。

表 9-6　碳纤维毡的性能

	弯曲强度，MPa(磅/英寸²)	弯曲模量，GPa(10⁶ 磅×英寸²)
聚丙烯腈原丝	88.5±13.0(12 600±1 850)	16.3±3.2(2.33±0.45)
人造丝原丝	63.0±4.0(8 900±560)	9.9±1.19(1.41±0.17)

碳/碳复合材料进一步高温石墨化（＞2 500℃）处理时，虽然强度和模量都有所降低，但其抗热震能力得到显著提高，这点对化学气相沉积形成的基体尤为明显。因此，作为再入热防护材料应用时，碳/碳复合材料最后都需高温石墨化处理。

综上所述，在碳/碳复合材料里主要有三种类型的碳，即纤维碳、树脂碳和沉积碳。一般纤维在整个材料中占 60% ~ 80%，如果它所占的比例较小，相对的树脂碳所占比例较大，在热处理过程中易在树脂的富集区形成裂纹，如图 9-18 所示。导致力学性能下降。这三种类型碳的性质有所差异，特别是热物理性质的不同会导致烧蚀过程中接触界面开裂和剥落，影响烧蚀效果。因此在选择纤维、浸渍剂和沉积气体时应多考虑，此外，工艺参数的选择也是十分重要的。

在碳/碳复合材料的加工过程中，密度的变化十分明显，也是易于测量和控制的物性指标。一般坯体的密度约为 0.2 ~ 0.8g/cm³ 经过多次浸渍、沉积、碳化和石墨化后，密度可达到 1.4 ~ 2.0g/cm³ 左右。密度越高，意味着坯体中的空隙被填充越实，并使挠曲强度和层间剪切强度得到了提高，如图 9-19 所示。一般说来，密度越高，烧蚀性能越好，因此，在碳/碳复合材料制造过程中，要常测定密度的变化。

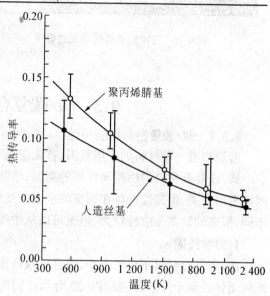

图 9-16　热处理后的聚丙烯腈基和人造丝基化学蒸气沉积/毡复合材料的热传导率，复合材料的碳基体具有粗糙的层状微观结构(每一个数据都是六个试样的平均值，同时表示了它的离散范围，测试方向与板材平面垂直)。

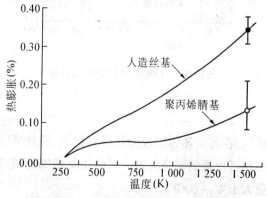

图 9-17　热处理后的聚丙烯腈基和人造丝基化学蒸气沉积/毡复合材料的热膨胀

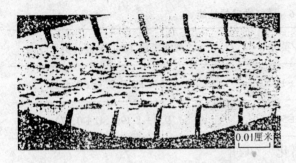

图 9-18　在树脂富集区形成的裂纹

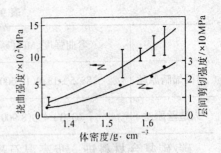

图 9-19　密度与挠曲强度等的关系

9.3　碳/碳复合材料的应用

9.3.1　碳/碳复合材料的特性

若想知道一种材料的应用范围,首先应先了解这种材料具备哪些性能。

碳/碳复合材料的性能与纤维的类型、增强方向、制造条件以及基体碳的微观结构等因素密切有关,但其性能可在很宽的范围内变化,由于复合材料的结构复杂和生产工艺的不同,报道的数据分散性较大,但也可以从中得出一些一般性的结论。

1.力学性能

碳/碳复合材料不仅密度小,而且抗拉强度和扬氏模量高于一般碳素材料,因此碳纤维的增强效果十分显著,如图 9-20 所示。同时,挠曲强度也高于一般碳素材料如图 9-21

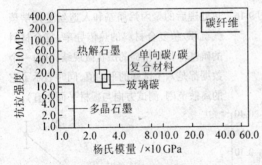

图 9-20　各种碳素材料力学性能的比较(室温)

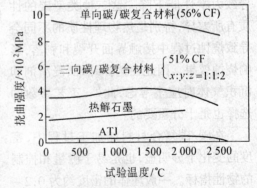

图 9-21　各种碳素材料挠曲强度的比较以
及随温度的变化

所示。在各类坯体形成的复合材料中,长丝缠绕和三向织物制品的强度高,其次是毡/化学气相沉积碳的复合材料。三向正交细编的碳/碳复合材料,抗拉强度大于 100MPa,抗拉模量大于 40 ~ 60GPa。

碳/碳复合材料属于脆性材料,其断裂应变较小,仅为 0.12% ~ 2.4%。但是,其应力－应变曲线呈现出"假塑性效应",图 8-22 是碳/碳复合材料的负荷－变形曲线。显然,曲线在施加负荷初期呈现出线性关系,但后来变为双线性。由于有增强坯体,使裂纹不能进一步扩展。在卸去负荷后,可再加负荷至原来的水平。这种假塑性效应使碳/碳复合材料在使用过程中有更高的可靠性,避免了目前宇航中常用的 ATI – S 石墨的脆性断裂。

已有人对 CVD 工艺中渗碳底基材料的结构与强度的关系作了研究。他们探讨了纤维体积含量、纤维类型、丝丛法、缝纫(对碳织物有害)和三维编织的影响。光学显微镜照片提供了很多有用的信息。表 9-7 给出了用 CVD 技术渗碳的石墨布和碳布的力学性能。

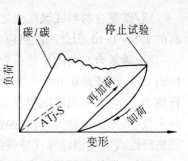

图 9-22 碳/碳复合材料的负荷 – 变形曲线

表 9-7 以 CVD 技术渗透碳的碳/石墨布基的力学性能

材　　料	渗透前的密度 (g/cm^3)	最后的密度 (g/cm^3)	纤维体积含量 (%)	棱边弯曲强度 (磅/英寸^2)	平面曲向时的弯曲强度 (磅/英寸^2)	层间剪切强度 (磅/英寸^2)
石墨布 (G-1550-8H/S)	0.504	1.63	33.6	24 000	18 700	
碳布 (GSCC-8,8H/S)	0.505	1.55	33.7	14 800	8 700	1 370
碳布(平纹)	0.497	1.65	31.1	18 200	19 400	6 000
手工纺丛石墨布 (G1550-8H/S)	0.456	1.66	30.4	12 000	9 000	2 800

在减压条件下热解甲烷或乙炔得到的石墨沉积在 1 800 ~ 2 200℃ 的石墨纤维上,这样制备的石墨纤维高度各向异性见表 9-8 所示。

表 9-8 沉积上热解石墨的石墨纤维的力学性能

性　　能	测试温度(℃)	测试方向 a – b 方向	c 方向
密度,g/cm^3		2.05 ~ 2.20	
拉伸强度,MPa	室温	70.0	3.4
压缩强度,MPa	室温	70.0	310.0
	2 500	70.0	414.0
杨氏模量,GPa	室温	28.0	—
		10.0	—
热膨胀系数,× 10^{-6}/℃	2 500	0.5	23
	0 ~ 2 200		

2.热物理性能

碳/碳复合材料在温度变化时具有良好的尺寸稳定性,其热膨胀系数小,仅为金属材料的 1/5～1/10,因此高温热应力小。

碳/碳复合材料的导热系数比较高,室温时约为 0.38～0.45 卡/厘米·秒℃,当温度为 1650℃时,则降到 0.103 卡/厘米·秒℃,在碳/碳复合材料的加工过程中,这一性能可以进行调节。例如,控制碳沉积及加工工艺可形成具有内外密度梯度的制品。内层密度低,导热系数小;外层密度大,抗烧蚀性能好。还可以在传热方向用导热系数小的石英纤维、氧化锆纤维或氧化铝纤维代替碳纤维,使其起到隔热的作用。

例如,把热解石墨从底基材料(如一块石墨平板)上取下来,它能维持本身的形状。这已经被利用来再生产耐高温抗氧化结构。热解石墨并不呈纤维状,它实际上是基质材料的复型。Smith 和 Leecl 的一篇优秀论文中给出了更加完全的热解石墨的性能数据。

导弹 X 上的第一级固体火箭发动机喷嘴喉管是有史以来最大的碳/碳复合材料部件(重 500 磅,直径为 92 英寸,由 ThioroL 公司制造)。圆柱状的预成型坯是用编织或缠绕方法制成的。这种喷嘴喉管具有突出的耐热应力能力。成品是通过把预成型坯浸渍熔融沥青或树脂中,或通过 CVD 工艺进行渗透碳(或结合两种工艺)而制成的——每种方法的工艺周期都要反复几次,并进一步碳化。制品的成本非常高,每一盎司(= 28.349g)的成品价值 85 美元。

碳/碳复合材料的比热高,其值随温度上升而增大,因而能贮存大量热能。在室温下的比热约为 0.3 千卡/公斤·度,1 930℃时为 0.5 千卡/公斤·度。

在高温和高加热速率下,材料在厚度方向存在着很大的热梯度,使其内部产生巨大的热应力。当这一数值超过材料固有的强度时,为了缓和此应力,材料会出现裂纹。材料对这种条件的适应性与其抗热震因子大小有关。计算表明,碳/碳复合材料的抗热震因子相当大,为各类石墨制品的 1 至 40 倍。

3. 烧蚀性能

碳/碳复合材料暴露于高温和快速加热的环境中,由于蒸发升华和可能的热化学氧化,其部分表面可被烧蚀。但其表面的凹陷浅,良好地保留其外形,且烧蚀均匀而对称,这正是它被广泛用作防热材料的原因之一。

碳的升华温度高达 3 000℃以上,故碳/碳复合材料的表面烧蚀温度高。在这样的高温度下,通过表面辐射除去了大量热能,使传递到材料内部的热量相应地减少。

碳/碳复合材料的有效烧蚀热高,材料烧蚀时能带走大量热。表 9-9 为几种耐烧蚀材料的有效烧蚀热。显然,碳/碳复合材料的有效烧蚀热比高硅氧/酚醛高 1～2 倍,比耐纶/酚醛高 2～3 倍。

表 9-9　不同材料的有效烧蚀热的比较

材　料	碳/碳	聚丙乙烯	尼龙/酚醛	高硅氧/酚醛
有效烧蚀热(千卡/公斤)	11 000～14 000	1 730	2 490	4 180

从烧蚀性能看,碳/碳复合材料比高硅氧/酚醛、石英/酚醛等烧蚀材料要好,与宇航级的石墨 ATJ - S 相近。经高温石墨化后,碳/碳复合材料的烧蚀性能更加优异。表 9-10 是

碳/碳复合材料在不同驻点压力下的线烧蚀率。由表列数据可知,即使在高驻点压力下,线烧蚀率也低。烧蚀试验还表明,材料几乎是热化学烧蚀;但在过渡层附近,则80%左右的材料是因机械剥蚀而损耗。材料表面越粗糙,机械剥蚀越严重。因此,三向正交细编的碳/碳复合材料的烧蚀率较低。

表 9-10　碳/碳复合材料的线烧蚀率

驻点压力(大气压)	25	75	100	168
线烧蚀率(cm/s)	0.1~0.15	0.4~0.45	0.7~0.8	0.9~1.1

4.化学稳定性

碳/碳复合材料除含有少量的氢、氮和微量的金属元素外,几乎99%以上都是由元素碳组成。因此它具有和碳一样的化学稳定性。

碳/碳复合材料的最大缺点是耐氧化性能差。为了提高其耐氧化性,可在浸渍树脂时加入抗氧化物质或在气相沉碳时加入其他抗氧元素,或者用碳化硅涂层来提高其抗氧化能力,即将碳/碳复合材料制品埋在混合好的硅、碳化硅和氧化铝的粉末中,在氩气保护下加热到1 710℃并保持2小时,可得到完整的碳化硅涂层。

表9-11是两种碳/碳复合材料与宇航级石墨ATJ-S性能的综合比较。T-50-221-44是三向正交细编碳/碳复合材料,MOD-3为石墨布叠层 z 向石墨纤维针刺增强的碳/碳复合材料,AIJ-S为宇航石墨材料。从表列数据可以看出,碳/碳复合材料的力学性能比石墨高得多,导热系数和膨胀系数却比较小,高温烧蚀率在同一数量级。而 T-50-221-44 与 MOD-3相比,前者力学性能更好,且克服了各向异性的问题,膨胀系数也更小,是一种较为理想的热防护和耐烧蚀材料,已得到越来越广泛的应用。

表 9-11　两种碳/碳复合材料与宇航级石墨 ATJ-S 性能的比较

性　能	温度,℃	T-50-221-44		MOD-3		ATJ-5	
		$x-y$ 向	z 向	$x-y$ 向	z 向	结晶方向	垂直结晶方向
密度,g/cm³	24	1.90		1.65		1.83	
多孔性,%	24	1.05				9	
拉伸强度, MPa	24 2 500	140 280 (2 200℃)	126 231 (2 200℃)	35 65.2	105 70	39.6 54.3	30.5 43.4
抗拉模量, GPa	24 2 500	59.4 40.5 (2 200℃)	52.4 30.5 (2 200℃)	11.2 6.3	42 10.5	11.7 11.2	7.8 7.4
断裂延伸率, %	24 2 500	0.18 0.2 (1 100℃)	0.20 0.21 (1 100℃)	0.6 1.7~3.6	0.3 2~7	0.45 2.0	0.54 2.2

性　能	温度，℃	T−50−221−44		MOD−3		ATJ−5	
		$x−y$向	z向	$x−y$向	z向	结晶方向	垂直结晶方向
抗弯强度，MPa	24		142.1	63	98	42.7	38.2
	2 500		189.7 （1 650℃）	63	105	70.4	68.5
抗压强度，MPa	24	86.2	81.9	63	84	90.3	97.1
	2 500	105.9	68.6	111.3	161	184.8	196
抗压模量，GPa	24			1120	23.1	6.8	8.8
	2 500			6.3	12.6	7	11.2
导热系数，千卡/米·时·度	260			7.14	47.6	98.2	7.74
	2 500			23.8	20.8	40.2	29.8
膨胀系数，$×10^{-6}$米·度	538	−0.36	−0.36	1.8	0.36	5.4	6.3
	2 500	8.1 （2 760℃）	8.45 （2760℃）	1.69	8.45	20.7	24.6
高温烧蚀率，mm/s		0.41～0.46		0.41～0.48		0.48～0.66	

9.3.2　碳/碳复合材料的应用

如前所述,碳/碳复合材料因具有高比强度、高比模量、耐烧蚀,而且还具有传热导电、自润滑性、本身无毒等特点。

1.导弹、宇航工业的应用

碳/碳复合材料的发展主要是受导弹、宇航工业的要求所推动,因而首先在这些领域开始试用,民用方面只是利用研究成果而已。

洲际导弹,载入飞船等飞行器以高速返回地球通过大气层时,由于绝热压缩空气的阻力,使它们的动能散发到空气中产生冲击波。尽管大部分能量随冲击波由飞行器的侧面流过,但在冲击波的内侧,在空气对飞行器来说相对静止的驻点处热熔极高。此外,部分热量由高温空气的扩散并传导到飞行器的表面。在极高温度下,辐射也占一定的比例。传入到飞行器的热量与它的气体动力学外形、飞行速度、高度(气体密度)以及飞行轨道等有关。采用鼻锥式等更为合理的设计可使实际流入飞行器的热量仅为整个热量的 1%～10% 左右。然而,这部分热量的绝对值仍相当大。图 9-23 是阿波罗指挥舱的表面温度分布,最苟刻的部位高达 2 760℃。

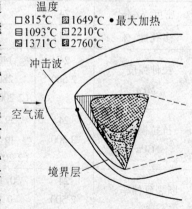

图 9-23　阿波罗指挥舱的温度分布

在金属中钨的熔点最高,达 3 500℃;非金属材料中石墨的耐热性极好,升华温度为 3 800℃左右;最好的耐热材料碳化钽和碳化铪的熔点为 4 000℃左右。然而,即使是这些材料也难以承受飞行器在再入环境中受到的极高热环境。随着科学技术的发展,曾相继研究了五种基本的防热方法:发汗、磁流体冷却、吸热、辐射和烧蚀。烧蚀冷却是其中用得最广泛的一种,而碳/碳复合材料又是

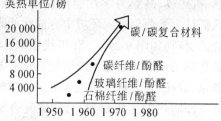

图 9-24　烧蚀材料的发展情况

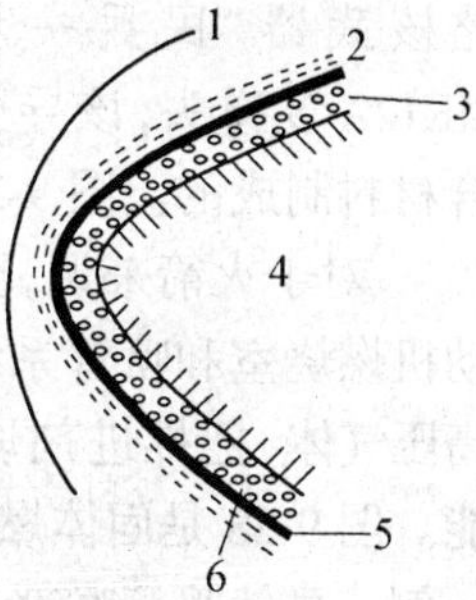

烧蚀材料中的宠儿(如图 9-24),所谓烧蚀防热是利用材料的分解、解聚、蒸发、气化及离子化等化学和物理过程带走大量热能,并利用消耗材料本身来换取隔热效果。同时,也可利用在一系列的变化过程中形成隔热层,使物体内部温度不致升高。图 9-25 为烧蚀过程中的示意图。在防热材料表面,由于物质相变吸收大量的热能,挥发产物又带走大量热能,残留的多孔碳化层也起到隔热作用,阻止热量向内部传递,从而起到隔热作用,阻止热量向内部传递,从而起到防热作用。

除热作用外,由于飞行器以数十马赫的超音速飞行,形成的冲击波对飞行器的头部产生很大的压力,所以周围气流也对它产生不同程度的剪切应力;飞行器在高速飞行时还可能受到其它机械力的作用,如粒子撞击、声振荡和惯性力等。由于极高的环境温度,空气还可能部分解离和离子化,并与头部材料发生氧化还原等化学作用。近年来,由于反导弹武器的发展,为了提高突防能力,躲避对方拦截,发展了分导式多弹头和机动弹头。这种弹头,尤其是鼻锥部分的再入环境极其苛刻。为了提高导弹的命中率,除了改善制导系统外,还要求尽量减少非制导性误差。因此,要求防热材料在再入过程中烧蚀量低,烧蚀均匀和对称。同时,还希望它们具有吸波能力、抗核爆辐射性能和在全天候使用的性能。

图 9-26 为火箭及导弹所用烧蚀材料的部位示意图。

早在 50 年代人们就开始研制石墨鼻锥,并成功地研制成了高应变的 ATJ – S 石墨材料。然而,块状石墨属于脆性材料,其抗热震能力差等问题始终未能得到很好的解决。碳/碳复合材料保留了石墨的特性,而且由于碳纤维的增强作用,其力学性能得到了提高。碳/碳复合材料具有极佳的低烧蚀率、高烧蚀

图 9-25 烧蚀过程示意图
1. 冲击波;
2. 烧蚀后的气态产物;
3. 多孔碳化层;
4. 内部固体物;
5. 熔融层;
6. 气固交界层

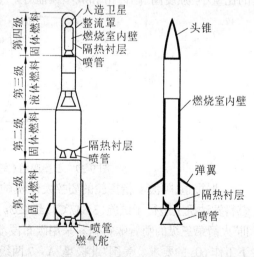

图 9-26　火箭及导弹所用烧蚀材料的部位示意图(粗线部分)

热、抗热震、高温力学性能优良等特点,故被人们认为是苛刻再入环境中有前途的高性能烧蚀材料(如图 9-24)。70 年代以来,美国战策武器的头部防热材料的研制已从硅基转向碳基,碳/碳复合材料已成为第三代战略核武器头部防热的主要材料。碳/碳复合材料制成的截圆锥和鼻锥等部件已能满足不同型号洲际导弹再入防热的要求。美国最新式的战略核武器"民兵—Ⅲ"型导弹是分导式MK12A 多弹头,该导弹的鼻锥是由碳/碳复

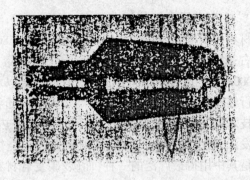

图 9-27 碳/碳复合材料再入鼻锥

合材料制成的。图 9-27 为碳/碳复合材料制成的再入鼻锥。

对于火箭来说,要求耐烧蚀的另一个部位是发动机燃烧室和喷管系统。由喷管喷出数千度的高温高压气体,把推进剂燃烧产生的热能转换为推进动能。图 9-28 是固体燃料发动机喷管内典型的热环境一例。显然喷管喉部是烧蚀最严重的部位。

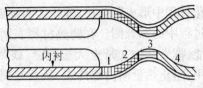

图 9-28 固体燃料发动机喷管内热环境示意图

作为喷管材料应承受:耐温 2 000 ~ 3 500℃;点火后在表面极高的热速率引起的热冲击;高的热梯度引起的热应力;压力达 69MPa;经得起超高速浸蚀气体几分钟的作用。

石墨材料已成功地用作喷管材料。但是,对于大型固体火箭来说,随着喉径增大和时间延长,烧蚀率显著增加,这不仅使石墨制造大型喷管困难,而且会出现环向断裂,因而已不能满足要求。这就促进了研制新的碳纤维增强复合材料的喷管。图 9-29 是石墨喷管和碳纤维增强复合材料喷管的推力曲线。显然,两者的推力曲线十分相似,但后者比前者的比重小、强度高、耐冲击和成型性能好。

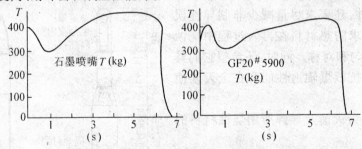

图 9-29 石墨喷管(左)和 FRP 喷管的推力曲线

据报道,阿波罗指挥舱的姿控发动机的喷管是用碳/碳复合材料制成的,在 F_2/肼液体燃料发动机上进行了试验(3 837℃),经 255s 后,线烧蚀率仅为 0.005mm/s。美国的"民兵 – Ⅲ"火箭第三级的喷管喉衬材料采用碳布浸渍树脂制成,喉衬直径 150mm,可满足在 3 260℃下工作 60s 的要求。美国"北极星"A – 7 两级发动机喷管的收敛段采用缠绕石墨纤维浸渍酚醛树脂制成,用玻璃钢作壳体,使其射程增加一倍,发动机的工作效率提高 30% 左右。

美国航空和航天局正准备发射一种航天飞机,它是作为一种往返地面与空间而能多

次使用的运输工具,是目前空间技术领域中的一项新技术。

航天飞机是由轨道飞行器、燃料箱和固体运载火箭等组成。前者是其心脏部分,其他是为其提供后勤用的。当轨道飞行器返回地面的过程中,其表面经受 1 000～1 500℃的苟刻热环境。机头的温度超过 1 260℃,驻点可达 1 463℃以上,主翼前缘温度也在 1 260℃以上,其表面最高温度的等高线如图 9-30 所示。因此,在这些烧蚀最严重的部位采用了碳/

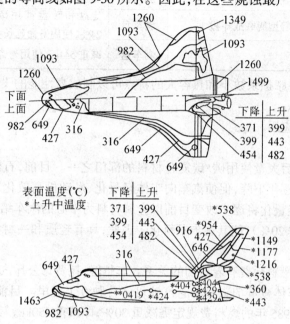

图 9-30　航天飞机的轨道飞行器的最高表面温度
的等高曲线

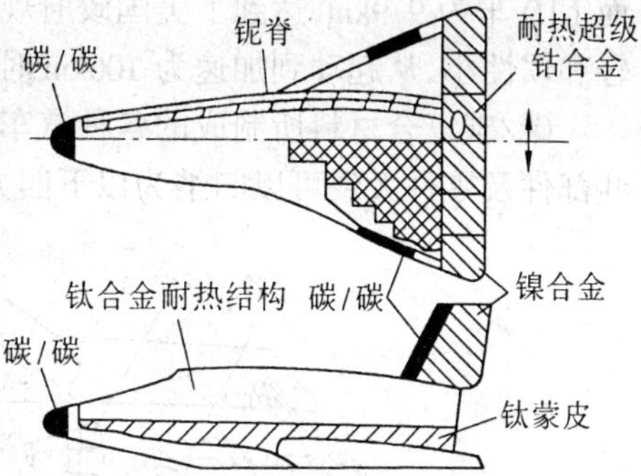

碳复合材料。道格拉斯公司在航天飞机的设计中,准备采用碳/碳复合材料的部分占其全部表面积 185.5m² 的五分之一,即 37m²。主要用在鼻锥(机头)、机翼和尾翼前缘部位等处,如图 9-31 所示。这样可以大大减轻航天飞机的质量,提高其性能。据称,碳/碳复合材料曾在 1650℃、40 分钟下进行了 100 次试飞,材料性能良好,表明它是一种可多次使用的较有前途的材料。

2.航空工业

飞机的质量是决定其性能的主要因素之一。

图 9-31　碳/碳复合材料在航天飞机上
应用部位的示意图

飞机质量轻可实现加速快,起飞时的离地速度高,可缩短滑行跑道的距离;在高空飞行时,爬升快,转弯变向灵活,航程远,有效载荷大。例如,美制 F－5A 战斗机,当其质量减轻 15% 时,用同样多的燃料可增加 10% 左右的航程,或多载 30% 左右的武器,飞行高度也可提高 10%,跑道的滑行距离可缩短 15% 左右。表 9-12 为碳/碳复合材料在飞机上的应用示例。

表 9-12　碳/碳复合材料在飞机上的应用示例

机　种	构　件	说　明
麦·道公司 F-15 空中优势战斗机	刹车盘	减重 24%,使用寿命长;全机用量占结构总重量的 1.2%。
通用动力公司 F-16 轻型战斗机	刹车盘	全机用量占结构总重量的 3.4%。
诺斯罗普公司 F-18 轻型舰载战斗机	刹车盘	定盘和转盘都用碳/碳复合材料,减重 24%,使用寿命延长一倍。
英法研制的协和号	刹车盘	减重 544kg,使用寿命可提高 5~6 倍。

利用碳/碳复合材料摩擦系数小和热容大的特点可以制成高性能的飞机刹车装置,速度可达每小时 250~350km。

3.其他方面的应用

(1)汽车工业

汽车工业是今后大量使用碳/碳复合材料的部门之一。目前,石油资源日益短缺,要求汽车耗费燃料量逐年下降,促使汽车向车体轻量化、发动机高效化、车型阻力小等方向发展。其中,车体轻量化将逐步改变目前以金属材料为中心的汽车结构(现在金属材料占 80%,非金属材料占 20%),使其逐步塑料化。因此,具有轻质和一材多用的碳/碳复合材料是理想的选材。

汽车质量与其燃料耗费有着密切的关系。车越轻,耗费每公斤汽油行驶的里程越远。对小型汽车来说,车体减重 7kg,每加仑汽油可多行驶 0.1 英里。目前,小汽车约重 1 500~1 600kg,要达到 1985 年的燃料费规定需减重 30%,即减重 450kg。美国福特汽车公司以石墨纤维增强复合材料为主制成的 LTD 实验车。这辆 6 人乘座的小汽车,质量仅为 1 130kg,而同类金属材料车为 1 690kg,减重 560kg。同类车每加仑汽油只能行驶 7.2km,而 LTD 车为 9.9km,达到了美国政府规定的 1981 年汽车燃料消费指标。这种车由于质量轻和惯性小,从起动到加速为 100km 时,只需 12s。

碳/碳复合材料所制成的各种汽车部件、零件及其在汽车上的应用如图 9-32 所示,这些部件及零件大致可以归纳为以下四方面,即:

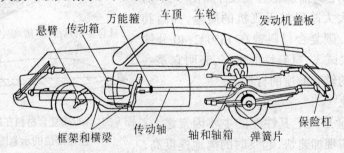

图 9-32　碳/碳复合材料可能用于小汽车的部位示意图

①发动机系统:推杆、连杆、摇杆、油盘和水泵叶轮等;②传动系统:传动轴、万能箍、变速器、加速装置及其罩等;③底盘系统:底盘和悬置件、弹簧片、框架、横梁和散热器等;④车体:车顶内外衬、地板、侧门等。

目前,碳/碳复合材料在汽车工业不能大量使用的主要原因是成本太高。随着生产碳/碳复合材料的工艺革新,产量的扩大,其价格必然下降,它将成为汽车工业的新型材料。

(2)化学工业

在化学工业中,碳/碳复合材料主要用于耐腐蚀设备、压力容器和密封填料等。

(3)电子、电器工业

碳/碳复合材料是优良的导电材料,利用它的导电性能可制成电吸尘装置的电极板、电池的电极、电子管的栅极等。例如在制造碳电极时,加入少量碳纤维可使其力学性能和电性能都得到提高。用碳纤维增强酚醛树脂的成型物在1 100℃氮气中碳化2小时后,可得到碳/碳复合材料。用它作送话器的固定电极时,其敏感度特性比碳块制品要好得多,和镀金电极的特性接近。

(4)医疗方面

碳/碳复合材料对生物体的相容性好,可在医学方面作骨状插入物以及人工心脏瓣膜阀体。

碳/碳复合材料已广泛用于各个领域,其应用泛围越来越宽,消费量日益扩大,但有些问题仍需继续改进和提高。例如它的强度受随机分布的缺陷所限制,因此强度的波动范围大,从而使复合材料的重复性较差,影响制品使用的可信赖度。同时也影响材料的大量生产和更加广泛的应用。许多研究单位和厂家正在研制强度高和波动率小的碳/碳复合材料。

第十章　混杂纤维复合材料

10.1　混杂纤维复合材料的种类和基本性能

10.1.1　混杂纤维复合材料的含义及种类

混杂复合材料从广义上讲，包括的类型非常广。就基体而言，可以是树脂基体，也可以是各种树脂聚合物混合基体，金属基体以及各种陶瓷、玻璃等非金属基体。

从增强剂来说，可以是两种连续纤维单向增强，也可以是两种纤维混杂编织，两种短纤维混杂增强、两种粒子混杂增强以及纤维与粒子混杂增强等。当前，增强剂的混杂，主要还是指连续纤维的单向混杂增强与混杂编织物增强。

目前我们主要研究的混杂纤维复合材料的含义是指由两种或两种以上的连续增强纤维增强同一种树脂基体的复合材料。它是当前复合材料发展的重要方向之一。这种复合材料，由于两种纤维的协调匹配，取长补短，不仅有较高的模量、强度和韧性，而且可获得合适的热物理性能，从而扩大结构设计的自由度及材料的适用范围。同时，还可以减轻质量，降低成本，提高经济效益。因此，混杂纤维复合材料得到了迅速发展。

下面介绍混杂纤维复合材料的组分。

1.树脂基体

复合纤维树脂基体一般是指合成树脂与各种助剂组成的基体体系。混杂纤维复合材料树脂基体一般说来与复合材料的基体组成要求是一样的。目前已有的一些商品树脂体系均可作为混杂纤维复合材料树脂基体使用。但从混杂纤维复合材料的物性分析，无论在理论上，还是在实际中研究适应混杂纤维复合材料的树脂体系还是有意义的。

树脂基体是复合材料主要组分之一，笼统地说，复合材料的力学性能主要来自于增强纤维，是不全面的。应当说，纤维通过树脂基体形成一个整体，树脂起着传递载荷和均衡载荷的作用。只有纤维与树脂两者匹配协调，才能充分发挥整体作用以及各自的性能。

另外，复合材料的工艺性能，力学性能的压缩强度和层间剪切强度以及其他方面的物理或化学性能都主要取决于树脂基体。所以若想研究混杂纤维复合材料，首先应先了解混杂纤维复合材料的树脂基体。

复合材料树脂基体所用的树脂类型很多，最早应用的是酚醛树脂，当前应用最多的是聚酯树脂，约占80%。应用在飞行器受力结构上的多为环氧树脂。近年来热塑性树脂发展很快，已在应用上占有一定比例。表 10-1 是按使用温度，在受力结构中几种类型树脂用量的比较。

表 10-1　几种类型树脂用量的比较

序　号	树　　　脂	使用温度	用　　量
A	高韧性环氧树脂	100℃以下	60%
B	韧性环氧树脂	130~150℃	30%
C	双马来酰亚胺树脂	200℃以下	7%
D	聚酰亚胺 PMR-15 型	250℃	2%
E	热塑性树脂	120℃	1%

下面是几种主要树脂基体的介绍。

(1)648 环氧树脂/BF3·MEA 基体体系

此基体是由 648 环氧树脂与三氟化硼单乙胺固化剂组成的。通常树脂与固化剂的配比为 100:3。它们的化学结构如下

648 环氧树脂

$$F_3B: \quad N-CH_2-CH_3 \qquad 三氟化硼单乙胺$$

环氧 648/BF$_3$·MEA 体系的复合材料工艺和复合材料性能方面的研究比较充分。国外有大量文献报导,国内很多单位也进行了研究与应用,已有很多工艺与性能数据报导。由数据中可以看出,该复合材料的性能数据只能达到 B 级。

一般说来 B 级许用值所指的性能数据可应用于次承力结构件,而对主承力结构件则要求用 A 级许用值。所以 648 环氧/三氟化硼单乙胺树脂体系是作为次受力结构件的复合材料树脂基体来使用的。

(2)TGDDM-DDS 环氧树脂体系

TGDDM-DDS 环氧树脂体系是由四环氧丙基-4,4'-二氨基二苯基甲烷(TGDDM)、4,4'-二氨基二苯基砜(DDS)及其他组分组成。用该树脂基体与纤维组成的复合材料在国外已广泛应用。

该体系国外商品名有 Narmco5208,Fiberite934,Herculex3501 等,所用四官能度环氧树脂(TGDDM)的商品名为 MY-720。

5208 树脂体系虽然在国外应用较早且广泛,但还存在不少的问题。如工艺方面,5208 对工艺条件要求比较苛刻,加压带窄,难于控制。与英国 Fibredux914 树脂体系比较,914 属于高粘度体系,可采用直接升温固化规范,亦可在 120~130℃作短期停留,以后继续升温。5208 则需要在升温过程中的某个温度下停留一段时间,待粘度增大到一定程度后才

能施加压力。这对于制造厚薄不均或用于共固化制件显得尤为不利。

对于生产厂家来说,预浸料的储存期长短很关键,由 5208 体系制造的预浸料于 22℃下存放四周即失效,所以常常为了延长使用期而要求低温储存。而环氧 648/BF3·MEA914体系 22℃下可存放 2~6 个月。

在性能方面的问题是树脂基体的韧性。5208 体系在常温下的断裂应变比 914 小50%,断裂能至少小 100%。此点对主受力件复合材料非常重要。另外 5208 体系的吸湿性能也显得难以满足要求。

5208 树脂体系存在的不足,说明该体系已不能满足技术的要求。因此新的树脂体系在研制,有些商品已问世,如 V378A 与 Rigidite5245 等树脂体系以及热塑性树脂体系等。

(3)双马来酰亚胺树脂体系(BMI)

有些机器(例如飞机)的主承力结构,要求碳纤维复合材料的力学性能有突出的断裂韧性与耐热性能。现有的环氧树脂体系难以满足要求,如环氧树脂的吸湿量较大,吸湿后 T_g 下降,一般只能使用在 177℃的受力件。双马来酰胺树脂体系及其复合材料,在断裂韧性与湿热性能方面有了较大的改善。

双马来酰亚胺树脂体系与其他树脂改性可以有广泛的适用范围。它不仅能与各种酰胺类树脂改性,而且能与环氧树脂等类型树脂改性,形成贯穿网络结构,性能上取各树脂之所长。双马来酰亚胺树脂的合成工艺及固化工艺较容易,且原料价格低廉。具有不溶,不熔的特点,有高的交联度,比较脆。该树脂固化后的密度在 1.35~1.4g/cm³ 之间,玻璃化温度为 250~300℃,断裂延伸率为 1.0%~2.0%,使用温度为 150~200℃。

(4)聚酰亚胺树脂

聚酰亚胺树脂及其复合材料,有突出的耐高温、耐辐射和良好的电气性能。聚酰亚胺树脂是主链含杂环结构的聚合物,它的品种多。目前已应用或有希望应用的有两大类型,即不溶性或热固性聚酰亚胺和可熔性或热塑性聚酰亚胺聚合物。

聚酰亚胺树脂的研制始于 50 年代末,60 年代初。目前聚酰亚胺树脂的商品形式有Kapton 薄膜、Vespel 塑料、含氟 PI – NR – 150、LARC – 160、PMR – 15 复合材料树脂基体、LARC – TPL、LARC – 13 粘合剂,以及感光涂料、含硅 PI、PQI 等。品种很多,用途较广。

除了上述通用型 PI 外,近几年来还研究特殊要求的 PI。如热稳定组合型 PI,耐热可达 450~500℃的萘三酸为原料的 PI,有半导体功能的萘酸二酐型 PI,梯形高导电材料 PI,含酰胺结构的阻燃型 PI 等。

其中 PMR – 15 型聚酰亚胺树脂的碳纤维复合材料、混杂纤维复合材料已用于航空与宇航工业。例如,用 HTS/PMR – 15 制造的超高速发动机叶片(其尺寸为:展向 27.94cm,弦向 20.32cm,厚度为 1.27cm),可以说是最早的一例。另外,F₁₀₁DFE 发动机内环圈框也是用碳纤维/PMR – 15 制造的(其直径 101.6cm,长 38.1cm,厚 0.15cm),其次还有用Kevlar – 49 织物/PMR –.15 制造 DouglasDC – 9 飞机的低阻力整流罩等。由于这种材料具有良好的高温稳定性能,因此还可以用做热压罐,制造航空发动机罩、导管、结构等。

(5)热塑性树脂

热塑性树脂基体较热固性树脂基体具有优越性,即制造速度快,周期短,可以重复使用,存储条件和储存期无限制,容易修补,有好的耐腐蚀性,高的断裂韧性和抗冲击性等。

热塑性聚合物品种很多,如聚乙烯、聚丙烯、聚碳酸酯、聚砜、聚苯硫醚、尼龙等。这些聚合物用短切纤维增强,也有少数品种用连续纤维增强,如玻璃纤维、碳纤维、Kevar－49 纤维或混杂纤维。这些聚合物有较好的物理力学性和工艺性,如聚砜(PSF)、聚苯硫醚(PPS)、聚醚砜(PES)、聚醚酰亚胺(PEI)、聚醚醚酮(PEEK)等。表 10-2 列举了这些树脂的热变形温度和化学结构。从表中的化学结构可以发现,在所有这些树脂中,一个共同特点是均有高比例的芳香族基团,而且是通过稳定的共轭原子或原子团,如—SO₂—,—O—,

$$-\overset{\text{O}}{\underset{\|}{\text{C}}}- ,\ -\text{S}-$$ 等连接的。这些结构导致高度的链刚性,因此也导致对其他的性能有较

大的影响,这些树脂的性能见表 10-3。

表 10-2　几种热塑性树脂结构与热性能

树脂	缩写	商品名	制造公司	T_g(℃)	HDT(℃)(1843MPa)	结　构
聚苯硫醚	PPS	Ryton	Philips Petroleum Co	91	137	[苯环—S]
聚醚醚酮	PEEK	Victrex	ICI	143	165	[O—苯环—O—苯环—C(=O)—苯环]
聚砜	PSF	Vdel	Union Carbide	171	174	[苯环—SO₂—苯环—O—苯环—C(CH₃)₂—苯环—O]
聚醚砜	PES	Victrex	ICI	220	204	[苯环—O—苯环—SO₂]
聚醚酰亚胺	PEI	Ultem	General Electric	216	204	[酰亚胺—O—苯环—C(CH₃)₂—苯环—O—苯环—酰亚胺—N—苯环]

表 10-3　几种纯热塑性树脂性能

性能＼树脂	PP C	HDPE A	PPS SC	PSF A	PES A	PEI A	PEEK SC
弯曲模量,GPa	1.4	0.7~2.1	3.4	2.8	2.5	3.3	3.8
弯曲强度,MPa	48	~	147	103	128	145	—
拉伸强度,MPa	36	21~38	79	69	83	104	100
延伸率,%	300	29~30	21	3.0	40	7.5	100
压缩强度,MPa	45	19~25	—	276	—	140	—
缺口悬臂梁冲击,J/m	37.4	26.7	16	80.1	85.4	53.4	85.4
热变形温度,℃	54	43~54	135	174	203	200	165

A:无定型,C:结晶型,SC:半结晶型

在这些热塑性聚合物基体中,具有代表性的是聚醚醚酮,人们对它进行了广泛的研究。目前作为先进复合材料的基体已应用于航空与其他部门。例如 Westland30 直升机的尾翼,就是用聚醚醚酮基体复合材料制造的。

2.增强材料

混杂纤维复合材料所用的增强材料主要有碳纤维、Kevlar 纤维、玻璃纤维等,其力学性能主要由增强纤维承担。纤维的力学性能与结构、环境和介质因素的关系都十分密切。物质强度理论指出,材料的强度除了取决于分子结构外,还取决于结构的完整性,即位错、缺陷、杂质的存在情况等,即结构决定性质。完整晶体是材料的最高强度形式,也就是说物质的结构越完整,相应的强度越高。理想完整晶体难以获得,但近于理想晶体的晶须以及近于晶须的纤维材料是易于得到的,如玻璃纤维、碳纤维和 Kevlar 纤维等。

(1)碳纤维

碳纤维属于聚合的碳。它是由有机物经固相反应转化为三维碳化合物,即有机化合物在惰性气体中加热到 1 000~1 500℃时,一切非碳原子将逐步被驱除,碳含量逐步增加。随着非碳原子的排除,固相间发生一系列脱氢、环化、交联和缩聚等化学反应,此阶段称为碳化过程。此温度之后,温度升高到 2 000℃,则残留的非碳原子继续排除,进一步反应形成的芳环平面逐步增加,排列也较规整,取向性显著提高,由二维乱层石墨结构向三维有序结构转化,此阶段称为石墨化过程。有机物不同温度下结构的转化如图 10-1 所示。其中,这种碳化合物包括聚丙烯腈纤维、纤维素纤维、木质素纤维、沥青纤维等。

由于碳纤维的结构是以六元芳环层片为基础,然后由石墨层片组成石墨微晶。宏观为三维立体结构(结构中存在着孔穴、孔洞、夹杂物和表面沟槽等),所以碳纤维具有碳素材料的一切特性,如导热、导电、耐热、耐化学腐蚀、相对密度小、自润滑性、抗振动衰减及

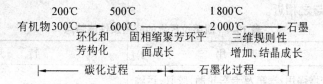

图 10-1　不同温度处理后有机物结构的转化示意图

热膨胀系数小等特性。它是纤维状的形态,又具有抗拉模量高、抗拉强度高、断裂延伸率低等性能。这些与其他纤维比较所显示出来的差异,在混杂纤维复合材料中将反应出混杂纤维复合材料的特异现象。

　　例如在线型结构中,一个键断裂将引起聚合物的破坏,而网状结构的相对稳定性较好。作为碳纤维结构的石墨晶体的层面上,碳原子结构牢固,碳相对原子质量小,则热激发晶格振动较为困难,所以碳纤维有石墨一样的热稳定性。又由于碳纤维结构网平面的晶格振动,各质点的相互作用,在晶体内形成传动,其结果使碳纤维的导热性较好,并有各异性的特点。

　　(2)凯芙拉(Kevlar)纤维

　　凯芙拉纤维是美国杜邦公司 1968 年推出的一种高强度、高模量的纤维品种。关于它的确切化学组成和结构,一些文献从有关元素分析结果中认为可能有两种化学结构。其一是由对苯二甲酰与对苯二胺缩合形成,称为聚对苯撑对苯二酰胺,其结构式如下

$$\left[CO - \bigcirc - CONH - \bigcirc - NH \right]_n \qquad (Ⅰ)$$

其二为聚对苯酰胺,其结构式如下

$$\left[HN - \bigcirc - CO \right]_n \qquad (Ⅱ)$$

　　多数文献认为凯夫拉 49 纤维是属于结构Ⅰ型。我国于 80 年代初研制出两种结构的纤维产品,与凯芙拉结构是一致的,命名为芳纶 1414(Ⅰ型)与芳纶 14(Ⅱ型结构),总称为芳纶纤维。

　　从化学结构可知,纤维材料的基体结构是长链状聚酰胺,即结构中含有酰胺键,其中至少85%的酰胺直接键合在芳香环上,这种刚硬的直线状分子链在纤维轴向上是高度定向的,各聚合物链是由氢键作横向联结。这种在沿纤维方向的强共价键和横向弱的氢键,将是造成凯芙拉纤维力学性能各向异性的原因,即纤维的纵向强度高,而横向强度低。

　　凯芙拉的化学链主要是由芳环组成。这种芳环结构具有高的刚性,并使聚合物链呈伸展态而不是折叠状态,形成棒状结构,因而纤维具有高的模量。凯芙拉纤维分子链是线性的,这又使纤维能有效地利用空间而具有高的填充效率的能力,在单位体积内可容纳很多聚合物。这种高密度聚合物具有较高的强度。

　　也正是由于这种芳环结构,使得纤维具有好的化学稳定性。又由于芳环链结构的刚性使凯芙拉具有高度的结晶性。

　　总之,由于凯芙拉纤维的芳环结构决定它具有拉伸强度高,弹性模量高,密度小,抗冲击性能强,具有良好的热稳定性和化学稳定性。另外也可以很好地解释横向强度低,压缩和剪切性能不好以及易劈裂的现象。

　　凯芙拉纤维有三种类型商品。其特点与应用范围列表 10-4 中,国产的芳纶纤维(Ⅰ

型、Ⅱ型)的性能与之相近。

表 10-4　凯芙拉纤维的应用及性能特点

名　称	应　用	特　点
凯芙拉	橡胶增强用:汽车及卡车轮胎,胶管,运输带,传动带	质量轻,拉伸强度高,耐温,抗伸长性好
凯芙拉 29	工业制品用:坚硬而柔软性防弹装甲材料,绳及电缆,织物,涂胶织物	质量轻,拉伸强度高,拉伸长性好,耐切割,耐冲击
凯芙拉 49	复合材料的增强体用于飞机,航天器,舰船,运动器械,汽车	质量轻,拉伸强度高,刚性好

(3)玻璃纤维

玻璃纤维是应用最广泛的一种纤维,在复合材料中应用得最早。大约在 30 年代初,聚合物基玻璃纤维复合材料就已问世。当时称为玻璃纤维压塑料或玻璃纤维增强材料,现在又称为玻璃钢。

数十年来,由于玻璃纤维性能及结构特点,在国民经济各个部门都得到了广泛的应用,并形成了独立的工业部门。玻璃纤维具有价格低的特性,因此在混杂纤维复合材料中受到重视。玻璃纤维与碳纤维制成的混杂复合材料,可以不降低碳纤维复合材料的强度,而又提高其韧性,并降低材料的成本,同时可根据零件和实际使用要求进行混杂纤维复合材料的设计。

玻璃纤维的主要成分是二氧化硅、三氧化硼以及钠、钾、钙、铝的氧化物等。以二氧化硅为主要成分的玻璃是硅酸盐玻璃,以三氧化硼为主要成分的玻璃是硼酸盐玻璃。上述其他成分的加入是为了改进玻璃的性能与工艺性。

玻璃纤维的结构外形虽与无机玻璃不同,但它们的本质结构是一样的。因此在很多性能上有相似之处。玻璃纤维外观为光滑圆柱体,直径 $5\sim20\mu m$,横断面近于圆形的细丝状。其立体结构为,在晶区是有序排列,非晶区(玻璃区)则是无序的网络。

玻璃纤维的结构决定了它具有相对密度大,热膨胀系数大,且没有方向性(各向同性)的特点。导热系数在 $0.7\sim12.8W/(m,K)$ 之间,耐热性比有机纤维高得多。耐介质腐蚀性能不强,是由于表面积大小不同造成的。耐磨性和耐折性能不好,其原因是受摩擦和扭转后纤维很容易受伤断裂。

玻璃纤维的力学性能也取决于化学组成、热历史与缺陷的存在。例如玻璃纤维比块状玻璃强度高,是由于玻璃纤维高温成型时减少了玻璃溶液的不均一性,也减少了微裂纹产生的机会。另外,与块状玻璃相比,玻璃纤维的横截面积要小得多,因此也减少了裂纹存在的几率。而纤维的实验强度低于理论强度,是由于微裂纹存在于纤维的表面和内部,造成应力集中的结果。

从分析块状玻璃的强度与纤维强度的差异,可知玻璃纤维和其他高强材料的破坏强度,对材料中存在的裂纹非常敏感,所以要想得到高强度材料,可以用高强纤维合股成为纤维束来制造材料。用高强纤维制成相互平行的纤维束,则裂纹对破坏强度的敏感性比相同形状的整块材料要小得多。另外,由于几何条件保证了横穿纤维的裂纹非常短,若使裂纹平行于纤维方向，则裂纹对破坏强度的影响就大大减弱了。多根纤维结合在一起，如几百根、几千根等，可以很容易将这些单根纤维捻成绳索。当绳索伸长时，各根纤维呈螺旋状。当纤维平行于螺圈轴产生变形时，纤维之间互相紧密压在一起，并增加了纤维间的正压力。所以，应力就可能在纤维间通过滑动摩擦相互传递。用亚麻、大麻或合成纤维能造绳索就是这个原理。绳索在垂直于纤维轴方向强度不太大，只能在顺纤维方向承受拉伸载荷，不能承受弯曲载荷。

若充分发挥纤维材料的拉伸强度的作用，必须有效地解决横向应力的传递。另外，纤维材料表面面积很大，表面容易损伤，而纤维的强度对表面损伤非常敏感。因此要利用纤维的高强度，又要保护纤维以免损伤，还要在保护纤维表面的同时有效地传递应力。所以，选择一种介质来达到能保护纤维表面又能传递应力，这就是复合材料的增强原理。为了得到高性能复合材料，就必须选择与纤维相匹配的树脂基体。树脂基体的破坏应变大约是纤维的 3 倍或 4 倍，弯曲和拉伸强度相等。这就是为什么要研究混杂纤维复合材料性能时，首先要弄清楚构成材料组分的原因。

10.1.2 混杂纤维复合材料的基本性能

如上所述，混杂纤维复合材料的性能，不仅与材料的组分和含量有关，而且还与工艺设计及结构设计有关，归纳混杂纤维复合材料的基本性能有以下几方面。

1. 提高并改善复合材料的某些性能

通过两种或多种纤维、两种或多种树脂基体混杂复合，依据组分的不同，含量的不同，复合结构类型的不同可得到不同的混杂复合材料，以提高或改善复合材料的某些性能。

混杂纤维复合材料可使韧性及强度提高，例如碳纤维复合材料冲击强度低，在冲击载荷下呈明显的脆性破坏模式。如在该复合材料中用 15% 玻璃纤维与碳纤维混杂，其冲击韧性可以得到改善，冲击强度可提高 2~3 倍。同时纤维混杂也可使拉伸强度及剪切强度都相应提高。其拉伸度提高的理论依据有两种，一种是裂纹理论，它认为混杂复合材料在拉伸破坏时，与单一碳纤维复合材料断裂不同，碳纤维复合材料断裂行为是当受拉伸应力时裂纹迅速传播到整个断面，是一种猝然断裂。然而当碳纤维周围有玻璃纤维复合材料时，由于玻璃纤维韧性较好，可以起阻碍裂纹扩展的作用，因此延缓破坏并提高断裂应变。而另一种理论是纤维束理论，它认为当混杂复合材料受到拉力时，尽管已达到碳纤维的断裂伸长，并发生了碳纤维的断裂，但这些断裂的碳纤维还受没有断裂的玻璃纤维的包围，纤维间彼此又有一定的包围粘接，则这些已断的碳纤维复合材料束仍有部分承载能力和提供一定的刚度。同时，在此状态下还残留部分强度高的碳纤维，仍能正常承载。用上述理论可以解释很多的现象。

提高混杂纤维复合材料的耐疲劳性能，是用具有高疲劳寿命的纤维来改进低疲劳寿命纤维的性能。例如，玻璃纤维复合材料疲劳寿命为非线性递减，若引入 50% 的碳纤维（具有很强的耐疲劳性能），其循环应力会有较大提高。引入 2/3 碳纤维，其寿命接近单一碳纤维复合材料。

混杂纤维复合材料能使材料的模量增大，例如玻璃纤维复合材料的模量一般较低，在一些主承力构件上的应用受到限制，但引入 50% 的碳纤维作为表层，复合成夹芯形式，其模量可达到碳纤维复合材料的 90%。这对于制造不易失稳破坏的大型薄壳制件很有意义。

混杂纤维复合材料能使热膨胀系数近似为零,例如碳纤维、凯芙拉纤维等沿轴向具有负的热膨胀系数,若与具有正的热膨胀系数纤维混杂,可能得到预定热膨胀系数的材料,甚至为零膨胀系数的材料。这种材料对飞机、卫星、高精密设备的构件非常重要。如探测卫星上的摄像机支架系统就是由零膨胀系数的混杂纤维复合材料制造的,它可使焦距不受太空温度剧烈交变的影响,保证精度。

混杂纤维复合材料能使破坏应变得到改善,如碳纤维复合材料具有较低的破坏应变。为了提高这种破坏应变,可引入玻璃纤维。由于混杂效应的原因,碳纤维复合材料破坏应变可提高40%。

混杂纤维复合材料还具有各向异性,其原因是由于各种纤维结合的方式不同。另外,异种材料复合的复合材料,振动衰减性要比原来均质材料大。同样,两种纤维混杂的复合材料其衰减振动性增加更大。一种高精度的铣床若用混杂复合材料的话,除减重外,还可以吸收高频振动。以上是混杂纤维复合材料力学性能的分析。

混杂纤维复合材料也改善材料的其他性能,如老化性、耐腐蚀性和导电性。例如凯芙拉纤维,其耐老化性很差,若加入些耐老化性能好的碳纤维,则就使复合材料的耐老化性能提高。再例如玻璃纤维复合材料虽属电绝缘材料,但它有产生静电而带电的性质,因此不适宜用来制造电子设备的外壳。碳纤维是导电、非磁性材料。用两种纤维混杂可具有除电及防止带电的作用。另外玻璃纤维复合材料有电波的透过性,碳纤维有导电性,可能反射电波。两者混杂可用于电视天线,以解决电子设备的电波障碍及无线电工作室的屏蔽。

2.使结构设计与材料设计统一的性能

混杂纤维复合材料与单一纤维复合材料比较更突出了材料与结构的统一性,就是说结构设计的本身包含着材料的设计。混杂纤维复合材料可以根据结构的使用性能要求,通过不同类型纤维,不同纤维的相对含量,不同的混杂方式进行设计。

充分认识与研究材料科学的规律,不仅可以解决结构设计与材料设计的统一性,还将能进一步揭示材料科学的理论,促进与完善复合材料功能化的发展趋势。这就兼备了力学性能与透电磁波性能、力学性能与水下透声的性能、力学性能与隐身性能等;航空航天飞行器,先进的远程导弹往往需要材料与结构同时具有承力、抗烧蚀、抗粒子云、抗激光、抗核能、吸波、隔热等性能。对材料与结构的这种要求一般单一材料是不可能满足的,这就迫使人们必须对混杂纤维复合材料、超级混杂复合材料及其结构进行规律性的研究与开发。

3.使构件设计自由度扩大的性能

单一纤维增强复合材料的构件设计自由度较一般工程材料的自由度要大,而混杂复合材料构件的设计自由度可进一步扩大。由于混杂复合材料构件工艺实现的可能性超过单一纤维复合材料,相应又进一步扩大了构件的设计自由度。如高速飞机机翼,由玻璃纤维复合材料制造,则刚度除翼尖外都能满足。为解决翼尖的刚度不足,可以求助于混杂纤维复合材料,即在翼尖处增加或换成部分碳纤维,较容易地达到设计要求。又如,直升机的旋翼虽可以用玻璃纤维复合材料设计与制造,但由于结构与刚度的因素,发现要达到"C"型梁的刚度时,会增加质量和出现共振现象,可在后缘位置采用碳纤维、玻璃纤维混杂复合材料,工艺既可实现,结构性能又满足了使用要求。

4.具有使材料成本降低的性能

美国 1971 年碳纤维的价格为 222 美元/kg,1977 年则降到 71 美元/kg。有些品种如 Hercules 生产的 MagnanieeAs – 3 已降到 40 美元/kg。据国外报导,由于沥青直接转变成液晶的技术突破,可有效地降低成本,有希望降到 11 美元/kg。凯芙拉纤维早期售 111 美元/kg,近期已下降为 13 ~ 22 美元/kg。美国生产的 S – 2 高强度、高模量玻璃纤维价格为5.5美元/kg。这种纤维的价格比一般玻璃纤维高很多,但比高级纤维又低很多。

我国生产的碳纤维早期为 1 000 元/kg,当前为 600 元/kg,预计近期可降为 400 元/kg,国产的高强玻璃纤维、S – 玻璃纤维价格为 30 元/kg,比一般玻璃纤维价格高许多。

从上述的价格情况看出,目前国产碳纤维的价格比玻璃纤维的价格约高 20 ~ 30 倍,国外的价格约高 10 ~ 20 倍。因此,在性能允许的情况下,用价格低的纤维取代部分高价纤维是降低制品成本的有效途径。当然,这仅是直观地从原料成本考虑。另外,更重要的是选用混杂复合材料可以改进制品的结构、性能、工艺以及降低能耗、节约工时等,可获取更大的经济效益。

如直升飞机的金属旋翼桨叶改用混杂纤维复合材料,可以取消桨毂的水平铰和垂直铰,使旋翼和桨毂设成为刚性连接,从而使桨毂设结构大大简化,零件数量可由原来 400 种减少到 100 余种。结构改变后,质量减轻40%,简化了生产工艺,减少了生产设备,缩短了制造周期,大大地降低成本。另外复合材料桨叶与金属桨叶结构相比,可以有效地提高寿命,由金属的几百小时,几千小时,提高到上万小时。

英国快艇的船壳是由玻璃纤维复合材料制造的。为补其刚度不足,在玻璃纤维复合材料的两边以凯芙拉纤维取代部分玻璃纤维,制造成夹芯结构船壳。其结果提高了刚度,减轻了质量,航行速度提高 20%,燃料费节约 33%。同时,由于使用部分凯芙拉纤维提高的造价两年之内可以收回。

由于混杂纤维复合材料具有上述的性能,因此得到了广泛的重视,可预测在未来的材料工业中越来越多地发挥作用。

10.2　混杂纤维复合材料的结构设计

无论是什么材料,结构设计和材料设计总是相关的,而复合材料特别是混杂复合材料,两者的关系尤其密切,甚至不能分割。一般来说,结构设计比材料设计所涉及的范围要宽,因此说,材料设计是结构设计开始的一部分,而结构设计是材料设计的延续。

10.2.1　混杂纤维复合材料的材料设计

1.混杂复合材料设计的一般概念

所谓材料设计,是指根据使用要求选择几种原材料,并通过一定的工艺将这些材料复合制成具有所要求的物理化学和力学性能材料的过程。

复合材料尤其是混杂复合材料是一种可设计性材料。它除了在原材料上有宽广的选择余地外,即使在原材料被选定的情况下还可以通过调整铺层角度、纤维含量、纤维混杂化以及分散度等,设计出性能不同的混杂材料来。

混杂纤维复合材料在不同的使用状态下,对其性能(如刚性、变形、强度韧性、耐疲劳等)有不同的要求,所有这些要求是不可能同时满足的,因此,在材料设计时只能考虑主要的性能要求,并尽可能地兼顾其他性能要求,从而合理地选择基体材料和增强材料,选择合适的混杂、复合工艺。

选用混杂纤维复合材料具备下述条件:(1)力学性能优良;(2)性能数据分散性小,即可靠性好;(3)成型工艺简单、方便;(4)加工性好;(5)经济性合理。

如果具备了这些性质,就可以在结构设计中选用。

一般来说,作为结构用的混杂复合材料的材料设计,仍采用复合材料设计方法。如:(1)按刚度要求设计;(2)按强度要求设计。

2.混杂复合材料设计的基本程序

作为结构用混杂复合材料设计的基本程序可用图 10-2 表示。

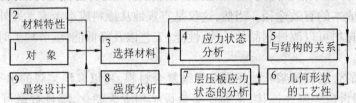

图 10-2　基本设计程序方块图

下面对图中的每一步作些说明。

(1)对象:首先要熟悉对象和其所担负的职能、载荷以及载荷分布情况。

(2)材料特性:是指需要了解对于具体使用条件下可选用的混杂复合材料的全部性能(实验的)知识,包括原材料的成本。

(3)选择材料:在前两步中应尽可能确定一种或几种方案,并按照后面的步骤选择最合适的方案。

(4)应力状态分析:虽然构件的几何尺寸和铺层结构都不能精确地确定,但通常仍能计算出作用在构件上的应力,进行应力状态分析。

然而当无法计算时,则应按第 6 条所述的首先寻找层压板试探性的模型。

(5)与结构的关系:在本阶段中,应该考虑到构件与结构以外的其他一切实际关系。特别是具体构件作为整体结构的一部分时,必会涉及到与混杂复合材料性质相关的连接、开槽、截断、特殊的机械加工操作,以及其他对混杂复合材料本质有影响的作业。在使用混杂复合材料结构时,还必须考虑到作用在结构上的特殊的叠加效应。

(6)几何形状的工艺性:现已能初步定出层压板的形状、几何尺寸和结构。在确定选择层压板的结构和几何尺寸时,必须考虑技术要求和经济现实性。

(7)层压板应力状态的分析:用简单的或复杂的数学手段,去计算整个结构和层压板中每块单层板的应力、变形和弹性特性。

(8)强度分析:在上一条中,已具备了预测每块单层板的特性所必要的全部数据,同时也具备了用特殊的强度准则去计算与单元件逐步破坏和整体崩溃有关的安全系数。

(9)最终设计:在设计混杂复合材料时,由于所积累的经验有限,因而通常还只能采用迭代的方法,即从第 6 条或第 4 条甚至第 3 条开始,反复进行验证,最终设计出的是一个能充分满足第 1 条要求和第 2、3、8 条设想的具体结构。

3.混杂复合材料设计的关键性问题

在混杂复合材料的设计中,正确地了解组分、材料、结构与工艺之间的关系,合理地确定混杂复合材料的应力状态和采用合适的设计准则,是混杂材料设计的关键性问题,是材料设计正确与否的焦点。

(1)确定组分材料和结构工艺之间的关系

工艺问题是混杂复合材料应用与研究中的一个十分重要的问题,正确地了解与分析单元组分、材料和结构与工艺之间的关系,是混杂复合材料设计首先要解决的问题。因为只有充分地了解这种关系,才能进行正确的设计。比较用不同工艺制成的不同材料的质量时,最重要的是固有特性。另外,混杂复合材料在使用中,多半都要与其他构件连接,同时难免进行二次加工。这些工序不仅与选择层压板的种类有关,而且与合理的成型工艺关系很大,因此要将工艺和工序结合起来考虑。

(2)混杂纤维复合材料的应力分析

应力分析是材料和结构设计的基础,尤其是混杂纤维复合材料的应力分析,对于设计有着重要意义。目前,混杂纤维复合材料的应力分析仍采用复合材料力学的基本原理与方法。但值得注意的是,由于混杂化,不仅会产生混杂效应而且使得混杂材料的应力分布状态与一般复合材料的情况不同。因此,在运用这些基本原理和方法的同时,需要相应地考虑混杂效应以及应力集中等。

(3)混杂复合材料的设计强度准则

在混杂复合材料的设计中,必然要提出这样一个问题,即设计的层压板的强度究竟有多大,用什么方法衡量,这就涉及到强度准则问题。目前有三种方法被用来计算或显现复合材料层压板的强度。这就是最大应力、最大应变和最大变形准则。当然这三大准则也适用于混杂材料。

(4)层压板设计原理

从单层板发展到层压板(包括短纤维或织物增强的叠层板),在概念上是简单的叠加原理,即将每块单层板的图谱相同的区域叠加起来,从而得到一个比任何一个组分区域小的新区域。对于这种层板的设计,前面已介绍了三个强度准则,它们是很有用的。然而现在人们已能根据构件的具体用途设计出能够确定层板是否达到危险点的准则(或推导出一个安全系数)。这里介绍两种实际进行设计的情况,屈服强度和极限强度。

第一种情况,屈服强度。上面介绍的新的小区域就是这种强度区域。当外加载荷达到强度区域的边缘点时,即认为整个层板已达到危险点,按照所使用的强度准则,预测破坏模式。这是一种保守准则,因为它假设,只要当层压板中有一块单层板出现危险,整个层压板也处于危险状况,可见这种准则对于混杂复合材料层压板是不太适用的。它不能充分发挥混杂复合材料的优点。由于混杂复合材料中含有两种以上的增强材料,它们的模量和断裂伸长也各有不同,因而有明显的"止裂"机理。

第二种情况,极限强度。当第一块单层板达到屈服点时,整个层压板仍能继续承载从而又出现第二块单层板破坏。随着载荷的增加定将出现第三块、第四块单层板的破坏,直至整个层压板崩溃,这时的最大载荷就是极限载荷。利用这种准则,可使混杂纤维复合材料的潜力进一步发挥。层压板的屈服强度和极限强度是否一致,对单一纤维复合材料来说,只有层压板内纤维以一个方向排列,两个强度才有可能一致。而对于混杂复合材料来说,一般这两个强度是不一致的。

因此,合理的设计应该使层压板所产生的应力 – 应变曲线具有"假塑性"行为。

10.2.2 混杂纤维复合材料的结构设计

一般复合材料结构设计的原理,对于混杂复合材料的结构设计同样适用。图 10-3 是复合材料结构设计的概要图。可以看出,结构设计包含的内容很多,过程也比较复杂。要想获得一个最合适的结构设计方案,不是一件容易的事。这里,不去讨论层压板的力学分析和结构的力学解释,而只就混杂复合材料结构设计中的一般性问题作些介绍。

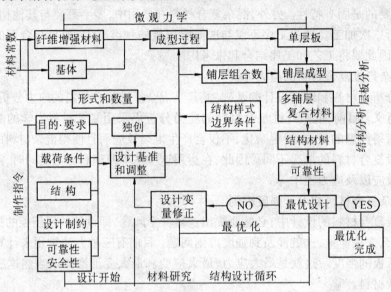

图 10-3 复合材料结构设计概要图

1.结构设计和材料设计的关系

如前所述结构设计和材料设计是相关联的,已从图 10-4 所示的材料设计和结构设计的方块图中可以明显地看出。对于混杂复合材料来说,它既是材料,又是结构。在很多情况下,在原始材料成型的同时,也就制成了结构的整体。不过材料设计与结构设计所考虑问题的范围和侧重点不同。

2.混杂复合材料结构设计的要求

在结构设计中,首先应根据使用目的提出各种性能要求和其他一些要求,以便使结构更加合理化。

(1)结构的力学要求

一个较好的结构在使用中应该确保下列几点:①构件在使用载荷下不会发生有害变形;②疲劳变形的积累不会达到有害的程度;③结构破坏强度的可靠性以及具有足够长的安全使用寿命;④在特殊环境下使用的结构还应保证它的耐久性。

换句话说,满足了这些条件,方可按普通设计进行。混杂复合材料的结构设计,在力学上不仅是强度要求,而更多的是刚度的要求。

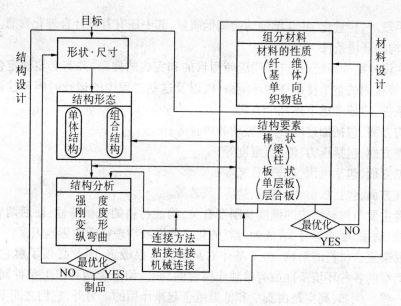

图 10-4　材料设计与结构设计的关系

强度要求和刚度要求是两个主要方面,是并存的。当选择强度大的结构时,刚度同时也大。例如,在受均匀载荷的悬臂梁的设计中,除了设计强度大的梁外,还应设计具有足够大的刚度,以防均匀载荷作用下产生大挠度。不过对强度和刚度的要求根据使用情况不同而有所不同。另外,作为一具体结构,在使用过程中不仅要受静载荷的作用,而且还要受到动载荷作用。扳手下落对飞机构件的冲击就是一例。因此设计中应考虑到这种冲击载荷的作用。对于设计得当的混杂复合材料来说,不仅具有良好的强度、模量,还要有良好的冲击韧性。

(2)结构的质量要求

结构按性能要求设计,而结构的性能又与结构的质量有关。无论什么样的结构,都具有一定的质量,在满足同一设计要求时,质量轻的结构性能好。

混杂复合材料的特点之一是相对密度小,因此进行结构设计时,减轻质量的潜力很大。所以将混杂复合材料作为运输用的结构(飞机、船舶、汽车等),可以减轻自身的质量,提高运输效率。例如,福特汽车公司的汽车压缩面的安装支架,就是用 SMC 制作的。在沿主应力方向上加有 20% 的碳纤维使结构性能大为提高。这个只有 0.77kg 的混杂复合材料构件代替了原来的可锻铸铁件,节省了质量 70%,使汽车本身质量减轻,从而增加了装载能力,降低燃料费,提高了效益。结构轻量化,对于飞机以及航天器等尤为重要。因为飞行器自身结构质量减轻 1kg,整体质量可减轻数十公斤乃至数百公斤,并称这个倍数为增量系数,因此可以节约燃料使经济效益倍增。

即使对于固定的设备结构,其性能与自身质量也是有很大关系的。例如,在化工厂的处理装置中,往往使用大型圆柱形结构作为管路一部分。它的主要设计要求是耐腐蚀性。这样结构质量就直接影响到圆柱壳体截面的静应力和由风与地震引起的动弯曲应力等。为了减少这种影响,进一步减轻质量是有必要的。

结构质量与结构性能之间有着密切的关系,这就是说,"结构轻量化"是提高性能的不可缺少的手段。"轻量化"并非单纯地指降低质量,其中还有着设计合理化含意。

(3)结构的环境条件

一般在设计结构系统时,应该明确使用目的和完成的使命,并有必要确定包括保管、包装、运输等在内的整个使用期的环境条件,以及这些过程中的运行时间和往返次数等。作为环境条件,应该考虑下述几个方面:

①机构方面,包括加速度、冲击振动和声音等;

②物理方面,包括压力、温度、湿度等;

③气象方面,包括风雨、冰雹、日光等;

④大气方面,包括放射线、霉菌、盐雾、风砂等。

前两者主要与材料结构的强度及刚度有关,构成材料的机械特性;而后两者,主要与材料的腐蚀、磨损、变质等有关,成为材料的化学特性或物理特性的影响因素。

对于混杂复合材料的结构,由于基体对某些因素很敏感,因此必须了解它的使用环境。上述列举的各种环境条件虽有单独作用时的场合,但是受两种以上条件同时作用的情况更多一些。例如,高空是由真空和低温组合起来作用的。另外,它们之间不是简单的算术相加的关系,往往是复杂的相互影响,因此在进行环境实验时,需尽可能地模拟实际情况,并施加各种环境条件。例如,当温度与湿度综合作用时,会加速腐蚀及霉烂。

下面列举几个重要的环境条件。

加速度 运用在运输工具上的结构都会碰到一个加速度的问题,例如飞机在飞行中由于突风作用,操纵面上将会受到 $3 \sim 7g$ 的加速度。在加速度的作用下,使结构各种质量将会产生剪切力和随之而来的弯矩,从而对结构的强度和变形带来一些新的问题,因此在结构设计时应引起注意。

冲击、振动和声音 混杂复合材料的抗冲击、耐振动性能好。结构设计时要充分发挥这个优点。另外在飞机或火箭等的发动机音响显著的地方,由于音压产生声疲劳,这时运用混杂复合材料——蜂窝夹层胶接结构的阻尼作用是很有效的。

压力 火箭发动机通常是里面受到高压和高温,而外面在空气密度大的地方由于气动加热而温度升高,但在空气密度小的地方,接近真空,温度降低。所以处于高压真空、高温、低温等综合的环境中,利用复合材料强度各向异性这一特点,通过缠绕,增加耐热的包覆层用于火箭发动机可以适应这种环境。

温度、湿度 复合材料中的树脂基体对温度、湿度很敏感,随着温度上升,复合材料的强度下降,同时湿度对强度影响也很大。要特别注意,在一个温度周期后,由于树脂中挥发物和水分等逐渐变化而会产生分层现象。

日光、老化 复合材料中的树脂受日光照射 $3 \sim 4$ 年后,由于紫外线的作用一般容易变黄,当掺入遮断光的色素颜料或者增加一层辅层后,使其可保证 10 年左右不变色。如果有条件的话,采用纤维/铝铂超混杂复合材料结构,则抗紫外线、防老化性能更佳。

(4)结构的可靠性、安全性及经济性要求

可靠性、安全性对于航天、航空器是至关重要的。混杂复合材料质量轻、强度高,能够达到很高的可靠性,所以在航天、航空器中得到广泛运用。混杂复合材料还用于汽车、船舶、建筑等领域。在满足可靠性的同时,主要考虑降低成本、节约燃料费用等经济效益。

一般来说,结构系统的性能要求:①结构件能承受所加的各种载荷,确保在使用寿命内的安全性;②提供装置各种配件,仪器等附件的空间;③隔绝外界环境状态,保护内部物体。

因此结构系统的可靠性定义为:结构在所规定的时间内,在所给定的环境条件下充分实现所预期性能的概率。当然可靠性与结构强度是密切相关的。而结构强度与组成这种结构的材料强度有关,与选用的成形工艺有关。因此合理地选择材料及成形工艺是主要的环节之一。由于可靠性是以概率测量的,所以对材料特性作统计处理,整理出它的质量分布和分数性资料是很必要的。

从广义上说,安全性也包括在可靠性之内,不过安全性主要是指生命安全和财产安全。影响安全性的因素很多,但从设计的角度来看,结构的破坏是影响安全性的最重要因素。即对于有关危害安全的一切现象和所涉及的后果都要考虑到,消除致命的危险,最重要的是确立设计更改措施。

合理选择材料,减轻结构质量和获得最大限度的安全性方法,对经济性也有很大贡献。另外,可靠性与经济性也有一定关系,即要提高可靠性就得增加初期成本,而减少维修成本,所以总存在最经济的一点。这种关系在结构设计时应引起相当的重视。

(5)结构与工艺性要求

这里所说的工艺性,主要包括两个方面:结构的成型工艺性和结构件的加工工艺性。后者又含有二个内容,即机械加工方法和连接形式。材料的结构与工艺的关系很大,在进行结构设计时,除了考虑其他要求外,还需要考虑工艺要求。

3.混杂复合材料结构设计原则

(1)结构设计的强度规范及准则

复合材料乃至混杂复合材料的结构设计仍可以采用一般材料的设计原理,但是由于混杂材料具有特殊的性能,因此使得混杂复合材料的具体设计方法与其他材料的设计方法不同。

如何在结构设计中应用既能满足设计上的需要又能充分发挥混杂复合材料的特点这一原则,需要考虑的方面很多。为了避免过于追求高性能和经济指标,而忽视结构的强度、安全性和可靠性,就非常有必要确定结构设计的强度规范。也就是说,为了确保必要的强度和安全性,在结构中应该建立一个必要的强度最低基准。这种强度最低基准和建立的方法随结构的不同而不同,尤其对混杂复合材料,系统性设计资料很少,全凭经验和技术。一般来说,为了充分发挥结构件的性能,设计必须在满足下列条件下进行:①在使用载荷作用下不产生永久变形;②结构件具有所要求的安全性;③具有一定的安全寿命。

为了便于理解这些条件以及在设计中考虑更好地确定强度基准,需要明确三个概念:使用载荷、设计载荷和安全系数。它们的定义分别如下:

使用载荷　结构在实际使用中受到的最大载荷称为使用载荷,有时也称为适用载荷。

设计载荷　使用载荷乘上安全系数称为设计载荷。

安全系数　在结构使用中,有可能遇到目前的知识和技术还未掌握的附加载荷、材料本身的缺陷、理论不成熟、制造工艺精度不高和工艺规范不严格等问题的影响。为了确保结构的安全,往往设计强度比计算强度要富裕一些。这个设计强度与计算强度的比值称为安全系数。

根据以上的定义，便可以给出结构设计中的强度基准。强度基准也有三条，分别是：①在使用载荷下不产生有害变形；②在设计载荷下不导致破坏；③对于疲劳结构件应具有安全性，并确保一定的安全寿命。

这些强度基准看起来并不复杂，但在进行一个具体构件的设计时，如何满足这些基准不是很容易的。在一个具体用途的结构中，往往要承受很多种载荷，甚至有些载荷是预料不到的。在这样的情况下，首先应该根据以往的使用经验，将所能遇到的载荷分门别类，确定几种具有代表性的载荷，最好要满足强度基准，而对于意想不到的载荷，在考虑使用寿命时，须合理地确定载荷条件，以便把这种因素考虑进去。当然，除了上述的一些载荷外，还应该考虑"环境载荷"。环境条件也是重要的设计条件。

(2)结构设计中的选材原则

混杂复合材料结构设计的选材标准比一般材料严格一些，除了要考虑物性，成形性，加工性和成本外，还应该考虑材料间的匹配以及材料的环境依赖性。下面分别介绍。

力学性能　衡量材料力学性能优劣的重要尺度是比刚度和比强度。如果它们的值越大，则说明这种材料的性能越好。可见这里含有一个轻质高强的概念。

电学性能　电性能是由混杂材料的混杂比、纤维、树脂类型决定的。由于 GFRP 不导电，而 CFRP 导电，但 GFRP 易产生静电感应，若混杂入 CFRP 则可防止静电作用。因此要根据实际情况对性能提出的要求，从而合理选择纤维类型、混杂比等。

耐环境性　归纳起来混杂复合材料的性能在环境作用下，会产生七种降解方式：(a)增强纤维的损坏；(b)基体树脂损坏；(c)夹芯结构层损坏；(d)纤维和树脂间的界面粘接破坏；(e)层压板表皮分层；(f)芯子与面板由于胶粘剂破坏而分开；(g)金属紧固件的腐蚀。

一般说来，混杂复合材料的耐环境性主要取决于树脂基体，因为不仅树脂基体决定了材料的耐温性、耐湿性，而且混杂材料结构暴露在使用环境下，最先和环境介质接触的是表面的基体树脂。因此基体树脂是复合材料抵抗环境降解的第一道屏障。在一定的外载荷水平下介质对树脂作用以及介质在树脂中的扩散速度、平衡含量决定着复合材料的使用寿命。当然化学介质等对增强纤维也有相当的影响。

匹配性　材料的混杂复合材料是一种具有三相以上的复合材料。相与相之间存在一个匹配问题。另外，一个具体结构件可以由好几种材料组成，还存在一个复合材料与其他材料的匹配问题。所谓材料的匹配性有三个含意：一是两种或多种增强材料之间匹配；二是这些增强材料与树脂基体匹配；三是复合材料与结构件对其他材料的匹配。当然前者还涉及到混杂效应的问题。匹配的好坏主要以这些材料构成的混杂材料及其结构件在使用中能否满足设计要求来衡量。由此看来，材料的匹配是选材时必须注意的一个问题。

成形性　影响材料成形因素很多，作为设计上的考虑，主要有下列几点：(a)成形作业的难易；(b)可能成形规模的大小；(c)生产周期的长短；(d)质量控制的好坏；(e)环境污染的有无；(f)设备投资的多少；(g)工装费用的高低等。

加工性　一个实用的混杂复合材料的结构件，往往需要经过二次加工。例如切断、切削、钻孔、研磨等。然而，混杂复合材料的加工一般比较困难，需要根据加工方式采取一定的方法。因此在结构设计时,要考虑到混杂复合材料构件加工技术的生产性和可靠性。

成本　混杂复合材料的成本是设计中要考虑的一个重要因素。一般高模量纤维(高级增强剂)的价格都比较贵,而韧性纤维(普通增强剂)的成本均较低。设计时,要充分理解和掌握混杂复合材料的性能与纤维含量及辅层方式的关系,进行材料的优化设计,使结构件符合使用要求同时具有最低的成本。

设计中考虑成本的方法大多是采用单位质量成本的概念,因为用比强度去除成本所得的值对设计是有重要意义的。

结构形式的选择原则　充分地了解各种结构形成和它们的利弊,对于结构设计中选择合理的结构形式是有意义的。

(a)结构形式

如图 10-5 的结构形式,按照形状分类可分为

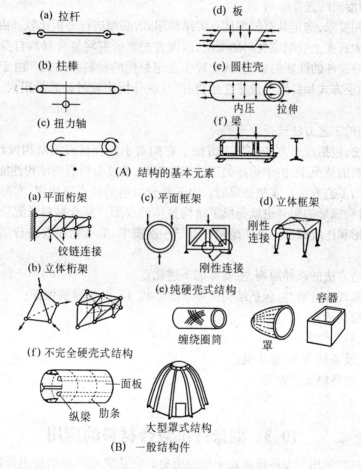

图 10-5　构造方法图例

①结构的基本元素:连杆、拉杆、梁、平板圆柱壳、夹层板等。

②一般结构件:骨架结构形式(如桁架、框架)、硬壳结构形式(如全硬壳结构,半硬壳结构)和薄壁结构。

(b)各种结构的利弊

①骨架结构

桁架结构突出的优点是,仅由纯线性构件组成,易装配,在接点处受到应力载荷,但是构件的数目多时,费工时。框架比桁架接点少,但必须固定连接。这时可采用复合材料一次整体成形工艺。

②硬管结构

纯硬管结构适用于整体成形。这种结构适宜于分布载荷。对于受集中载荷部位,为了提高强度和刚度,必须增加壁厚。

半硬壳结构是由面板和加强材料组成的结构。面板只能承受分布载荷而不能承受集中载荷。集中载荷只能加在纵梁与肋条的联接部位上。这种结构一般不能一次成形,但它比纯硬壳结构轻得多。因而,飞机、船舶、车辆几乎都是半硬壳结构。

(c)结构形式的选择原则

根据使用要求,选定具有较多优点的结构形式,必须进行分析比较。由于复合材料结构特性在很大程度上受组成材料的支配,因而首先要研究将复合材料自身的设计因素作各种改变时对制件的性能的影响,从比较中选定最优的材料和结构。由于混杂复合材料有混杂比,铺层方式和纤维含量等变化,在作系统分析比较时计算量很大,故采用计算机是最有效的。

(d)结构的工艺方法选择原则

工艺方法,包括成形方法和加工方法。它们对于复合材料的结构设计是很重要的。在同样原材料的情况下,由于选择的工艺方法不同,使复合材料的结构性能差别很大。因此选择合适的工艺方法是非常必要的。由于复合材料的特点所决定,实际上在大多数情况下,当原材料成形的同时也就完成了结构整体的成形。复合材料及混杂复合材料一般易于一次成形和连续成形。有些结构件难于一次成形,那么就需要进行二次加工和连接成形。

一般制造方法的选择原则,主要考虑下述几点:

①结构实现的可能性,包括结构所要求的形状、尺寸、质量的保证;

②生产周期短;

③简单、易于作业;

④工装、设备耗资少,成本低;

⑤安全,对环境无污染等。

10.3 混杂纤维复合材料的应用

复合材料的运用与发展已有几十年的历史。它从民用产品的应用开始,扩大到军用产品以及尖端技术产品的应用。经过不断开发提高又进一步扩大了在民用产品中的应用范围。因此,无论在军用上还是民用上,以往的金属制品及木制产品等正越来越多地被复合材料制品所取代。

复合材料以轻质、高强的特点作为一种结构材料,目前已广泛地应用于航天航空工业以及交通运输、建筑、农业及体育用品等领域。

1987年在伦敦举行的第六届国际复合材料会议上的有关报告,充分说明了"民品的应用与开发"是当今复合材料研究的重要方向,是复合材料发展的趋势。

表10-5列出了美国在1980～1990年期间复合材料的消耗量。从该表可以明显看出,10年间复合材料的应用量是数倍,数十倍,数百倍地增长。

表10-5 复合材料1980～1990年消耗量(t)

材　料	1980年	1985年	1990年
玻璃纤维复合材料	1 100 000	1 800 000	2 500 000
碳纤维复合材料	1 000	10 000	200 000
混杂纤维复合材料	700	5 000	50 000
其他纤维复合材料*	300	2 000	5 000

* 包括特种合成纤维、硼纤维及其他高级纤维复合材料

复合材料之所以得到迅速发展与推广应用,除了自身的高比强度、高比模量并且具有可设计性以外,工业产品的更新换代以及纤维材料的不断降价也是重要的原因。

混杂纤维复合材料是复合材料大家族中的优秀代表。它除了具有一般复合材料的特点外,还有其他复合材料不可与之相比的许多优点,这些优点在前面已作了叙述。

混杂复合材料在70年代初开发以来,一直受到人们的普遍重视。在短短的二十多年内,混杂复合材料无论作为结构材料还是作为功能材料,不仅已广泛地应用于航空航天工业、汽车工业、船舶工业等领域,而且还作为优良的建筑材料、体育用品材料、医疗卫生材料等被广泛地采用。

大量的事实证明,混杂复合材料在应用中,不仅可方便地满足设计性能上的要求,而且还可以降低产品成本、减轻产品质量、延长产品寿命、提高经济效益。

本节将分以下几个方面对混杂纤维复合材料的应用技术及实例作些介绍。

10.3.1 混杂纤维复合材料在航空、航天工业中的应用

众所周知,航空、航天领域与其他领域不同,它的技术要求相当高。就材料而言,不仅有性能要求,而且有质量限制。也就是说,当材料能够满足性能要求的前提下,其质量越轻越好。因此质量问题是航空、航天产品结构设计首先要考虑的重要问题之一。例如,人造卫星的自身结构质量每减轻1kg,将可相应地节省270kg的推进剂。如果飞机减轻质量,即可增加载荷,加大航程。由此可见,对于航空航天产品来说,减轻质量,意味着性能提高,能源消耗减少。

复合材料及混杂复合材料,由于具有比强度、比模量高的特点,所以是航空、航天产品结构的理想材料。复合材料及混杂复合材料在航空航天领域的应用,不仅有力地推动着该领域结构产品的更新换代,不断向高水平发展,而且对缓解目前国际能源不足的问题起到积极的作用。与此同时也为复合材料自身的发展开拓了广阔的领域,提出了更高的要求。

1.航空、航天产品使用复合材料的选择准则

对于给定的航空、航天产品的材料进行选择是比较困难的。但是我们已经知道,复合材料及其混杂复合材料是一种可设计的材料,在较宽的范围能够满足性能要求。尽管如

此,在航空、航天领域里,对复合材料的评价必须考虑一定的准则。主要借助结构分析,用构件工作温度时动、静态性能对材料进行初选。在该领域里,这些性能与相对密度有关。对于材料选择的一般原则在设计一节中已有叙述。但是对每一种具体构件又有其特有的选择准则。

(1)温度要求

使用温度 亚音速下的飞机通常经受80℃温度,而马赫数为2时温度就要上升到150℃,而对于导弹在马赫数下飞行几分钟后,由于气动加热可使温度上升300℃。又如飞行器头锥在返回地球进入大气层的几秒钟内温度甚至高达15 000℃。因此必须根据使用温度,合理地选择材料。有关复合材料的耐温性前面介绍过。

温度范围 航天产品中有些部件往往是在较大的范围内工作的,例如卫星的外部通讯天线和太阳能电池板,一般是在 - 160℃ ~ 100℃的范围内工作。因为卫星上的天线,当太阳照射的入射角和接受面的夹角成90℃时温度达100℃,而当卫星转向地球的阴面运行时,温度便急骤降到 - 160℃,在这样的温度范围内工作的天线反射器应该是热稳定的,即不能受温度变化的影响而产生大的变化。因此需要选择热膨胀系数近似为零的复合材料。不同角度铺层的碳纤维复合材料及其混杂复合材料当然是候选材料之一。

(2)强度和模量

拉伸强度和模量 玻璃纤维复合材料应用在只要求拉伸强度的构件中,可以降低成本。但是对于既有强度要求,又有刚度要求的构件,用 GFRP 是不行的。例如,上述提到的太阳能电池和天线,由于火箭振动频率的原因要求它质量小、刚度大。因此采用碳纤维复合材料及混杂复合材料比较好。

压缩强度 飞机的起落架和卫星的推力装置主要是承受压缩载荷,除了认真选择基体外,应该选择合适的增强纤维。因此选择硼纤维、碳纤维及其混杂纤维是比较理想的。而不能选用压缩强度较低的 Kevlar 纤维。

弯曲强度及剪切强度 碳纤维或硼纤维增强的工字梁凸缘显示出了在弯曲载荷作用下变形减少的特点。这些单向纤维翼弦把从凸缘到剪切腹板间的受剪切部位连接起来了。这种受剪切腹板的剪切强度是很重要的,因此在材料选择时必须考虑到这些原因。

(3)冲击特性

作为航空、航天产品在飞行过程中难免要受到冲击力的作用,因此在选择中也要有所考虑。一般说 Kevlar 纤维及其混杂复合材料抗冲击性能好,玻璃纤维次之,碳纤维复合材料较差。

(4)质量与成本

无论是航天飞行器还是飞机,结构的总质量对于总的实际成本是非常重要的。前面已提到,质量减轻可以降低油料消耗或增加载荷。因此,质量轻的复合材料结构即使在造价超过常规物件许多倍的时候也许还是合算的。例如,在运输机上每节省1kg质量,经济效益为 500 ~ 1 000DM(前西德货币)。若在运输火箭上,质量节省 1kg,可以达到100 000DM的收益。因此,寻找材料价格与制造费用两者兼顾的成本效益是十分重要的。

综上所述,在为航空、航天结构件选择复合材料系统时不能只考虑到一个方面的要求,应综合地进行分析。

2.在航天技术中的应用

复合材料在航天技术中的应用已有相当长的历史,最初仅用于一般非受力结构件。例如,用玻璃纤维复合材料制造雷达天线罩,用碳纤维复合材料制造人造卫星的 Helios 光学管道,后来发展到用于一般的受力构件。

(1)火箭发动机壳体

石墨-Kevlar 纤维(CF/KF)混杂复合材料用于制造固体火箭发动机的壳体,已有好几年了。从使用的情况看,由于采用了混杂复合材料,固体火箭发动机的性能得到了提高。这是因为,衡量一枚火箭的性能好坏主要是依据它的理想速度。理想速度大则火箭性能好;反之则性能差。而理想速度一般是由在忽略了空气阻力及重力产生的速度损失后,推进剂燃烧终了时的最高速度 V 表示,如公式

$$V_i = I_{SP} \cdot g \cdot \lg \frac{W_T}{W_T - W_P} = I_{SP} \cdot g \cdot \lg \frac{1}{1 - \mu} \tag{10-1}$$

式中:I_{SP}——推进剂的比冲,即 1kg 推进剂在 1s 钟燃烧时所产生的推力(kg)。这是由推进剂种类及燃烧压力所决定的推进剂特征值,单位为 s;

g——重力加速度;

W_T——发射时的全部质量;

W_P——消耗推进剂的质量;

μ——质量比,$\mu = W_P / W_T$。

由(10-1)式能看出,火箭的最高速度是随着 μ 值(0 ~ 1 之间)的增加而增大,这样一来为了提高火箭的性能,轻量化是非常重要的。而对于固体火箭,结构质量的大部分是发动机及喷管的质量。所以质量减轻也主要集中在这两个部件上。由此可见用 CF/KF 混杂复合材料制造发动机壳体,对火箭性能的提高,有着突出的意义。

(2)人造卫星

混杂复合材料作为人造卫星构件的材料得到了比较多的利用,现举几例说明。

卫星天线　由前面的分析可能知道,卫星天线的材料需要满足两个质量条件。即轻而刚性好,这是来自运载火箭的振动频率所要求的;另一个条件是要有足够的热稳定性,这是由于卫星在轨道上运行时,外部天线要在温差约 250℃ 的范围内工作所决定的。为了使天线反射器具有高增益和高瞄准性,选择结构尺寸不受温度变化影响的材料是必要的。可见选择碳纤维混杂复合材料是合适的。碳纤维混杂复合材料在卫星天线上的应用状况表明,这种材料不仅能满足上述要求,而且作为通信天线,其反射系数也是较为满意的。

卫星摄像机支架　作为探测卫星,摄像系统是不可少的。而摄像系统的支架则是由混杂复合材料制造的。因为支架与摄像精度直接相关。将两种热膨胀系数截然不同(一正,一负)的纤维进行合理的组合可以得到热膨胀系数为零的混杂材料。用这种混杂材料制作的卫星摄像机支架,可以防止上述所说的温差变形,也就是说可以消除焦距受太空温度剧烈变化的影响,从而使卫星摄像精度得以保证。

卫星蒙皮　混杂纤维复合材料还用于制作卫星的蒙皮。除此之外,目前正在轨道上飞行的卫星的遥控协调电机的壳体也是由碳纤维/玻璃纤维复合材料制造的。

(3)战略战术导弹

复合材料在战术导弹上的应用也是基于两个目的,一是节省质量,二是降低成本。二十多年来复合材料从只制作战术导弹的雷达天线罩开始,到今天已能制造战术导弹的弹体和弹翼。可见复合材料在战术导弹上的应用取得了可喜的成绩。

混杂纤维复合材料近年来也开始用于战略导弹。作为一个典型的例子,用碳纤维/玻璃纤维酚醛混杂复合材料制造导弹头锥,这就有效地解决了再入大气时结构材料与烧蚀材料统一的问题。当气动加热使玻璃纤维熔化时,粘稠的玻璃液可使碳纤维不被气流冲刷掉,充分发挥其烧蚀及吸热的性能。而采用三维混杂复合材料更具有重要意义。下一代战略导弹将要求"隐身"、耐烧蚀、隔热、抗核力强及承受气动载荷等多种功能融于一体的先进材料。具有上述综合性能,只能求助于超混杂结构复合材料。

3.在航空技术中的应用

复合材料及其混杂材料在飞机结构中的应用已经进入了一个新的阶段。这说明了先进复合材料不仅已正式地应用于军用飞机上,而且也应用于民用飞机上;不仅应用于次受力构件,而且也已应用到主受力结构件,甚至出现了复合材料在飞机结构中的应用量比例达 60%~80% 的全复合材料的小型商用飞机。预计在本世纪末复合材料的用量将占飞机总质量的 40%~50%。表 10-6 标明了最近几年内复合材料在飞机中的用量增长趋势。

表 10-6　复合材料在飞机中的应用

年　代	军用飞机(%)				民用飞机(%)			
	铝	复合材料	钛	其他	铝	复合材料	钛	其他
1985	65	22	8	5	75	3		
1990	46	30	12	12	65	10	10	15
1995	36	40	12	12	51	25	12	12

(1)战斗机上的应用

战斗机是军用飞机的主要机种。70 年代中期以后进入服役的战斗机,例如 F-14,F-15,F-16,F-18,幻影 2 000,幻影 4 000 以及鹞式、AV-8B 等机种,其尾翼一级的部件已基本上全是复合材料的了,见图 10-6。

为了考察复合材料在军用飞机上的开发过程,可以根据复合材料构件的受力状况分为三个阶段:用于受力不太大的仓门、口盖、整流罩以及摩擦件、副翼、降舵等操纵面上称为第一阶段;用于受力较大的垂尾、平尾一级部件上称为第二阶段;第三阶段则是用于机翼、机身等主要受力结构上。目前是进入第三阶段。这里值得一提的是,为了提高战斗机的性能,混杂纤维复合材料也已经用于战斗机的结构中。例如,美国海军 F-14 机翼表面的整流装置就是用 CF/GF 织物混杂复合材料等制作的。这个整流装置的表面层是这种混杂复合材料,中间是有硼纤维增强盖板的蜂窝结构。与同样的全金属结

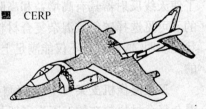

图 10-6　碳纤维复合材料在 AV-8B 飞机上的应用

构相比,这种结构能减重 25%,并能节约费用 40%。另外,混杂复合材料也开始用于军用飞机的机翼及机身等主受力结构部件。

(2)直升机上的应用

作为先进的第三代直升机,应具有以下的特点:①基本上无疲劳极限;②维修的工作量大幅度减少;③整个飞机的振动小;④抗腐蚀,耐冲击,损伤容限大;⑤尽可能降低质量与成本。

为了达到上述五点,除了进行复杂的计算和合理的设计外,选择新的材料系统是必要的。事实上,复合材料用其混杂复合材料就能满足上述要求。

目前已经进入使用的第三代直升飞机,无论是军用直升机,还是民用直升机,混杂纤维复合材料的应用是很广泛的。从舵、机头罩、阻滞板、稳定箱等到机身和施翼等,当然包括骨架和蒙皮,都可以采用混杂纤维复合材料制作,并且还能获得良好的性能。

例如,直升机的主要受力结构制件旋翼、桨叶,过去是全金属材料制造,近些年来已几乎全部改用混杂纤维复合材料制造。如美国的 YOH – 60A、前西德的 BO – 117、法国的海豚,还有我国的延安 – 2 号等。直升飞机的旋翼、桨叶由金属材料改用为混杂复合材料,能够保持最好的气动外形并且可以取消桨毂的水平铰和垂直铰,使旋翼和桨毂成为刚性连接。从而使桨毂结构大大简化,结构质量大幅度下降,减重 40%。与此同时,不仅可以缩短制造周期,而且还提高了飞行安全性,使用寿命可高达上万小时。

又如,Sikorsky 生产的正在美国海军服役的 H3 直升机,该旋翼叶片也是用 CF/GF 混杂复合材料制造的。在这种叶片中一方面考虑到离心力及弯曲载荷的作用,又采用玻璃纤维 0°方向辅层。这样既满足了性能要求又减轻了结构质量。

一般说,用混杂纤维复合材料制造的飞机部件,其抗冲击性和抗疲劳性是很优异的。Lucas 对 Sikorsky 公司生产的装有桨叶,其直径为 3.35m 的尾旋翼系统进行 了全尺寸下冲击实验。他采用模拟与树枝撞击和低速下落扳手冲击的方法。实验中叶片能将直径为 30mm 的树干破断,而不影响其性能。这说明,用混杂复合材料制作的旋翼系统在实战环境条件下具有较高的生存能力。

另外,用混杂纤维复合材料制造的旋翼,在沿海或沙漠地带使用时,其抗冲击、耐腐蚀都比铝合金旋翼好。

(3)客机上的应用

民用飞机与军用飞机不同,军用飞机主要着眼于质量的下降和性能的提高,而民用飞机则应重视成本的下降和效益的提高,同时民用飞机更加注重安全、可靠性和耐久性。由于复合材料的成本还比较高,加之民用的安全性要求特别高,这样使得复合材料在在民用飞机上的应用进展不如军用飞机快。但是随着先进复合材料的不断开发和辅层材料成本下降以及国际能源危机的状况加深,民用飞机对复合材料的需求量将大大增加,预计到 21 世纪初,复合材料在民用飞机上的用量将达到 60% 左右。

我们将复合材料在民用飞机上的应用也划成四个阶段。

第一阶段:受力较小构件上的应用,如用于前缘整流罩、口盖等。作为一个实例,在

L-1011飞机上用了1 134kg的Kevlar复合材料制作前缘和各种整流罩,减重362.7kg,见图10-7。

第二阶段:在受力不很大的结构上的应用,如升降舵、方向舵、副翼等。这是为执行 ACEE 计划(飞机节能计划)而采用的措施。仍以这种飞机为例,采用 48.2kg 复合材料制作副翼,减重23%。

第三阶段:受力较大的结构件上的应用,如平尾、垂尾等。这是在执行 ACEE 计划上,复合材料在民用飞机

图10-7　Keilar 复合材料在 L-1011 机上的应用

上的应用迈出了变革性的一步。再以洛克希德制造的 L-1011 飞机为例,采用282kg复合材料作垂尾,减重25%。

第四阶段:在生产型飞机上多部位正式设计应用复合材料,这就是说在以前的几个阶段中都在已设计完成的批生产的飞机复合材料取代金属材料的制件。而这一阶段则像 B757、B767 从设计一开始就正式应用了复合材料。

众所周知,波音公司是世界上有名的飞机制造公司。从波音系列飞机的发展中可以清楚地看到复合材料在民用飞机上的应用范围正不断地扩大,见图10-8、图10-9、图10-10、图10-11 和图10-12。

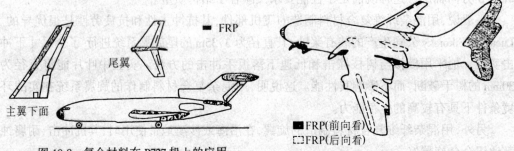

图 10-8　复合材料在 B727 机上的应用

图10-9　复合材料在 B737 机上的应用

特别是近年来混杂纤维复合材料在民机上的应用,使民机在减轻结构质量,增加商用载荷,节省燃油方面取得可喜的成绩。民用飞机与军用飞机有着不同的特点,对民用飞机来说,可以在受力不大的构件上广泛地使用混杂复合材料。例如 B757、B767 上的前后翼身整流罩、襟翼滑轨整流罩、机翼固定内外侧后缘板、机翼起落架耳轴整流罩、发动机整流罩、垂尾固定后缘板、平尾固定后缘板、主起落架舱门等都是采用 CF/KF 混杂复合材料制造的。另外 B767 上的前起落架舱门也采用了 CF/GF 混杂复合材料。除此之外,混杂复合材料还制造了发动机舱皮、货舱衬里等。这样一来,B767 客机上共采用了 246kg 混杂复合材料。目前,波音公司除了发动机和起落架外,飞机的大部分结构材料均采用碳纤维、

Kevlar 及其混杂复合材料,可使同样型号的客机质量大幅度减轻。

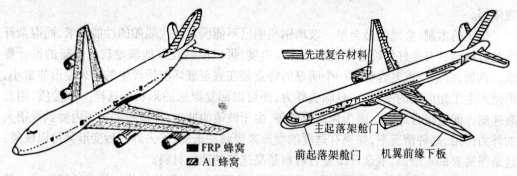

■ FRP 蜂窝
▨ AI 蜂窝

图 10-10　复合材料在 B747 机上的应用

先进复合材料

主起落架舱门

前起落架舱门　机翼前缘下板

图 10-11 复合材料及混杂复合材料在 B757 机上的应用

■ CFRP
▨ C/K·FRP

翼墙

前起落架舱门(C/G·FRP) 主起落架舱门(C/K·FRP)

图 10-12　复合材料及混杂复合材料在 B767 机上的
应用

由此可见,21 世纪的航空材料将由复合材料取代绝大部分金属材料。

10.3.2　混杂纤维复合材料在船舶工业中的应用

船舶工业是复合材料应用最活跃的领域之一。早在 40 年代,国外就开始用聚酯玻璃钢造船。在小型船艇中,玻璃钢的使用十分普遍。美国规定长度在 30m 以下的船艇一律用玻璃钢建造。而在日本,玻璃钢渔船数量达 20 多万艘,占日本渔船总数的半数以上。我国自 1960 年建成了第一艘玻璃钢水翼艇以来,相继又建造了众多的玻璃钢游览艇、内河气垫艇、救生艇和少量的渔船。

随着先进复合材料的开发,碳纤维复合材料、Kevlar 纤维复合材料及混杂纤维复合材料在船舶工业中也开始广泛地应用。特别是用 CF/GF 混杂复合材料制作高速船艇和外海赛艇方面取得了较快的发展,获得了令人满意的结果,引起了船艇设计者和制造商的极大兴趣。据造船业估计,21 世纪,用混杂纤维复合材料建造的船艇将占船舶市场的一半以上。

1.混杂材料用于船艇的基本思想

(1)船舶的要求

由于船舶使用环境的要求,用于船舶的结构材料除了具有一定的强度刚度外,还应该是耐海水腐蚀、抗压力强。对于现代船舶材料,除了上述条件外,尚应具备韧性好、减震性好,同时还希望材料的质量小,能够节约能耗。这实际上也是船舶设计人员进行选择的宏观依据。

传统的木制、金属制乃至单一玻璃钢船舶已不能满足现代船舶的性能要求,而混杂纤维复合材料具有良好的综合性能和设计自由度,可以能够较好地满足现代船艇的设计要求。例如,混杂纤维复合材料一个明显的特点是在直至破坏前所产生的永久变形非常小,即使产生了相应大的变形,一旦除去外力,便可以回复原来的形状。这样一个性质,用在高速艇方面是很合适的。因为像高速艇等,由于波浪的冲击,在极短的时间内要到受很大的外力作用,这种情况下,如果有适度的变形来吸收冲击能,除去外力后变形又可以恢复,这是很需要的。所以,混杂纤维复合材料是高速艇的理想材料。

目前混杂复合材料在造船工业中开发的一个思想是在船体结构中用碳纤维取代一部分玻璃纤维,在保证结构刚度的条件下,可以使船艇的各种性能提高和燃料费用节省以及减少发动机马力,以图提高经济效益。

(2)混杂材料船艇的设计思想

前面已经叙述了船艇结构设计的基本思想。这里主要是根据混杂复合材料船艇的特点,介绍设计中需要注意的几个问题。

①载荷系数

混杂纤维复合材料用于高速艇的事例已不少了。从这种高速艇的实艇实验和应用状况来看,设计中必须要考虑动载荷系数。因为高速艇在有波浪的水面上航行的时候,将承受着与所谓排水量型的一般船舶完全不同的外力。外力有两种:

第一种是升力:当滑行板前进的时候,在接触水面时会产生一种升力,其分布中的最高压力称为滞点压(驻点压),其大小为 $\rho v^2/2$(ρ:艇质量,v:速度),也就是说速力为 50kt 的艇,即使在局部也将要承受约 3460Pa 的高压。

第二种是冲击力。艇在波浪中航行的时候会发生前后颠簸,有时从波上飞起,而后打击水面,艇要承受巨大的冲击加速度,相应船底部分位置在瞬间会产生极高的压力。这种冲击水压的最大值可由下式表示

$$P_0 = \frac{V^2}{1000} + (1 + aA_f)\frac{W}{LB_e}$$

式中:P_0——船底平坦部的最大冲击水压(MPa);

    V——船艇行使中的速力(kt);

    a——与船尾部的底面平均倾斜度有关的系数;斜度为 5°时 $a = 1$,斜度为 15°时 $a = 1.5$,其他斜度时 a 可通过内插法求出。

    A_f——船首冲击加速度(g);

    W——航行时的排水量(kN);

    L——艇全长(m);

    B_e——舭角部纵材(脊骨)的最大宽度(m)。

从一实艇测出当 $A_f = 30g$ 时,P_0 将达 6 000Pa,这是非常高的压力。而一般在静水面航行时的平均水压为 60Pa,在漂浮时的静水压为 27Pa,与在急浪中产生的冲击压相比,完全可以忽略。

又因为这种冲击压力的作用时间非常短,且分布面积也很小,当艇体受到这种脉动冲击作用时,由于固有振动频率原因,在十分短的脉冲中,结构材料不能充分地响应外力,所以在设计中需要引入动载荷系数。

如果不引入依据材料的固有振动频率和外力脉冲幅与时间之间的关系所确定的动载荷系数,就不能合理地进行结构解析。应该看到,目前关于混杂复合材料船艇的动载系数数据是不足的。因此根据经验进行慎重的假设是必要的。

②船板厚度

在通常的玻璃纤维复合材料船艇结构中引入碳纤维。为此结构各部的刚度大幅度地发生了变化,因而不得已要产生设计思想的根本性变更。

船板厚度是结构设计中最主要的内容之一。对于船侧外板的厚度有两个方面的要求:即长度的要求与截面形状变化的要求。在设计时,虽然要考虑到作为外壳大梁的纵向弯曲所要求的值,但是控制船体截面变形却是首要问题。

不过,在实际设计中也可以考虑到船侧板上引入支肋(加强板),从而使船侧板变薄。当然这需要以实艇试验为依据来确定。

③铺层方式

由于辅层方式的不同,混杂复合材料船艇的结构性能也不同。因此铺层对混杂复合材料船艇至关重要。此处不讨论辅层方式对性能的影响,而只是根据一些实验结果提出几点看法:(A)由碳纤维玻璃纤维交织而制得的混杂织物铺层要优于碳纤维织物与玻璃纤维层间(包括夹芯)混杂铺层。由于纯碳纤维织物与玻璃层(毡)粘接不良,在艇结构受到冲击时易产生剥离。采用碳纤维/玻璃纤维交织混杂织物可能防止这种现象的产生,同时还可以观察树脂对纤维的浸渍及脱泡情况。(B)最外层采用玻璃纤维层(毡)固然对保护外板有好处,但从减重考虑,最外层采用碳纤维混杂材料,便可以进一步轻量化。(C)对于船角部纵材(脊骨)等容易产生应力集中的部位,最好不要单独采用碳纤维,另外在高速艇单独应用碳纤维也是不合适的。

④实船试验

因为混杂纤维复合材料在船艇上的应用历史还比较短,所以有关这方面的设计资料也比较少,更没有现成的理论可循。现在还正处于摸索阶段和试制阶段。为了积极地快速发展混杂材料船艇,首先应该考虑玻璃钢船艇的设计方法,同时要进行混杂材料层合板的各项试验,测定其各项性能,然后提出必要的假设方案,最后设计制造正式的船艇。

2.混杂复合材料船艇的基本特点

混杂复合材料船艇的基本特点可归纳为:(1)质量轻,性能好;(2)韧性优越,抗冲击力;(3)耐海水腐蚀性强;(4)抗蠕变及减震性好;(5)抗疲劳性优越;(6)能够降低动力消耗,节约燃料而加大航程;(7)加工工艺、设备及操作相对简单。

3.混杂材料船艇的实验方法

碳纤维复合材料层压板受冲击时与玻璃纤维复合材料的行为是不同的。如果直接以含有碳纤维的混杂材料船艇进行实艇试验是比较危险的。因此必须按照设计中预选的铺层制成箱形模型,进行模拟实艇的下落实验,下落高度可以按照使用环境规定。根据这种模型试验情况,修正铺层方法(主要是碳纤维的铺层位置),确定混杂材料并以该实验结果为依据作实艇设计。

4.混杂复合材料在船舶中的应用实例

(1)游艇

远洋游艇由于难免要受到恶劣环境的袭击,因此不仅必须具备自立能力和足够的复原能力,而且不应该有船体损坏及水密性破坏的危险性。

1981 年日本建造的 12m 的 2T 型快游艇"TOGO – VII"号具有优良性能。图 10-13 是"TOGO—VII"号的剖面图。这种游艇的特点是,外板结构是碳纤维,外壳及甲板全部都采用498g/m² 的 CF/GF 混编织物平纹布的夹芯结构,芯子用轻木材。具体的外壳基本铺层为:凝胶层 + M230C/G + M230 + C/G + M230 + 轻质木材 12mm + M450 + C/G + M230 + C/G + M230。甲板的基本铺层,如图 10-14,即凝胶涂层 + M230 + C/G + M230 + 丙烯酸泡沫塑料 15mm + M230 + C/G。除了这些甲板外壳之外,方向舵转盘,导杆,标桩以及控制手柄等也全面使用碳纤维混杂材料。另外安装发动机的基座各加强板也多用碳纤维带制造。使用碳纤维的质量达 153kg。在以前,碳纤维的用量只有 10kg。这样获得了高刚度外壳,同时减重 90kg。

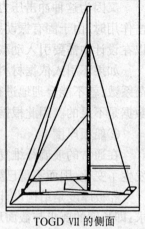

TOGD VII 的侧面

10-13 "TOGO-VII"快艇剖面图

1983 年 8 月日本又建造了全长 48m,总吨数 493t 航速 14nmile(海里)的纤维复合材料超豪华机动游艇。该游艇是除去军用 FRP 艇外世界上最大级别的 FRP 船。在这艘游艇上,使用了 150t 的复合材料,其中包括相当数量的混杂复合材料。碳纤维在该艇上的用量达 1t,是波音 767 飞机碳纤维用量的 3 倍。

Gokoat
M230
TORAYCA=5641
M230

BALSA,PVCF,PLYWOOD
M230
TORAYCA=5641

图 10-14 用板的基本铺层

(2)赛艇

英国在研制 CF/KF 混杂复合材料快艇方面很有优势。他们认为在 CF 纤维中混杂 Kevlar 纤维,可以提高航速 20%,燃料费用可节约 33%,在两年期间内便可以将 KF 高出的材料费收回。因此早在 70 年代末,英国 RAE 公司及 Dderek Kelsall 设计制造了 15.8m 长,以混杂复合材料为面板的夹层结构作为主受力结构件的赛艇。这种赛艇的特点是轻便灵活、速度高,在比赛中具有相当的竞赛能力,多次获胜。尤其是后来在 1977 年 9 月的世界赛艇比赛中,为英国队夺取了两枚金牌。这主要是因为采用了混杂纤维复合材料,既提高了刚度,又有足够的韧性与强度,同时也减轻了质量及保证了流线外形。

1987 年春,在纪念日本大坂港建港 120 周年的活动上,参加墨尔本/大坂直快双人赛艇竞赛中的船艇大多数都是采用碳纤维,Kevlar 纤维,玻璃纤维的复合材料制成的 FPR 艇体。除此之外,还可以利用 CF/GF 混杂复合材料的功能特点,用于船上无线电室的屏蔽等。与此相近的领域中还有用 CF/KF 混杂复合材料制造海底油田器材,养殖海洋生物用的器材和海底管道、储罐和仓库等。

10.3.3 混杂复合材料在建筑设施中的应用

1.混杂复合材料的性质

复合材料已成为当代四大建筑材料之一,即与传统的钢铁、木材、水泥并驾齐驱。

长期以来,建筑产业都是采用传统的现场施工方法,这样不仅需要数量众多的熟练技术建筑工人,而且速度慢、造价较高,现代建筑技术则是在工厂按设计尺寸制作好预制结构进行施工。这样看来复合材料及其混杂复合材料在预制结构的建筑中有许多重要的特征。归纳起来有如下几点。

生产性 原材料可以在人员很少的工厂通过工业化方法大批量生产,并能对一些工业部门生产的副产品综合利用,从而可以降低价格。如聚酯树脂原是石油化工产品的副产品,使用它,就是副产物的有效综合利用。

轻量性 为了提高生产性,需要预制构件的大型化,而只有轻才有可能大型化,轻才有利于工厂的生产及运输。

成形性 按照使用状态,在工厂可方便地制作成需要的形状。

着色性 对玻璃纤维复合材料来说,由于无色,可通过混入颜料调节色彩和光泽。

防水、耐水性 在高水分及湿气环境有良好的性能。

清扫、耐污性 虽然有灰尘,由于静电吸附而滞留制品表面,但由于表层涂有凝胶层且耐水,所以清扫容易。

防露性 与金属相比复合材料的热传导小,有利于防露。

透光性 玻璃纤维复合材料具有良好的透光性。

补强性 在与其他部位接合处容易产生应力集中的部分,可以用玻璃布或混杂材料进行适当的补强。

加工性 开孔、切断等加工还是很容易进行的。

力学性 充分发挥了材料抗压、抗拉的特点。如果采用蜂窝夹芯预制结构,比强度高,是很有利的。

耐冲击性 受到外力能产生一定的变形以吸收冲击能,而不至损坏。

设计性 在预制结构成型中便可以按照受力状况进行铺层设计以满足要求,不必在施工中增加其他的工作。

方便性 活动板房便是一例。可方便地进行拆卸运输及组合。

2.混杂复合材料用于建筑中的实例

复合材料在建筑工业中,不仅能应用于各种内装饰、门窗、卫生设备、各种管道,而且还可以用作建筑结构材料。混杂复合材料在建筑领域中更能发挥它的特点,建筑工业所需的各种型材、管材等均可以使用混杂复合材料。

混杂复合材料作为建筑结构材料的实例之一,即是混杂材料工字梁。这种工字梁可用碳纤维复合材料作为梁翼表面,而以一般无规短切玻璃纤维复合材料作为梁腰。这两部分可以依据不同的准则进行优化设计。这种混杂复合材料工字梁的刚度比全用玻璃复合材料的情况得到明显的改善。因为当沿翼缘方向加入单向的纤维复合材料时,工字梁的刚度随碳纤维含量的增加而增加。

除此之外,混杂复合材料作为建筑用结构材料,实际上国外已发展了大量的混杂复合材料建筑板材的商品。例如有以玻璃纤维、碳纤维、Kevlar纤维复合材料为面板，以SMC蜂窝泡沫为芯材料的大型夹芯结构板材等。

目前混杂复合材料作为建筑工业中的辅助设施材料也引起了广泛的重视并得到了相当的应用。例如用混杂材料作为室内装饰，制作门窗、卫生设备以及各种管材等；各种混杂夹芯结构材料的专门设备、设施和建筑用房。在各种民用及商用建筑、旅游建筑设施中也得到应用。另外，混杂复合材料还用于公路桥的盒形大梁的制造。

10.3.4 混杂复合材料在汽车工业中的应用

1.汽车用复合材料状况

汽车工业可以说是目前复合材料应用最活跃的领域。复合材料及其混杂复合材料可以用作汽车的车身、弹簧、驱动轴、引擎、保险扛、操纵杆、方向盘、电器部件、客舱隔板、底盘结构梁、发动机罩、散热器罩以及车门等上百个部件，见图10-15。

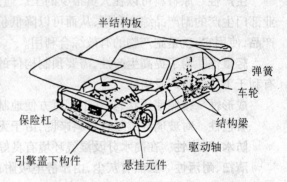

图10-15 复合材料在汽车上的应用实例

2.汽车用复合材料的原因

复合材料及混杂复合材料在汽车工业上应用广泛的原因主要有两方面：(1)因为复合材料一般来说具有耐腐蚀、质量轻、比强度及比刚度高、耐气候性好、尺寸稳定、整体结构化、耐磨损、耐水及减振、隔音等特点，所以作为汽车材料是比较合适的。(2)复合材料及混杂复合材料在汽车上的运用，其最明显的一个优点是可以使整车质量大大减轻(可减轻三分之一)，从而使汽车在节约能源、提高速度、降低成本方面获得良好的效果。

特别是目前世界性的能源紧张，迫使汽车工业必须进行重大的技术改革。据统计，美国一般的汽车质量平均为1 816kg，平均耗油量1980年前为32.18km/gallon，1985年要求约为44.24km/gallon。如果仍用已有的发动机和燃烧技术，要达到44.24km/gallon的耗油量，则只有将汽车的平均质量减到1 135kg，可见汽车减轻质量是当务之急。

10.3.5 混杂复合材料在体育制品中的应用

1.体育制品的材料要求

无论是室内还是室外运动项目，用于体育制品的材料要求总是很严格的。因此在体育制品设计时，材料的选择必须考虑下述几点：(1)形状，尺寸的限制；(2)质量的限制，质量分布及重心位置；(3)惯性矩；(4)刚度(弯曲刚度、扭转刚度及其分布)；(5)强度(拉伸、弯曲、剪切、冲击强度等)；(6)制品内部所产生的各应力及应力集中；(7)疲劳强度；(8)动态性能(固有振动频率、衰减率等性能)；(9)温度依赖性，热膨胀系数等；(10)耐热耐寒性；(11)温度及水的影响；(12)耐紫外线性；(13)耐腐蚀性；(14)粘接及涂装的适用性。

2.混杂复合材料在体育制品中的应用

目前正是技术革新，新材料开发的时代。在体育制品方面，从曾经采用的是单一的木材、金属、皮革类材料，发展到采用复合材料及混杂复合材料。特别是混杂纤维复合材料的应用,既促进了体育制品的开发、进步,又使体育技巧和运动水平有很大提高。

由于混杂复合材料容易实现轻薄短小,所以用混杂复合材料制作体育制品博得了体育界好评,并取得了不断的发展。以下是复合材料料用作体育制品的实例。

滑雪板 用碳纤、Kevlar 纤维、碳化硅纤维及合成陶瓷纤维等混杂纤维复合材料制作滑雪板。这种滑雪板具有良好的振动吸收和操作性、耐疲劳性,且滑行速度也能得到相应提高。

网球拍 这种球拍打球面大、框架质量轻,与木制拍比,比强度及模量高。可在模具中一次注射成形,价廉,一般用 CFRP 材料制作夹层结构或盒式结构的滑雪板。

棒球棒 用 CF/GF 制成的球棒,具有质量轻、强度高、平衡好、优异的粘弹性,挥棒容易。

高尔夫球棍 用碳 – 石墨混杂材料制成的高尔夫球棍具有超越天然柿树的高度各向异性和设计自由度,使球的飞行距离增加,球棍的反弹系数高,方向确定性好,稳定性好及打球感好的特点。

自行车车架 用石墨纤维、硼纤维和 Kevlar 纤维混杂复合材料制造的自行车车架,除了具有充足的静动态强度和抗冲击性能外,还可以使车的外形成水滴流线型。由风洞试验证明,这种车架,气动阻力比原来下降 19%,有骑手时还可降低 5%~7%,而且行驶平稳,震动小。

赛艇 在船艇应用中已有介绍。

撑杆 用混杂复合材料制作的撑杆性能也是很优异的。

标枪 用 CF/GF 混杂制造的标枪可有理想的气动外形,可以减少标枪在飞行中的尾部颤动,有利于增加投掷距离。

其他 混杂复合材料还用来作汽车头盔、箭、钓鱼杆、冰球棍、雪撬以及曲棍球棍、羽毛球拍等。这里不再一一例举。

10.3.6 混杂复合材料在医疗领域中的应用

1.作为人体内部材料的应用

混杂复合材料在外科整形医疗中起着重要的作用,可以用它来制造人造骨骼、人造关节等。这是因为混杂复合材料的人造骨骼、关节,在人的体温变化范围,通过调节混杂比和混杂方式,其热膨胀和人体骨骼的膨胀系数相匹配,大大减轻了患者的痛苦。同时由于采用碳纤维混杂复合材料,可以减轻人体和外植入物的相溶性。另外,还可能用混杂复合材料制造齿根等。

2.作为人体外部辅助材料的应用

从某种意义上说,混杂复合材料的发展是瘫痪者的福音。因为可能用混杂复合材料制作人体外部支撑系统。例如用与人腿轴线成 45 度的混杂积物制成的假肢(套),重约为 127g,其下端能够装入鞋中,而上半部较薄,以使在跨步时能产生较大的变形。另外,对于患小儿麻痹症而下肢瘫痪以及脊椎开裂的儿童,可采用混杂复合材料制作胸 – 腰 – 骶歪扭部整直器 TLSO 和臀部 – 膝盖 – 踝关节支撑器。这种支撑器可以固定患者脊椎、臀部、膝盖和踝关节,使身体质量落在腿骨上,于是可使患者丢掉拐杖而行走,其结果必然刺激骨骼生长和臀部关节发展,并改善非正常膀胱的排尿功能。可见用混杂纤维复合材料制造多用途的残疾人支撑用品,不仅能满足医学上的功能要求,而且还能满足力学上的功能要求,并能有效地减轻质量及增加疲劳寿命,获得令人满意的效果。

3.作为医疗设备材料的应用

混杂复合材料不仅有效地应用于与人体直接有关的医用制品,而且在医疗设备方面也有碳纤维,玻璃纤维,Kevlar 纤维混杂复合材料制作的用于诊断癌肿瘤位置的 X 射线发生器上的臂式支架。这种支架除了能满足刚度要求外,还能满足最大放射性衰减限制值的要求。同时混杂复合材料还可用于制作 X 光订板样机和 X 光底片暗盒等。

10.3.7 混杂复合材料在其他领域中的运用

混杂复合材料除了上述介绍的几个主要应用领域外,在其他领域中的应用也是很广泛的。这里再作简要介绍。

1.用于通用机械

混杂复合材料在通用机械上应用很成功的一个例子就是风扇叶片和涡轮叶片。例如,大型的 20m 左右的风力发电机叶片就是用 CF/GF 混杂材料和硬泡沫塑料制成的,现在还发展到制作更大型的叶片。

应用混杂复合材料制作叶片时,不仅可以减轻叶片自身质量还可以节省叶毂和支持结构的质量。同时能够改善转子的动态响应特性。

混杂材料还用于能量转换器,如风动桨叶,还用于制作薄壁轴承套和机械中的静态控制辅助设备等。

2.用于防护制品

作为防护制品,首要的是能够承受速度很快的冲击力。材料在冲击载荷作用下,一般产生两种行为:弹性应变和裂纹扩展,KF 混杂复合材料具有良好的动态粘弹性,可以将冲击物的一部分功能转变成热能,也就是说,在弹性应变阶段可以吸收相当冲击能。另外,由于混杂复合材料是由二种以上纤维构成的非均质性材料,在受冲后的裂纹扩展阶段可有很多的能量吸收方式,如不同纤维的断裂、拔出、分层等。如果再从应力波的传播及衰减的规律来看,可设计合理的混杂复合材料,有优良的抗冲击能力。特别是三维织物 Kerlar 纤维混杂材料抗冲击性能更佳,是防护制品的理想材料。

目前用混杂复合材料开发的防护制品有:防弹背心、避弹衣(部队安全服)、安全帽(含防弹头盔)及活掩体等。这些都具有良好的防护特性。还有用 Kevlar-钢板超混杂材料制作坦克主战炮塔,比使用钢防弹甲至少可以减轻一吨质量。

另外,为防护还应考虑的一个问题是,中子弹对进攻坦克造成的威胁,它不是通过弹头而是通过中子辐射造成人体损伤。实验证明采用碳纤维混杂复合材料(用 Fridel-Crafts 树脂基体)具有较好的抗中子辐射能力。因为石墨结构的碳纤维有吸收中子的能力。所以碳纤维混杂复合材料可用于制作坦克防护装置。

3.用于电子设备

CF/GF 混杂复合材料也是电子设备外壳的理想材料。这是因为 CF 属于电绝缘材料,它有产生静电而带常电的性质,如若用它来制造电子设备外壳,常会使电子设备产生错误信号和噪音等。而碳纤维是导电、非磁材料,与玻璃纤维混杂后制成电子设备外壳,可起到除静电的作用。

另外,玻璃纤维复合材料有电波的透过性,碳纤维能导电可以反射电波,两者混杂使用,可用于电视天线,还可以解决电子设备中的电波障碍及无线电工作室的屏蔽问题。

4.用于成型设备

　　混杂纤维复合材料在成型设备上的应用主要是制作模具。这种混杂复合材料制造的模具有两个最大的特点:(1)模具自身发热以提高固化均匀性和固化速度。这是利用CF/GF混杂材料中由于CF的导电性导致电阻发热的原理;(2)模具自身尺寸稳定以保证成形产品的精度和产品的质量。这是利用混杂复合材料中各纤维热膨胀系数的差异,尤其是碳纤维、Kevlar纤维热膨胀系数小的特点,而可以使混杂材料热膨胀系数为零的原因。

　　当然这种模具还具有轻而刚、制作工时短的优点。另外,混杂复合材料还用来制造低压模具的层状夹具和固定座等。

5.用于其他方面

　　用碳纤维与短切玻璃纤维进行混杂,还可以用来制造大提琴和双簧管等乐器。据说这种乐器比用传统技术制造的产品便宜得多,而且具有动人的音质和较好的外观质量。因为这些产品经久耐用,特别适用于教学。用CF/GF混杂纤维复合材料还可以制作电热育苗器,制作家具以及电导方向可选择的模塑制品等。

　　总之,混杂纤维复合材料的应用研究正处于蓬勃发展的阶段,众多的混杂复合材料制品正不断地被开发和应用,在国民经济中越来越发挥出其巨大的作用。

参 考 文 献

1 Liang Naixing. Untersuch ungen uber Mit Elastomeren modifi Zierte zemente. Disserta tion, TU clausthal, 1991

2 Ohama Y. Polgmer Moditied Mortars and Concretes.
Concrete Adimix ures Haned book, Edited by Romacha – Chandran, V, S, Noyes PubLi cations, partk Ridge.
New Jersey USA, 1984

3 Ohama Y. Principle of Latex Modification and some
Typical Properties of Latex Modified Mortars and concretes, ACI Materials Tournal, Nov. – Dec. 1987. p. 511 – 518

4 KonietzRo A. Polymerspezifische Ausqerkungen auf das Tragverhalfen modifizierter zamcntge-bundener Beton(pcc). Dissertation, Braunschweig. 1988

5 TayLor H F W. cemanf chemistry. Academic press Limited, London, 1990

6 Saucier F, BordeLeau D, Pigeon M. Retrait et adherence du beton modifie au latex. Materials and stuctures/Materiaux et constructions, 1990, 23

7 Su Z, Bijen T M, Larbi T A. The infcuence of polymer modification on adihesion of cement pastes to aggregates, Cemen and Concrete Research, VOL, 21, 1991

8 李顺林, 王兴业. 复合材料结构设计基础. 武汉: 武汉工业大学出版社, 1993

9 刘雄亚, 谢怀勤. 复合材料工艺及设备. 武汉: 武汉工业大学出版社, 1994

10 周祖福. 复合材料学. 武汉: 武汉工业大学出版社, 1995

11 陈华辉等. 现代复合材料. 北京: 中国物资出版社, 1998

12 植村益次, 牧广. 高性能复合材料最新技术. 北京: 中国建筑工业出版社, 1989

13 刘锡礼, 王秉权. 复合材料力学基础. 北京: 中国建筑工业出版社, 1984

14 赵玉庭, 姚希曾. 复合材料聚合物基体. 武汉: 武汉工业大学出版社, 1992

15 刘锡礼等. 玻璃钢产品设计. 哈尔滨市科学技术协会, 1985

16 沈威, 黄文熙, 闵盘荣. 水泥工艺学. 武汉: 武汉工业大学出版社, 1991

17 陈雅福. 新型建筑材料. 北京: 中国建材工业出版社, 1994

18 王茂章, 贺福. 碳纤维的制造及其应用. 北京: 科学出版社, 1984

19 郭全贵, 宋进仁, 刘朗, 张碧江. 碳素. 中国电工技术学会碳石墨材料研究所, 1998

20 邹林华, 黄启忠, 邹志强. 碳素. 中国电工技术学会碳石墨材料研究所, 1998

21 庄元其, 陈继荣, 张衍, 焦扬声. 功能高分子学报, 1998

22 G. 皮亚蒂编. 复合材料进展. 北京: 科学出版社, 1984

23 宋焕成, 张佐光编. 混杂纤维复合材料. 北京: 北京航空航天大学出版社, 1989